高等教育理工类"十四五"系列规划教材

本教材由四川大学研究生教材建设基金资助

U0384291

生物材料导论

谢兴益　丁明明　罗　锋
谢　婧　张东岳　谢　毅 ◎编著

四川大学出版社
SICHUAN UNIVERSITY PRESS

图书在版编目（CIP）数据

生物材料导论 / 谢兴益等编著. 一 成都：四川大学出版社，2023.10
ISBN 978-7-5690-6368-4

Ⅰ. ①生… Ⅱ. ①谢… Ⅲ. ①生物材料－研究 Ⅳ. ① Q81

中国国家版本馆 CIP 数据核字（2023）第 183465 号

书　　名：生物材料导论
　　　　　Shengwu Cailiao Daolun
编　　著：谢兴益　丁明明　罗　锋　谢　婧　张东岳　谢　毅
丛 书 名：高等教育理工类"十四五"系列规划教材

丛书策划：庞国伟　蒋　玙
选题策划：李思莹
责任编辑：胡晓燕
责任校对：蒋　玙
装帧设计：墨创文化
责任印制：王　炜

出版发行：四川大学出版社有限责任公司
　　　　　地址：成都市一环路南一段 24 号（610065）
　　　　　电话：（028）85408311（发行部）、85400276（总编室）
　　　　　电子邮箱：scupress@vip.163.com
　　　　　网址：https://press.scu.edu.cn
印前制作：四川胜翔数码印务设计有限公司
印刷装订：成都金阳印务有限责任公司

成品尺寸：185 mm×260 mm
印　　张：19.5
字　　数：500 千字

版　　次：2023 年 11 月 第 1 版
印　　次：2023 年 11 月 第 1 次印刷
定　　价：68.00 元

扫码获取数字资源

四川大学出版社
微信公众号

前　　言

　　19 世纪到 20 世纪初，是科学开宗立派、灿若群星的时代，各门学科深入发展，趋于完善；20 世纪下半叶以来，学科交叉融合成为科学发展的新趋势，大量新兴交叉学科涌现。人类面临的重大问题，如健康、环境、能源和可持续发展等，都需要多学科通力合作才有可能解决。目前，生物材料学涉及学科门类可谓最多，其研究核心是材料和生物体的相互作用，其宗旨是为预防和治疗疾病、替代修复病变组织和器官提供材料和装置，为人类健康服务。

　　"生物材料导论"是生物医学工程学科的生物材料专业硕士生的必修课。生物材料专业生源较广，有来自材料专业的，也有来自生物专业的，还有来自医学专业的。目前，很多生物材料学硕士点都是基于传统学科开设的，这充分体现了生物材料学的交叉学科性质。正是由于生物材料学的学科交叉之广泛、生物材料研究之广博、生物材料产业发展之迅猛，即使是资深生物材料学家也很难全面掌握生物材料学的方方面面，入门研究者更是会面对大量专业名词。基于此，编写一本既深入浅出又广博贯通的生物材料学入门教材十分必要。

　　本书在编写中遵循以下原则：首先，保持"导论课"的特色，不求面面俱到。读者不能希望本书包含生物材料的所有类型和应用，一方面是因为生物材料内容太过广泛，另一方面是因为新的生物材料和新的应用还在持续涌现。本书在有限的篇幅中，将系统介绍几类重要的生物材料的现状、设计和应用，力争使读者能够对生物材料学的学科特点、研究范式有一个较为全面的了解。其次，注重"生物材料学"知识架构的构建。全书包括四个部分。第一部分介绍生物材料学学科体系和学科基础。这部分力争简明扼要，有基础的读者可以略过相关章节。由于生物材料学的交叉学科性质，本领域的研究者常常需要在开展研究的过程中不断补充相关学科的最新知识。编写第一部分的目的在于让读者明确在哪种情况下需要运用哪些学科的背景知识。第二部分介绍材料和组织的相互作用，其中，材料的组织学反应和生物材料组织反应调控是生物材料学的基础部分，也是本书的核心。第三部分介绍生物材料的应用，力争为不同领域的入门研究者提供必要的背景知识，同时兼顾该领域的最新进展。第四部分介绍生物材料研究的前沿问题和对策。生物相容性是生物材料的核心，这一部分对提高生物相容性的策略进行了总结。由于大多数器官的修复和再生都涉及血管和神经的再生，这两个内容是再生医学的核心和前沿（也是研究的难点），故放在这一部分介绍。通过本书的学习，读者会认识到，虽然生物材料学要解决的问题来自医学（故需要掌握相关的医学知识），但是解决问题的方法却更多来自材料学和生物学等其他学科，生物材料学的研究者至少需要掌握材料学、分子生物学、细胞生物学等其中一门学科的深厚知识。生物材料学的核心基础知识仍然来自化学、物理学等传统学科。

　　本书编排的特点是摒弃了传统的材料分类方法，即不按照"金属生物材料""陶瓷生物材料""高分子生物材料"进行编排，而是遵循生物材料学本身的学科逻辑，以材料和人体的相互作用方式的不同，将材料分为"生物惰性材料""生物活性材料"进行论述（见本书第二部分），其中每一个部分都涉及金属、陶瓷和高分子材料。这样的编排方式是我们的一次尝试，对读者和作者的背景知识要求都较高，需要对整个材料学科有比较好的理解和把握。

　　本书第一部分主要由谢兴益编写，丁明明编写了生物材料简史部分；第 4 章、第 11 章由谢毅编写；第 5 章、第 6 章主要由谢兴益编写，谢婧编写了天然生物材料部分；第 7 章、第 8 章（生物材料的抗菌部分）由丁明明编写；第 9 章、第 15 章由罗锋编写；第 10 章、第 12 章和第 8 章（生物材料的消毒灭菌部分）主要由张东岳编写，罗锋参与了骨组织替代材料部分的编写；第 13 章由谢婧编写；第 14 章由谢毅和谢兴益编写。本书编写人员均来自四川大学高分子科学与工程学院。

　　限于编者学识，很难把握生物材料学的学科全貌，编写过程中难免出现错误和疏漏，欢迎广大读者批评指正（请联系谢兴益 xiexingyi@263. net），以便本书再版时的修正和提高。

谢兴益

2022 年 10 月

目　　录

第一部分　生物材料学学科体系和学科基础

第二部分　材料与组织的相互作用

第三部分　生物材料的应用

第四部分　生物材料研究的前沿问题和对策

第一部分

生物材料学学科体系和学科基础

第 1 章　生物材料学引论

生物材料学是一个多学科交叉的新兴学科，其宗旨是利用材料学、工程学的原理和手段，针对特定的医学应用，制造相关的材料或装置，用以诊断和治疗疾病，或者增强、替代和修复病变缺损的组织和器官的功能，或者诱导缺失、缺损的组织和器官的再生。生物材料学的研究涉及材料学，包括聚合物、金属和无机非金属材料的合成、表征和制造；生物学和医学，包括生物化学、细胞生物学、分子生物学、免疫学、解剖生理学、病理学、临床医学、动物医学等；伦理学，包括实验动物伦理和医学伦理等；管理学，主要是生物材料和制品的评价规范等。材料学本就是以化学、物理学和化学工程等为基础的，因此可以说，生物材料学的研究涉及自然科学领域的各个学科。生物材料学旨在利用人类的一切知识来提高患者的生活品质，生物材料本身不是药品，但是很多材料和装置里都包含药品，很多药品本身也需要和生物材料相结合，如制成可控释放的药物。实际上肿瘤药物的靶向和可控释放已经形成了一个非常活跃和前沿的研究领域。

生物材料学涉及的领域如此广博，任何一个研究者都应做好随时学习新知识的准备。同时，生物材料学的研究常常需要材料学家和医学家的紧密配合，因此理解和掌握对方的语言也是十分必要的。本章将详细介绍生物材料学的学科体系和学科基础，以建立一个较为完整的知识框架，帮助相关研究人员熟悉并掌握各个研究阶段需要补充的知识。

1.1　生物材料概念

生物材料(Biomaterials)是指除药物以外的，任何被设计成与人体内环境相接触的用于医疗目的的物质。这里的医疗目的包括诊断疾病(取样、检查等)和治疗疾病(处理病灶，增强、替代或修复组织和器官的功能，或诱导组织和器官再生)。其定义可表述为：生物材料是指与人体生命系统直接接触并发生相互作用，并能对生命个体内的细胞、组织和器官进行诊断治疗、替换修复或诱导再生的一类天然或人工合成的特殊功能材料，又称生物医用材料。

生物材料的概念包含两层意思(见图 1-1)：第一，生物材料是和人体内环境相接触的，和人体内环境之间有一个界面，会发生一系列的界面相互作用。与之相对应，药物也是进入人体内环境的，但和内环境没有界面，是溶于体液的；药物本身通过调节机体器官的生理功能、参与人体新陈代谢，或者杀灭入侵微生物来达到治疗疾病的目的。虽然皮肤表面不属于内环境，但和受损的皮肤以及无皮肤角质层的腔道接触的材料应归属于生物材料的范畴。如眼镜不属于生物材料，但接触镜（隐形眼镜）和眼角膜接触，就属于生物材料。特殊情况下，材料不直接和内环境接触，但其渗出物会进入内环境（如输液袋及输液管路、透皮给药装置中所使用的材料），一般也将这些材料归属于生物材料。第二，生物材料的使用一定要有医疗目的，能行使生物学功能。如耳环、鼻饰等并无医疗目的，在使用的早期会造成一定的创面，虽然和人体内环境有过接触，但不属于生物材料。

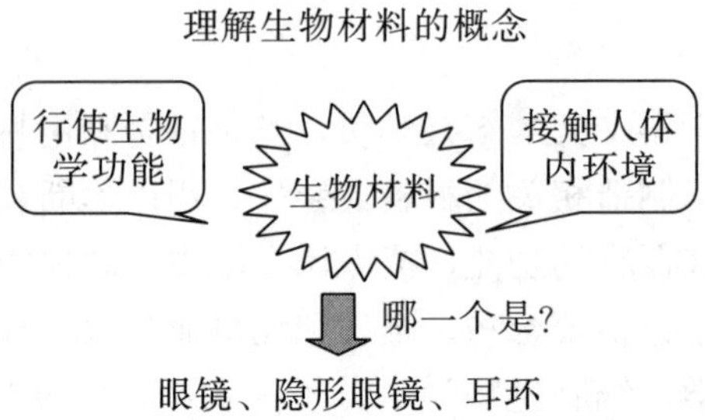

理解生物材料的概念

图1-1　生物材料概念的两层意思

生物材料具有生物相容性（Biocompatibility），这是它区别于其他材料的一个特质。生物相容性比较公认的定义：在特定的应用中，材料被机体接纳并行使其功能的能力[1(a)]。

单纯讲某种材料具有良好的生物相容性是没有意义的，同一材料应用于不同的部位，其生物相容性会有很大差别。比如以膨胀聚四氟乙烯（ePTFE）制作人工血管，通畅率较高，生物相容性较好；将其用于制作人工髋关节的关节臼窝时，由于不耐磨，产生的大量磨屑会引起周围组织强烈的异物反应，从而导致植入失败[2]。又比如以膨胀聚四氟乙烯（ePTFE）和涤纶（Dacron，即聚对苯二甲酸乙二醇酯纤维）制作的大血管，往往具有很好的通畅率；但用这些材料制作的人工小血管（内径小于6 mm），很容易发生急性凝血[3]。实际上，目前还没有适合于小血管替代的人造材料，临床上仍然采用自体静脉移植作小血管（如冠状动脉）搭桥。讨论某种材料的生物相容性，一定要针对某种特定的应用，没有普遍适用的材料。

生物相容性要求材料能被人体接纳，是指在某种特定的应用中，材料引起的生物学反应是人体所能承受的。生物相容性的基本要求包括无毒性、不致畸不致敏、不致癌、不引起人体细胞的突变和无不良组织反应。任何一种材料，在人体内都会引起一定的异物反应，只是程度不同。完全无异物反应的材料几乎不存在。

生物相容性是一个不断发展的概念。早期的研究者认为，和人体相互作用小的材料，即生物惰性材料（Bioinert materials），具有良好的生物相容性。比如钛合金、氧化锆陶瓷、硅橡胶等材料和人体相互作用小，在体内也很稳定，可以认为是惰性或接近惰性的生物材料。近年来，随着组织工程和再生医学的兴起，要求材料与人体组织有正向的相互作用，比如可以促进人体组织长入，并逐渐修复；而材料本身可以逐渐降解，从而诱导组织再生。这一类材料属于生物活性材料（Bioactive materials）。近年来，由于多孔羟基磷灰石骨诱导性的发现，以及适当孔径聚合物诱导血管化组织再生的发现，一些研究者提出组织诱导性材料（Tissue inducing biomaterials）这一新概念。简单地说，组织诱导性材料是指能诱导组织再生的材料。Ratner据此提出生物相容性的新概念：材料在植入部位启动和引导正常创伤修复、重建或者组织整合的能力[1(b)]。而传统的材料在体内行使功能的能力用生物耐受性（Biotolerability）表示，其概念为材料在体内存在较长时间且只引起低的炎性反应的能力。

　　生物相容性与材料的表面性能有关，材料表面的化学结构和物理性能（表面柔性、表面形貌等）都会影响生物相容性。一种普遍的观点认为，模仿磷脂酰胆碱的内盐结构可使材料具有良好的生物相容性，因为磷脂酰胆碱是构成细胞膜的成分[4]。表面接枝聚乙二醇刷的材料也被证实具有良好的生物相容性，这主要得益于聚乙二醇链的亲水性和柔性，可以在材料表面形成"海藻样"的漂浮结构，对蛋白质等分子的作用力小，可以保持所黏附蛋白的天然构象，从而防止不良生物学反应的发生[5-6]。

　　生物相容性还与材料本体性能相关，如果制品或植入装置的结构设计不当，力学性能与周围组织不匹配，也会造成植入装置的失效。在骨组织修复领域，力学性能的匹配是非常重要的，如不锈钢质的骨折内固定夹板由于杨氏模量和强度远远大于骨组织，在使用过程中能承受大部分的力，而周围新生骨组织几乎不承力，会导致新生骨骨质疏松。当取出不锈钢夹板后，新生骨很容易发生骨折。这种现象称为"应力遮挡"（Stress shielding effect）[7]。设计应力匹配的骨修复材料至今仍是一大挑战。在人工血管领域，血管壁的多孔结构有利于血管壁内外物质的交流，有利于组织的长入和内皮化；而血管壁用致密膜材料封闭将会导致严重的凝血反应[8]。

　　生物相容性是生物材料的核心概念，与材料表面和本体的理化性质有关，也与制品的结构设计有关，这些将在以后的章节中进行详细讨论。

　　生物材料所能满足的医疗目的称为生物功能性（Biofunctionality），如人工肾的清除毒素功能、人工血管的保持血流通畅功能等都可以称为生物功能性。

　　生物材料是具有生物功能性和生物相容性的材料。生物功能性是第一位的，生物材料的研究就是在满足生物功能性的前提下，不断减小材料对人体的负面影响，提高人体的接纳能力，即提高材料的生物相容性。

1.2　生物材料简史

　　早在公元前 3500 年，古埃及人就利用棉花纤维、马鬃缝合伤口，用柳叶和象牙修复牙齿[9]；印第安人用木片修补受伤的颅骨；在中国和埃及公元前 2500 年的墓葬中，已经发现假手、假鼻、假耳等人工假体[10-11]，一些高分子材料如棉、麻纤维、木板已经被用于处理各种伤口。这些最早出现的材料可以称为最原始的生物材料。

　　16 世纪开始，人们用黄金板修复腭骨，用陶瓷和金属做牙根，用金属做固定骨折的内骨板。

　　19 世纪中期以后，随着医学的发展，形成了相应的科学体系，研究人员尝试利用外来材料修复人体的损伤。在"具有良好的生物相容性"这一研究思想的指导下，人们用象牙假体做成植入体，成功地进行了骨移植手术。

　　1829 年，人们通过对多种金属的系统生物实验，发现金属铂对机体组织刺激性最小。

　　1851 年，天然橡胶的硫化技术问世，人们开始关于以天然高分子硬橡木制成的人工牙托和腭骨的临床试验。

1884 年，Pean 首次用金属插补术进行髋关节置换。

1892 年，有研究人员将硫酸钙用于骨缺失填充。

1902 年，Jone 在植入体关节两头装上金关节囊，取得了植入效果长久且不失效的极大成就。此后，移植技术得到了迅速发展，同时出现了一种新的理念，即要获得成功的移植，材料的化学性质应足够稳定。

1936 年，有机玻璃被制作出来后很快就在假牙和人工骨方面得到应用。

1943 年，赛璐珞出现，其作为透析膜制成的人工肾成功应用到临床，随后有机硅聚合物的出现使得生物材料和人工器官得到了很大的发展。

20 世纪以来，高分子、新型金属与陶瓷材料的快速发展为生物材料的研究奠定了基础。同时，高分子科学作为一门新兴学科迅速发展起来，新的合成技术不断出现，为医学领域的应用创造了条件[11]。

20 世纪 30—40 年代，很多合成的高分子材料如聚甲基丙烯酸甲酯(PMMA)、聚氯乙烯(PVC)、聚乙烯醇(PVA)、醋酸纤维素(CA)等都被应用到临床试验中，促进了很多外科手术的发展[12]。

1948 年，Merle d'Aubigne 开始使用聚丙烯股骨头来固定关节，这种假体的出现标志着股骨头植入体材料的变革。

20 世纪 50—60 年代，Muller 设计了一种偶联系统，其球壳由聚四氟乙烯制成。但这种材料与人体并不相容。同一时期，具有良好生物相容性和卓越弯曲性能的聚氨酯成为人工心脏的重要组成材料，并被用到人体[13]。基于此，科学家开始了对其他人工器官的研究，如人工血管、人工尿道、人工关节、人工心脏瓣膜等都被开发出来。同时代，人们将纯金属钛用于动物试验，发现钛具有较好的生物相容性，之后便将其作为植入体应用于外科。

从 20 世纪 60 年代开始，聚乙烯材料得到广泛应用，同时其潜在的致癌作用也引起了人们对高分子材料生物相容性的关注。人们根据临床需要，有针对性地设计了一系列具有生物相容性的医用材料，其中最具代表性的是以水溶性高分子制备的凝胶材料。1960 年，Wichterle 和 Lím 发表于《自然》杂志的一篇论文显示，他们第一次将甲基丙烯酸羟乙基酯和乙二醇二甲基丙烯酸酯交联剂在水溶液中进行反应得到水凝胶，并将这种水凝胶作为生物材料的重要原料[14]。

1972 年，Boutin 决定将目标转向没有特殊生物缺陷的材料，并将研究集中到 Al_2O_3、ZrO_2 和钙铝酸盐等物质。他烧结的 Al_2O_3 假体在实验中具有极好的效果，以至于人们开始考虑这些材料是不是能够永久性植入。1980 年，Lim 和 Sun 用交联水凝胶包裹胰岛细胞制作人工胰腺；1989 年，Yannas 等使用交联水凝胶模仿细胞外基质用于皮肤的再生修复[15]。

同时，生物材料逐渐被可降解、可吸收的材料替代。最具代表性的是聚乙醇酸(PGA)和聚乳酸(PLA)可吸收缝合线。其中 PLA 具有很好的生物相容性，被广泛应用于医疗植入物、手术缝合线以及其他一些医疗器械的制造。1969 年，PLA 被美国食品和药物管理局认定为安全物质批准上市[16]。

20 世纪 70 年代，合金材料也有了很大的发展。形状记忆合金开始出现，镍钛合金和铜基形状记忆合金由于独特的形状记忆效应在医学上得到广泛认可，其良好的力学性能和生物相容性非常适合整形外科和心血管支架方面的应用。此外，钽、铌、锆和其他一些磁性材料也都在医学上得到应用。

从 20 世纪 80 年代后期开始，随着组织工程材料/再生医学概念的提出，以及缓控释药物载体的需求越来越大，生物材料进入高速发展时期。在组织工程学方面，材料不仅需要具有良好的生物相容性、可降解特性，还需要具有可以诱导细胞增殖分化、启动机体再生等"生物活性"。在药物控释方面，肿瘤组织的增强渗透和滞留（EPR）效应以及肿瘤细胞特殊的微环境，促进了一系列抗肿瘤纳米药物的产生。在生物陶瓷方面，在保持良好的生物相容性的前提下，提高了韧性及抗疲劳性，改善了脆性。

从 20 世纪 90 年代后期开始，自组装理论以及高分子合成技术逐渐成熟，越来越多的响应性生物材料被开发出来，并且针对肿瘤细胞的特性，"智能"材料被相应开发出来。

进入 21 世纪，生物材料逐渐走向智能化、个性化、精确化及功能集成化：①动态结构可逆、可调高分子支架，已逐渐受到人们的关注[17]；②3D 打印技术被应用于生物打印[18]；③高分子纳米药物被应用于抗肿瘤的精确治疗[19]；④"智能"多重环境响应性和诊断/治疗集成纳米高分子材料体系的开发和应用[20]。对于生物陶瓷的研究，人们开始将生物陶瓷和生物技术结合起来，在生物陶瓷构架中引入活体细胞或生长因子，使得陶瓷材料具有生物学功能。目前，羟基磷灰石、β-磷酸三钙在骨等硬组织工程中的应用非常广泛。

21 世纪，人们更加关注人类自身的健康。生物材料具有良好的社会价值和经济价值，已经成为材料科学领域的研究热点，相关行业成为国家"十二五""十三五""十四五"战略性新兴产业。《中华人民共和国国民经济和社会发展第十四个五年规划和 2035 年远景目标纲要》指出，加快发展生物医药、生物育种、生物材料、生物能源等产业，做大做强生物经济。有资料显示，2022 年全球新型医用材料和生物材料市场规模为 17 万亿元人民币，中国新型医用材料和生物材料市场容量为 4.7 万亿元人民币。从 2018—2022 年全球新型医用材料和生物材料市场发展概况及各项数据指标的变化趋势来看，全球新型医用材料和生物材料市场规模将以 8.93% 的平均速度增长，并在 2028 年达到 28 万亿元人民币。在 21 世纪，医用新材料产业将成为国民经济的支柱性产业。

1.3　生物材料学

生物材料学（Biomaterials Science）是研究材料与生物体的相互作用规律与机理，进而研究具有生物相容性和生物功能性的生物材料的设计与制备方法的基础性学科，是学科交叉融合的产物。和其他学科一样，它也有专门的研究对象，即材料和人体的相互作用。生物材料的最终应用需要在人体中得到验证（即临床研究），但最初的研究常常是从细胞实验开始，进而延伸到动物试验。动物试验所用动物主要是哺乳动物，因其生物学特征和人体最为接近。因此，为了医学目的进行的材料和哺乳动物机体的相互作用的研究属于生物材料学的范畴。另外还会对材料和微生物（主要为细菌）的相互作用进行研究。生物材料黏附的细菌有时会导致植入失败，因此具有抗菌和杀菌功能的材料在医学上有很大的应用需求。从这个意义上讲，生物材料学的研究对象可以扩展为：材料和生物学体系的相互作用。需要指出的是，所有这些研究的目的都是理解和控制材料与人体的相互作用，从而设计并制备出与人体具有良好生物相容性的材料或医疗装置（Medical devices）。不具有医学目的的材料与生物体相互作用的研究（如石墨烯对食用菌生长的影响），属于生态毒理学的范畴。

生物材料学的学科体系如图 1-2 所示。生物材料学可以分为基础生物材料学（Basic Biomaterials Science）和应用生物材料学（Applied Biomaterials Science）。

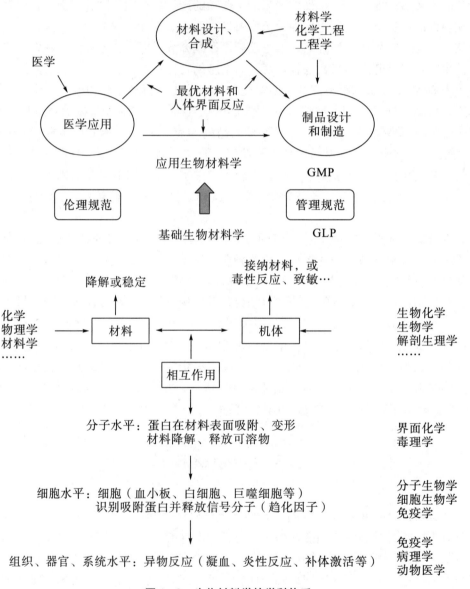

图 1-2　生物材料学的学科体系

基础生物材料学是具有医学目的的、系统地研究材料与生物学系统相互作用的一门学科。这里的生物学系统包括生物分子、细胞（微生物）、组织、器官、系统，乃至整个人体。基础生物材料学是整个生物材料学的学科基石。

应用生物材料学是针对特定的医学应用，利用材料与人体相互作用的规律，设计并制造满足医学目的的生物材料和制品的一门学科。应用生物材料学强调生物材料或制品的制备和应用，其核心是设计材料时要考虑尽量减小材料对人体的不良影响。

为了让读者能够对生物材料学有一个宏观的了解，并且能在必要时知道如何从传统学科中汲取所需知识，下面将重点介绍生物材料学和其他传统学科的关系。

1.3.1　基础生物材料学

如前所述，基础生物材料学研究的是材料和机体的相互作用。材料本身的性质和制备涉及材料学，包括金属材料、陶瓷材料、高分子材料和复合材料，而材料学本身是建立在物理、化学和化学工程基础上的。对于人体正常结构和功能的认识，依赖于解剖学和生理学；对于病变组织的结构变化的认识，依赖于病理学。

材料和机体的相互作用在分子层面上主要是蛋白质在材料表面的吸附行为，包括吸附量、吸附种类、竞争吸附等，这部分内容涉及界面化学；吸附的蛋白质很有可能发生构象的改变，暴露活性基团，被细胞识别，并将信号传导到细胞内，导致细胞释放一系列活性分子，这部分内容涉及蛋白质的功能和细胞信号的传导等，是分子生物学和细胞生物学的研究内容。分子生物学（Molecular Biology）是从分子水平研究生物大分子的结构与功能，从而阐明生命现象的本质；细胞生物学（Cell Biology）是在显微、亚显微和分子水平三个层次上研究细胞的结构、功能和各种生命规律。材料溶出物和降解产物的毒性研究涉及毒理学。

生物材料表面黏附的细胞所释放的活性分子，通过扩散，会被附近和远端的其他细胞识别，导致特定细胞（如白细胞）在植入物附近聚集，从而引起机体的一系列反应（包括炎性反应等），这部分内容涉及分子生物学、细胞生物学和免疫学。简单来说，免疫学研究机体对异物（这里指植入物）的识别、破坏和排除的分子机理及过程。材料的溶出物也可能引起机体的免疫应答。有时，植入物会导致机体组织形态的变化，对这种变化的研究需要借助病理学的研究方法。

由于研究生物材料和机体的相互作用涉及动物试验，研究靶向给药体系涉及动物的疾病模型，因此了解相关动物医学的知识是有必要的。

材料和机体相互作用的结果：材料稳定存在于体内，被人体接纳；或材料逐渐降解，缺损组织逐渐修复；或材料导致毒性反应或强烈的异物反应（如炎症反应），或致畸致敏，使材料不能用于人体。

材料与机体相互作用的研究，加深了人们对材料所引起的生物学反应的认识，可用于指导生物材料设计。在这个研究过程中，一些好的方法被筛选并固定下来，逐渐形成了生物材料评价标准。用于临床的生物材料必须通过这些标准所规定的检测。

1.3.2　应用生物材料学

应用生物材料学研究的是针对特定的医学应用来设计材料和制品，也是一门涉及医学、材料学和工程学的交叉学科。这种特定的医学应用的需求最初由临床医生提出，设计材料和制品是生物材料学家的任务，材料和制品的制备则是材料工程师的职责。生物材料学家设计生物材料和植入制品的核心就是要满足临床应用的要求（生物功能性），同时还要满足材料和人体界面有最优化的界面反应的要求（生物相容性）。满足后一个要求正是基于基础生物材料学研究的结果。

涉及临床生物材料及其制品的应用效果随访记录、材料失效的记录以及失效机理的研究，对于生物材料的设计和应用是非常重要的。前两项工作常常由管理人员完成。而失效机理的研究，常常需要做基础生物材料学研究的人员（包括病理学家）对取出的材料（包括其周围的组织）进行仔细的表征。这些记录和研究得出的临床生物材料和人体相互作用的数据，对于生物材料及制品的优化和改进有重要的参考价值。

1.3.3 生物材料学相关的伦理和管理

伦理学是关于道德的科学，是道德思想观点的系统化、理论化。伦理学的基本问题只有一个，即道德和利益的关系问题。生物材料学研究涉及的伦理问题已经引起广泛的讨论[2]，其中比较重要的问题如下：

一是实验动物福利问题。目前普遍接受的观点是，研究者有义务为实验动物提供人道待遇；只有在必需的情况下才使用动物，且应尽可能减少使用动物的数量。

二是进行临床试验研究时，怎样确保对患者风险最小，患者被告知且同意？

三是对维持生命的装置来说，怎样让患者在维持生命和提高生命质量之间进行权衡和选择？如果患者对其生命质量不满意，是否允许其停止使用该装置？

四是如何确保研究结果不受资助者（特别是商业公司）的影响？特别是如何防止选择性发表一些对资助者有利的结果，而隐藏一些与商业利益冲突的数据？

生物材料是用于人体的，其评价有严格的规范，如 GB/T 16886《医疗器械生物学评价》系列标准，目前有 20 个部分，具体见"1.5 生物材料评价"。另外，对于一些具体材料，也有单独的标准，如《医用有机硅材料生物学评价试验方法》（GB/T 16175—2008）。最近我国发布了一系列有关组织工程医疗器械产品的医药行业标准，如《组织工程医疗器械产品 可吸收生物材料植入试验》（YY/T 1576—2017）。

生物材料及其制品的评价需要遵循国家和行业标准，临床应用的产品需通过相关检测标准。需要指出的是，达到标准的产品并不表示就可以使用，还需通过动物试验和临床试验对其生物功能性进行验证（指第二、三类医疗器械）。得到管理部门的批准才能用于临床试验，临床试验合格并经过管理部门批准拿到产品注册证后才可以生产和销售，供临床正式使用。

生物材料，特别是用作体内植入的生物材料，其评价实验室和生产厂商应参照药物的标准来执行实验和生产。目前美国、欧盟和日本均要求医疗器械产品的非临床评价（或称为临床前评价）必须在通过 GLP 认证的实验室中进行。GLP(Good Laboratory Practice)意为"良好实验室规范"或"标准实验室规范"，旨在严格控制化学品（包括药品、食品添加剂、化妆品以及医疗器械等）安全性评价试验的各个环节，确保试验结果的准确性，促进试验质量的提高，并提高登记、许可评审的科学性、正确性和公正性，更好地保护人类健康和环境安全[21]。《良好实验室规范原则》（GB/T 22278—2008）规定：除法定豁免外，本标准所规定的 GLP 原则适用于法规所要求的所有环境安全和非临床健康研究。显然，生物材料及其制品的评价必须在 GLP 实验室进行。在国内 GLP 实验室得到的评价数据可以获得其他国家 GLP 实验室的认可，从而减少了不必要的重复实验。

生物材料及其制品必须由获得 GMP 认证的企业来生产。GMP(Good Manufacturing Practice)是产品生产质量管理规范，是一种强制企业实行把产品质量和卫生安全作为生产工艺流程核心的自主性管理制度。其概念最早于 1969 年由 WHO 提出，一开始针对的是医药企业。简单来说，GMP 规范要求医疗器械企业拥有高水平的硬件和软件设施。硬件包括安全的活动空间、洁净的生产系统和先进的生产设备，软件包括熟练的生产人员、成熟的生产工艺、完善的质量控制和严格的监测体系[22]。

1.4　生物材料分类

按照材质，生物材料可分为医用金属材料、医用陶瓷材料、医用聚合物及医用复合材料。常用的医用金属材料有骨折内固定不锈钢夹板、钛合金髋关节、血管内钛镍合金支架、齿科矫正器械、手术器械等。常用的医用陶瓷材料有羟基磷灰石骨修复材料、磷酸钙骨水泥材料、活性玻璃生物材料等。医用聚合物较为成功的例子有涤纶人工血管、聚醚砜血液透析器、接触镜等。医用复合材料有聚甲基丙烯酸甲酯/硫酸钡骨水泥材料、羟基磷灰石/聚乳酸骨修复材料等。

按照应用领域，生物材料可分为硬组织材料(骨和牙齿替代)、软组织填充材料、心血管材料。硬组织材料主要由金属、陶瓷和复合材料构成；软组织填充和心血管材料主要是聚合物材料，后者也有少量的金属(如血管内支架)材料。

上述两种分类方式在科学研究中使用较多。

《医疗器械生物学评价　第 1 部分：风险管理过程中的评价与试验》(GB/T 16886.1—2022)将医疗器械按接触时间(t)分类，分为短期接触($t \leqslant 24$ h)、长期接触(24 h<$t \leqslant 30$ d)和持久接触(30 d<t)三类。与人体不同接触部位及不同接触时间的材料，其生物学评价的要求不同(见 1.5 节)。

另外，在医疗器械注册管理中，将医疗器械分为三类[具体可参见《医疗器械监督管理条例》(中华人民共和国国务院令第 739 号)]：

第一类是风险程度低，实行常规管理可以保证其安全、有效的医疗器械。这类器械有外科用手术器械(刀、剪、钳、镊、钩)、刮痧板、医用 X 光胶片、手术衣、手术帽、检查手套、纱布绷带、引流袋等。

第二类是具有中度风险，需要严格控制管理以保证其安全、有效的医疗器械。这类器械有医用缝合针、血压计、体温计、心电图机、脑电图机、显微镜、针灸针、生化分析系统、助听器、超声消毒设备、不可吸收缝合线、避孕套等。

第三类是具有较高风险、需要采取特别措施严格控制管理以保证其安全、有效的医疗器械。这类器械有植入式心脏起搏器、角膜接触镜、人工晶状体、超声肿瘤聚焦刀、血液透析装置、植入器材、血管支架、综合麻醉机、齿科植入材料、医用可吸收缝合线、血管内导管等。

1.5　生物材料评价

　　生物材料评价是对和患者接触的材料及制品的安全性进行评价，包含两个方面：产品是否安全(生物相容性)，产品的功能(生物功能性)是否正常。一般的生物材料评价是指前者，产品的功能一般通过动物试验和临床试验结果来进行评价。

　　我国已发布了一系列医疗器械生物学评价标准(见表1-1)，与ISO 10993具有等同性。本节不对具体的评价方法进行阐述，读者可参阅相关标准和文献。第2章将会对材料的评价方法进行概述，第3章将会对一些生物学评价技术进行讨论。对于一个具体的生物材料制品，应根据其与人体接触的部位和接触的时间来选择不同的测试方法。为此，《医疗器械生物学评价　第1部分：风险管理过程中的评价与试验》(GB/T 16886.1—2022)附录A中对不同产品的测试方法进行了推荐(见表1-2)。需要指出的是，这只是一个评定程序的框架，而不是一个强制清单。除了表1-2所列框架，还应根据具体接触性质和接触周期考虑以下评价试验：慢性毒性、致癌性、生物降解、毒代动力学、免疫毒性、生殖/发育毒性或其他器官的特异性毒性。

表1-1　医疗器械生物学评价标准(GB/T 16886)

标准编号	标准名称
GB/T 16886.1—2022	医疗器械生物学评价　第1部分：风险管理过程中的评价与试验
GB/T 16886.2—2011	医疗器械生物学评价　第2部分：动物福利要求
GB/T 16886.3—2019	医疗器械生物学评价　第3部分：遗传毒性、致癌性和生殖毒性试验
GB/T 16886.4—2022	医疗器械生物学评价　第4部分：与血液相互作用试验选择
GB/T 16886.5—2017	医疗器械生物学评价　第5部分：体外细胞毒性试验
GB/T 16886.6—2022	医疗器械生物学评价　第6部分：植入后局部反应试验
GB/T 16886.7—2015	医疗器械生物学评价　第7部分：环氧乙烷灭菌残留量
GB/T 16886.9—2022	医疗器械生物学评价　第9部分：潜在降解产物的定性和定量框架
GB/T 16886.10—2017	医疗器械生物学评价　第10部分：刺激与皮肤致敏试验
GB/T 16886.11—2021	医疗器械生物学评价　第11部分：全身毒性试验
GB/T 16886.12—2017	医疗器械生物学评价　第12部分：样品制备与参照材料
GB/T 16886.13—2017	医疗器械生物学评价　第13部分：聚合物医疗器械降解产物的定性与定量
GB/T 16886.14—2003	医疗器械生物学评价　第14部分：陶瓷降解产物的定性与定量
GB/T 16886.15—2022	医疗器械生物学评价　第15部分：金属与合金降解产物的定性与定量
GB/T 16886.16—2021	医疗器械生物学评价　第16部分：降解产物与可沥滤物毒代动力学研究设计

续表

标准编号	标准名称
GB/T 16886.17—2005	医疗器械生物学评价　第17部分：可沥滤物允许限量的建立
GB/T 16886.18—2022	医疗器械生物学评价　第18部分：材料化学表征
GB/T 16886.19—2022	医疗器械生物学评价　第19部分：材料物理化学、形态学和表面特性表征
GB/T 16886.20—2015	医疗器械生物学评价　第20部分：医疗器械免疫毒理学试验原则和方法

注：截至目前，GB/T 16886.8"生物学试验参照样品的选择和定性指南"还未发布（其名称根据 ISO 10993—8 翻译而来），相关内容可参阅 ISO 10993—8。

表1-2　不同医疗器械需要考虑的评价试验（参考自 GB/T 16886.1—2022 附表 A.1）

分类	接触	接触时间	物理和/或化学信息	细胞毒性	致敏反应	刺激或皮内反应	材料介导的致热性	急性全身毒性	亚急性毒性	亚慢性毒性	慢性毒性	植入反应	血液相容性	遗传毒性	致癌
表面接触医疗器械	完好皮肤	A	X	E	E										
		B	X	E	E	E									
		C	X	E	E	E									
	黏膜	A	X	E	E	E		E							
		B	X	E	E	E	E	E				E			
		C	X	E	E	E	E	E	E	E		E		E	
	破裂或损伤表面	A	X	E	E	E	E	E							
		B	X	E	E	E	E	E				E			
		C	X	E	E	E	E	E	E	E		E		E	E
外部接入医疗器械	血路，间接	A	X	E	E	E	E	E					E		
		B	X	E	E	E	E	E	E				E		
		C	X	E	E	E	E	E	E	E	E	E	E	E	E
	组织/骨/牙本质	A	X	E	E	E	E	E							
		B	X	E	E	E	E	E				E			
		C	X	E	E	E	E	E	E	E	E	E		E	E
	循环血液	A	X	E	E	E	E	E					E		
		B	X	E	E	E	E	E	E			E	E		
		C	X	E	E	E	E	E	E	E	E	E	E	E	E

（接触时间：A—短期（≤24 h）；B—长期（>24 h～30 d）；C—持久（>30 d）。人体接触性质含分类、接触。生物学评价终点见表头各列。）

医疗器械分类			生物学评价终点											
植入医疗器械	组织/骨	A	X	E	E	E	E	E						
		B	X	E	E	E	E	E	E			E	E	E
		C	X	E	E	E	E	E	E	E	E	E	E	E
	血液	A	X	E	E	E	E	E				E	E	
		B	X	E	E	E	E	E	E			E	E	
		C	X	E	E	E	E	E	E	E	E	E	E	E

注：X表明某一风险评定需要获取的必要信息。E表明风险评定中需要评价的终点。对于新材料、用于特定人群(如妊娠妇女)和/或器械材料有在生殖器官留存可能的情况下需考虑生殖/发育毒性；患者体内有残留的任何有可能降解的器械和材料宜提供降解信息，详细信息请参考 GB/T 16886.1—2022 原文。

根据表1-1和表1-2进行的医疗器械评价是对产品进行的评价。在研究工作中，对新开发的材料进行的生物学评价不可能面面俱到，常常需要根据实际情况来选择评价方法。同时，研究工作中允许开发新的更为灵敏的测试技术，目前来看，从分子水平认识和评价生物相容性是今后的一个趋势。实际上，现有的评价技术也是在研究材料和机体相互作用的过程中逐渐形成的。

1.6 生物材料应用概述

生物材料应用集中于第一代(生物惰性)和第二代(生物活性或生物可降解性)，典型的和比较成熟的应用见表1-3。这些成熟的应用目前仍有不少在改进，如在人工髋关节钛合金表面涂覆羟基磷灰石以提高骨结合能力，以及对 PMMA 骨水泥的替代研究，主要用钙磷类陶瓷提高骨结合性，防止长期使用后的松动。目前对生物材料的研究主要集中在第三代(生物活性+可降解)和第四代(生物仿生)，期望能够诱导组织和器官的再生。本书第三部分将详细介绍一些生物材料的应用和研究进展。

表1-3 典型的生物材料应用

应用	材料	说明
软组织填充	聚四氟乙烯(PTFE)、聚乙烯(PE)等	惰性多孔材料，利于组织长入
人工乳房	硅橡胶	多孔材料
接触镜	聚甲基丙烯酸羟乙酯(PHEMA)	水凝胶
人工晶状体	聚甲基丙烯酸甲酯（PMMA）、硅橡胶、PHEMA	透明
骨折内固定	不锈钢、聚乳酸(PLA)	夹板、螺钉和螺母等

续表

应用	材料	说明
人工髋关节	关节体：钛合金 Ti-6Al-4V 关节头：Al_2O_3 或 ZrO_2 臼窝：超高分子量 PE(UHMWPE) 骨水泥：PMMA＋$BaSO_4$	钛合金惰性，骨水泥长期使用有松动
骨缺损修复	羟基磷灰石、磷酸三钙、复合材料等	主要为非承力部位
血管内支架	镍钛合金、镁合金、聚乳酸等	
人工血管	涤纶、膨体 PTFE(ePTFE)	大直径（＞6mm）成功，小直径失败
人工心脏瓣膜	牦牛心包材料	
血液透析器（人工肾）	聚醚砜	
心脏起搏器	聚氨酯（绝缘导线）、电子器件	
人工皮肤	牛胶原＋人皮肤细胞	组织工程产品
人工耳廓	脂肪族聚酯＋耳软骨细胞	组织工程产品
缝合线	脂肪族聚酯共聚物	降解或不降解
介入导管	聚氨酯、硅橡胶	诊断治疗

参考文献

[1] (a)Black J. Biological Performance of Materials-Fundamentals of Biocompatibility [M]. 4th ed. Boca Raton：CRC Press，USA，2006. (b)Ratner B D. A pore way to heal and regenerate：21st century thinking on biocompatibility [J]. Regenerative Biomaterials，2016，3(2)：107－110.

[2] 巴迪·D.拉特纳，艾伦·S.霍夫曼，弗雷德里克·J.舍恩，等. 生物材料科学：医用材料导论 [M]. 顾忠伟，刘伟，俞耀庭，等译. 北京：科学出版社，2011.

[3] Zilla P，Bezuidenhout D，Human P. Prosthetic vascular grafts：wrong models，wrong questions and no healing [J]. Biomaterials，2007，28(34)：5009－5027.

[4] Ishihara R，Aragaki R，Ueda T，et al. Reduced thrombogenicity of polymers having phospholipid polar groups [J]. Journal of Biomedical Materials Research，1990，24(8)：1069－1077.

[5] Jeon S I，Lee J H，Andrade J D，et al. Protein—surface interactions in the presence of polyethylene oxide：I. Simplified theory [J]. Journal of Colloid and Interface Science，1991，142(1)：149－158.

[6] Ostuni E，Chapman R G，Holmlin R E，et al. A survey of structure-property relationships of surfaces that resist the adsorption of protein [J]. Langmuir，2001，17：5605－5620.

[7] Ridzwan M I Z，Shuib S，Hassan A Y，et al. Problem of stress shielding and improvement to the hip implant designs：a review [J]. Journal of Medical Sciences，2007，7(3)：460－467.

[8] Zhang Z，Briana S，Douville Y，et al. Transmural communication at a sub-cellular level may play a critical role in the fallout based-endothelialization of Dacron vascular prostheses in canine [J]. Journal of Biomedical Materials Research，2007，81A：877－887.

[9] 汤顺清，周长忍，邹翰. 生物材料的发展现状与展望（综述）[J]. 暨南大学学报（自然科学版），

15

2000(5)：122-125.

[10] 李玉宝. 生物医学材料 [M]. 北京：化学工业出版社，2003：1-10.

[11] 马建标. 功能高分子材料 [M]. 北京：化学工业出版社，2000：320-321.

[12] Blaine G. The uses of plastics in surgery [J]. The Lancet, 1946, 248(6424)：525-528.

[13] Ratner B D, Hoffman A S, Schoen F J, et al. Biomaterials Science：An Introduction to Materials in Medicine [M]. Pittsburgh：Academic Press, 2004.

[14] Wichterle O, Lim D. Hydrophilic gels for biological use [J]. Nature, 1960, 185：117-118.

[15] Yannas I V, Lee E, Orgill D P, et al. Synthesis and characterization of a model extracellular matrix that induces partial regeneration of adult mammalian skin [J]. PNAS, 1989, 86(3)：933-937.

[16] Castro-Aguirre E, Iñiguez-Franco F, Samsudin H, et al. Poly (lactic acid)-mass production, processing, industrial applications, and end of life [J]. Advanced Drug Delivery Reviews, 2016, 107：333-366.

[17] Rosales A M, Anseth K S. The design of reversible hydrogels to capture extracellular matrix dynamics [J]. Nature Reviews Materials, 2016, 1：1-15.

[18] Zhu W, Ma X, Gou M, et al. 3D printing of functional biomaterials for tissue engineering [J]. Current Opinion Biotechnology, 2016, 40：103-112.

[19] Shi J, Kantoff P W, Wooster R, et al. Cancer nanomedicine：progress, challenges and opportunities [J]. Nature Reviews Cancer, 2017, 17(1)：20-37.

[20] Pacardo D B, Ligler F S, Gu Z. Programmable nanomedicine：synergistic and sequential drug delivery systems [J]. Nanoscale, 2015, 7(8)：3381-3391.

[21] 余银浩，黄宏，莫蔓，等. 化学品良好实验室(GLP)体系发展现状 [J]. 广东技术师范学院学报(自然科学版)，2014，(11)：136-140.

[22] 孙锐. 中国医疗器械 GMP 的意义和问题 [J]. 科技创新与应用，2015(26)：279.

第 2 章　材料学基础

生物材料涉及所有的材料学科，从总体上掌握材料的结构与性能对从事生物材料研究和开发的人员来说是很有必要的。材料的化学组成和加工工艺决定材料的结构，材料的结构决定材料的性能。因此，在组成、结构和性能的关系中，结构是核心。本章从物质结构原理出发，讨论材料结构与力学性能的关系，并结合体内使用环境探讨生物材料的设计原理，最后介绍材料的评价方法。

2.1　物质结构原理

2.1.1　原子结构

材料是人类用于制造物品、器件、构件、机器和其他产品的物质。物质的基本组成单元为原子。由扩散现象，物质固、液、气三态的相互转化，气体压强等现象可推测，物质由微小颗粒组成。古希腊哲学家德谟克利特提出了古典原子论，认为万物由原子构成，原子不可分割。1661 年，波义耳的著作《怀疑派化学家》出版，提出将用化学方法不能再分解的物质称为元素，并指出元素的种类不止一种，应有很多种。1803 年，道尔顿创立了现代原子论，认为物质世界的最小单位是原子，原子是不可分割的，有多少种元素就有多少种原子；化合物是由不同元素的原子按整比关系结合而成的。道尔顿的理论促使化学家不断发现新元素（化学反应的最小单位），总结元素性质的规律。1869 年，门捷列夫发现了元素周期律，建立了最初的元素周期表，开创了化学发展的新时期。1897 年，汤姆森在研究阴极射线时发现了电子，他根据阴极射线（即电子流）在电场中的偏转确定其带负电荷，并测定了不同金属发射的阴极射线均有相同的荷质比，后来测定出其质量约为氢原子质量的 1/1837。电子是人们发现的第一个亚原子粒子，说明原子还有内部结构。为此，1903 年汤姆森提出了原子结构"枣糕模型"，认为除电子外，原子的质量和正电荷像蛋糕一样均匀分布，电子则像枣一样随机镶入蛋糕之中。

1905 年，爱因斯坦通过对布朗运动的深入分析，证实物质由微小颗粒（原子或分子）组成，并估算出原子的尺寸在 10^{-10} m 量级上，使原子论建立在坚实的科学基础之上。1909 年，卢瑟福用 α 粒子（即氦原子核 He^{2+}）轰击金箔，发现大部分 α 粒子直接通过了金箔，只有极少数 α 粒子发生了大角度偏转，证实原子内部大部分是空的，存在一个直径很小的核，大约在 10^{-14} m 量级。1911 年，卢瑟福提出原子结构的"行星模型"，认为原子由原子核和核外电子构成，电子在固定的轨道上绕核运动。十年后，卢瑟福用 α 粒子轰击氮原子核，发现了质子(即氢原子核 H^+)，并预测了中子的存在。1932 年，查德威克在用 α 粒子轰击铍的实验中发现了中子。至此，组成原子的基本粒子(电子、质子和中子)被发现：原子由原子核和核外电子构成，原子核由带正电的质子和不带电的中子组成。具有相同质子数的一类原子称为元素，具有相同质子数、不同中子数的原子之间互称为同位素。比如所有含 6 个质子的原子统称碳元素，自然界中碳元素可以含 6 个(^{12}C)或 7 个(^{13}C)中子，其原子百分含量(丰度)分别为 98.89% 和 1.11%。

2.1.1.1 核外电子运动的量子力学描述

卢瑟福原子结构的"行星模型"与经典的电动理论存在矛盾。根据经典电动理论，绕核运动的电子必定发射电磁波而消耗能量，最终坠入原子核；而实际上，原子相当稳定。1913 年，玻尔在普朗克量子论和卢瑟福原子模型的基础上，提出电子在核外的分层排布模型(量子化轨道)，解决了原子结构的稳定性问题。该模型的核心为：电子不是随意占据在原子核的周围，而是在固定的层面上运动；每一层电子有固定的能量(能量不能取连续值)，称为能级；当电子从一个层面跃迁到另一个层面时，原子便吸收或释放能量。玻尔原子模型成功解释了氢原子的线状光谱。

玻尔原子模型不能够解释多电子原子的光谱，说明玻尔原子模型还未完全揭示微观粒子的运动规律。在普朗克、爱因斯坦和玻尔工作的基础上，德布罗意、海森堡、狄拉克、薛定谔等科学家经过努力，创立了现代量子力学，以描述微观粒子的运动规律。实际上，微观粒子具有波粒二象性，不能以固定的轨道来描述其运动。1926 年，薛定谔建立了描述微观粒子运动的波动方程，称为薛定谔方程。该方程是量子力学的一个基本方程，也是量子力学的一个基本假定，其正确性只能通过实验验证。薛定谔方程在处理原子、分子、核和固体的一系列问题上都和实验吻合得很好。对核外电子来说，求解薛定谔方程可以得到一系列的电子波函数 ψ_i 及其对应的能量 E_i(即电子能级的能量)。对氢原子来说，由薛定谔方程求得的能量和由玻尔理论求得的能量是一致的。波函数在空间某点的强度绝对值的平方($|\psi|^2$)正比于电子在该点单位体积内出现的概率，即概率密度(ρ)。可以用小黑点的疏密程度来表示电子在核外空间出现的概率密度，黑点密集的地方表示电子出现的概率大，稀疏的地方表示电子出现的概率小——这种图形称为电子云图(见图 2-1)。电子出现概率占 90% 的界面称为电子云界面。

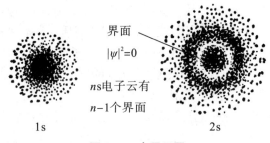

界面
$|\psi|^2=0$

ns电子云有
$n-1$个界面

1s   2s

图 2-1 电子云图

薛定谔方程的解 ψ_i 和 E_i 依赖一套量子化的参数 n,l,m，统称量子数。只有 n,l,m 值的允许组合得到的波函数 $\psi(n,l,m)$ 才是合理的(见表 2-1)，才能代表体系中电子运动的一个稳定状态，这种波函数称为原子轨道函数，俗称原子轨道。需要注意的是，量子力学里的原子轨道不同于经典力学中宏观物体的运动轨道，也不同于玻尔模型中的固定轨道，而是指电子在空间的一种运动状态，可以理解为电子在核外运动的某个空间范围。

表 2-1　表征原子轨道的三个量子数的组合

主量子数 n（主层）	副量子数 l（亚层）	亚层符号	亚层层数	磁量子数 m（原子轨道）	亚层轨道数	主层轨道数
1 或 K	0	1s	1	0	1	1
2 或 L	0 1	2s 2p	2	0 -1, 0, +1	1 3	4
3 或 M	0 1 2	3s 3p 3d	3	0 -1, 0, +1 -2, -1, 0, +1, +2	1 3 5	9
4 或 N	0 1 2 3	4s 4p 4d 4f	4	0 -1, 0, +1 -2, -1, 0, +1, +2 -3, -2, -1, 0, +1, +2, +3	1 3 5 7	16
5 或 O	0 1 2 3 4	5s 5p 5d 5f 5g	5	0 -1, 0, +1 -2, -1, 0, +1, +2 -3, -2, -1, 0, +1, +2, +3 -4, -3, -2, -1, 0, +1, +2, +3, +4	1 3 5 7 9	25

由表 2-1 可知，主量子数 n 取值为自然数 1，2，3，…（也可用字母 K，L，M，…表示），n 越大，表示电子层离核越远，能量越高。副量子数 l 与轨道角动量有关，又称为角量子数，取值为 0 和小于 n 的自然数。l 的每一个值代表轨道的一种形状，一个主层中 l 有多少个值，就表示该层有多少个形状不同的亚层，以光谱符号 s，p，d，f，g，…表示。s 亚层为球形，p 亚层为双球形，d 亚层为花瓣形（见图 2-2）。一个原子轨道的能量由 n 和 l 共同决定。磁量子数 m 决定原子轨道在空间的不同伸展方向，其取值为 0，±1，±2，±3，…，±l。一个原子轨道亚层有多少个 m 值就表示该亚层有多少个不同的伸展方向；s，p，d 亚层分别有 1，3，5 个伸展方向（见图 2-2）。n，l 相同，m 不同的轨道，能量是一样的，只是空间伸展方向不一样，称为等价轨道，如 2p 亚层有 3 个等价轨道，3d 亚层有 5 个等价轨道。

电子除在轨道中运动外，还存在自旋运动，因此还需要自旋量子数 m_s，才能完整地确定一个电子的运动状态。电子自旋只有两个方向，顺时针或逆时针，相应的 m_s 取值为 +1/2 和 -1/2。因此，原子轨道是由 n，l，m 三个量子数确定的电子运动区域；完整的电子的运动状态由 n，l，m，m_s 四个量子数决定。

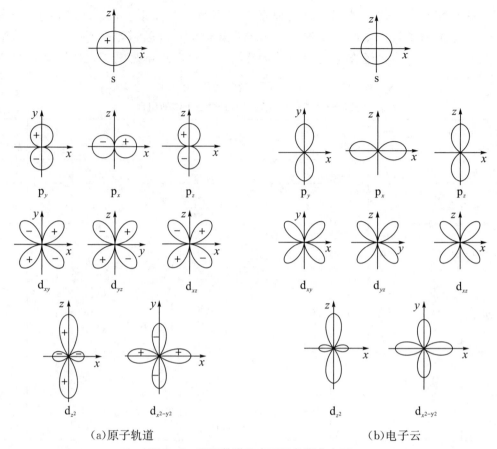

（a）原子轨道   （b）电子云

图 2－2　原子轨道和电子云角度分布图

注：电子云图形状和原子轨道类似，只是偏瘦一些。原子轨道的正负为波函数的符号，不代表电荷。改编自文献［1］。

对于只有一个电子的氢原子来说，其轨道能量只取决于主量子数 n，即 $n_s = n_p = n_d = n_f$，即主量子数相同的轨道都是等价轨道。

2.1.1.2　原子的核外电子排布和元素周期律

需要指出的是，原子轨道是量子力学允许的电子在核外运动的区域，轨道上可以有电子运动，也可以没有电子运动（空轨道）。基态原子的电子总是倾向于在低能量的轨道上运动。对多电子原子来说，其电子在核外轨道的分布遵循以下原理和规则：

（1）泡利不相容原理。在同一原子中不存在量子数相同的两个电子，即每个轨道上最多只能容纳两个自旋相反的电子。

（2）能量最低原理。在满足泡利不相容原理的条件下，电子在原子轨道上的排布应使整个体系能量最低。

（3）洪特规则。在等价轨道上，电子应尽可能以自旋平行的方式分占不同轨道，如 $_7\mathrm{N}$ 的核外电子排布为 $1s^2 2s^2 2p^3$，其三个 p 轨道上分别有一个电子，且自旋相同；等价轨道上全充满（p^6, d^{10}, f^{14}）、半充满（p^3, d^5, f^7）和全空（p^0, d^0, f^0）的情况下，能量最低，这种原子结构比较稳定。

鲍林根据光谱实验结果总结了原子中各轨道能量的高低近似情况，如图 2－3 所示。

对多电子原子来说，其电子按轨道能量由低到高依次填入，填到最后能级组时，应注意洪特规则。如 $_{29}$Cu 按能量最低原理，其电子排布为 $1s^2 2s^2 2p^6 3s^2 3p^6 4s^2 3d^9$，但 d^9 接近全满，按洪特规则应取 $4s^1 3d^{10}$。故按主量子数由小到大，$_{29}$Cu 实际电子排布为 $1s^2 2s^2 2p^6 3s^2 3p^6 3d^{10} 4s^1$。

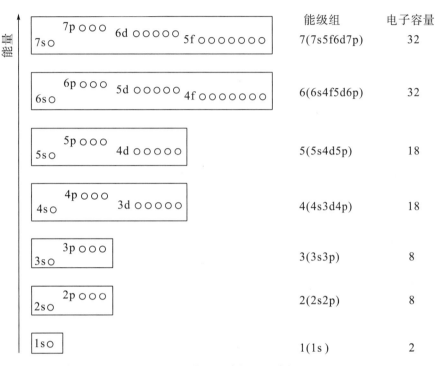

图 2—3 鲍林近似能级图及能级组

需要指出的是，绝大部分原子的电子排布符合上述三个原则，但也有少数例外，如钨原子 $_{74}$W 外层电子排布为 $4f^{14} 5d^4 6s^2$，其 d 轨道电子排布并不符合洪特规则（不是半充满）。此时，应尊重事实，不能以规则来决定事实。

原子的核外电子排布决定了元素的化学性质。化学变化实际上是不同物质的原子重新组合成新物质的过程，化学变化的最小单位是原子，只涉及原子的核外电子的转移或共享（不影响原子核的结构）。因此，原子的最外层能级组（见图 2—3）的电子排布决定了原子的化学性质。

元素周期律的发现先于原子结构（电子、质子、中子和核外电子排布），早期的化学家是根据原子量从小到大的顺序对不同元素进行排序的，发现元素性质随原子量呈周期性变化。随着对原子结构和核外电子排布规律的认识，20 世纪 30 年代，人们已经认识到元素在周期表的位置取决于核电荷数（即质子数，等于核外电子数），元素化学性质随核电荷数呈周期性变化。这种周期性变化是由核外电子排布的周期性变化所致。

图 2—3 有利于我们理解元素周期表。第一能级组只有 1s 一个轨道，最多容纳两个电子，因此第一周期只有两个元素（$_1$H 和 $_2$He）。第 3 号元素 $_3$Li 有三个电子，前两个占据 1s 轨道，第三个电子只能排布为 $2s^1$，因此 Li 为第二周期的第一个元素。由于第二能级组（2s2p）最多只能容纳 8 个电子，因此第二周期有 8 个元素。第二周期的最后一个元素为

10(2+8)号元素 Ne。11 号元素 Na 的前十个电子的排布和 Ne 相同,第十一个电子只能排到第三周期 $3s^1$,成为第三周期的第一个元素。第三能级组(3s3p)最多只能容纳 8 个电子,因此 $_{11}$Na 后面第 8 个元素即 $_{19}$K 元素的最外层电子排布为 $4s^1$。第四周期的能级组(4s3d4p),由于有 d 轨道,最多容纳 18 个电子,因此 K 元素后第 18 个元素铷($_{37}$Rb)的外层电子排布为 $5s^1$。以此类推,铷元素后第 18 个元素铯($_{55}$Cs)、铯元素后第 32 个元素钫($_{87}$Fr)的电子排布分别为 $6s^1$ 和 $7s^1$。具有外层为 ns^1 电子排布的元素(H、Li、Na、K、Rb、Cs、Fr)在周期表中归为一族,称为 I A 族元素。在 I A 族元素中,除 H 外,其他元素均为金属元素,性质很相似,如都能和水反应置换出氢气;但由于周期越大(周期表的周期对应于最大主量子数 n)、原子半径越大,对核外电子的束缚减弱,失电子能力增强(即金属性增强),因此从 Li 到 Fr,其和水的反应越来越剧烈。由此看出,元素的化学性质取决于其核外电子排布,特别是外层电子排布。

需要指出的是,在化学反应中,原子失电子的顺序总是从最外层开始的。如镓($_{31}$Ga)的最高能级组电子排布为 $4s^2 3d^{10} 4p^1$,按能量高低来说,失电子顺序应为 4p、3d、4s;实际上 Ga 易失去外层三个电子,d 轨道不受影响(全充满,能量低)。只有 p 轨道上没有电子时,d 轨道的电子才容易在化学反应中失去。如铁($_{26}$Fe)的最高能级组电子排布为 $4s^2 3d^6 4p^0$,其可以单独失去两个 4s 电子(Fe^{2+}),也可以同时失去两个 4s 电子和一个 3d 电子(Fe^{3+})。核外电子中能和其他原子相互作用形成化学键的电子称为价电子,Fe 元素有 3 个价电子(理论价电子数为 8,未观察到)。价电子所处的能级称为价电子层,Ga 的价电子层电子排布为 $4s^2 4p^1$,Fe 的价电子层电子排布为 $3d^6 4s^2$。元素的化学性质由价电子层的电子排布决定。元素周期表中将 n 不同、价电子层排布相同(极少数例外,但价电子层电子总数是相同的)的元素归为同一族。

由图 2-3 可知,每一能级组均以 s 轨道开头,p 轨道结束(1s 组除外),第四、五周期中间有 $(n-1)$d 轨道,第六、七周期中间有 $(n-2)$f 和 $(n-1)$d 轨道(第七周期属于未完周期)。因此,除第一周期外,每一个周期均以价电子为 ns^1 的元素(碱金属)开始,以 $ns^2 np^6$ 的元素(稀有气体)结束,第四周期以后出现价电子为 $(n-1)d^{1\sim10} ns^2$ 的元素,处于中间位置。根据核外价电子的情况,可以把元素周期表分为下述几个部分:

s 区:价电子构型为 $ns^{1\sim2}$,位于周期表左端,包括 I A 和 II A 族。

p 区:价电子构型为 $ns^2 np^{1\sim6}$(He 无 p 电子),位于周期表右端,包括 III A→VII A 族和 0 族(VIII A 族)。

d 区:价电子构型为 $(n-1)d^{1\sim8} ns^2$(个别例外),$n \geqslant 4$,包括 III B→VII B 和 VIII 族(三个竖列)。

ds 区:位于 d 区右侧,价电子构型为 $(n-1)d^{10} ns^{1\sim2}$,包括 I B 和 II B 族。

f 区:价电子构型为 $(n-2)f^{0\sim14}(n-1)d^{0\sim2} ns^{1\sim2}$(f 和 d 不同时取零),$n \geqslant 6$,包括镧系元素(57 号~71 号元素)和锕系元素(89 号~103 号元素)。

通常把 s 和 p 区 I A→VII A 称为主族元素,其最高价态=族数(F 无正价);0 族(VIII A)元素电子结构最稳定,一般不参与反应,称为惰性元素(惰性气体或稀有气体)。其余为副族元素或过渡元素,其中 f 区称为内过渡元素,其 $(n-2)$f 电子难以失去,对化学性质影响小,因此 14 种镧系和 14 种锕系元素在元素周期表中各占一格。III B→VII B 元素可失去所有价电子,其最高价态=族数;VIII 族元素可失去 ns 电子和部分 $(n-1)$d 电子,最高价态＜8，只有钌($_{44}$Ru)和锇($_{76}$Os)有＋8价；ⅠB族可失去ns^1电子和部分$(n-1)$d电子，最高价态＞族数；ⅡB族只失去ns^2电子，其$(n-1)d^{10}$为全充满的稳定结构，其最高价态＝族数。

元素的价电子层排布决定元素的化学性质，不同或同种元素的原子相互结合形成物质，包括各种材料。材料的性质取决于构成材料的原子间相互作用力。在讨论材料结构与性能的关系时，其本质可以追溯到原子的核外电子排布，或者说其在元素周期表中的位置。原子结构和性质变化的周期性见表 2－2。这些变化也是讨论材料性能时经常需要考虑的。0族元素得失电子能力都很差，一般不参与反应。

表 2－2　原子结构和性质变化的周期性

性质	同族元素	同周期元素（0族除外）
半径(r)	主族：由上→下，r 增大 副族：不明显，镧系有收缩	从左→右，r 减小，长周期减小较慢；到ⅠB和ⅡB时，r 略增大，后继续减小
金属性（失电子能力）	由上→下，增加，但副族变化小，不规则	从左→右，总趋势降低，但有起伏
非金属性（得电子能力）	由上→下，总趋势降低	从左→右，总趋势增加

2.1.2　原子间结合方式

所有原子都有形成稳定的外层电子结构的趋势。0族元素的电子结构最稳定，由于除He($1s^2$)外的所有0族元素最外层电子排布都为ns^2np^6，因此这种稳定结构也被称为8电子稳定结构。原子间通过相互得失电子或者共用电子形成化学键，以尽量形成稳定的电子结构。副族元素失去电子后，很多时候还有d电子，不属于8电子稳定结构。原子间形成化学键后，体系能量降低，这是原子形成化合物和各种物质的动力。

一般来说，元素的非金属性越强，对电子的吸引力越大。化学中以电负性来表示元素对电子的相对吸引强度，以F元素为4.0为定量标度，再结合键能数据求出其他元素的电负性（见表 2－3）。

表 2－3　常见元素的电负性

元素	H	B	C	N	O	F	Na	Mg	Al	Si	P	S	Cl	Ti	Fe
电负性	2.1	2.0	2.5	3.0	3.5	4.0	0.9	1.2	1.5	1.8	2.1	2.5	3.0	1.5	1.8

2.1.2.1　金属键

周期表中大部分元素为金属元素，金属原子易失去电子，形成金属离子和自由电子。当金属原子相互结合时，原子失去价电子形成离子，电子为所有离子共有，可以自由流动；金属离子在空间有序排列形成晶体。金属离子和自由电子之间靠静电力结合在一起。金属离子半径越小，价电子越多，金属键越强，金属的熔点和硬度越高，力学性能越好。

金属的自由电子可在电场中定向流动，形成电流，因此金属有导电性；电子自由运动可以传递离子的晶格振动的能量，即传递热量，因此金属有良好的导热性。金属的自由电子吸收可见光后,易发生能级跃迁,当回到低能级时,又将能量以光的形式释放出来,因此金属有光泽。由于电子为所有离子共有,金属键在一个地方被破坏,又可以马上在另外一个地方形成,因此金属有良好的延展性。外力只改变金属的形状,不破坏金属键(除非断裂),因此金属可以冷加工,有良好的可锻造性。

2.1.2.2 离子键

当活泼金属原子(如 s 区元素)和活泼的非金属原子(如 F、O、Cl、Br)结合时,电子从前者转移到后者,两者均达到稳定的电子结构,形成正负离子,通过静电力结合在一起。异种电荷通过正负电荷吸引产生的化学结合力称为离子键。一般认为,当成键元素电负性差大于 1.7 时,形成离子键。正负离子可以看成电荷呈球形分布的小球,每一种离子总是尽可能多地吸引异种电荷,因此离子键无方向性和饱和性。一种离子能够吸引的异种离子数(配位数)取决于二者的离子半径比。正负离子在空间的有序排列形成离子晶体。离子电荷数越多,半径越小,离子键越强,离子晶体的熔点和沸点越高。离子键属于强键,因此离子晶体一般有较高的熔点、硬度;但较脆,延展性差,因为离子晶体受冲击力后,离子层发生错动,同号离子距离靠近,斥力增加,因而易破碎。

需要指出的是,成键原子的电负性差越大,电子转移越完全,键的离子性越大。在电负性最小的 Cs 和电负性最大的 F 形成的典型 CsF 离子晶体中,仍有 8% 的共价性。当电负性差为 1.7 时,单键约有 50% 的离子性。当电负性差大于 1.7 时,可判定形成离子键,但还需看所成的键是否有离子键的特征。例如 HF 中两元素电负性差为 1.9,但由于 H—F 具有饱和性和方向性,即有共价键的特征,应属于共价键。

2.1.2.3 共价键

当成键原子得失电子能力差别不大时,原子间通过共用电子来达到稳定的电子结构,这种化学结合力称为共价键。当成键原子有自旋方向相反的单电子,且成单电子的轨道沿着电子云最大重叠的方向靠近时,体系能量最低,可以得到稳定的共价键。一个原子的单电子数目是一定的,因此能够形成共价键的数目也是一定的,即共价键具有饱和性。除了 s-s 轨道,p、d 轨道只能沿着一定的方向成键,才能达到轨道的最大重叠,因此共价键具有方向性。参与成键的原子间的平均距离为键长;成键原子核间的连线为键轴。多原子分子中,相邻键轴之间的夹角为键角。

N 的价电子结构为 $2s^2 2p^3$,三个互相垂直的 p 轨道有三个单电子,两个 N 原子可以形成三个共价键。其中 p_x-p_x 可以沿 x 轴"头碰头"达到最大重叠,另外两组轨道 p_y-p_y 和 p_z-p_z 就只能以"肩并肩"的形式重叠(见图 2-4),前者称为 σ 键,后者称为 π 键。π 键轨道重叠较小,具有较高的能量,易参与化学反应。σ 键可以绕键轴旋转,而不破坏化学键;π 键不能绕键轴旋转。

C 的价电子结构为 $2s^2 2p^2$,只有 2 个成单电子,似乎只能形成 2 个共价键。实际上,在形成化合物的过程中,C 的 2s 轨道上的电子可以激发到空的 p 轨道上,形成 4 个单电子;s 和 p 轨道可以重新组合,重新分配能量和空间方向,产生杂化,形成新的轨道(杂化轨道理论)。C 的 1 个 s 轨道可以和 3 个、2 个或 1 个 p 轨道杂化,分别形成 4 个 sp^3 轨道、3 个 sp^2 轨道和 2 个 sp 轨道;轨道间的夹角分别为 109.5°、120.0° 和 180.0°。甲烷(CH_4)、乙烯($H_2C=CH_2$)和乙炔($HC≡CH$)分子中,C 分别为 sp^3、sp^2 和 sp 杂化,其分子构型为正四面体、平面和直线型(见图 2-4),符合杂化轨道理论。

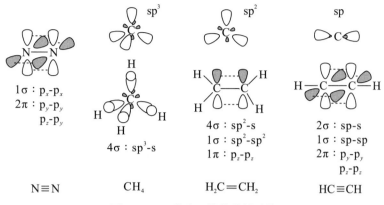

图 2-4　几种分子的共价键结构

2.1.2.4　配位键

配位键是一种特殊的共价键。当成键原子中一种有空轨道、另外一种有孤对电子,并且空间条件许可时,孤对电子进入空轨道,为两个成键原子共有,形成配位键。在形成铵根离子(NH_4^+)的过程中,$N(2s^2 2p^3)$采用 sp^3 杂化,3 个杂化轨道和 3 个 $H(1s^1)$ 形成 3 个 σ 键。N 的剩余 sp^3 杂化轨道有孤对电子,而 $H^+(1s^0)$ 有空的 1s 轨道,2 个轨道重叠形成 σ 配位键,其中的电子完全由 N 原子提供。NH_4^+ 为正四面体结构,四个 N—H 是等价的。过渡金属含有空的 d 轨道,容易与含孤对电子的分子或离子(NH_3、CO、CN^-)形成配位键,这一类化合物称为配合物,如 $[Co(NH_3)_6]Cl_3$、$H_2[PtCl_6]$ 等。

2.1.3　分子间作用力

由金属键和离子键形成的物质中没有分子,分子是由有限个原子通过共价键(包括配位键)结合在一起形成的,如水(H_2O)、二氧化碳(CO_2)等。惰性气体和金属蒸气是由单原子组成的,原子之间没有化学结合,可以看成单原子分子。离子化合物只有在沸点以上的蒸气中才存在分子,如高温下(>1442℃)氯化钠的蒸气分子结构为 Na^+Cl^-。

构成分子的原子间通过共价键结合,分子之间没有化学键的结合,但分子之间仍然存在相互作用力。讨论分子间作用力,首先要讨论分子的极性。原子间通过共用电子对形成共价键,如果两个成键原子对电子的吸引力不同,则共用电子对将偏向对电子吸引力大的原子,如 C—O 之间的 σ 电子将偏向 O,使 O 带部分负电荷($O^{\delta-}$)、C 带部分正电荷($C^{\delta+}$),这样的化学键称为极性键。正负电荷中心的距离与该电荷中心所带电量的乘积为偶极距。

同种元素形成的共价键为非极性键。常见强极性键有 C—O、C=O、C—Cl、C—F、C≡N、S=O、O—H、N—H 等,而 C—H、Si—H、P—H 等的极性较弱。极性键构成的分子不一定为极性分子。二氧化碳(O=C=O)为直线型分子,极性抵消,为非极性分子;四氯化碳(CCl_4)为正四面体结构,极性抵消,为非极性分子;饱和烷烃的 C—C 骨架为非极性键,由于 C—C 的 σ 键可以自由旋转,与 C 相连的氢原子可以看成沿 C—C 骨架均匀分布,因而也是非极性分子。

分子间作用力包括色散力、诱导力和取向力，统称范德华力。某些特定的分子间还存在氢键相互作用。分子间作用力是分子聚集在一起的原因，这些作用力可以使分子聚集成晶体(分子晶体)和液体，比如冰和水。

2.1.3.1　色散力

由于分子中电子和原子核不停运动，非极性分子的电子云相对于原子核产生了瞬时位移，即产生了瞬时偶极。瞬时偶极可使其相邻的另一非极性分子产生瞬时诱导偶极，且两个瞬时偶极总采取异极相邻状态，这种随时产生的分子瞬时偶极间的作用力为色散力。色散力是伦敦(London)于1930年根据近代量子力学方法证明的，由于从量子力学导出的理论公式与光色散公式相似，因此把这种作用称为色散力，又称为伦敦力。

分子中电子数越多、原子数越多、原子半径越大，分子越易变形，色散力越大。色散力存在于一切分子中。一般情况下，色散力是分子间的主要作用力，除非分子的极性很强。

2.1.3.2　诱导力

在极性分子和非极性分子之间，极性分子偶极(固有偶极)所产生的电场使非极性分子电子云变形(即电子云被吸向极性分子偶极的正电一极)，结果使非极性分子的电子云与原子核发生相对位移，本来非极性分子中的正、负电荷重心是重合的，相对位移后就不再重合，使非极性分子产生了偶极。这种偶极称为诱导偶极。固有偶极和诱导偶极间的电性引力称为诱导力。诱导力存在于非极性分子和极性分子之间，也存在于极性分子之间。

2.1.3.3　取向力

极性分子和极性分子之间的固有偶极与固有偶极之间的静电引力为取向力。两个极性分子相互接近时，一个分子的负端与另一个分子的正端相吸引，使分子发生转动，极性分子按一定方向排列，因此取向力也叫定向力。分子的极性越大，取向力越大。温度升高，取向力会减弱，因为分子热运动会降低取向作用。

2.1.3.4　氢键

当氢原子H与电负性很大的原子X(F、O、N等)共价结合时，电子对强烈偏向X原子，H原子几乎离子化，处于缺电子状态；此时若有半径小、电负性大的带孤对电子的Y原子接近，Y原子的电子云和缺电子的H原子之间会产生静电吸引力，这种吸引力称为氢键，可以表示为X—H$\cdots$Y。其中X和Y可以属于同一种分子，如HF之间的氢键(F—H$\cdots$F—H)；也可以属于不同种分子，如乙二胺($H_2NCH_2CH_2NH_2$)和水(H_2O)之间的氢键。

氢键不同于范德华力，它具有饱和性和方向性。由于氢原子特别小而原子X和Y比较大，所以X—H中的氢原子只能和一个Y原子结合形成氢键。同时由于负离子之间的相互排斥，另一个电负性大的Y原子就难于再接近氢原子，这就是氢键的饱和性。

当X—H$\cdots$Y在同一条直线上时，氢键最强；同时Y原子一般含有孤对电子，在可能范围内氢键的方向和孤对电子轨道的对称轴一致，这样可使Y原子中负电荷分布最多的部分最接近氢原子，如此形成的氢键最稳定。这就是氢键的方向性。

氢键的结合能一般为25~40 kJ/mol，范德华力的结合能为0.4~4.0 kJ/mol，而共价键的键能为150~1000 kJ/mol。

2.1.4　材料分类

根据构成材料的原子间和分子间的结合力，可以把材料分为金属材料、无机非金属材料和高分子材料。

2.1.4.1　金属材料

金属材料是以金属元素或金属元素为主构成的具有金属特性的材料。其原子间主要以金属键相连接。金属具有光泽、导电性、导热性和延展性。作为结构材料，纯金属使用很少，大量使用的是合金。合金是具有金属性质的混合物，其以一种金属为主，含有其他金属或非金属。在材料中加入合金元素的目的是调整其力学性能（增加强度、硬度）或提高化学稳定性（耐腐蚀性）。使用最广泛的合金是铁合金，包括生铁（C 含量为 $2.00\%\sim4.30\%$）和钢（C 含量为 $0.03\%\sim2.00\%$）。不锈钢含有铬（Cr）、镍（Ni），具有耐氧化性。铁和铁合金属于黑色金属（包括铁、铬、锰及其合金），其余金属为有色金属。常用的有色合金有铝合金、铜合金、镁合金、镍合金、锡合金、钽合金、钛合金、锌合金、钼合金、锆合金等。

大部分金属材料都具有晶体结构（为多晶材料），因为金属原子很容易在空间规则排列（密堆积），晶体结构相对简单，主要有体心立方、面心立方和密排六方三种晶型，其空间利用度（金属原子占晶胞的体积）分别为 68%、74% 和 74%。金属晶体中的缺陷对材料的力学性能有很大的影响。

2.1.4.2　无机非金属材料

无机非金属材料是原子间以共价键、离子键或两者兼有的形式结合形成的材料，其结构中一般不存在独立的分子；包括除金属和高分子材料外的所有材料，如各种氧化物、碳化物、氮化物、卤素化合物、硼化物、硅酸盐、铝酸盐、硼酸盐及其混合物组成的材料。金刚石（钻石的原石）属于无机非金属材料，是由 C 采用 sp^3 杂化以正四面体形态在空间有序排列形成的（因此一颗钻石可以看成一个巨大的分子）。由于全以共价键连接，键能大，金刚石是迄今为止发现的天然材料中硬度最大的材料。

玻璃、陶瓷、水泥和耐火材料是四大传统无机非金属材料。玻璃是一种具有无规则结构的非晶态固体材料。传统玻璃包括硅酸盐玻璃、硼酸盐玻璃、磷酸盐玻璃等，都是通过玻璃原料加热、熔融、冷却形成的非晶态透明固体。图 2-5 以 SiO_2 为例说明晶体和玻璃的结构。这些结构以硅氧四面体为基本组成单元 [图 2-5(a)]；这些四面体以共顶的方式连接（桥氧连接），有序排列形成晶体 [图 2-5(b)]，无序排列形成玻璃 [图 2-5(c)]。当体系中还有碱金属氧化物（如 Na_2O）时，碱金属将打断部分硅氧四面体的共顶连接，形成非桥氧；非桥氧和碱金属离子形成离子键。图 2-5(d) 为硅钠玻璃的结构示意图，体系中存在大小不等的硅氧四面体形成的链、片和小的团簇，钠离子含量越高，这些硅氧四面体网络碎片就越小，体系黏度就越小。二氧化硅称为玻璃的网络形成体，氧化钠则为网络修饰体。这些网络体的存在使体系很难结晶，因此硅酸盐很容易形成玻璃。硼和磷的氧化物也属于网络形成体，为硼酸盐玻璃和磷酸盐玻璃的主要成分。

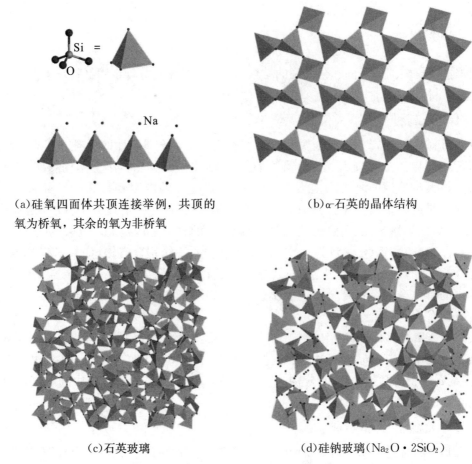

(a)硅氧四面体共顶连接举例，共顶的　　　　　　　(b)α-石英的晶体结构
氧为桥氧，其余的氧为非桥氧

(c)石英玻璃　　　　　　　　　　　　(d)硅钠玻璃（$Na_2O \cdot 2SiO_2$）

图 2—5　以 SiO_2 为主体的几种材料

注：由 Materials Studio 软件制图。

陶瓷是由粉状原料成形后（称为坯料）在高温作用下硬化（称为烧结）而成的制品。陶瓷一般以多晶为主，含有玻璃相和气相。传统陶瓷以黏土矿物（高岭土、伊利石、蒙脱土等）为主，占主导的化学成分为 SiO_2 和 Al_2O_3。新型陶瓷包括氧化物陶瓷（如 Al_2O_3、MgO、ZrO_2）和非氧化物陶瓷（如 Si_3N_4、SiC、BN）。

水泥是一种粉状水硬性无机胶凝材料，加水搅拌成浆体后能通过一系列的物理、化学变化成为坚硬的固体，并能将散粒材料（如鹅卵石）或块、片状材料（如砖、石块）胶结成一个整体。常用的硅酸盐水泥的主要化学成分为 CaO、SiO_2、Fe_2O_3 和 Al_2O_3。其主要的矿物有硅酸三钙（$3CaO \cdot SiO_2$，简式为 C_3S），硅酸二钙（$2CaO \cdot SiO_2$，简式为 C_2S），铝酸三钙（$3CaO \cdot Al_2O_3$，简式为 C_3A），铁铝酸四钙（$4CaO \cdot Al_2O_3 \cdot Fe_2O_3$，简式为 C_4AF）。这些矿物遇水发生化学反应，生成一系列新的结晶材料。晶粒长大后相互搭接，成为水泥强度的来源。其中的化学反应举例如下：

$$3CaO \cdot SiO_2 + nH_2O \rightarrow xCaO \cdot SiO_2 \cdot yH_2O + (3-x)Ca(OH)_2$$

$$2(3CaO \cdot Al_2O_3) + 27H_2O \rightarrow 4CaO \cdot Al_2O_3 \cdot 19H_2O + 2CaO \cdot Al_2O_3 \cdot 8H_2O$$

$$3CaO \cdot Al_2O_3 + Ca(OH)_2 + 12H_2O \rightarrow 4CaO \cdot Al_2O_3 \cdot 13H_2O$$

耐火材料是指耐火温度不低于 1580℃ 的无机非金属材料。主要是以铝矾土、硅石、菱镁矿、白云石等天然矿石原料经加工后制造的耐高温结构材料。

2.1.4.3　高分子材料

　　高分子材料是一类由一种或几种分子通过化学反应、以共价键结合成的具有链状结构的大分子，其分子量高达 $10^4 \sim 10^6$。其构成元素主要有 C、H、O、N，少量品种含有 Cl、F、P、Si 等元素。人工合成的高分子材料一般是由小分子单体通过化学反应形成的，因此具有重复单元，称为链节；链节的重复数为聚合度（高分子又称为聚合物）。高分子的合成反应举例如下：

　　蛋白质属于天然高分子材料，由 20 种氨基酸通过分子间脱水形成肽键而得。氨基酸单体的排列顺序决定了蛋白质的功能，蛋白质的分子链上一般没有重复单元。要表示蛋白质分子，需要把所有的氨基酸序列列出。长链高分子的原子间是通过共价键连接的，一般都含有 C—C、C—O 等 σ 键，可以绕键轴旋转，因而由大量 σ 键连接的长链分子在空间具有无穷多的构象，可以用无规线团模型来描述高分子单链的空间构象。高分子材料的分子之间没有化学键的结合（除非交联），是靠分子间的作用力（范德华力）将材料聚集在一起的。

　　高分子的分子量很大，分子间的范德华力具有加合性，因此高分子之间总的范德华力可以远远大于单个共价键的键能。高分子没有气态，因为形成气态需要克服巨大的范德华力做功，还没有形成气体之前，化学键已经断裂了（即高分子降解了）。范德华力没有饱和性和方向性，分子间的滑移不破坏范德华力，因此高分子材料和金属材料一样，也具有良好的延展性。

2.2　材料结构与力学性能

2.2.1　力学性能的描述

2.2.1.1　应力和应变

力学性能是材料的基本性能，很多时候也是最重要的性能。材料在外力作用下，其内部的离子或分子间的距离会发生变化，从而产生抵抗外力的附加内力，平衡时附加内力和外力大小相等、方向相反。材料单位面积所受的内力称为应力（stress），其值为单位面积所受的外力：

$$\sigma = \frac{F}{A} \qquad (2-1)$$

若材料受力前的面积为 A_0，则定义名义应力 σ_0：

$$\sigma_0 = \frac{F}{A_0} \qquad (2-2)$$

实际中常用名义应力。

应变（strain）用来表征材料受力时内部各质点之间的相对位移。一般情况下，材料抵抗压缩应力的能力大于抵抗拉伸应力的能力。在单向受力（拉伸或压缩）的条件下，材料长度从 l_0 变至 l_1，线应变 ε 可表示为（拉伸时为正）

$$\varepsilon = \frac{l_1 - l_0}{l_0} = \frac{\Delta l}{l_0} \qquad (2-3)$$

在弹性范围内加载，材料垂直方向的应变 $\varepsilon_\perp$ 和受力方向的应变 ε 之比为常数，称为泊松比：

$$\mu = -\frac{\varepsilon_\perp}{\varepsilon} \qquad (2-4)$$

如果材料受到方向相反但不在一条直线上的外力，以两力中间的、与力方向平行的横截面为分界线，其两侧的部分将沿该分界面发生错动，即材料发生偏斜。剪切应力 τ 为单位分界面上的剪切力；剪切应变 γ 定义为偏斜角 θ 的正切值：$\gamma = \tan\theta$。

如果材料受到周围介质的均匀应力 P（如流体压力）时，其体积从 V_0 变至 V_1，压缩应变 δ 可表示为

$$\delta = \frac{V_1 - V_0}{V_0} = \frac{\Delta V}{V_0} \qquad (2-5)$$

几种材料的拉伸应力-应变曲线如图 2-6 所示。

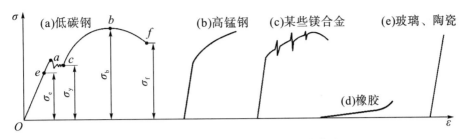

图 2-6　几种材料的拉伸应力-应变曲线

2.2.1.2　力学性能参数

以低碳钢为例(见图 2-6)，在低应变条件下，材料的应力-应变曲线呈线性关系，材料处于弹性形变范围，应力与应变的关系服从胡克定律：

$$\sigma = E\varepsilon \qquad (2-6)$$

式中，比例系数 E 为弹性模量，又称杨氏模量。应力 σ_e 为材料的弹性极限，即材料保持弹性形变的最大应力。

当应力超过 σ_e 以后，材料出现屈服平台或屈服齿，此时构成材料的结构单元(如晶面、高分子链等)发生滑移，材料出现塑性形变(外力撤除后，此部分形变不能恢复)。材料发生塑性形变的最低应力为屈服强度 σ_y。

对低碳钢来说，材料的应力超过 σ_y 后，随着塑性形变增大，材料发生形变强化，要使材料的形变增大，必须增加应力。当应力到达 σ_b 后，材料发生不均匀塑性形变，出现缩颈，应力随形变增大而降低；到达 σ_f 后，材料发生断裂。σ_b 为材料的强度极限，称为抗拉强度；σ_f 为材料的断裂强度。发生断裂时材料的应变称为断裂伸长率。

不同的材料有不同的应力-应变曲线。大部分无机非金属材料在发生弹性形变后，塑性形变很小或没有塑性形变，这类材料为脆性材料；由于没有明显的屈服，规定以产生 0.2% 的残余形变的应力值为屈服强度。对于金属和高分子材料来说，可以产生较大的形变然后发生断裂，称为塑性材料。

我们在使用材料时往往不希望它发生塑性形变，因此屈服强度 σ_y 是材料使用的强度上限；在加工材料时，希望它发生塑性形变，因此塑性形变对加工是很重要的性能，特别是对金属材料来说。

模量是材料的一个特征常数，主要取决于材料的化学键和分子间作用力的大小。对应于 ε、γ 和 δ 三种应变，分别有三种模量，即杨氏模量 E、剪切模量 G 和体积模量 B。对于各向同性材料来说，有如下关系：

$$G = \frac{E}{2(1+\mu)} \qquad (2-7)$$

$$B = \frac{E}{3(1-2\mu)} \qquad (2-8)$$

2.2.1.3　理论强度和断裂强度

材料断裂是对化学键的破坏，原则上可以通过化学组成、晶体结构等信息推算材料的理论强度。奥罗万(Orowan)估算的理论强度为

$$\sigma_{th} = \sqrt{\frac{E\gamma_s}{a}} \qquad (2-9)$$

式中，γ_s 为材料表面能，a 为晶格间距。通常 γ_s 约为 $\dfrac{aE}{100}$，则式(2-9)可写成

$$\sigma_{th} = \frac{E}{10} \tag{2-10}$$

材料的实际强度比理论值低得多，通常在 $E/1000$ 到 $E/100$ 之间。这是因为材料中通常存在缺陷和裂纹，裂纹的尖端存在应力集中的情况。英格里斯(Inglis)研究了有孔薄板的应力集中问题。结果表明，在大而薄的平板上，孔洞(裂纹)端部的应力最大，为 σ_m，与孔洞的长度($2C$)和端部的曲率半径 ρ 有关：

$$\sigma_m = \sigma\left(1 + 2\sqrt{\frac{C}{\rho}}\right) \tag{2-11}$$

式中，σ 为外加应力。当 C/ρ 很大时，可忽略括号内的1；同时，当 ρ 很小时，可近似认为 ρ 与晶面间距 a 同数量级，于是有

$$\sigma_m = 2\sigma\sqrt{\frac{C}{a}} \tag{2-12}$$

当 σ_m 等于式(2-9)的 σ_{th} 时，裂纹开始扩展，C 增大；随着 C 的增大，σ_m 进一步增大，直至材料断裂。于是裂纹扩展的临界条件为

$$2\sigma\sqrt{\frac{C}{a}} = \sqrt{\frac{E\gamma_s}{a}} \tag{2-13}$$

可得裂纹扩展的临界应力 σ_c：

$$\sigma_c = \sqrt{\frac{E\gamma_s}{4C}} \tag{2-14}$$

英格里斯理论可解释实际强度远低于理论强度的事实，但只考虑了端部一点的状态，实际裂纹端部应力状态是很复杂的，故用此断裂准则计算的结果不是很令人满意。

格里菲斯(Griffith)从能量平衡的观点出发，认为裂纹扩展的条件是外力引起的物体的弹性能应不小于形成两个新表面增加的表面能，经推导可得无限大薄制品(平面应力状态)的临界应力为

$$\sigma_c = \sqrt{\frac{2E\gamma_s}{\pi C}} \tag{2-15}$$

对于厚制品(平面应变状态)，应考虑泊松比的影响，临界应力为

$$\sigma_c = \sqrt{\frac{2E\gamma_s}{(1-\mu^2)\pi C}} \tag{2-16}$$

格里菲斯理论实际上提出了一个判定断裂的依据，考虑平面应力状态，令 $K_I = \sigma\sqrt{\pi C}$，则临界状态下的 K_I 为 K_{Ic}，整理式(2-15)可得

$$K_{Ic} = \sigma_c\sqrt{\pi C_c} = \sqrt{2E\gamma_s} \tag{2-17}$$

根据线弹性断裂力学的分析计算，K_I 实际上为 I 型裂纹体(裂纹扩展方向垂直于应力方向)的应力场强度因子，表示裂纹扩展的动力。而 K_{Ic} 只与材料的本征参数有关，模量和表面能越大，越不易产生裂纹，故 K_{Ic} 是材料本身的特性，反映了材料阻止裂纹扩展的能力。当 $K_I \geqslant K_{Ic}$ 时，材料发生断裂。

在平面应变状态下(厚制品)，有

$$K_{\mathrm{Ic}}=\sqrt{\frac{2E\gamma_{\mathrm{s}}}{1-\mu^2}} \tag{2-18}$$

这就是通常所指的断裂韧性 K_{Ic}，反映了材料阻止裂纹扩展的能力，由材料本性决定。而 K_{I} 是反映裂纹尖端区应力场强弱的力学参量，与应力大小、裂纹尺寸、裂纹形式和加载方式有关，与材料本身的固有性能无关。对于裂纹扩展方向垂直于应力方向的 I 型裂纹体来说，一般有

$$K_{\mathrm{I}}=Y\sigma\sqrt{\pi C} \tag{2-19}$$

式中，Y 为裂纹的形状因子，由裂纹宽度和制品的宽度之比决定，具体数据可查阅手册。材料不发生断裂的条件是

$$K_{\mathrm{I}}=Y\sigma\sqrt{\pi C}<K_{\mathrm{Ic}} \tag{2-20}$$

需要指出的是，格里菲斯理论只适合脆性材料，即大多数无机非金属材料。对于要产生塑性形变的材料，如金属和高分子材料，在裂纹尖端由于应力集中，可以产生高于屈服强度 σ_{y} 的局部应力，使裂纹尖端产生塑性形变。因此裂纹断裂时，材料的弹性能不仅用于产生新的表面，还要克服塑性形变（塑性功）。塑性功 γ_{p} 和 γ_{s} 一起构成了裂纹的扩展阻力，因此式（2-16）可修正为

$$\sigma_{\mathrm{c}}=\sqrt{\frac{2E(\gamma_{\mathrm{s}}+\gamma_{\mathrm{p}})}{(1-\mu^2)\pi C}} \tag{2-21}$$

式（2-21）表明，塑性材料与脆性材料相比，在相同外力条件下，可在裂纹扩展到比较大的尺寸时才断裂。当塑性形变区不是很大，即小范围屈服的时候，可以通过引入屈服强度 σ_{y} 对 K_{I} 进行修正，此时有

平面应力：
$$K'_{\mathrm{I}}=\frac{Y\sigma\sqrt{\pi C}}{\sqrt{1-0.5Y^2(\sigma/\sigma_{\mathrm{y}})^2}}$$

平面应变，取 $\mu=0.3$：
$$K'_{\mathrm{I}}=\frac{Y\sigma\sqrt{\pi C}}{\sqrt{1-0.08Y^2(\sigma/\sigma_{\mathrm{y}})^2}} \tag{2-22}$$

断裂判据：
$$K'_{\mathrm{I}}\geqslant K_{\mathrm{Ic}}$$

K_{Ic} 可以通过实验测定。在屈服不大的情况下，K_{I} 判据是适用的，比如对大部分无机非金属材料和金属材料是可行的。如果塑性形变区很大，远远超过裂纹的尺寸（如大部分高分子材料），则 K_{I} 判据不再适用。对塑性材料的断裂判据在此不做深入讨论，读者可参阅断裂力学的有关书籍。

2.2.1.4　其他力学指标

材料在单向压缩条件下的强度为抗压强度，为材料断裂时试样单位面积上的力。

长度为 l_0、直径为 d_0 的圆柱形试样两端受方向相反的扭矩 M，设圆柱两端面的相对扭转角为 φ，此时有

$$\tau=\frac{M}{W},\ W=\frac{\pi d_0^3}{16},\ \tau_{\mathrm{f}}=\frac{M_{\mathrm{f}}}{W} \tag{2-23}$$

$$\gamma=\frac{\varphi d_0}{2l_0},\ G=\frac{\tau}{\gamma}=\frac{32Ml_0}{\pi\varphi d_0^4} \tag{2-24}$$

其中，W 为截面系数，τ_{f} 为断裂时的剪切强度。

试样受非轴向力矩时将发生弯曲。在三点弯曲的情况下，试样两端固定，间距为 L，中间受侧向压力 F，此时试样凸出侧受拉应力，凹陷侧受压应力。试样横截面中心沿与轴线垂直方向的位移为挠度 f。拉伸侧的最大应力为

$$\sigma_{max} = \frac{M_{max}}{W} \qquad (2-25)$$

式中，M_{max} 为最大弯矩，$M_{max} = \frac{FL}{4}$。W 为截面系数，对圆柱形试样，其计算方法同式(2-23)；对矩形试样，$W = \frac{bh^2}{6}$，其中 b 为宽度，h 为厚度。断裂时的 σ_{max} 为抗弯强度。

材料受冲击载荷断裂时，单位面积吸收的能量为冲击韧性 α_K。通过摆锤冲击实验来测定 α_K，摆锤质量为 m，冲断前后摆锤的高度为 H_1 和 H_2，则

$$\alpha_K = \frac{W_K}{A} = \frac{m(H_1 - H_2)}{A} \qquad (2-26)$$

试样上可以无缺口，或者开"U"形缺口和"V"形缺口，冲击韧性分别记为 α、α_{KU} 和 α_{KV}。冲击韧性主要反映材料的缺口敏感程度。

对于薄膜样品(高分子材料)，有时需要测定撕裂强度，其定义为：在试样主轴平行方向拉伸试样直至开裂时的最大力与试样厚度的比值。测试试样按 GB/T 529 的规定有直角型和圆弧型，可以带割口 [(0.50±0.05)mm]。

材料在交变应力的作用下会发生疲劳破坏。交变应力最大值可能远小于材料屈服强度，但交变应力会在材料缺陷处引发微裂纹(由于应力集中)，微裂纹逐渐长大，直至断裂。在循环加载过程中，最大应力 σ_{max} 与应力循环周次(疲劳寿命)N 之间的关系曲线称为 S-N 曲线(S 为应力英文 Stress 的首字母)。有些 S-N 曲线有水平部分，表示所加交变应力低于一定的水平，试样可以承受无限次循环，将此水平部分的应力定义为疲劳极限，记为 σ_R。有些 S-N 曲线无水平部分，可以规定将一定循环周次(如 $N = 10^8$)下对应的应力作为材料的条件疲劳极限，记为 $\sigma_{R(N)}$，也称为疲劳强度。

材料在恒温、恒应力的长时间作用下会发生随时间而增长的塑性形变，称为蠕变。金属和陶瓷材料一般要在高温下才有明显的蠕变。高分子材料在低温下(如室温)也会产生蠕变，这是由于高分子链之间是比较弱的范德华力，在持久应力的作用下易产生相互滑移(称为分子链的冷流)。蠕变强度是指材料在某一温度下经过一定时间后蠕变量不超过一定限度时的最大允许应力，以符号 $\sigma_{\epsilon/t}^T$ (MPa)表示。如 $\sigma_{1/10^5}^{500} = 100$ MPa，表示材料在 500℃、10 万小时后产生的蠕变量 $\epsilon = 1\%$ 的应力值为 100 MPa。

2.2.2 结构与力学性能的关系

材料的力学性能是由构成材料的原子、分子及其相互作用决定的。弹性模量是材料相当稳定的一个力学指标，主要由原子间的结合强度决定，对材料的组织不敏感。金属材料由金属键构成，陶瓷材料由共价键和离子键构成，这些都属于强键，键能大，故金属和陶瓷的模量都比较大。高分子材料由长链分子构成，分子之间是比较弱的范德华力，故高分子材料的模量较低(见图 2-7)。一般来说，温度升高，弹性模量降低；材料如发生相变，可以观察到模量的突变。高分子材料随温度的升高，从玻璃态转变为橡胶态(称为玻璃化

转变），模量会下降几个数量级。在玻璃态时，材料的变形主要由键长和键角的轻微变化引起（胡克定律）；在橡胶态时，分子链的链段（包含几个到几十个重复单元）开始运动，材料的变形主要由分子链的构象变化（伸直链↔卷曲链）引起，可以在很小的外力下产生大的形变（橡胶弹性）。塑料的玻璃化转变温度高于室温，故常温下处于玻璃态；橡胶的玻璃化转变温度低于室温，故常温下处于橡胶态。通常橡胶材料分子链之间有一定的共价连接（称为交联），可以避免分子链间的相互滑移，使材料有很好的弹性恢复。

　　材料的强度一方面取决于材料内原子、分子间的结合强度，如式(2-10)所示，理论强度为模量的十分之一；另一方面也受到材料内部的缺陷（应力集中）、材料的结构（如晶粒大小、相结构、分子链取向）等的影响。由于常用金属材料和陶瓷材料的模量比聚合物大 2~3 个数量级，因此其强度一般都比聚合物大 1~2 个数量级（见表 2-4）。

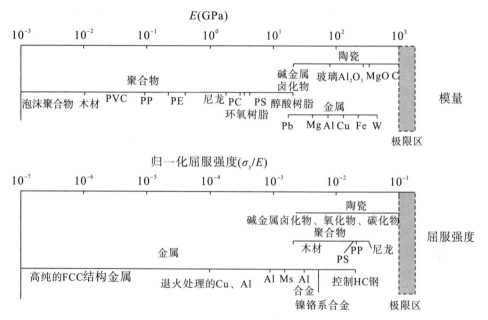

图 2-7　金属、陶瓷和聚合物的模量和强度[2]

　　材料的韧性是表示材料在塑性形变和断裂过程中吸收能量的能力，通常分为断裂韧性 [K_{Ic}，见式(2-17)] 和冲击韧性 [α_K，见式(2-26)]。韧性越好的材料越不容易发生脆性断裂。陶瓷和玻璃材料由强的共价键和离子键组成，不易变形，力学强度高，脆性大；金属材料和高分子材料的金属键和范德华力没有方向性，具有很好的延展性，韧性好。材料的韧性还可以用断裂伸长率表示，其值越大，韧性越好（见表 2-4）。

表 2-4　典型生物材料、生物组织的力学性能

材料或组织	杨氏模量(GPa)	拉伸强度(MPa)	断裂伸长率(%)
Al_2O_3	390	310	—
ZrO_2(PSZ)	205	420	—
羟基磷灰石(HA)	80~110	50	—
CoCr 合金	225	735	10

材料或组织	杨氏模量（GPa）	拉伸强度（MPa）	断裂伸长率（%）
316 不锈钢	210	600	55
Ti-6Al-4V	120	900	18
聚乳酸（PLA）	1.2～3.0	28～48	2～6
聚乙醇酸（PGA）	6.5	57	—
聚己内酯（PCL）	0.4	16	80
聚丙烯（PP）	1.1～1.6	30～38	200～700
超高分子量聚乙烯	0.65	22～42	350～525
聚四氟乙烯（PTFE）	0.4	14～35	200～400
涤纶膜（PET）	2.8～4.1	59～72	50～300
聚碳酸酯（PC）	2.4	55～66	100～300
PMMA	3.1	48～76	2～10
聚砜	2.5	70.3	50～100
聚醚醚酮（PEEK）	3～4	80	30～40
玻纤增强 PEEK	18	120	1～2
聚二甲基硅氧烷	极小	2～10	100～600
聚醚聚氨酯（e. g. Pellethane）	<0.01	35～48	350～600
密质骨	10～20	89～114	1.1～2.5
松质骨	0.05～0.50	10～20	5～7
牙本质	15	104	—
牙釉质	40～83	47.5	—
动脉血管	0.045	6.58	18.7（100 mmHg，未断）

注：大部分数据来自文献 [3]；其余数据来自文献 [4-9]。

2.2.2.1 金属材料的增强

金属材料具有较好的韧性，可以拉得很长，因此，金属材料的改性主要是提高强度。如果能完全消除晶体的缺陷，则有可能达到理论强度。实际上，完全避免缺陷是不现实的，金属晶体中存在点缺陷（晶格原子缺失、晶格中填充杂原子）、线缺陷（又称为位错，晶体滑移的边界线）和面缺陷。其中位错的扩展会使材料产生变形，直至破坏。实际上，阻止位错扩展，成为金属材料增强的主要方式。金属材料晶粒越细，晶界越多，越能阻止位错扩展，材料强度和塑性都上升，称为细晶强化。金属材料在锻造等加工过程中产生塑性形变，晶粒发生滑移，出现位错的缠结，使晶粒拉长、破碎和纤维化，从而产生加工硬化，强度和硬度上升，但塑性下降。合金强化分两种情况：一是合金元素和基体形成固溶体，溶质原子造成晶格畸变，增加位错运动的阻力，使合金的硬度和强度同时增加；二是合金元素和基体元素形成第二相，并以细小的微粒均匀分布于基体相中，与位错产生相互作用，阻碍位错运动。

2.2.2.2　陶瓷材料的增韧

陶瓷材料几乎没有塑性形变，增加韧性主要靠增加断裂表面，即增加裂纹扩展途径。做法是在陶瓷基体中加入纤维，通过裂纹扩展受阻、纤维拔出等机制增加韧性。晶须是具有一定长径比的缺陷很少的陶瓷小单晶，是一种很好的增强材料。陶瓷材料也可以通过细晶强化并增韧，如纳米陶瓷就具有显著的增强增韧效果。此外，在陶瓷基体中渗入具有一定颗粒的第二相也可起到增韧效果，称为弥散增韧。这种第二相可以是金属粉末，利用金属的塑性形变吸收能量，增加韧性；如果加入的第二相弹性模量很高，材料受拉伸时，可以阻止基体材料的横向收缩，为了使横向收缩达到协调，必须加大外加应力，从而消耗更多能量，提高韧性。另外，还可以利用多相多晶陶瓷的组分在不同温度下的相变来达到增韧效果，称为相变增韧。最典型的例子为氧化锆（ZrO_2）陶瓷的相变增韧。ZrO_2 有立方相（c 相）、四方相（t 相）和单斜相（m 相）三种晶型，其相变关系为

$$m\text{-}ZrO_2 \leftrightarrow t\text{-}ZrO_2 \leftrightarrow c\text{-}ZrO_2$$

室温下稳定相为 m 相。纯 ZrO_2 烧结冷却时发生 $t \rightarrow m$ 相变，产生约 7% 的体积膨胀，引起制品开裂，因此纯 ZrO_2 无法烧结成致密的块状陶瓷。实际上，ZrO_2 需要加入 CaO、MgO、Y_2O_3、CeO_2 等作稳定剂，以获得室温下为 $c+t$、$t+m$ 双相或 $c+t+m$ 三相陶瓷，称为部分稳定的氧化锆（PSZ）陶瓷。室温下，PSZ 中的 t 相受到（稳定相产生的）压应力而保持稳定，当受到拉应力时，裂纹尖端为张力场，t 相不再受束缚，转变为 m 相，体积增加，阻碍裂纹扩展，从而起到增韧的作用。

2.2.2.3　聚合物材料的增强

聚合物材料由长链分子组成，可以通过使分子链沿某一方向取向来达到增强的目的。一般来说，聚合物的纤维（分子沿纤维长轴取向）和同种聚合物的膜材料相比，强度和模量会提高一个数量级以上。对于可结晶的聚合物，可以通过提高结晶度对聚合物进行增强。不同的聚合物之间可通过共混达到力学性能取长补短的目的。与陶瓷、金属材料复合，也是增强聚合物材料的有效办法。

2.2.2.4　复合材料的力学性能

连续纤维定向排列在基体材料中，假设纤维（f）与基体（m）的应变相同，即复合材料（c）应变：

$$\varepsilon_c = \varepsilon_m = \varepsilon_f = \frac{\sigma_m}{E_m} = \frac{\sigma_f}{E_f} \tag{2-27}$$

由此可得

$$E_c = E_f V_f + E_m V_m \tag{2-28}$$

$$\sigma_c = \sigma_f V_f + \sigma_m V_m \tag{2-29}$$

$$V_f + V_m = 1 \tag{2-30}$$

式中，V_f 和 V_m 分别为纤维和基体的体积分数。式（2-28）和式（2-29）为理想情况，称为上界模量和上界强度。实际上，当复合材料应变超过基体的临界应变时，复合材料就破坏了，此时纤维还未充分发挥作用。联合式（2-27）和式（2-29）可得复合材料的下界强度，即强度的最低值：

$$\sigma_c = \sigma_m \left[1 + V_f \left(\frac{E_f}{E_m} - 1 \right) \right] \tag{2-31}$$

如果使用短纤维增强，则其长度需大于一个临界长度 l_c 才能起到增强作用：

$$l_c = \frac{\sigma_{fy}}{2\tau_{my}} d \tag{2-32}$$

式中，σ_{fy} 为纤维的屈服应力，τ_{my} 为基体的屈服强度，y 表示屈服，d 为纤维直径。

短纤维增强复合材料的强度可写为

$$\sigma_c = \sigma_{fu} \left(1 - \frac{l_c}{2l} \right) V_f + \sigma_m (1 - V_f) \tag{2-33}$$

式中，σ_{fu} 为纤维的断裂应力；σ_m 为应变与纤维断裂应变相同时基体的应力。

颗粒增强复合材料的理论分析较复杂，在此略过。感兴趣的读者可参阅文献 [10-13]。

2.2.3 材料的表面性能

材料的表面性能和本体有很大的差异。材料表面的原子在表面外侧没有和基体原子接触，其力学状态和材料内部的原子是不一样的。材料内部的原子受力均匀，表面原子缺少表面外侧原子的吸引力。因此，表面原子受到指向材料内部的吸引力，有向内部收缩的趋势，这就是表面张力的来源。液滴总是倾向于收缩成球（表面积最小的状态），固体材料有吸附其他低表面能的物质的能力，这些都是表面张力的表现。在生物材料中，蛋白吸附和材料的表面性能息息相关。

聚合物材料由于分子链的运动性较强，当分子链中存在低表面能的链段时，这些链段倾向于在材料表面富集，如氟碳链和聚硅氧烷链就很容易在材料表面富集，使材料的表面性能和本体性能差异较大。

金属材料表面有可能生成金属的氧化物。钛合金表面很容易生成致密的钛的氧化物（TiO_2），提高合金的耐腐蚀性；纯铁在表面形成疏松的铁锈（Fe_2O_3），起不到保护作用；不锈钢含有 10.5% 以上的铬，可以在表面生成致密的氧化物薄膜（Cr_2O_3），阻止内部铁元素的氧化。

陶瓷材料很稳定，除非进行了特殊的工艺处理（上釉、离子注入或表面喷涂），其表面和本体成分基本一致。但其表面能高，容易吸附其他低表面能的物质。从原子水平看，表面的原子由于临近原子的缺失，存在未完全成键（悬挂键）或者化学键不一样的情况，如石英玻璃（SiO_2）表面存在大量的 Si—OH。从这个角度看，任何材料的表面和本体都是有差异的。

生物材料在体内是和体液接触的，存在固液界面。由于材料在体内首先和水接触，材料表面水分子的状态对于后续的蛋白吸附和生物学反应有很大的影响。玻璃、陶瓷和金属材料表面都是亲水的。聚合物材料由于分子链的运动性较强，亲水链段会向水/聚合物界面运动并富集。其中常见的亲水基团有羟基、氨基、羧基、羰基、酯键、醚键和离子键等，而常见的疏水基团有烷基链、氟碳链和硅氧烷链等。

材料表面存在一定的粗糙度，这些对细胞行为也是有影响的。可设计微纳米的图案来研究表面形貌对细胞行为的影响。

2.2.4　材料的失效

材料的失效是由于力学或功能的丧失。在体内，一些看似稳定的材料也会发生降解导致植入失败。比如聚醚聚氨酯材料在体外是比较稳定的，但在体内容易遭受氧化降解而出现微裂纹，导致由该材料制备的心脏起搏器导线绝缘失效。而在有些情况下需要材料的降解，比如聚酯等用于组织工程的材料。这时材料的可控（或者可预测的）降解就很重要了。金属材料容易遭受电化学腐蚀而降解，耐腐蚀是金属生物材料的重要内容。最近发展的镁合金是新一代可降解金属材料，是主动利用材料的降解来设计制品，如骨修复材料、可降解血管内支架材料等。

材料在多次往复小应力作用下的破坏称为疲劳破坏，这是由于材料中裂纹尖端应力集中导致裂纹缓慢扩展，一旦达到临界值，裂纹就会迅速扩展导致材料破坏。蠕变是一种材料在恒定应力作用下应变随时间逐渐增大的现象。人工血管随着时间的延长，管径变大、管壁变薄就是一种蠕变，存在破裂的风险。这是由于在外力作用下分子链产生了滑移。疲劳和蠕变都说明材料的使用时间是有限的，即使在小的应力作用下也是如此。

2.2.5　材料结构的表征

材料结构包括材料的化学组成、相结构（结晶和非晶）、微观形貌（晶粒大小、微区尺寸等），对材料结构的分析和表征是研究材料性能的基础。表 2－5 对材料结构的表征方法进行了总结。

表 2－5　材料结构的表征方法

	表征方法	原理	备注
元素组成	原子发射光谱（AES）	气态原子外层电子激发至高能态，向低能态跃迁产生辐射	元素定性、定量分析，需溶解在水相中；适合无机材料
	原子吸收光谱（AAS）	气态原子价电子从低能级跃迁到高能级，吸收的辐射	元素定量分析，一般需溶解于水相中；适合无机材料
	X 射线荧光光谱（XRF）	原子内层电子在 X 射线照射下激发成自由电子，外层电子向内层跃迁，放出特征 X 射线	不破坏样品，适合 4 号铍～92 号铀，半定量
	电镜能谱分析（EDS）	高能电子束照射样品产生特征 X 射线	适合 4 号铍～92 号铀，可进行微区分析，元素含量面分布、线分布半定量分析
	等离子体发射光谱（ICP-OES）	样品雾化等离子化，发射特征谱线	适合 3 号锂～92 号铀，定量测试，样品需处理成水相
	电感耦合等离子体质谱（ICP-MS）	样品雾化等离子化，测定离子质谱	同 ICP-OES，还可测同位素含量

	表征方法	原理	备注
元素组成	有机元素分析	样品经高温燃烧后，分析 N 的氧化物（还原成 N_2）、CO_2 和 H_2O 的量	分析 C、H、N 和 S 的含量，适合有机物分析
	X 射线光电子能谱（XPS）	X 射线激发内层电子，测定电子的结合能	适合 H 和 He 以外的所有元素，测定表面 100 nm 以内的元素组成，可测定化合态
化学结构	红外光谱（IR）	分子振动和转动能级跃迁，吸收特定波长的红外光	主要表征有机物的官能团，无机物中含氧酸盐红外谱峰少而宽
	核磁共振谱（NMR）	原子核自旋在外磁场中发生进动，进动能级跃迁吸收特定频率的射频信号	有机物结构分析，常用的有 ^{1}H 谱和 ^{13}C 谱，其他的有 ^{19}F、^{31}P、^{29}Si 和 ^{15}N 谱
	质谱（MS）	用电场和磁场将运动的离子（带电荷的原子、分子和分子碎片）按质荷比分离并检测的方法	有机物鉴定、无机离子检测。样品电离方法有电子电离（EI，标准谱为 70 eV）、电喷雾电离（ESI）、基质辅助激光解吸电离（MALDI）等，MALDI 适合测大分子的分子量及分布
	X 射线衍射（XRD）	晶体中晶面间距和 X 射线波长相近，晶体中不同原子散射的 X 射线产生衍射花样	每种晶体的衍射峰强度分布都不一样，可鉴定晶体物质，特别适合金属、陶瓷材料结构鉴定
形貌表征	扫描电镜（SEM）	电子束在样品表面扫描，激发出二次电子成像	放大倍数为 20～20 万，图形景深大，立体感强，绝缘材料表面需喷金或喷碳
	透射电镜（TEM）	电子束透过样品后，通过磁透镜放大后成像	放大倍数可达近百万，样品需制成厚约 50 nm 的超薄切片；可做选区电子衍射，可测晶面间距
	原子力显微镜（AFM）	控制微探针和样品表面原子间的相互排斥力恒定，探针在 z 方向的运动高度沿水平面（x、y 方向）逐点记录，从而得样品形貌	原子级的分辨率，对样品无特殊要求，可测固体表面，可在液相中测定

参考文献

［1］ 四川大学工科基础化学教学中心. 近代化学基础［M］. 北京：高等教育出版社，2001.

［2］ 吴其胜，蔡安兰，杨亚群. 材料物理性能［M］. 上海：华东理工大学出版社，2006.

［3］ 巴迪·D. 拉特纳，艾伦·S. 霍夫曼，弗雷德里克·J. 舍恩，等. 生物材料科学：医用材料导论［M］. 顾忠伟，刘伟，俞耀庭，等译. 北京：科学出版社，2011.

［4］ Daniel A U, Chang M K O, Andriano K P. Mechanical properties of biodegradable polymers and composites proposed for internal fixation of bone［J］. Journal of Applied Biomaterials, 1990, 1(1): 57—78.

［5］ Kurtz S M, Devine J N. PEEK biomaterials in trauma, orthopedic, and spinal implants［J］. Biomaterials, 2007, 28: 4845—4869.

［6］ Najeeb S, Zafar M S, Khurshid Z, et al. Applications of polyetheretherketone (PEEK) in oral implantology and prosthodontics ［J］. Journal of Prosthodontic Research，2016，60(1)：12－19.

［7］ Murugan R，Ramakrishna S. Development of nanocomposites for bone grafting ［J］. Composites Science and Technology，2005，65(15－16)：2385－2406.

［8］ Li Y L，Liu C L，Zhai H L，et al. Biomimetic graphene oxide-hydroxyapatite composites via in situ mineralization and hierarchical assembly ［J］. RSC Advancesances，2014，4：25398－25403.

［9］ Dahl S L M，Rhim C，Song Y C，et al. Mechanical properties and compositions of tissue engineered and native arteries ［J］. Annals of Biomedical Engineering，2007，35(3)：348－355.

［10］ Hashin Z，Shtrikman S. A variational approach to the theory of the elastic behaviour of multiphase materials ［J］. Journal of the Mechanics and Physics of Solids，1963，11(2)：127－140.

［11］ Chawla N，Shen Y L. Mechanical behavior of particle reinforced metal matrix composites ［J］. Advanced Engineering Materials，2001，3(6)：357－370.

［12］ Chawla N，Sidhu R S，Ganesh V V. Three-dimensional visualization and microstructure-based modeling of deformation in particle-reinforced composites ［J］. Acta Materialia，2006，54 (6)：1541－1548.

［13］ Fu S Y，Feng X Q，Lauke B，et al. Effects of particle size，particle/matrix interface adhesion and particle loading on mechanical properties of particulate-polymer composites ［J］. Composites Part B：Engineering，2008，39(6)：933－961.

第3章 生物和医学基础

生物材料学是跨学科的综合性学科，其基础包含材料学和生物医学两个方面，前者已在上一章介绍。本章介绍必要的生物和医学基础，对于某些特定领域（如人工血管、人工骨、人工肾等）的研究工作者，需自己补充有关知识。

3.1 生物化学：氨基酸和蛋白质

生命的物质基础包括水、脂肪、碳水化合物（淀粉、纤维素）、蛋白质、核酸、矿物质（羟基磷灰石、碳酸钙），以及各种维生素和微量元素。其中核酸（DNA和RNA）是遗传物质，控制着蛋白质的合成；蛋白质是体现生命功能的最重要的物质。蛋白质是由二十种氨基酸按一定的序列缩合而成的，不同氨基酸之间的主要连接键为肽键（—NHCO—）。肽键中N原子上的孤对电子和羰基的π电子有一定的共轭作用，因此其C—N键并不能自由旋转，肽键处在一个刚性的平面上，称为肽键平面（酰胺平面）。两个肽键平面之间的α-碳原子可以作为一个旋转点形成二面角。该二面角的变化，决定着多肽主键在三维空间的排布方式，是形成不同蛋白质构象的基础。

3.1.1 氨基酸的结构和性质

参与组成蛋白质的氨基酸有20种，均为α-氨基酸。除脯氨酸为环状氨基酸外，这些天然氨基酸都含有一个侧基R。根据侧基性质的不同，可以分为非极性R基团氨基酸和极性R基团氨基酸，后者又分为极性电中性氨基酸、极性带正电氨基酸和极性带负电氨基酸。其结构和解离常数见表3-1。当这些氨基酸形成蛋白质时，其羧基和α-氨基形成肽键，侧基R对蛋白质的空间构象起到决定性的作用。

表 3－1　氨基酸的结构和解离常数[1]

氨基酸(符号)		化学结构(三字母符号)	解离常数		
			pK_a(—COOH)	pK_a(—NH$_3^+$)	pK_a(R)
非极性 R 基团	丙氨酸(A)	H$_3$C—C—COO$^-$ 上NH$_3^+$ 下H (Ala)	2.34	9.69	
	缬氨酸(V)	H$_3$C—CH—CH—COO$^-$ 上NH$_3^+$ 下CH$_3$ (Val)	2.32	9.62	
	亮氨酸(L)	H$_3$C—CH—CH$_2$—CH—COO$^-$ 下CH$_3$ 上NH$_3^+$ (Leu)	2.36	9.60	
	异亮氨酸(I)	H$_3$C—CH$_2$—CH—CH—COO$^-$ 上NH$_3^+$ 下CH$_3$ (Ile)	2.36	9.68	
	苯丙氨酸(F)	CH$_2$—CH—COO$^-$ 上NH$_3^+$ (Phe)	1.83	9.13	
	色氨酸(W)	CH$_2$—CH—COO$^-$ 上NH$_3^+$ (Trp)	2.38	9.39	
	甲硫氨酸(M)	H$_3$C—S—CH$_2$—CH$_2$—CH—COO$^-$ 上NH$_3^+$ (Met)	2.28	9.21	
	脯氨酸(P)	COO$^-$ CH H$_2$C NH$_2^+$ H$_2$C CH$_2$ (Pro)	1.99	10.60	

续表

氨基酸 （符号）		化学结构（三字母符号）	解离常数		
			pK_a （—COOH）	pK_a （—NH$_3^+$）	pK_a （R）
极性电中性R基团	甘氨酸 （G）	NH$_3^+$ H—C—COO$^-$ H　（Gly）	2.34	9.60	
	丝氨酸 （S）	NH$_3^+$ HO—CH$_2$—CH—COO$^-$ （Ser）	2.21	9.15	
	苏氨酸 （T）	CH$_3$　NH$_3^+$ HO—CH—CH—COO$^-$（Thr）	2.63	10.43	
	半胱氨酸 （C）	NH$_3^+$ HS—CH$_2$—CH—COO$^-$（Cys）	1.71	10.78	8.33
	天冬酰胺 （N）	O　　　NH$_3^+$ H$_2$N—C—CH$_2$—CH—COO$^-$（Asn）	2.02	8.80	
	谷氨酰胺 （Q）	O　　　　　NH$_3^+$ H$_2$N—C—CH$_2$—CH$_2$—CH—COO$^-$（Gln）	2.17	9.13	
	酪氨酸 （Y）	NH$_3^+$ CH$_2$—CH—COO$^-$ HO—　　　（Tyr）	2.20	9.11	10.07
极性带正电R基团	组氨酸 （H）	H N　　NH$_3^+$ CH$_2$—CH—COO$^-$ $^+$HN　　（His）	1.82	9.17	6.00
	精氨酸 （R）	NH$_3^+$　　　　　　　NH$_3^+$ HN=C—NH—CH$_2$—CH$_2$—CH$_2$—CH—COO$^-$（Arg）	2.17	9.04	12.48

续表

氨基酸 (符号)		化学结构(三字母符号)	解离常数		
			pK_a (—COOH)	pK_a (—NH$_3^+$)	pK_a (R)
极性带正电 R 基团	赖氨酸 (K)	$^+H_3N-CH_2-CH_2-CH_2-CH_2-\overset{\overset{\displaystyle NH_3^+}{\mid}}{CH}-COO^-$ (Lys)	2.18	8.95	10.53
极性带负电 R 基团	天冬氨酸 (D)	$^-OOC-CH_2-\overset{\overset{\displaystyle NH_3^+}{\mid}}{CH}-COO^-$ (Asp)	2.09	9.82	3.86
	谷氨酸 (E)	$^-OOC-CH_2-CH_2-\overset{\overset{\displaystyle NH_3^+}{\mid}}{CH}-COO^-$ (Glu)	2.19	9.67	4.25

注：表中 pK_a 值除半胱氨酸是于 30℃ 测定外，其余均为 25℃ 测定值。

需要说明的是，当氨基酸形成多肽或蛋白质时，将会消耗掉 α-氨基和羧基，其侧链可解离基团的 pK_a 相对于游离氨基酸将会偏大。半胱氨酸的侧链巯基(—SH)虽然也会电离，但在生理 pH(7.4)下，大部分—SH 并未电离；另外，在蛋白质中，大部分的半胱氨酸的—SH 会参与形成分子内或分子间的二硫键，很少以游离的—SH 存在。因此，半胱氨酸一般归类于极性电中性氨基酸。络氨酸的酚羟基的 pK_a(10.07)远大于生理 pH，其电离程度很小(<1%)，故也是极性电中性氨基酸。精氨酸、赖氨酸、天冬氨酸和谷氨酸的侧基 R 在生理条件下均带电荷。组氨酸的咪唑基的 pK_a 与生理 pH 接近，故在生理 pH 条件下有很好的 pH 缓冲作用。

除甘氨酸外，所有氨基酸都有光学异构体。天然蛋白质的氨基酸大多为左旋氨基酸。氨基酸的氨基可以在弱碱性(pH 8~9)条件下和 2,4-二硝基氟苯(FDNP)发生亲核的芳环取代反应得到黄色的 2,4-二硝基氟苯氨基酸(DNP-氨基酸)，称为桑格尔反应。α-氨基和羧基还可以和茚三酮反应生成蓝紫色物质(脯氨酸和羟脯氨酸反应生成黄色物质)。此反应非常灵敏，可用比色法(蓝色 570 nm，黄色 440 nm)测定氨基酸含量。

3.1.2　多肽和蛋白质的结构

由少于 10 个氨基酸结合形成的肽称为寡肽，如二肽、三肽等；由 10 个以上氨基酸结合形成的肽称为多肽。多肽分子一端有一个自由的 α-氨基(N 端)，另一端有一个自由的 α-羧基(C 端)，其组成的氨基酸由于形成肽键已不是原来的氨基酸分子了，称为氨基酸残基。肽的命名从 N 端开始，按照氨基酸残基顺序逐一命名，可以中文名称的字头代表氨基酸残基，中间用 "·" 隔开，也可以英文名称的三字符或单字符缩写表示氨基酸残基，中间以 "-" 隔开，如镇痛的脑啡肽，其结构为酪·甘·甘·苯丙·亮，或 Tyr-Gly-Gly-Phe-Leu，或 Y-G-G-F-L。单字母有时也省略中间的 "-"，如 RGD 三肽(是一种具有黏附细胞功能的短肽)。

蛋白质是由一条或多条肽链以特殊方式结合而成的具有一定生物功能的大分子。蛋白质的结构分为四个层次，即一级结构、二级结构、三级结构和四级结构。

蛋白质的一级结构包括蛋白质中多肽链氨基酸的排列顺序和二硫键的位置。肽链中的半胱氨酸残基的侧链—SH可以脱氢氧化成二硫键，在肽链内或肽链间起到连接作用。二硫键起稳定蛋白质空间结构的作用。一级结构对蛋白质的空间结构和生物功能有决定作用。血红蛋白是由两条α链和两条β链组成的，其两条β链的N端第6位氨基酸由谷氨酸变成缬氨酸后，造成血红蛋白不能正常聚合，溶解度降低，形成镰刀状细胞贫血病。

蛋白质的二级结构是由多肽链本身折叠或盘绕形成的由氢键维持的有规则的构象，主要有α-螺旋、β-折叠和β转角结构。α-螺旋是肽链绕假想的中心轴盘绕成螺旋状，一般为右手螺旋结构，每圈螺旋为3.6个氨基酸残基，螺距为5.4 nm。第n位氨基酸残基上的—C=O与$n+4$位残基上的—NH之间形成的氢键，对α-螺旋起着稳定的作用；被氢键封闭的环含有13个原子，因此α-螺旋也称为3.6/13螺旋。α-螺旋结构肽链位于中心，侧基R位于螺旋外侧。甘氨酸侧基太小，是螺旋的破坏者；脯氨酸的亚氨基少一个氢原子，无法形成氢键，可中断螺旋，形成一个"结节"；带相同电荷的侧基相邻，也会破坏螺旋。

β-折叠由两条或多条几乎完全伸展的多肽链侧向聚集在一起，相邻肽链的羧基和氨基形成有规则的氢键。如果相邻肽链的N端都在同一方向，为平行式β-折叠，此时氢键不平行；如果相邻肽链的走向相反，为反平行式β-折叠，即N端间隔同向，此时氢键平行。从能量的角度考虑，反平行式更为稳定。

β转角一般由四个氨基酸残基组成，第一个氨基酸残基的—C=O与第4位残基上的—NH之间形成氢键。β转角允许肽链出现180°倒转，甘氨酸和脯氨酸容易出现在这种结构中，球状蛋白质中β转角的含量很丰富。

除上述三种结构外，蛋白质中还存在一些没有规律的松散肽链结构，称为无规卷曲。这些结构也是明确而稳定的结构，往往出现在酶活性部位或者蛋白质的功能部位。

蛋白质的二、三级结构之间还可以细分出超二级结构和结构域。超二级结构是指由二级结构单元相互作用形成的有规则、空间上能辨认的二级结构组合体。结构域是指在二级结构、超二级结构基础上形成的三级结构的局部折叠区，是相对独立的、近似球体的、具有部分生物功能的结构，又称为辖区。对于较小的蛋白质，结构域和三级结构是一个意思，即蛋白质包含一个结构域。对多结构域蛋白质来说，结构域之间往往有一段柔性肽链连接，即所谓的铰链区；结构域之间容易发生相对运动。

蛋白质的三级结构是蛋白质分子处于其天然折叠状态的三维构象，指一条多肽链在二级结构的基础上进一步折叠盘绕，从而产生特定的空间结构。一般含疏水侧基的氨基酸残基在内部，含亲水侧基的氨基酸残基在外部，从而使蛋白质溶于水。三级结构靠疏水相互作用、氢键、静电力和范德华力共同维持。

含有两条及两条以上多肽链的蛋白质存在四级结构。每条肽链都有完整的三级结构，称为亚基。亚基与亚基之间呈现特定的三维空间分布，并以非共价键相链接。这些蛋白质亚基的空间分布及其接触部位的布局和相互作用称为四级结构。

3.1.3　几种重要的蛋白质

血液中已知的蛋白质有两百多种,用盐析法可以区分出白蛋白(albumin)、球蛋白(globulin)和纤维蛋白(fibrin)等几种组分;按功能区分有凝血系统蛋白质、纤溶系统(溶解血栓)蛋白质、补体系统(介导免疫和炎症反应)蛋白质、免疫球蛋白、脂蛋白、血浆蛋白酶抑制剂、与各种配体结合的载体和未知功能蛋白质。血液中的蛋白质在材料表面的吸附和变性是决定血液相容性的关键。生物材料评价常用的蛋白质有白蛋白、免疫球蛋白(immunoglobulin,Ig)和纤维蛋白原(fibrinogen,Fg)。

白蛋白是人体血浆中的主要蛋白质,占血浆蛋白的 50%。人白蛋白含 585 个氨基酸,分子量约为 66.5 kDa[3]。白蛋白带负电荷,溶于水,在血浆中起调节渗透压的作用;此外还可以与一些难溶小分子、激素和无机离子可逆结合,将其传送到靶组织。一般认为,白蛋白在生物材料表面的黏附不会引发不良反应。

免疫球蛋白是具有抗体活性或化学结构与抗体相似的球蛋白,其是化学结构上的概念。所有抗体的化学基础都是免疫球蛋白,但免疫球蛋白并不都具有抗体活性。免疫球蛋白可分为分泌型(sIg)和膜型(mIg),前者主要存在于血液和组织液中,后者是 B 细胞表面的抗原受体。免疫球蛋白的结构在"3.3　人体免疫系统"有详细介绍。

纤维蛋白原是一种由肝脏合成的具有凝血功能的蛋白质,凝血过程中,纤维蛋白原被凝血酶切除血纤肽 A 和 B,成为纤维蛋白,参与血液凝固。生物材料吸附纤维蛋白原后产生变性,会诱发血小板黏附和凝血反应。纤维蛋白原呈伸长的椭球体,是由三对多肽链(一对 α 链、一对 β 链、一对 γ 链)以二硫键连接而成的,其分子量约为 340 kDa。

细胞外基质是由细胞分泌的、与细胞相互作用的大分子网络,由胶原蛋白、非胶原蛋白、弹性蛋白、蛋白聚糖与氨基聚糖组成。胶原蛋白约占人体总蛋白的 30%,遍布人体内各种组织和器官,是细胞外基质的框架结构;成纤维细胞、成软骨细胞、成骨细胞、成牙质细胞、成肌细胞、脂肪细胞、内皮细胞及某些上皮细胞均可分泌胶原蛋白。目前已发现的胶原蛋白至少有 19 种,主要分 Ⅰ 型、Ⅱ 型、Ⅲ 型、Ⅴ 型和 XI 型。各型胶原蛋白都是由三条相同或不同的肽链形成三股螺旋,含有三种结构:螺旋区、非螺旋区及球形结构域[4]。其中 Ⅰ 型胶原蛋白的结构最为典型。Ⅰ 型胶原蛋白的原纤维(三股螺旋链)平行排列成较粗大的束,成为光镜下可见的胶原纤维。三股螺旋由两条 α_1(Ⅰ)链及一条 α_2(Ⅰ)链构成。每条 α 链约含 1050 个氨基酸残基,由重复的 Gly-x-y 序列构成。x 常为 Pro(脯氨酸),y 常为羟脯氨酸或羟赖氨酸残基。重复的 Gly-x-y 序列使 α 链卷曲为左手螺旋,每圈含 3 个氨基酸残基。三股这样的螺旋再相互盘绕成右手超螺旋,即原胶原。原胶原分子量约为 285 kDa,长约为 300 nm,直径约为 1.5 nm。原胶原分子间通过侧向共价交联,相互呈阶梯式有序排列聚合成直径为 50~200 nm、长 150 nm 至数微米的原纤维,在电镜下可见间隔 67 nm 的横纹。胶原纤维中的交联键是由侧向相邻的赖氨酸或羟赖氨酸残基氧化后所产生的两个醛基间相互缩合而成的。胶原纤维强度大,其抗张强度超过钢筋。胶原蛋白作为生物材料能促进细胞的黏附和铺展,具有良好的生物相容性。

非胶原蛋白的特点是既可与细胞结合,又可与细胞外基质其他大分子结合,将细胞黏着于细胞外基质,包括纤连蛋白(fibronectin,FN)、层连蛋白(laminin,LN)等。FN 以可溶的形式存在于血浆和体液中，以不溶的形式存在于细胞外基质和细胞表面。其中 FN（分子量约为 450 kDa）是由两条相似的肽链在 C 端借二硫键联成的"V"字形二聚体；而细胞 FN 为多聚体。每条 FN 的肽链约有 450 个氨基酸残基，含有 5~7 个结构域，可以和胶原蛋白、肝素、纤维蛋白和细胞结合。其中与细胞结合的区域含有 RGD 序列，是与细胞表面某些整合素受体识别与结合的部位。RGD 短肽常用于促进细胞的黏附。LN 与Ⅳ型胶原蛋白一起构成基膜。LN 由一条重链(α)和两条轻链(β、γ)借二硫键交联形成，分子中存在和胶原蛋白及 8 个细胞结合的位点。其中 IKVAV 五肽序列可与神经细胞结合，促进神经生长。LN 还可与上皮细胞、内皮细胞、肌细胞等结合。

弹性蛋白(elastin)赋予组织弹性，大量存在于血管壁和皮肤等弹性组织中。弹性蛋白分子由疏水肽链(提供弹性)和富含丙氨酸和赖氨酸残基的 α-螺旋交替排列而成，后者可形成分子间的交联。

3.2　细胞生物学：结构与功能

细胞是生命活动的最小单位，体内的细胞附着于细胞外基质上，细胞之间存在着细胞联接和细胞通讯，细胞和外界(体液)存在物质和信息的传递。

细胞外基质的成分除前述(3.1.3　几种重要的蛋白质)的胶原蛋白、非胶原蛋白和弹性蛋白外，还有氨基聚糖和蛋白聚糖。氨基聚糖由重复的二糖单元组成，其二糖单元由氨基己糖和糖醛酸组成。按糖基、连接方式、硫酸化程度及位置，氨基聚糖可分为六种，即透明质酸、硫酸软骨素、硫酸皮肤素、硫酸乙酰肝素、肝素、硫酸角质素。透明质酸(hyaluronic acid, HA)是唯一不发生硫酸化的氨基聚糖，其糖链特别长，可以达到微米级，包含 10 万个糖基(一般的氨基聚糖包含约 300 个糖基)。HA 起到结合大量水的作用，产生膨压。肝素具有抗凝血作用。除 HA 和肝素外，其他的氨基聚糖和蛋白质共价结合，形成蛋白聚糖。

生物材料研究中涉及的细胞主要是人体细胞和哺乳动物细胞。在材料表面进行细胞培养或者提取材料的浸提液进行细胞培养，是研究材料的生物学效应的第一步。我们可以把细胞当成一个"黑箱"，通过材料对细胞形态、增殖的影响，判定材料的毒性。有时候，我们需要了解材料是如何影响细胞功能的，以及如何调控这种功能，这就需要深入到分子水平，了解材料的物理性质(软硬、多孔、粗糙度等)和化学性质(材料表面基团、材料沥出物等)是如何和细胞表面的蛋白质(受体)作用，将信号传导到细胞内部，进而影响细胞的行为(迁移、增殖、基因表达、凋亡等)。要想更好地认识这种机理，需要掌握一定的细胞生物学知识。

细胞的最外层是由脂质和蛋白质组成的细胞质膜(又称细胞膜)，其中的脂质主要由磷脂构成双分子层，其中含有糖脂和胆固醇。细胞内存在由磷脂膜构成的细胞器，哺乳动物的细胞器有线粒体、内质网、高尔基体、中心体、溶酶体和核糖体等。细胞膜内的细胞器之间充满了细胞质基质。细胞膜蛋白可以起物质跨膜运输、信号传导等作用。线粒体是细胞有氧呼吸的主要场所，其含有参与三羧酸循环、脂肪酸氧化、氨基酸降解等生化反应的酶等蛋白质，苹果酸脱氢酶是线粒体基质的标志酶。内质网是蛋白质、脂类(如甘油三酯)

和糖类合成的基地。高尔基体将内质网合成的蛋白质进行加工、分拣与运输，然后分门别类地运送到细胞特定的部位或分泌到细胞外。中心体在细胞有丝分裂早期分成两部分，形成两个中心体，向细胞两极运动，参与细胞的有丝分裂。溶酶体是分解蛋白质、核酸、多糖等生物大分子的细胞器，内含多种水解酶，可以分解外来物质。当细胞衰老时，其溶酶体破裂，释放出水解酶，消化整个细胞而使其死亡。核糖体是一种核糖核蛋白颗粒，主要由 RNA(rRNA)和蛋白质构成，其功能是按照信使 RNA(mRNA)的指令合成蛋白质，主要附着于内质网上(称为粗面内质网)，也可游离于细胞质中，此外还存在于线粒体中。

细胞质膜下存在着与膜蛋白相连的由纤维蛋白组成的网架结构，称为膜骨架，它参与维持细胞的形态，并维持细胞质膜完成多种生理功能。大多数细胞的细胞质内存在纤维网架结构，称为细胞骨架，包括微丝、微管和中间丝三种，均由相应的蛋白亚基组成。细胞骨架发挥着重要的机械支撑和空间组织作用，参与几乎所有的细胞运动。微丝又称为肌动蛋白丝，细胞的黏附、铺展是由微丝的组装和去组装完成的。当细胞在基质表面铺展时，细胞质膜和基质之间形成紧密黏附的黏着斑，在紧贴黏着斑的细胞质膜内侧有大量微丝紧密排列成束，称为应力纤维。

细胞核在细胞的代谢、生长、分化中起着重要作用，是遗传物质的主要存在部位，由核膜、染色质、核骨架、核仁及核基质等组成。核膜含有核孔，可让小分子和自由离子通过，蛋白质等大分子则需通过载体蛋白转运入核。核仁是合成 RNA 和核糖体的场所。染色质是指间期细胞核内由 DNA、组蛋白、非组蛋白及少量 RNA 组成的线性复合结构，是分裂间期细胞遗传物质存在的形式。染色体是指细胞在有丝分裂或减数分裂过程中，由染色质聚缩而成的棒状结构。遗传信息的传递遵循中心法则：遗传信息从 DNA 传递给 RNA(转录)，再从 RNA 传递给蛋白质(翻译)；也可以从 DNA 传递给 DNA，即完成 DNA 的复制过程。

3.2.1 细胞信号转导

细胞信号转导是细胞外的信号从细胞外传递到细胞内引起细胞的生物学反应的过程。胞外信号包括化学信号(各种激素和生长因子等)和物理信号(机械力、声、光、电和温度等)。亲脂性的信号分子，如甾类激素和甲状腺素，可以直接穿透细胞膜，与胞内受体结合，进而调节基因的表达。NO 气体分子也可以直接进入细胞，引起平滑肌细胞的松弛。亲水性的信号分子包括神经递质、各种生长因子和肽类激素，不能穿透细胞膜，需和细胞表面的受体(绝大多数为蛋白质)结合，进而引发胞内的生物学反应。与受体结合的信号分子称为配体。胞外信号分子称为第一信使，第一信使与受体作用后在细胞内产生的信号物质称为第二信使。公认的第二信使有环磷酸腺苷(cAMP)、环磷酸鸟苷(cGMP)、二酰甘油(DAG)、1,4,5-肌醇三磷酸(IP_3)和 Ca^{2+} 等。第二信使在激活特定蛋白酶的同时，也能激活一类特定的胞浆核蛋白质；被磷酸化的核蛋白质进入细胞核，识别靶基因上的特定调节序列并与之结合，引起基因转录的变化。这类在细胞核内外传递信息的核蛋白质称为第三信使，又称为 DNA 结合蛋白。

细胞信号传导过程中，有两组在进化上保守的胞内蛋白行使着分子开关的职责。一组是鸟嘌呤三核苷酸磷酸酶(GTPase)开关蛋白，包括 G 蛋白和 Ras 蛋白等。这些蛋白结合

GTP 时为活化状态，结合 GDP 时为失活状态。另一组是通过蛋白激酶使靶蛋白磷酸化而激活，然后通过蛋白磷酸酶脱磷酸而失活。也有一些蛋白质脱磷酸而激活，磷酸化而失活。

细胞表面的受体分为"三大家族"：一是离子通道偶联受体，这种受体见于可兴奋细胞间的突触信号传导，结合配体后，离子通道打开，产生一种电效应。如肌细胞质膜上由乙酰胆碱激活的通道，选择性运输 Na^+ 和 Ca^{2+}。二是 G 蛋白偶联受体，结合配体后与 G 蛋白偶联，使之结合 GTP 而活化，进而诱导下游蛋白的活化而传递信号。三是酶联受体，平时处于单体状态，和信号分子结合后发生构象改变，形成活化的二聚体，向下游传递信息。

细胞整合胞外信号后，会做出不同的应答，包括存活、分裂、分化和凋亡。G 蛋白偶联受体介导的细胞通路为：激素（肾上腺素、胰高血糖素、促肾上腺皮质激素）和受体结合，活化 G 蛋白，并进一步激活腺苷酸环化酶或者激活磷脂酶 C。前者催化 ATP 生成 cAMP，称为以 cAMP 为第二信使的信号通路；后者催化磷脂酰肌醇-4,5-二磷酸水解生成 IP_3 和 DAG 双信使，称为磷脂酰肌醇双信使信号通路。在 cAMP 信号通路中，cAMP 激活蛋白激酶 A(PKA)，并使下游靶蛋白磷酸化，从而影响细胞代谢和细胞行为。活化的 PKA 具有催化活性的亚基还可以进入细胞核，使基因调控蛋白磷酸化，启动靶基因的转录。在磷脂酰肌醇信号通路中，IP_3 触发细胞内质网上的 IP_3-门控钙离子通道，释放 Ca^{2+} 到细胞质中，Ca^{2+} 浓度升高进而诱发各种细胞反应；DAG 和 Ca^{2+} 会激活蛋白激酶 C(PKC)，活化的 PKC 进一步使底物蛋白磷酸化，如可活化 Na^+/H^+ 交换，使胞内 pH 升高。PKC 的活化也可增强某些基因的转录。目前已知的有两条途径：一条是由 PKC 激活一系列的蛋白激酶级联反应，使丝裂原活化蛋白(MAP)激酶磷酸化并激活，激活的 MAP 激酶活化基因调控蛋白 Elk-1(ETS 样蛋白 1，和血清应答因子 SRF 结合在 DNA 上)，启动特定基因的转录；另一条途径是由 PKC 的活化使 I-κB(为 NF-κB 的抑制蛋白)磷酸化，释放与之结合的基因调控蛋白 NF-κB(核因子 κB，最初发现其可选择性结合在 B 细胞 κ-轻链增强子上调控基因的表达)，NF-κB 进入细胞核，激活基因转录。

受体酪氨酸激酶(RTK)属于酶连受体，和胞外配体［表皮生长因子(EGF)、神经生长因子(NGF)、成纤维细胞生长因子(FGF)等］结合后，使受体二聚化，激活胞内具有蛋白酪氨酸激酶活性的催化位点，从而在二聚体内交叉磷酸化酪氨酸残基；然后磷酸化的酪氨酸位点结合接头蛋白和鸟苷酸交换因子（GEF），活化 Ras 蛋白，依次激活 MAPKKK、MAPKK 和 MAPK(MAP 为丝裂原活化蛋白，K 表示激酶)；MAPK 进入细胞核，启动特定的基因转录，从而调控细胞周期和细胞分化。这一信号通路称为 RTK-Ras 蛋白信号通路。

整合素(又称整联蛋白)是介导细胞和外环境［如细胞外基质(ECM)］之间连接的跨膜受体，将 ECM 的化学成分和力学状态等信息传入胞内。细胞与细胞外基质之间形成的黏着斑是复杂的大分子复合体，含有成簇的整联蛋白、细胞质蛋白和成束的应力丝(肌动蛋白)，其组装既受信号控制又具有信号传导功能。整合素和胞外配体相互作用，导致黏着斑中的酪氨酸激酶 Src 活化，并使黏着斑激酶(focal adhesion kinase，FAK)磷酸化，然后和桥头蛋白及鸟苷酸交换因子组装，引起 Ras 蛋白 GDP-GTP 交换而活化，通过 Ras-MAPKKK-MAPK 级联反应途径将信号传入细胞核，激活细胞生长和增殖相关基因的转录。这是细胞黏附在基质上进行增殖的分子基础。黏着型细胞(如上皮细胞)必须黏附在基材上(即贴壁)才能存活。

生物材料的化学成分、机械性能(硬度、模量等)和表面的粗糙度等对细胞增殖及细胞分化的影响也和细胞信号的传导有关,深入分子水平研究生物材料对信号传导的影响将帮助我们对特定应用的生物材料进行优化设计。

3.2.2　生物材料研究中的常用细胞

细胞毒性实验是生物材料最基本的筛选实验,材料的细胞培养是生物材料最基本的研究手段。只有在细胞试验达到要求后才能进行动物试验和临床试验。国际上已经建立了很多细胞库,包括美国 ATCC 细胞库和中国科学院细胞库,这些细胞库可以提供检定合格、质量相同、持续稳定的细胞供科学研究和生物制品生产。细胞系是指可连续传代的细胞,是原代培养细胞经首次传代以后所繁殖的细胞群体。原代培养的正常组织细胞一般传至10 代左右就不容易传代下去了,属于有限细胞系。癌细胞由正常细胞转化而来,具有无限增殖的特性,故由癌细胞建立的细胞系属于无限细胞系。癌细胞仍具有来源细胞的某些特性(如上皮癌仍可合成角质蛋白),仍可用于研究生物材料对细胞形态、增值和功能的影响。

成纤维细胞是疏松结缔组织的主要细胞,胞体呈梭形或不规则三角形,中央有卵圆形核,胞质突起,生长时呈放射状,可合成胶原等细胞外基质,参与创伤修复。成纤维细胞具有较强的分裂增殖能力,适应性强,是最容易培养的动物细胞类型之一,常用于细胞毒性测试。常用的成纤维细胞有来源于小鼠结缔组织的 L929 细胞和来源于小鼠胎儿内皮的3T3 细胞。

成骨细胞主要由内外骨膜和骨髓中基质内的间充质始祖细胞分化而来,能特异性分泌多种生物活性物质,调节并影响骨的形成和重建过程。成骨细胞表达碱性磷酸酶(ALP)、骨钙素(OCN)和 I 型胶原等成骨蛋白,在体外培养可形成矿化钙结节。MG-63 和 Saos-2来源于人骨肉瘤细胞,能够表达成骨细胞表型,是体外培养常用的成骨样细胞。

人脐静脉内皮细胞(HUVEC)具有干细胞的潜能,理论上可以传代 50~60 次,常作为人工血管材料研究的首选细胞。血管内皮细胞含有杆状的怀布尔-帕拉德小体(W-P 小体),该小体产生 vWF 因子(von Willibrand factor)。血管平滑肌细胞培养一般需用原代细胞,该细胞表达 α-平滑肌肌动蛋白(α-SMA)。

PC-12 细胞来源于一种可移植的鼠嗜铬细胞瘤,该细胞对神经生长因子(NGF)有可逆的神经元显形反应,常作为神经细胞的模型细胞。

Hela 细胞源自一位美国黑人妇女海瑞塔·拉克斯(Henrietta Lacks)的宫颈癌细胞,具有无限增殖能力。该细胞系跟其他癌细胞系相比,增殖异常迅速。Hela 细胞在抗肿瘤药物筛选和评价中有广泛应用。

3.3 人体免疫系统

人体在受到外来微生物入侵的情况下会启动免疫系统对其加以清除，以维持机体内环境的稳定。免疫系统由免疫器官和组织（骨髓、胸腺、淋巴结）等、免疫细胞（T 细胞、B 细胞、自然杀伤细胞、巨噬细胞等）、免疫分子（抗体、细胞因子等）以及淋巴循环网络组成。胸腺和骨髓是中枢免疫器官，分别产生 T 细胞和 B 细胞，淋巴结、脾和黏膜是成熟淋巴细胞定居并产生免疫应答的场所。能刺激机体产生免疫应答的物质称为抗原（antigen）。抗体（antibody）是指机体由于抗原的刺激而产生的具有保护作用的蛋白质，是一类能与抗原特异性结合的免疫球蛋白（Ig）。所有 Ig 分子都是由两条重链和两条轻链组成的；两条重链以二硫键相连形成"Y"形骨架，两条轻链以二硫键和重链"Y"形骨架的分枝相连接。在 Ig 的"Y"形分枝顶端的四条链各有一个可变区，其氨基酸序列变化大，为抗原的结合部位。

机体在感染微生物 4 小时内会启动固有免疫应答，其不针对某一特定抗原。参与固有免疫应答的主要有皮肤、黏膜、吞噬细胞（白细胞和巨噬细胞等）、自然杀伤细胞（NK 细胞）、补体和细胞因子等。病原微生物表面有一些特有的、组成和构型上保守的分子结构，如甘露糖富集的寡糖、细菌表面的脂多糖（LPS）等。吞噬细胞表面表达对病原微生物表面特有配体的受体，如甘露糖受体、LPS 受体等，使吞噬细胞可以快速识别入侵机体的微生物，并吞噬、杀死和清除它们，同时释放一系列细胞因子，募集远端的吞噬细胞、NK 细胞等向感染处迁移（化学趋化作用），进一步杀死感染的微生物。有些病原体可以直接激活补体旁路途径而被溶解破坏。有一些补体活化产物（如 C3b、C4b）具有调理作用，可以增强巨噬细胞的吞噬能力；另外一些补体活化产物（如 C3a、C5a）可直接作用于肥大细胞，使之脱颗粒释放组胺、白三烯和前列腺素 D2 等血管活性物质和炎性介质，使炎性部位血管通透性增加，血液中的白细胞（主要是中性粒细胞）从血管渗出，浸润感染部位，发挥强大的吞噬功能。

当机体感染超过 96 小时后，活化的巨噬细胞等抗原提呈细胞已经将吞噬的抗原的肽链段提呈到细胞表面，供 T 细胞识别，活化 T 细胞以特异性杀灭表面有抗原肽的细胞，这称为细胞免疫。活化的 T 细胞（具体为 Th 细胞）可以辅助 B 细胞活化，形成浆细胞，产生针对特定抗原的抗体，抗体在体液中中和抗原而被清除，这称为体液免疫。细胞免疫和体液免疫都是针对特异抗原的，称为适应性免疫。适应性免疫可以增强固有免疫，如抗原-抗体复合物可以通过经典途径激活补体系统，进一步发挥固有免疫应答效应。

生物材料及其制品植入体内后会使体内蛋白质黏附（如发生蛋白质变性），也可能会刺激机体做出免疫反应。这种免疫反应一般属于固有免疫反应，生物材料表面对补体激活的报道已有很多；生物材料长期植入体内，周围炎性细胞长期浸润是常见的现象，主要的炎性反应细胞有巨噬细胞和异物巨细胞等。

3.4　生物材料体内使用环境概述

从生物材料的角度来说，人体内环境是一个相当苛刻的环境[5]。人体体液的 pH 约为7.4，但在胃里 pH 约为 1，巨噬细胞和破骨细胞的 pH 约为 3，皮肤 pH 为 5～6，成骨细胞局部 pH 可到 9。材料植入区域的炎性反应细胞，如巨噬细胞，会释放脂肪酸、过氧化氢、氧化性自由基(氧负离子自由基和氢氧自由基)以及溶菌酶，这些物质会造成材料的降解。有时候降解产物以及材料脱落的颗粒又会加剧炎性反应，如此反复对材料造成严重破坏。人体内力学环境也是复杂的，一般情况下骨承受的应力为 4 MPa，然而肌腱和韧带的峰值应力可达 40～80 MPa。平时人体髋关节头可承受三倍体重，跳跃时其承受的峰值负荷可以达到十倍体重。一年中，指关节和髋关节的往复应力可以达到 100 万次，心脏的跳动为 500 万到 4000 万次。应用于不同部位的生物材料，其所处的化学和力学环境是不一样的。同时不同的个体，由于年龄、性别、疾病等的差异，其体内的环境也会有差异。因此，需要根据生物材料的使用环境对材料进行设计，使之能在体内短暂或长期行使某种特定的生理功能。

3.5　材料的生物学评价方法

对材料生物学反应的评价分为三个层次，首先是细胞试验，其次是动物试验，最后用于人体，属于临床试验。由于细胞和组织大部分为无色，常常需要染色。表 3－2 列出了常用的染色方法和细胞活性测定方法。需要指出的是，荧光染色需要在荧光显微镜下观察。而台盼蓝、HE 染色等非荧光染色，可直接用光学显微镜观察。

表 3－2　常用的染色方法和细胞活性测定方法

表征方法		原理	备注
细胞试验	Hoechst 染色	Hoechst 染料可以穿透完整的细胞膜，与细胞 DNA 结合，使细胞核发出蓝色荧光	Hoechst 染料特指德国赫斯特公司合成的用于活细胞和固定细胞的细胞核的染料
	DAPI 染色	同 Hoechst 染色，核染蓝色	DAPI 为 4′,6-二脒基-2-苯基吲哚
	PI 染色	PI 可透过不完整的细胞膜，与细胞 DNA 结合，发出红色荧光	PI 为碘化丙啶，用于死细胞的细胞核染色
	EthD-1 染色	与溶液或解体细胞 DNA 结合，发出红色荧光	EthD-1 为 Ethidium Homodimer-1，用于死细胞的细胞核染色
	Calcein AM 染色	Calcein AM 可透过活细胞膜，被细胞内的酯酶剪切形成非渗透性的极性分子 Calcein，发出强绿色荧光	Calcein 为钙黄绿素，用于活细胞染色，可帮助观察细胞形态
	台盼蓝染色	台盼蓝可穿透变性细胞膜，与解体细胞 DNA 结合；活细胞拒染	用于死细胞染色显蓝色，活细胞无色；用于细胞活力鉴定

续表

表征方法		原理	备注
细胞试验	结晶紫染色	可染死、活细胞，细胞显蓝紫色	可以帮助观察细胞形态
	鬼笔环肽染色	与细胞的肌动蛋白微丝结合，荧光物质标记的鬼笔环肽可显示微丝骨架的分布	可显示细胞在材料上黏附处的伪足内的微丝骨架分布
	免疫荧光染色	利用抗原-抗体的特异反应，将荧光标记的抗体与细胞作用，检测细胞膜上特定蛋白（抗原）的分布	检测特定的细胞表型，用于细胞鉴定或细胞功能检测；也可用于组织切片染色
	细胞增殖MTT法	活细胞线粒体中的琥珀酸脱氢酶能使MTT还原为水不溶性的蓝紫色结晶甲臜，将其溶解，其吸光度与活细胞数成正比	可检测细胞增殖、表征细胞毒性
	细胞增殖CCK-8法	原理同MTT法，只是生成产物为水溶性的黄色结晶甲臜，可直接测吸光度	同MTT法
动物试验（组织切片染色）	HE染色	用于组织的石蜡切片染色，苏木精将核酸染成紫蓝色，伊红将细胞质和细胞外基质染成深浅不同的红色	HE染色即苏木精-伊红染色，显示组织的形态
	Masson染色	用两种或三种染料混合，将胶原纤维染成蓝色，将肌肉纤维染成红色	特异对胶原纤维染色
	Weigert染色	用间苯二酚品红染液，将弹力纤维染成深蓝色至黑蓝色，将胶原纤维染成红色	特异对弹力纤维染色

参考文献

［1］靳利娥，刘玉香，秦海峰，等. 生物化学基础［M］. 北京：化学工业出版社，2007.

［2］王镜岩，朱圣康，徐长法. 生物化学［M］. 3版. 北京：高等教育出版社，2002.

［3］Sugio S, Kashima A, Mochizuki S, et al. Crystal structure of human serum albumin at 2.5 Å resolution［J］. Protein Engineering, 1999, 12(6): 439−446.

［4］Shoulders M D, Raines R T. Collagen structure and stability［J］. Annual Review of Biochemistry, 2009, 78: 929−958.

［5］Ramakrishna S, Mayer J, Wintermantel E, et al. Biomedical applications of polymer-composite materials: A review［J］. Composites Science and Technology, 2001, 61(9): 1189−1224.

第二部分

材料与组织的相互作用

第4章 材料的组织学反应

材料与生物体之间的相互作用会对各自功能和性质产生影响，不仅会使生物材料变形和变性，还会对机体造成不可预期的损伤。当材料植入人体，组织-材料界面会立即创建，局部组织会对异物产生机体防御性反应。通常是诱导血液和组织液里的蛋白在植入物表面非特异性吸附、产生凝血反应、补体激活等，以及触发后续炎症和创伤愈合反应。

当人体内植入医用材料或装置时，局部组织或血液中的蛋白会第一时间黏附在植入体表面，继而在植入体周围出现白细胞、淋巴细胞和吞噬细胞聚集，发生不同程度的炎症反应。材料如果无毒、性能稳定，会首先被淋巴细胞、成纤维细胞和胶原纤维包裹，形成纤维性包膜囊，与正常组织隔开。在长时间植入后，包膜囊会逐渐变薄。进而，囊壁淋巴细胞消失，形成无炎症反应的正常包膜囊[1-2]。当材料有毒性物质渗出时，局部急性炎症向慢性炎症发展，严重的会引起组织坏死，甚至发展成癌症。材料引发组织反应的主要过程如图4-1所示。

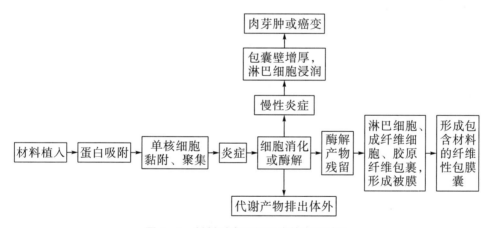

图4-1 材料引发组织反应的主要过程

影响材料的组织学反应的因素可以分为两类：一是生物体本身的生物学环境和临床情况，二是植入材料的性质和形状。从材料的角度考虑，材料的物理结构与化学组成都对组织学反应起到重要影响。物理结构包括植入物的大小、比表面积、形状、表面粗糙度等，主要是通过材料周围组织的机械作用和物理刺激引发周围组织的细胞消化、纤维被膜形成以及纤维组织的长入，形成过度纤维的变性，阻止营养物质和血液的流通，进而影响局部组织的血供。而材料的变性产物也会沉积在纤维被膜内，引发肿胀、肿瘤甚至组织坏死。化学组成引发的组织反应更为复杂，主要是材料中的小分子物质或材料的降解产物与生物组织之间的化学反应。一般而言，材料对周围组织的作用既有物理过程也有化学过程。

虽然可以简单地将材料与生物体的相互作用分为血液与材料的相互作用和组织与材料的相互作用，但值得注意的是，生物体内的各种反应都不会单独存在，无论哪种组织反应都会伴随血液反应，而血液反应会对后续的组织反应产生反馈与影响。

4.1　蛋白质与材料的相互作用

人体细胞并不直接和材料表面接触，而是和材料表面吸附的蛋白质相互作用[3]。在材料接触体液（如血液）的几毫秒内，蛋白质就已经开始在材料表面吸附，而蛋白质在材料表面的行为决定了后续的细胞黏附、凝血和炎症反应等生物学反应，因此研究蛋白质的吸附是生物材料学一个基础而又极为重要的领域。蛋白质与材料表面相互作用的影响因素很多，见表 4-1。

表 4-1　蛋白质与材料表面相互作用的影响因素[3]

因素		影响
蛋白质方面	尺寸	较大的分子可与材料表面形成更多的接触位点
	电荷	在接近分子的等电点通常吸附更迅速
	结构稳定性	较不稳定的蛋白质（如较少分子间交联的蛋白质）可以较大程度地伸展，形成更多与材料接触的位点
	伸展速率	可以快速伸展的分子与表面接触更迅速
材料方面	表面形貌	织构表面暴露更多与蛋白质相互作用的区域
	成分	表面化学成分影响与蛋白质相互作用的分子间力
	疏水性	疏水倾向于结合更多的蛋白质
	均匀性	非均匀表面性质导致形成不同的微畴，而与蛋白质发生不同的相互作用
	电势	表面电势影响在溶液中的离子分布，并影响与蛋白质的相互作用

体液中的蛋白质多种多样，决定蛋白质在材料表面吸附量的因素有蛋白质浓度、蛋白质的扩散速率（小尺寸蛋白质扩散快）和蛋白质对材料的亲和力。在血液中，白蛋白（albumin）和免疫球蛋白（immunoglobin）浓度大、质量小，一般最先到达材料的表面。这些蛋白质一般不会产生细胞黏附。随着时间的延长，玻连蛋白（vitronectin）和纤维蛋白原（fibrinnogen，Fg）等大质量蛋白质由于和材料表面亲和力更强，与白蛋白交换，逐渐占据材料的表面。蛋白质在材料表面的竞争吸附是一个动态的过程，蛋白质的这种相互替代效应称为 Vroman 效应。

材料本身的亲疏水性和表面电荷也会影响蛋白质的吸附。一般来说，材料的疏水性表面利于蛋白质的吸附，亲水性表面不利于蛋白质的吸附。体液中的蛋白质带负电，故表面带正电荷的材料易吸附蛋白质，表面带负电荷的材料易排斥蛋白质。但是，由于蛋白质分子链中也存在带正电的区域，如果负电荷过强，也会造成蛋白质链构象变形，暴露带正电区域，从而使蛋白质吸附在表面带负电荷的材料上。

此外，材料表面的化学基团也会影响蛋白质吸附(见表 4-2)。在体内，材料表面的甲基易诱导炎性反应细胞黏附，可能是由于其对 IgG 黏附量较高所致。羟基是中性、亲水的，与蛋白质相互作用行为弱，但容易促使 FN 改变构象，暴露细胞黏附区域，促进细胞和材料形成黏着斑。氨基带正电荷，与蛋白质相互作用行为强，可促进多种细胞黏附；在体内，氨基易促发急性炎症反应。羧基带负电荷，对 FN 及白蛋白有较强的亲和力。材料表面往往存在多种官能团，会相互影响对蛋白质的吸附行为。例如，有研究表明，具有等量氨基和羧基的材料表面，由于净电荷为零，又是亲水表面，其对蛋白质的黏附量很低。

表 4-2　材料表面官能团对蛋白质吸附的影响[3]

官能团	性质	影响
—CH₃	电中性，疏水	对纤维蛋白原和免疫球蛋白有强亲和力，可促进白细胞和吞噬细胞黏附
—OH	电中性，亲水	与血浆蛋白相互作用变弱，可促使纤连蛋白(FN)暴露细胞黏附区域，促进成骨细胞分化
—NH₂	正电荷，亲水	对 FN 有强亲和力，可促进成肌细胞和血管内皮细胞的增殖，促进成骨细胞分化
—COOH	负电荷，亲水	对白蛋白和 FN 有强亲和力

由于血浆蛋白的黏附是造成材料凝血和发生炎性反应的原因，抗蛋白黏附(nonfoulning)的表面被认为是一种生物相容性的表面。一般认为，电中性、亲水和柔性的聚合物具有抗蛋白黏附性，最典型的是表面有聚乙二醇刷(polyethylene glycol brushes)的结构具有很好的抗蛋白黏附性；有内盐结构的分子，如磷脂酰胆碱、磺酸甜菜碱等是电中性的，也具有优异的抗蛋白黏附性能。

4.2　血液与材料的相互作用

血液与材料的相互作用一直是生物材料研究领域的热点和难点。无论是人工器官、植入器械，还是人体组织的修复替代材料，都不可避免地要与血液相接触。当材料与血液直接接触时，会产生一系列的生物反应，包括血浆蛋白吸附、血小板反应、内源性凝血、纤溶活化、红细胞、白细胞和补体激活等。在研究材料的组织学反应时，不得不考虑材料与血液的相互作用：一是植入人体的材料首先接触的是血液，二是材料与人体内生物环境之间的许多作用都是以与血液的作用为起点的[4]。

4.2.1　凝血反应

血液的凝固一般是指血液从流动状态变为不能流动的胶冻状凝块的过程，是一个十分复杂的生物化学反应过程。在凝血过程中，凝血因子和血小板的参与必不可少。血小板可以释放 5-羟色胺等收缩血管的物质，使破损的血管伤口缩小或封闭；然后血小板黏附聚集在一起，形成血栓，堵塞伤口；最后血液参与凝固过程，达到止血的效果。凝血因子是参与血液凝固过程的各种蛋白质组分，为统一命名，世界卫生组织按其被发现的先后次序用罗马数字编号，主要有凝血因子Ⅰ（纤维蛋白原）、Ⅱ（凝血酶原）、Ⅲ（组织凝血激酶，组织因子）、Ⅳ（钙因子，Ca^{2+}）、Ⅴ（促凝血球蛋白原）、Ⅶ（促凝血酶原激酶原）、Ⅷ（抗血友病球蛋白A）、Ⅸ（抗血友病球蛋白B）、Ⅹ（自体凝血酶原C）、Ⅺ（抗血友病球蛋白C）、Ⅻ（表面因子）、ⅩⅢ（纤维蛋白稳定因子）等。凝血因子Ⅵ是Ⅴ的激活物，故取消了凝血因子Ⅵ。后来发现前激肽释放酶和高分子激肽原也与凝血有关。凝血因子的生理作用是在血管出血时被激活，和血小板粘连在一起并且堵塞血管上的漏口。整个凝血过程大致可分为两个阶段，即凝血酶原的激活和凝胶状纤维蛋白的形成。由图4-2可知，凝血酶原的激活可统分为内源性凝血途径、外源性凝血途径和共同凝血途径。内、外源性凝血途径之间是相互联系的[1,4-5]。

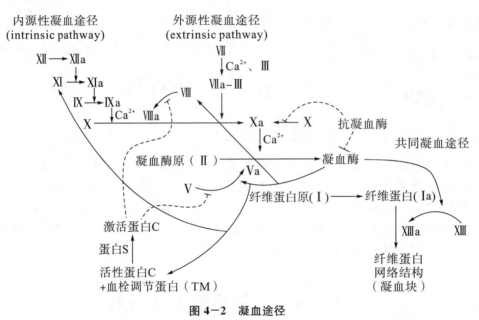

图4-2 凝血途径

注：虚线表示抑制该反应；实线表示促进该反应；数字后加字母a表示激活的因子。

4.2.1.1 外源性凝血途径

外源性凝血途径的启动因子是组织受损以后释放的组织因子（TF，凝血因子Ⅲ）。TF和血液中的凝血因子Ⅶ及Ca^{2+}结合形成Ⅶ-Ca^{2+}-TF复合物，使凝血因子Ⅹ激活为Ⅹa。Ⅹa反过来使Ⅶ-Ca^{2+}-TF变为Ⅶa-Ca^{2+}-TF，后者可迅速激活Ⅹ形成Ⅹa。TF与凝血因子Ⅶ结合后可加快激活Ⅶ；Ⅶa-Ca^{2+}-TF比Ⅶa单独激活凝血因子Ⅹ强16000倍。外源性凝血所需的时间短，反应迅速。一般认为，血液凝固时，首先启动外源性凝血途径。外源性凝血途径需要Ⅳ（钙因子，Ca^{2+}）的参与。

4.2.1.2 内源性凝血途径

内源性凝血途径开始于血液和异物表面的接触，称为接触活化。当血管壁发生损伤或者受到异物刺激后，内皮下组织暴露，借助高分子激肽原而结合于异物表面的凝血因子Ⅻ与带负电荷的内皮下胶原纤维接触，被少量激活为Ⅻa。Ⅻa使前激肽释放酶转变为激肽释放酶，激肽释放酶在高分子激肽原的辅助下，将大量的Ⅻ因子激活。Ⅻa激活凝血因子

Ⅺ，在此阶段无须 Ca^{2+} 的参与。在 Ca^{2+} 的参与下，Ⅺa 又激活凝血因子Ⅸ形成Ⅸa，Ⅸa 与 Ca^{2+}、Ⅷa 和血小板因子 3(PF3，血小板活化时形成的一种膜表面磷脂)共同形成复合物，使Ⅹ激活为Ⅹa。患者体内缺乏这些因子时并不发生出血症状。而当Ⅷ、Ⅸ、Ⅺ缺乏时则可见于各种血友病并有凝血时间延长。由于内源性凝血维持的时间长，因此在止血中更显重要。但最新的研究表明，内源性凝血途径是由外源性凝血途径启动后形成的少量凝血酶直接激活凝血因子Ⅺ开始的，可能并不需要内源性凝血途径中Ⅻ的接触激活这一过程。

研究表明，内源性凝血途径和外源性凝血途径可以相互活化。内源性凝血途径中的Ⅻa、Ⅸa激肽释放酶可激活外源性凝血途径中的Ⅶ；反之，外源性凝血途径中的Ⅶa 则不但能激活Ⅹ，也能激活内源性凝血途径中的Ⅸ。因此，内、外源性凝血途径中的任一个启动都会引起另一个的激活，使凝血迅速进行。

4.2.1.3　共同凝血途径

在上述两个途径的作用下，从凝血因子Ⅹ被激活到纤维蛋白的形成，是内、外源性的共同凝血途径，包含两个阶段：第一个阶段是凝血酶形成阶段，Ⅹa、Ⅴa、PF3 与钙离子组成复合物，即凝血活酶。然后，在凝血活酶的作用下，凝血酶原(Ⅱ)转变成凝血酶(Ⅱa)。在凝血酶形成阶段存在着微妙的平衡：早期生成的Ⅱa 可以催化形成Ⅴa 和Ⅷa，并激活血小板，加速Ⅹa 的生成以及凝血酶原的激活，促进血液凝固；但在大量凝血酶生成后，又可以水解凝血因子Ⅴ和Ⅷ，使之失活，防止过度凝血。第二个阶段是纤维蛋白形成阶段。凝血酶促进纤维蛋白原的 Aα 链脱去一个 16 肽 FPA，以及 Bβ 链脱去一个 14 肽 FPB，转变为纤维蛋白单体(Ⅰa)。Ⅰa 能溶于尿素或溴化钠中，是可溶性纤维蛋白。同时，凝血酶在钙离子的作用下又激活凝血因子Ⅻ，使纤维蛋白的 γ 链间形成异肽键，从而形成不溶的稳定的纤维蛋白，并包裹血细胞从而形成血凝块。至此，凝血过程全部完成。

在共同凝血途径中有两步重要的正反馈反应，可以有效地放大内、外源性凝血途径的作用。一是Ⅹa 形成后，可反馈激活凝血因子Ⅴ、Ⅶ、Ⅷ、Ⅸ；二是凝血酶形成后，可反馈激活凝血因子Ⅴ、Ⅷ、Ⅺ以及凝血酶原。凝血酶又可促使血小板发生聚集和释放反应，刺激血小板收缩蛋白引起血块收缩。但大量凝血的产生会反过来破坏凝血因子Ⅷ和Ⅴ，是正常凝血的负电荷反馈调节，以防止过度凝血。在整个凝血过程中，中心环节是凝血酶的形成，一旦产生凝血酶，即可极大加速凝血过程。但受损部位纤维蛋白凝块的形成又必须受到制约而不能无限制扩大和长期存在。这一作用由抗凝系统和纤溶系统调节控制。在凝血过程中，除正反馈作用外，还存在负反馈作用。

4.2.1.4　抗凝机制

人体还存在抗凝系统，防止过度凝血。凝血的每一个步骤几乎都有与之相对抗的机制存在，人体的凝血和抗凝保持着动态平衡。人体的抗凝机制主要有以下两种：

一种是通过蛋白酶抑制物抑制凝血因子活性。其中最重要的蛋白酶抑制物是抗凝血酶Ⅲ(ATⅢ)，担负着全部抗凝血酶 80% 的活性。ATⅢ由肝脏合成，是一种多功能的丝氨酸蛋白酶抑制物，除活性蛋白 C 外，几乎所有的活性型凝血因子，如凝血酶、Ⅹa、Ⅸa、Ⅺa、Ⅻa、激肽释放酶等都可与 ATⅢ形成 1∶1 的复合物，从而抑制凝血因子的活性。

AT Ⅲ对Ⅶa的抑制作用较弱。肝素可增强 AT Ⅲ 的活性，高分子量肝素主要增强 AT Ⅲ 对凝血酶的抑制作用，低分子量肝素则主要增强 AT Ⅲ 对 Ⅹa 的抑制作用。由于抑制 Ⅹa 的效率更高（抑制 1 单位 Ⅹa 相当于抑制 40 单位凝血酶），故人们倾向于使用低分子量肝素。其他的凝血因子抑制物有肝素辅助因子Ⅱ（HCⅡ）、α_2巨球蛋白（α_2MG）、α_1抗胰蛋白酶（α_1AT）和组织因子途径凝血抑制物（TFPI）等。HCⅡ和凝血酶以 1∶1 的比例复合使其灭活，在肝素的存在下，其速度可以加快 1000 倍。在纤维蛋白存在的情况下，α_2MG 与凝血酶形成复合物而被清除。α_1AT 能抑制凝血酶、因子Ⅺa 和激肽释放酶等。TFPI 和 Ⅹa 结合，再和Ⅶa-TF 以 1∶1 复配成四种因子组成的复合物，阻止外源性凝血的继续进行。

另一种是通过蛋白酶使凝血因子 Ⅴa 和Ⅷa 失活。如图 4-2 所示，血栓调节蛋白（TM）和活性蛋白 C 结合，在蛋白 S 的辅助下激活蛋白 C，后者能使凝血因子 Ⅴa 和Ⅷa 失活，对凝血进行调控。

4.2.1.5　纤溶系统

血液中会有少量的纤维蛋白形成，纤溶系统负责将纤维蛋白溶解，防止纤维蛋白沉积导致的凝血。纤溶系统由纤溶酶、纤溶酶原、纤溶酶原激活物、纤溶酶原激活抑制物等组成。纤溶酶可将纤维蛋白溶解，纤溶酶原激活物将纤溶酶原转变为纤溶酶。纤溶酶原激活物中比较重要的有组织纤溶酶原激活物（t-PA）。纤溶酶原激活抑制物使 t-PA 等失活。

当内源性凝血途径被激活时，其产生的激肽释放酶会激活纤溶酶原，启动纤溶过程。血液、血管内皮细胞和组织中的纤溶酶原激活物也可使纤溶酶原转变为纤溶酶，启动纤溶过程。

4.2.2　补体激活

补体系统（complement system）是先天免疫系统（innate immune system）的一部分，能够促进抗体以及吞噬细胞清除机体中的微生物和受损细胞，促进炎症的发生与发展，并攻击病原体细胞膜。早期免疫学研究发现，在免疫溶血反应及溶菌反应中，该物质是抗体发挥溶细胞作用的必要补充条件，故称为补体（C）。补体并不是单一组分，而是由超过30 种可溶性蛋白、膜结合蛋白和补体受体构成的多分子系统，故称为补体系统。补体系统由补体固有成分、补体调控成分和补体受体组成。其中大部分蛋白以及糖蛋白都是由肝细胞合成，进入血液循环体系，以活化前驱体的形式存在，大约占血清中球蛋白的 10%。

补体固有成分是指存在于血液和体液中，参与补体激活级联反应的蛋白质。其中参与经典激活途径的补体按发现的顺序命名为 C1~C9，其中 C1 又由 C1q、C1r、C1s 三个亚单位组成，共11 种蛋白质。补体系统的其他成分以大写英文字母表示，如参与旁路激活途径的 B 因子、D 因子和 P 因子等。补体裂解以后的片段在补体成分后附加小写字母表示，如 C2a、C2b 等。一般情况下，a 表示大片段，b 表示小片段，只有 C2 的情况相反。灭活的补体片段在前面加字母 i，如 iC3b。具有酶活性的分子在其序号上加横线，如 C3 转化酶 C$\overline{4b2a}$。

补体调控成分是可溶性或以膜结合的形式存在的蛋白质，通过调节补体激活过程的关键酶来控制补体活化程度和范围。一般根据其功能命名，包括存在于血浆中的 H 因子、

I 因子、C1 抑制物(C1INH)、C4 结合蛋白(C4bp)、S 蛋白(备解素、P 因子)等，以及存在于细胞膜表面的衰变加速因子(DAF)、膜辅助蛋白(MCP)、同种限制因子(HRF)和膜反应溶解抑制因子等。

补体受体是指存在于细胞膜表面，能与补体激活过程中形成的活性片段或调节蛋白结合，介导多种生物效应的蛋白质，包括 CR1~CR5，以及 C3aR、C1qR、C4aR、C5aR、H 因子受体(HR)等。

如图 4-3 所示，补体激活途径大致可以分为三种：经典途径、凝集素途径及旁路途径。经典途径通常需要抗原-抗体复合物来激活(特异性免疫应答)，该复合物与 C1q 结合，顺序活化 C1r、C1s 形成 $C\overline{1s}$。$C\overline{1s}$ 的第一个底物是 C4，在 Mg^{2+} 存在的情况下，C4 裂解为 C4a 和 C4b，后者结合在紧邻细胞或颗粒表面。$C\overline{1s}$ 的第二个底物是 C2，在 Mg^{2+} 存在的情况下，C2 裂解为 C2a(大片段)和 C2b(小片段)。C2a 和结合于细胞表面的 C4b 复合，形成 C3 转化酶 $C\overline{4b2a}$。该酶将 C3 裂解为 C3a 和 C3b，C3b 与细胞表面的 $C\overline{4b2a}$ 结合形成 C5 转化酶 $C\overline{4b2a3b}$，进入补体激活的终末过程。

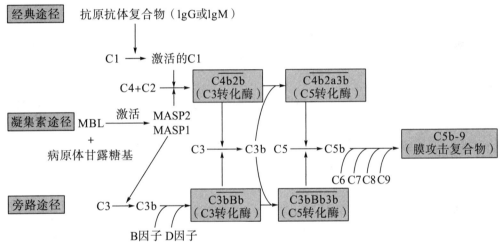

图 4-3 补体激活途径[6]

凝集素途径全名为甘露糖结合凝集素(mannan-binding lectin，MBL)途径。在病原微生物感染早期，体内巨噬细胞和中性粒细胞导致机体发生急性期反应，诱导肝脏合成急性期蛋白。其中的 MBL 可识别出病原体表面的甘露糖残基和果糖残基(mannose residues)，与多种病原微生物表面的糖结构结合，发生构象改变，最终导致 MBL 相关的丝氨酸蛋白酶(MASP)活化。MASP 主要有两类：一类是活化的 MASP2 能以类似 $C\overline{1s}$ 的方式活化 C4 和 C2，形成类似经典途径的 C3 转化酶，进而激活后续补体成分；另一类是活化的 MASP1 能直接裂解 C3 生成 C3b，形成旁路途径 C3 转化酶 $C\overline{3bBb}$，参与旁路途径正反馈环路。

旁路途径又称替代途径，与经典途径的不同之处在于激活是越过了 C1、C4、C2 三种成分，直接激活 C3，形成 C3 转化酶和 C5 转化酶，启动级联酶促反应；旁路途径激活物质并非抗原抗体复合物，而是细菌的细胞壁成分——脂多糖，以及多糖、肽聚糖、磷壁酸和凝聚的 IgA 和 IgG4 等物质。旁路途径在细菌性感染早期，尚未产生特异性抗体时，即可发挥重要的抗感染作用。旁路途径从 C3 开始，经典途径或自发产生的 C3b 与 B 因子结合，B 因子被 D 因子裂解为 Ba 和 Bb，Bb 仍和 C3b 结合，形成旁路途径 C3 转化酶 C $\overline{3bBb}$，进一步裂解 C3，并生成旁路途径 C5 转化酶C $\overline{3bBb3b}$，进入补体激活的终末过程。

这三种激活途径都能产生 C3 转化酶（C $\overline{4b2a}$的同源变异体），C3 的裂解在补体激活中起中心和枢纽作用。三种激活途径产生 C5 转化酶后，进入补体激活的终末过程。其主要过程为：三种途径产生的 C5 转化酶（C $\overline{3bBb3b}$或 C $\overline{4b2a3b}$）将 C5 裂解为 C5a 和 C5b，C5b 和 C6 稳定结合为 C5b6，C5b6 自发与 C7 结合成 C5b67，后者暴露了膜结合位点，与附近细胞膜非特异性结合。结合在膜上的 C5b67 可与 C8 结合，形成的 C5b678 促进 C9 聚合，形成膜攻击复合物 C5b6789n（MAC）。插入膜上的 MAC 使目标细胞的磷脂双分子层形成渗漏斑，或者跨膜的亲水性孔道，导致细胞死亡。

4.2.3　材料引起的凝血

材料与血液接触时，机体的凝血系统、纤溶系统、激肽系统和补体系统将产生一系列防御反应，此外各系统之间有相关联的反应。其中补体在血液净化过程中因活化而产生的 C3b、iC3b、C5a 和 C5a desArg（C5a 脱掉精氨酸残基的产物）等降解产物会引发一系列临床过敏反应。

当血液与材料表面接触时：①材料表面会很快吸附一层血浆蛋白质，如能引起血细胞黏附的白蛋白、纤连蛋白，或引起炎症和免疫反应的球蛋白、免疫复合因子、补体碎片 C3b。这些血浆蛋白质在材料表面相互之间进行动态吸附与解吸附的竞争。随着时间延长及其他因素的影响，被牢固吸附的血浆蛋白质的构象发生改变。②血小板和白细胞黏附在构象改变了的蛋白质层上形成血小板栓子。③进一步将凝血系统活化并导致凝血酶产生和形成纤维蛋白。当蛋白质在材料表面黏附后，血小板就会黏附在材料表面的蛋白质层上；当血小板被材料激活后，会释放大量的凝血因子而导致凝血。同时，材料与血液接触后会激活血液的凝血途径，引起凝血反应。凝血反应释放的凝血酶又会促进血小板的聚集和凝血因子的释放，进而加速血液的凝固[5]。

因此，血液净化膜或体外循环系统所采用的材料应选用抗凝性能优异的生物材料。一般来说，亲水性材料如聚乙二醇的蛋白质吸附量低，而疏水材料如聚砜、聚醚砜等的蛋白质吸附量高。一般认为吸附蛋白质多则抗凝性下降，因此需要对血液净化系统采取抗凝处理，使之"钝化"。

4.3　材料与炎症

材料与活体组织之间相互容纳的程度统称组织相容性。组织的生物学反应除全身性的毒性外，更多的是材料与周围组织的局部反应。生物材料植入后的宿主反应包括损伤、血液物质相互作用、临时基质形成、急性炎症、慢性炎症、肉芽组织发育、异物反应和纤维化/纤维包膜发育[7]。

在机体中长期植入生物医用材料，常伴随炎症的发生。炎症反应是临床常见的一个病理过程，是机体对于刺激的一种防御反应，可以发生于机体各部位的组织和器官。炎症反应包括最初的急性期和随后的慢性期。急性期持续数小时至数天，以液体和蛋白渗出以及嗜中性反应为特征[8]。而生物材料植入体内的过程与一般创伤过程及异物侵入过程相似。由植入物中的微量小分子物质渗出刺激组织所引起的炎症反应属于非感染性炎症。炎症过程轻微，持续时间短，1～2 周后基本消失。毒性较大的小分子残留物引起炎症的时间则较长，在材料的长期刺激下局部组织细胞长期受毒时，产生的慢性炎症反应将对机体造成不良影响。

急性炎症（acute inflammation）的持续时间相对较短，根据植入材料过程中引起的创伤程度从几分钟到几天不等[9]。一旦材料植入体内，最先发生的是血液从血管中流出，血液中的蛋白质首先吸附到材料表面，形成凝血，产生纤维蛋白，激活血小板并淤积红细胞。此时材料周围的血管膨胀，白细胞和细胞外液从管壁渗出，发生急性炎症反应。急性炎症的主要特征是液体和血浆蛋白的渗出（水肿）和白细胞的迁移（主要是中性粒细胞）。中性粒细胞和其他活动的白细胞向外迁移或从血管向血管周围组织及损伤（移植物）部位移动。白细胞，特别是中性粒细胞和单核细胞的聚集是炎症反应最重要的特征。白细胞通过边缘化、黏附、移出、吞噬和细胞外释放白细胞产物等一系列过程积累。急性期主要负责临时基质的形成和伤口部位的清洁。血管扩张，多余的血液流入受伤部位。大量的血液和组织蛋白如细胞因子、生长因子等被释放出来，白细胞黏附于血管内皮，浸润损伤部位。单核细胞进入这个部位后分化成巨噬细胞。

慢性炎症（chronic inflammation）是由持续的炎症刺激引起的，炎症过程的迁延不愈易引起急性炎症转化为慢性炎症，持续时间较长，一般从数月到数年不等，且病情时轻时重。炎症灶内主要是巨噬细胞、淋巴细胞和浆细胞浸润[10]。淋巴细胞和浆细胞主要参与免疫反应，是抗体产生和迟发性超敏反应的关键介体。它们在非免疫损伤和炎症中的作用通常是未知的。目前，研究人员对关于体液和细胞介导的合成生物材料的免疫反应知之甚少。而巨噬细胞可能是慢性炎症中最重要的细胞，因为它能产生大量的生物活性产物，如中性蛋白酶、趋化因子、花生四烯酸代谢产物、活性氧代谢产物、补体成分、凝血因子、促生长因子和细胞因子。炎症部位通常可以观察到巨噬细胞的积聚，有三方面的原因：①在炎症部位，C5a、纤维蛋白多肽、阳离子蛋白质及胶原蛋白和纤连蛋白的分解产物等吸引单核细胞的趋化因子不断产生，导致在血液循环中渗出的单核细胞不断来到炎症部位，这是炎症局部巨噬细胞的主要来源。②游离的巨噬细胞在炎症局部会通过有丝分裂增殖，但巨噬细胞在炎症局部增殖的起始动因还不清楚。③巨噬细胞寿命长，且能长期停留在局部而不游走。另外值得注意的是，除生物材料的化学和物理特性可能导致慢性炎症外，生物材料在植入部位和组织之间的相对运动也可能导致慢性炎症。一般来说，生物材料的慢性炎症反应局限于植入部位，并伴有血管和结缔组织的增生。

异物反应（foreign body reaction）是机体对内在或外来的异物表现出的一种特殊的炎症性组织反应。异物反应区域由异物巨细胞和肉芽组织组成，而肉芽组织由巨噬细胞、成纤维细胞和毛细血管组成。生物材料表面的形式和形貌决定了异物反应的组成[11-14]。对于具有生物相容性的材料，异物反应的成分可以通过生物材料的表面特性、植入物的形式以及植入部位来控制。高比表面积的植入物（例如织物或多孔材料）比平滑表面的植入物具有更高的巨噬细胞和异物巨细胞比例。而光滑表面的植入物具有纤维化作用，如在相对光滑的乳房假体上，发现其表面由一层1~2个细胞厚度的巨噬细胞组成。在那些相对粗糙的膨体聚四氟乙烯（ePTFE）血管假体外表面，发现有由巨噬细胞和异物巨细胞组成的异物反应区域。织物材料附近一般有巨噬细胞和异物巨细胞，稍远处有不同程度的肉芽组织。

除了上面提到的几种炎症，感染性炎症也是生物医用材料或器械植入体内后临床上常见的并发症之一。无论是人工器官、人造血管还是修复替换材料，都有引起感染的风险。轻微的感染可以通过抗生素或者人体自身免疫来抑制，但一些较严重的感染可能引发功能损失，严重的如心血管材料的感染会导致患者死亡。

感染实际上是细菌、宿主细胞和部分器官在植入材料周围相互作用和竞争的结果。若材料表面被细菌或感染的组织覆盖就会引起感染。因此，在实际过程中，如果细菌已经黏附在材料表面，就会阻止细胞在材料表面的结合，进入恶性循环。

感染的原因主要是植入物灭菌不彻底或植入物被细菌污染。由于各种原因，手术后的感染发生率较高，局部发生感染并发症的患者，其植入材料的局部组织不但会出现红肿、水肿及脓肿、坏死，当急性炎症转为慢性炎症后还会出现肉芽肿，严重者甚至会发生全身中毒败血症。

造成细菌性感染的原因主要有以下几个：

（1）植入手术过程中对皮肤和组织造成的损伤给微生物提供侵入体内组织的机会；

（2）植入材料生产过程中，无菌材料与制品已被污染；

（3）植入材料抑制体内的抗炎防御系统的反应性，增加了局部组织的感染率；

（4）植入材料能抑制和吸附补体C3a、C5a，增加多核白细胞在植入物局部组织中的数量，使抑制局部炎症反应的能力减弱。

近几年的研究发现，物理化学性质不同的材料表面对血液中补体系统的C3a、C5a具有激活和抑制的不同作用。因此，弄清生物材料的物理化学性质对补体C3a、C5a的作用，在抑制和增强生物材料抗感染能力方面有重要意义。

4.4　材料与钙化

材料表面的钙化现象是钙盐在材料表面的沉积过程的统称，也可以叫作矿化现象。钙化是生物体内的正常生理现象，而材料表面的钙化现象是在临床上导致植入材料或器官应用失败的重要原因之一。材料表面的钙化常常导致材料的功能丧失，如使植入材料与组织之间的结合受损、软性材料变硬、管状材料堵塞等[1,15-17]。

按照形成因素，可以将材料的钙化分为两种：内因钙化和外因钙化。内因钙化是指由材料本身的结构和成分引起的钙化，而外因钙化是指由材料的表面形态引起的钙化。材料钙化的机制与人体骨组织的形成机制相似，其过程既涉及化学合成，又涉及生物学机制。

影响钙化的因素如下：

（1）材料的化学组成与表面形态，如材料表面的羟基、羧基等基团有利于钙化过程；

（2）植入材料的部位，如材料在体内做周期性的机械运动，在应力存在处会优先发生钙化；

（3）剪切应力、局部过热等导致的细胞死亡以及凝血都会加速材料表面的钙化过程；

（4）生物体液的钙、磷含量，成骨素、脂质和脂蛋白含量过高也是加速钙化的原因。

为了防止或延缓钙化，通常采取以下措施：

（1）材料表面处理，增加材料表面的亲水性，防止细胞在材料表面的黏附；

（2）减少生物体固定时的压力，防止材料表面缺陷的产生；

（3）药物使用，如局部使用钙通道阻滞剂以防止内源性钙化。

4.5 材料与癌变

生物材料的致癌性一直是人们关注的重点。截至目前，并没有确切的证据证明植入材料能够直接引发癌症。但是在许多材料的动物试验中会发生肿瘤，一般认为肿瘤的出现可能与生物体的免疫性关系密切[1,10,18]，还与材料本身含有毒性物质以及外形和表面性能相关。植入物引起肿瘤的基本发展过程可简要概述如下：

（1）植入物在急性反应过程中发生细胞增殖和组织浸润；

（2）植入物周围会形成一个界线分明的纤维组织包膜；

（3）组织反应静止期，即与植入物接触的局部细胞处于潜伏状态和功能失活期，肿瘤前体细胞与植入物表面直接接触；

（4）肿瘤前体细胞最终成熟变为癌变细胞，癌变细胞发生肉瘤性增生。

肿瘤的产生不是植入物与敏感细胞之间的直接物化作用，而是与植入物包膜中营养血管减少、材料附近组织细胞的新陈代谢受阻、体液直接代谢的营养和氧气不足，以及持续经受异物刺激引起细胞异常性分化而造成突变等因素有关。大量的动物试验结果表明，植入物的物理形貌是引发恶性肿瘤的重要原因之一。一般来说，锋利、致密的材料容易引起周围组织的癌变。同时，被致癌物质污染或者生物材料在老化过程中释放致癌物质是引发恶性肿瘤的直接原因。

虽然在临床上并没有直接的证据证实植入材料会引起癌变，但是在生物材料的设计、加工以及临床使用过程中仍应注意以下几点：

（1）尽量避免使用致密膜状植入材料；

（2）植入材料的机械性能尽量与周围组织的机械性能相容，不要发生与周围组织的相对运动；

（3）尽量保证材料植入体内后不要有小分子渗出或溶出，生物降解材料应保证降解产物的无毒性。

生物材料引起的癌变是缓慢发生的，目前为止其机制尚不明确。因此，对长期在体内应用的生物材料进行慢性毒性、致突变和致癌变的生物学实验十分必要。

参考文献

[1] 周长忍. 生物材料学 [M]. 北京：中国医药科技出版社，2004.
[2] 俞耀庭，张兴栋. 生物医用材料 [M]. 天津：天津大学出版社，2000.

［3］ Schmidt D R，Waldeck H，John K W J. Protein adsorption to biomaterials ［M］//Puleo D A，Bizios R. Biological Interactions on Materials Surfaces：Understanding and Controlling Protein，Cell，and Tissue Responses. Springer：New York，2009.

［4］ 赵长生. 生物医用高分子材料 ［M］. 北京：化学工业出版社，2009.

［5］ Liu X，Yuan L，Li D，et al. Blood compatible materials：state of the art ［J］. Journal of Materials Chemistry B，2014，2(35)：5718－5738.

［6］ Ritchie G E，Moffatt B E，Sim R B，et al. Glycosylation and the complement system ［J］. Chemical Reviews，2001，102(2)：305－319.

［7］ Anderson J M. Inflammatory response to implants ［J］. ASAIO Journal，1988，34(2)：101－107.

［8］ Trowbridge H O，Emling R C，Fornatora M. Inflammation：a review of the process ［J］. Implant Dentistry，1997，6(3)：238.

［9］ Ryan G B，Majno G B. Acute inflammation：a review ［J］. The American Journal of Pathology，1977，86(1)：183－274.

［10］ Khansari N，Shakiba Y，Mahmoudi M. Chronic inflammation and oxidative stress as a major cause of age-related diseases and cancer ［J］. Recent Patents on Inflammation Allergy Drug Discovery，2009，3(1)：73－80.

［11］ Ratner B D. A pore way to heal and regenerate：21st century thinking on biocompatibility ［J］. Regenerative Biomaterials，2016，3(2)：107－110.

［12］ Anderson J M，Rodriguez A，Chang D T. Foreign body reaction to biomaterials ［J］. Seminars in Immunology，2008，20(2)：86－100.

［13］ Langer R. Perspectives and challenges in tissue engineering and regenerative medicine ［J］. Advanced Materials，2009，21(32－33)：3235－3236.

［14］ Ratner B D. Reducing capsular thickness and enhancing angiogenesis around implant drug release systems ［J］. Journal of Controlled Release，2002，78(1－3)：211－218.

［15］ Gorna K，Gogolewski S. Biodegradable polyurethanes for implants. II. In vitro degradation and calcification of materials from poly(ε-caprolactone)-poly(ethylene oxide) diols and various chain extenders ［J］. Journal of Biomedical Materials Research B，2002，60(4)：592－606.

［16］ Bruck S. Calcification of materials in blood contacting implants ［J］. International Journal of Artificial Organs，1985，8(2)：65－68.

［17］ Fisher A，Bernacca G，Mackay T，et al. Calcification modelling in artificial heart valves ［J］. International Journal of Artificial Organs，1992，15(5)：284－288.

［18］ Fung L K，Saltzman W M. Polymeric implants for cancer chemotherapy ［J］. Advanced Drug Delivery Reviews，1997，26(2－3)：209－230.

第5章 生物惰性材料与生物活性材料

根据材料和机体相互反应的类型，生物材料可分为惰性和活性两类。生物惰性材料是指在生物环境中能够保持稳定，不发生或仅发生微弱化学反应的生物医学材料。一方面，材料的物化性能稳定，机体对材料不造成破坏；另一方面，材料引起的异物反应很弱，对机体几乎无影响。由于实际上不存在完全惰性的材料，因此生物惰性材料在肌体内也只是基本上不发生化学反应，其与组织间的结合主要是组织长入其多孔结构或者粗糙不平的表面，形成一种机械嵌合。生物活性材料是指由材料表面/界面引起特殊生物或化学反应，促进组织和材料之间的连接，诱发细胞活性或新组织再生的生物材料。

5.1 生物惰性材料

在生物材料发展的早期，一般认为和机体反应小的材料具有良好的生物相容性。研究人员通过大量的筛选试验，确定了一系列生物惰性材料，如聚四氟乙烯、不锈钢、钛合金、氧化锆等。现在临床上大量使用的仍然是这些生物惰性材料。

5.1.1 生物惰性的高分子材料

5.1.1.1 聚四氟乙烯

聚四氟乙烯(PTFE，商品名为 Teflon)为白色固体，是由四氟乙烯单体通过乳液聚合得到的。其碳碳主链周围全由氟原子包围，由于空间排斥作用，氟原子呈螺旋状排列在碳碳主链周围。C—F 键键能大，不易被破坏；虽然 C—F 键极性很大，但由于 F 原子对称分布，整个 PTFE 分子几乎没有极性，分子间的作用力很小。由于这些结构特点，PTFE 在性能上非常稳定，几乎不溶于任何液体，耐强酸和强碱，甚至在王水中也不会被破坏，号称"塑料王"。PTFE 具有疏水和疏油的特性，表面能极低，其摩擦系数在固体材料中是最小的(PTFE 之间、PTFE 和钢之间的摩擦系数都为 0.04)。PTFE 分子刚性大，无支链，结晶度可达 98%，熔点为 327℃，密度为 2.2 g/cm³。其使用温度范围很宽，在 −240℃下仍有韧性，不脆化；在 260℃下仍可使用。由于 PTFE 的化学稳定性极高，其在体内的异物反应很弱。

PTFE 的熔体流动性差，受力情况下易破碎，故不能用熔融加工的方式获得制品。目前有两种加工方式：一种是将 PTFE 粉末(来自乳液聚合)预先压制成所需的形状，然后在 380℃～400℃烧结，并冷却成型；另一种是将粉末和助挤剂(如煤油、石蜡等)混合、预压成型或挤出成型、烧结、冷却，得到管材或板材。膨体聚四氟乙烯（ePTFE）是在烧结之前对型胚进行拉伸，增加最终制品的孔隙率，控制孔的大小和分布。烧结过程中，部分粉末熔融结合在一起形成较为致密的结（nodes），结与结之间由纤维细丝相连，形成多孔结构，孔隙率可达80%。这种超微结构使ePTFE富有弹性和柔韧性，可以任意弯曲（超过360°）。

ePTFE的多孔结构有利于组织长入，广泛用于软组织填充、人造硬脑膜和心脏补片等领域。1960年美国Gore公司开始开发ePTFE的医用制品，1970年左右开发出ePTFE人工血管。目前，ePTFE血管已得到广泛应用，多作为大直径（内径大于6 mm）的外周血管使用。ePTFE血管不易渗血，不需要预凝血。其表面仍会形成血栓，被血流冲刷后脱落。人体纤溶系统会将这些脱落的血栓清除，从而避免造成不良影响。

由于ePTFE具有超疏水性和多孔结构，其对气流的阻力小，对水流的阻力大，是良好的空气过滤材料，可以滤除空气中的气溶胶、细菌等。ePTFE广泛用于过滤膜，实验室的过滤除菌膜就是由ePTFE材料制成的。

5.1.1.2 涤纶

聚对苯二甲酸乙二醇酯（PET）的纤维称作涤纶（Dacron），其分子结构含有苯环，分子链刚性大，力学强度高；其分子结构对称，易结晶，熔点为250℃～260℃。涤纶分子结构上无反应性的基团，苯环的疏水性和结晶结构保护了酯基，使其不易被水解，故涤纶化学稳定性好，在体内能长期保持稳定。

涤纶在医学上的应用主要是制作人工血管。针织人工血管，柔顺性好，但纤维之间的孔隙较大，植入早期易渗血，需要预凝血；编织人工血管，纤维之间较为致密，不需要预凝血，但力学顺应性不够好，且周围组织也不易长入纤维之间。在涤纶纤维之间预涂覆明胶或者胶原，有利于组织长入，且不需要预凝步骤。1959年，爱德华兹（Edwards）首次在聚四氟乙烯膜血管上使用波纹管技术，由于波纹管的抗折皱性能和良好的使用手感，该技术在后来成为制作人工血管的标准技术。目前广泛使用的人工血管为以胶原或明胶预涂覆的针织涤纶波纹管。

5.1.1.3 硅橡胶

硅橡胶分子的主链为Si和O交替排列，Si和O之间为单键连接；侧链为有机基团（甲基、苯环、乙烯基等）和Si原子以单键连接。常用的有机基团为甲基，称为聚二甲基硅氧烷。Si—O键键能大，不易断裂，使Si—O键性能稳定；Si原子半径比C原子大，故侧链有机基团之间的位阻较小，使Si—O键特别容易内旋转，故Si—O键柔性非常好。事实上，硅氧链是最为柔顺的聚合物链，其玻璃化温度可低至−100℃以下。硅橡胶的使用温度为−50℃～300℃。

硅橡胶分子之间的交联（橡胶领域称为硫化）有两种方式：一是过氧化物引发侧链烷基形成自由基，通过自由基耦合而交联；另一种是铂催化剂催化Si—H键和侧链乙烯基发生硅氢加成反应而交联。硅橡胶的加工可以采用双组分混合，挤出成管或者模塑成型，最后硫化得到制品。

硅橡胶的优点是弹性极好，伸长率可达1200%以上；缺点是力学强度较差，约为10 MPa。相比之下，天然橡胶的强度可达20～30 MPa，聚氨酯的强度可在20～70 MPa变化。

硅橡胶除会吸附脂肪溶胀外,在体液中很稳定,异物反应弱,具有很好的生理惰性,主要用于制作人工乳房和介入治疗的导管。体外血液循环(如肾透析)的管路一般也用硅橡胶制作。硅橡胶分子链柔性大,有利于气体分子扩散,在接触镜分子结构中引入聚硅氧烷链段,可以降低接触镜的蛋白吸附,也可增加透氧气性,从而增加接触镜的舒适度。

5.1.1.4　聚乙烯

聚乙烯由乙烯单体聚合而得,由于自由基聚合过程中存在链转移,因此聚乙烯分子结构中存在一定的支链。聚乙烯分子链中没有固定的大侧基,整个分子全是碳氢结构,没有可反应的官能团,因此在体内稳定性好,异物反应弱。聚乙烯分子链柔性大,但易结晶,常温下作为塑料使用。聚乙烯的力学性能在塑料中是比较低的,力学强度一般为 $10\sim20$ MPa。在医学上,聚乙烯的泡沫可以作为软组织填充材料。

超高分子量聚乙烯(UHMWPE)的分子量可达到一百万以上,而普通聚乙烯的分子量为 5 万~30 万。由于 UHMWPE 分子间缠绕大,因此具有优异的耐磨性、自润滑性和耐冲击性。目前 UHMWPE 是制备人工髋关节臼窝的标准材料。

5.1.1.5　其他生物惰性高分子材料

聚醚醚酮(PEEK)是一种半结晶的线性芳香族热塑性特种工程塑料,其大分子链是由苯环通过醚键和酮键在对位连接而成,外层电子具有很高的离域范围,这种结构使其具有极强的稳定性。其模量及强度与密质骨基本匹配,有可能替代不锈钢、钛合金、超高分子量聚乙烯等作为骨替代材料。

聚醚砜(PES)是一种非结晶的线性芳香族特种工程塑料,其大分子链由苯环通过醚键和砜基相连接。砜基的硫原子处于 $+6$ 价的最高氧化态,且和苯环共轭,故结构非常稳定,耐热耐氧化;醚键提供一定的柔性。聚醚砜是一种优良的血液透析膜材料,由四川大学高分子科学与工程学院研发的聚醚砜血液透析器(人工肾)已经实现产业化生产。

5.1.2　生物惰性的陶瓷材料

氧化铝(Al_2O_3)在高温下的稳定晶型为 α 型(又称为刚玉),属于六方最密堆积,其分子结构中 O 和 Al 原子之间的化学键既有离子性的又有共价性的,因此其硬度和熔点高,不溶于酸碱,耐腐蚀,化学性质稳定。刚玉表面有很强的极性,易吸附水分子。其表面通过金刚石打磨后,可以做到极为光滑平整,加上表面硬度高、易吸附水分子作润滑层,成为很好的耐磨材料[1]。在医用领域,致密的刚玉可以作为人工关节材料,如髋关节头和臼窝。刚玉的杨氏模量高达 $380\sim410$ GPa,弯曲强度为 $400\sim630$ MPa,均大于密质骨的力学性能指标;但因韧性不足(较脆)限制了应用。致密 Al_2O_3 还可以作为种植牙的材料,多孔 Al_2O_3 可以作为颌面整形材料。

纯的二氧化锆(ZrO_2)在烧结冷却过程中发生四方相向单斜相的转变,有 7% 的体积膨胀(详见"2.2.2.2　陶瓷材料的增韧"),无法得到致密陶瓷。加入 MgO 或 Y_2O_3,可以得到部分稳定的氧化锆(PSZ)陶瓷。材料发生微裂纹时,裂纹尖端为张应力,使四方相向单斜相转变,体积膨胀,阻止裂纹扩展,大大提高了 PSZ 的韧性。其断裂韧性 K_{Ic} 可以达到刚玉的两倍($9\sim12$ MPa·$m^{0.5}$ 相对于 $4\sim6$ MPa·$m^{0.5}$)。PSZ 化学性质稳定,主要用于牙科领域，少量用于人工膝关节。PSZ 也常作为刚玉的增韧剂来使用。

5.1.3　生物惰性的金属材料

5.1.3.1　不锈钢

钢是含碳量介于 0.02% 和 2.11% 的铁基合金。不锈钢的铬含量在 11% 和 30% 之间。铬元素会在材料表面形成一层致密的氧化物（Cr_2O_3），使钢材具有耐腐蚀性。这层氧化物厚度只有约 2 nm，并不影响不锈钢的金属光泽，破坏后可以很快再生。形成这层氧化物的最低 Cr 含量为 10.50%。医学上常用的 316L 不锈钢的元素组成为 18Cr-14Ni-2.5Mo（数值为质量百分比）。其中 Cr 提供氧化保护膜、Ni 稳定奥氏体结构（奥氏体塑性好）；Mo 更易和 C 形成化合物，减弱 Cr 形成碳化物（Cr 的碳化物周围防腐蚀能力会下降）。

不锈钢的强度和模量均远大于密质骨（见表 5-1）。不锈钢在体内仍然存在点状腐蚀、裂纹腐蚀以及腐蚀性疲劳，Ni 对人体是一种潜在的致敏因子；但不锈钢价格相对便宜，广泛用于非植入性医疗器械（如镊子、手术刀等）和短期植入的医疗装置（如骨折内固定夹板、骨螺钉等）。通过进一步研究，高氮低镍奥氏体不锈钢仍有可能成为髋关节的主体材料。

表 5-1　医用金属和密质骨的力学性能[2]

材料	杨氏模量（GPa）	拉伸强度（MPa）	断裂韧性 K_{Ic}（MPa·m$^{0.5}$）
CoCrMo 合金	240	900~1540	约 100
316L	200	540~1000	约 100
Ti 合金	105~125	约 900	约 80
Mg 合金	40~45	100~250	15~40
NiTi 合金	30~50	约 1360	30~60
密质骨	10~30	130~150	2~12

5.1.3.2　钴合金

钴合金耐腐蚀性比不锈钢大一个数量级，特别是能够耐高氯离子环境的腐蚀。合金元素 Cr 和 Mo 对耐腐蚀性都有贡献。钴合金的力学强度高（见表 5-1），耐疲劳性和耐磨性均优于不锈钢材料。如 GoCrMo 合金因具有优良的耐疲劳性，特别适合用作人工关节材料，从 20 世纪 50 年代起就被用作人工髋关节主体材料。目前有 20% 的人工髋关节使用 GoCrMo 合金做关节体和关节头（金属－金属摩擦副）。对于人工膝关节和踝关节，其材料几乎全是 GoCrMo 合金和 UHMWPE。

钴合金的价格比不锈钢贵，Ni、Cr 和 Co 的释放仍会产生一定的毒性。其模量远大于骨（见表 5-1），存在一定的应力遮挡。

5.1.3.3　钛合金

钛本身就具有良好的抗腐蚀性能。纯钛的表面很容易形成一层钝化膜（TiO_2），因此钛及其合金就具有很好的耐腐蚀性。钛合金的另一个优点是模量只有不锈钢和 CoCrMo

合金的一半（见表 5−1），应力遮挡效应相对较弱。钛的密度为 4.5 g/cm³，仅为钢的 60%；钛合金的比强度远远大于其他金属。钛有两种同质异晶体：882℃以下为密排六方结构 α 钛，882℃以上为体心立方的 β 钛。提高相转变温度的元素称为 α 稳定元素，有铝、碳、氧和氮等。其中铝是钛合金的主要元素，它对提高合金的常温和高温强度、降低比重、增加弹性模量有明显效果。降低相转变温度的元素称为 β 稳定元素，有钼、铌、钒、铬、锰、铜、铁、硅等。

在所有的医用金属材料中，钛合金材料是唯一能和骨形成骨性结合（界面无纤维囊形成）的材料，显示出优良的生物相容性[3−4]。医学上用得最多的钛金属有工业纯钛和 Ti-6Al-4V。后者为 α/β 双相稳定合金。钛合金的耐磨性不如 CoCrMo 合金，这是由于其表面的钝化层 TiO₂ 在高应力下易破裂，又不能及时修复，导致内部的金属发生磨损。

钛及其合金一般不用于耐磨部位（关节头）。纯钛可以作心脏起搏器的外壳材料；Ti-6Al-4V 是很好的人工髋关节材料（力学强度高，模量相对较小，能形成骨性结合），此外也常用作牙种植体和骨科整形材料。

5.2　生物活性材料

生物活性的概念是由 Hench 教授于 1969 年提出的，最初是指玻璃和陶瓷等材料能在骨区和骨形成化学键合的能力（称为骨传导性，osteoconduction）；20 世纪 90 年代初，张兴栋、Ripamonti、Yamashaka 等发现磷酸钙陶瓷可以在非骨区诱导骨的生成，即特定化学组成和孔结构的磷酸钙陶瓷具有骨诱导性（osteoinduction）；最近的研究发现，特定孔结构的聚合物材料也可以诱导组织长入，形成血管化的组织。

5.2.1　生物活性玻璃

生物活性玻璃的第一个品种是 45S5（Bioglass© 45S5），已经在临床上得到广泛应用，其化学组成（质量百分比）为 45%SiO₂+6%P₂O₅+24.5%CaO+24.5%Na₂O，弯曲强度为 40~60 MPa，杨氏模量为 30~50 GPa[5]。生物活性的最初定义就是指材料和骨界面形成化学键合的能力。这种生物活性是由于材料表面形成了一层类骨的羟基磷灰石，即碳酸羟基磷灰石（hydroxyl carbonate apatite，HCA），骨组织直接和 HCA 键合。HCA 的形成大致分为五个步骤[6]：①材料本体的 Na⁺ 或 K⁺ 和体液中的 H⁺ 发生快速的离子交换，形成 Si—OH；②材料中的 Si—O—Si 断裂形成可溶性的 Si(OH)₄，在材料界面形成更多的 Si—OH；③Si—OH 发生缩合，重新结晶形成 SiO₂，在材料界面得到富硅（SiO₂）层；④体液中 Ca²⁺ 和 PO₄³⁻ 吸附在富硅层，形成无定形的富钙磷（CaO−P₂O₅）层；⑤界面的富钙磷层和 OH⁻、CO₃²⁻、F⁻ 结合，进一步结晶，形成混合 HCA 层，或者氟羟基磷灰石（FHCA）层。形成 HCA 层的过程可以通过 FTIR 谱变化来表征。

进一步，表面形成的 HCA 层吸附各种生物分子，导致干细胞黏附并发生成骨分化，最后形成骨细胞的细胞外基质，完成骨性结合。HCA 和组织的相互作用包含两个方面：一是细胞外相互作用，由材料表面组成、形貌和力学性质等决定，包括特定蛋白的吸附、干细胞的成骨分化等；二是细胞内相互作用，活性玻璃释放离子，特别是含硅的离子会上调成骨细胞成骨因子的基因表达，比如胰岛素样生长因子Ⅱ（IGF-Ⅱ，促进成骨细胞增殖）[7]、Ⅰ型胶原（骨细胞外基质成分）[8]、骨形态发生蛋白2（BMP-2）[9]的基因表达。

生物活性玻璃的成分决定了其界面反应的速率。SiO_2摩尔含量高至53％的生物活性玻璃，可以在2小时内形成HCA层；SiO_2摩尔含量为53％～58％的生物活性玻璃，HCA层的形成需要2~3天；SiO_2摩尔含量超过60％的生物活性玻璃，植入4周未发现有HCA层形成。

单纯的玻璃强度不够，于是玻璃陶瓷生物活性材料被开发出来，如A/W Glass-ceramic©，其化学组成（质量百分比）为34.2％SiO_2+16.3％P_2O_5+44.9％CaO+4.6％MgO+0.5％CaF_2，弯曲强度为215 MPa，杨氏模量为35 GPa[5]。

生物活性的体外测定通常是测定材料在模拟体液（SBF）中形成HCA层的能力。但体外环境与体内是有差异的，比如体内有蛋白质（有些可以抑制HCA层的形成），而SBF中没有蛋白质。β-TCP在SBF中并不总是形成HCA层，但在体内能很好地与骨结合。因此，要谨慎对待体外SBF中的生物活性评价结果[10]。

5.2.2 钙磷陶瓷材料

骨的无机矿物为羟基磷灰石（含有一定的CO_3^{2-}）。在水相环境中，只有两种钙磷化合物是稳定存在的，当pH<4.2时，稳定相为二水合磷酸氢钙$CaHPO_4 \cdot 2H_2O$（DCP）；当pH>4.2时，稳定相为羟基磷灰石$Ca_{10}(PO_4)_6(OH)_2$（HA）[5]。因此，所有钙磷陶瓷接触体液以后都有转化为HA的趋势。作为生物材料使用的钙磷陶瓷主要是β-磷酸三钙（β-TCP）和HA。在体液中，β-TCP转变为HA：

$$4Ca_3(PO_4)_2（固体）+2H_2O \longrightarrow Ca_{10}(PO_4)_6(OH)_2（表面）+2Ca^{2+}+2HPO_4^{2-}$$

该反应降低了局部pH，有利于TCP的进一步溶解。因此TCP是一个可降解的陶瓷，最终会被组织替代。

人工合成的HA和生物来源的磷灰石是有区别的。后者一般都含有3.2％～5.8％（质量百分比）的碳酸根，其钙离子可以被少量的Mg、Na、K、Sr等取代，其羟基可以被F、Cl等取代。尽管如此，HA仍然具有良好的生物活性，可以和骨发生键合。在体内，HA可以通过溶解—沉淀的方式在表面生成类骨磷灰石HCA。如果HA本身的结晶度很高（如烧结成形的HA），其在体内溶解很慢，骨组织的成分将直接和HA结合，在其表面外延生长HCA，并沉积胶原等成分，最终和骨组织结合在一起[11]。

一般认为，HA可以在骨区和骨组织形成骨性键合（骨传导性），在非骨区则没有这个能力。1991年，张兴栋院士观察到孔隙率为60％、孔尺寸为75～550 μm的HA（含有TCP）可以在非骨区诱导成骨[12]，提出了"通过材料结构设计可以使无生命的材料具有骨诱导性"的理论。其他学者的研究也证实了HA的骨诱导性[13-15]。对于骨诱导性的材料学因素，目前学术界有以下几点认识：①材料的贯通多孔结构是骨诱导性的先决条件，截至目前未发现致密材料具有骨诱导性，材料孔径需要大于100 μm（有利于组织长入）[16]，且孔壁上具有丰富的微纳小孔；②材料的多孔壁的表面要形成类骨磷灰石层才具有骨诱导性。研究人员发现，具有三维多孔结构的Ta、TiO_2、Al_2O_3等生物惰性材料在孔表面活化形成磷灰石层后也具有诱导成骨的作用[16]。需要指出的是，磷酸钙陶瓷诱导的成骨作用只发生在多孔材料内部，且在骨诱导过程中的细胞、细胞分化和成骨过程与自然骨的再生或重建过程一致，是正常的骨发生和形成过程，不是病理的钙化过程。骨形态发生蛋白（BMP）是天然的骨诱导因子，其诱导的成骨可以发生在载体周围甚至离载体较远的软组织中。

对于骨诱导性的生物学过程，即骨诱导机理[16-18]的认识目前尚不充分。一种较为普遍的观点认为，来自血管或参与循环的间充质干细胞（mesenchymal stem cells，MSC）或周细胞（pericytes）在材料表面聚集、在 HCA 刺激下定向分化成骨，这是细胞骨相分化假说。其他观点认为，材料富集内源性成骨因子如 BMP 是骨诱导性的原因，甚至材料植入过程释放的炎性反应因子（如前列腺素 E2，即 PGE2）会参与诱导成骨。

Bohner 和 Miron 考察了大量文献的研究结果，指出生物材料的异位成骨（heterotopic ossification，即在非骨区成骨）能力，也可称为材料的本征骨诱导性（intrinsic osteoinduction），不取决于材料释放钙磷离子的能力（导致局部钙磷过饱和从而生成 HCA），而是由于材料植入导致的局部钙磷消耗，从而诱发成骨过程（是一种膜内成骨过程）[19]。根据这一假说，具有骨诱导性的材料需满足：①材料能在体内矿化（形成具有生物活性的 HCA，消耗局部的钙和磷）；②材料为多孔材料；③材料的孔需要足够大，让血管和细胞长入，贯通孔的最小尺寸可低于 50 μm；④材料内部的血供不足以维持钙和磷的生理浓度。这一假说可以解释很多现象。比如，有研究表明凹面更易成骨而凸面不易成骨，这是由于凸面更易被体液中和，更难以保持局部钙磷的低浓度。又比如，β-TCP 更易降解，导致局部钙磷浓度高，反而很难观察到骨诱导性。在一些研究中，β-TCP 采用蒸汽消毒（autoclaved）后，能够观察到骨诱导性。这可能是蒸汽的高温处理改变了其表面结构（如生成缺钙 HA），使其具有了骨诱导性。当然，骨诱导性需要细胞的参与，包括成骨细胞、破骨细胞和巨噬细胞等。将细胞表面的钙敏感受体（calcium-sensing receptor）封闭可抑制骨诱导性，说明钙离子浓度确实和骨诱导性相关。具体的生物学机制还需要作进一步研究。

骨诱导机理的研究还在深入，四川大学生物材料工程研究中心已经设计开发了国际新一代人工骨——骨诱导人工骨产品，并获得了国家药品监督管理局颁发的医疗器械注册证。该产品除用于骨缺损的填充外，还在脊柱的矫正修复、颌骨缺损修复、下颌增大修复、鼻梁增高修复、口腔种植修复等方面得到应用。

5.2.3　组织诱导性材料

继发现 HA 骨诱导性后，Ratner 进一步发现通过控制高分子材料的孔结构，可以使高分子材料和肌体之间出现血管化的界面结合[20]。Sussman 等将聚甲基丙烯酸甲酯（PMMA）微珠作为模板（微珠密堆积后烧结使微珠之间相互连接，连接处尺寸约为微珠直径的 30%），制备了孔径为 30 μm 和 160 μm 左右（±12%）的 pHEMA 水凝胶（pHEMA：聚甲基丙烯酸羟乙酯）[21]。小鼠皮下植入 3 周后，发现致密的水凝胶几乎没有组织长入，材料和组织间形成了纤维囊；孔径为 34 μm 的水凝胶的孔中长入了细胞，界面纤维层较薄；孔径为 160 μm 的水凝胶的孔中也长入了细胞，但含有更多的胶原纤维。孔径为

34 μm的水凝胶的界面处和孔中有更多的毛细血管。在另一项研究中，Madden 等制备了多孔的p(HEMA-co-MMA)水凝胶(MMA：甲基丙烯酸)用于 SD 大鼠心肌修复[22]。其材料的制备采用了 PMMA/PC(PC：聚碳酸酯)纤维束和 PMMA 微珠作模板，得到了直径为 60 μm、间隔为 60 μm 的平行孔道，且孔道壁上含有直径为 30 μm 的圆孔(圆孔之间的通孔直径为 15 μm)的多孔支架，支架孔道壁上接枝有大鼠尾部 I 型胶原。该支架结构中，平行孔道体积占比为 25%，剩下的 75% 为贯通多孔结构，孔隙率为 60%。植入 SD 大鼠心肌 4 周后，相比于致密和 60 μm 圆孔样品，30 μm 支架中观察到了更多的毛细血管。30 μm 支架和 20 μm 支架与另外两个样品相比，有更薄的纤维囊。总体来说，观察到的结果是 30~40 μm 贯通球形孔有利于支架血管化，且支架和组织的界面层更薄。

目前，人们对特定孔径材料植入后的愈合促进机理还不是很清楚。一般认为，这种愈合与材料对巨噬细胞的表型调节有关[21]。巨噬细胞在参与材料植入后的异物反应过程中被激活，称为巨噬细胞的极化(polarization)。M1 型极化在体外由脂多糖和 γ 干扰素(γTNF)诱导而得，通常认为是一种炎性反应前的表型；M1 巨噬细胞的标志物(marker)为诱导型 NO 合成酶(iNOS/NOS2)和白细胞介素 1 的受体 1(IL-1R1)等。M2 型极化在体外由白细胞介素 4(IL-4)和 13(IL-13)诱导，通常认为是一种创伤愈合前的表型；M2 巨噬细胞的标志物为巨噬细胞甘露糖受体(MMR)和清道夫受体 B I/II (SRB I/II)。大多数研究者发现，通过免疫染色测定巨噬细胞表型的过程中，30~40 μm 多孔结构有利于巨噬细胞表达 M2 型，如上述 SD 大鼠心肌植入实验。另外，静电纺丝纤维间的间隙大小也对巨噬细胞表型的表达有影响，在聚对二氧六环酮(PDO)[23]和聚己内酯(PCL)[24]纤维中，均发现孔径为 30 μm 左右时有利于巨噬细胞表达 M2 型。需要注意的是，Sussman 等进行的 30 μm 通孔 pHEMA 水凝胶皮下植入实验表明，材料孔中以 M1 巨噬细胞为主，而材料周围组织中以 M2 巨噬细胞为主[21]。材料对巨噬细胞表型的调控，以及巨噬细胞表型对植入材料的生物学反应的影响机理还需进一步研究。

鉴于 HA 骨诱导材料和聚合物多孔组织诱导材料的进展，2018 年在成都召开的生物材料定义会上，张兴栋院士建议将组织诱导性生物材料(tissue inducing biomaterials)作为生物材料中的一个新定义，得到了大会的认可[25]。组织诱导性生物材料指通过材料的化学和结构设计（不包含生物因子）就可以诱导组织再生的材料。

参考文献

[1] Piconia C, Porporati A A. Bioinert ceramics: zirconia and alumina [M] // Antoniac I V. Handbook of Bioceramics and Biocomposites. Switzerland: Springer, 2016: 59−89.

[2] Chen Q, Thouas G A. Metallic implant biomaterials [J]. Materials Science and Engineering R, 2015, 87: 1−57.

[3] Long M, Rack H J. Titanium alloys in total joint replacement—a materials science perspective [J]. Biomaterials, 1998, 19: 1621−1639.

[4] Fujibayashi S, Neo M, Kim H M, et al. Osteoinduction of porous bioactive titanium metal [J]. Biomaterials, 2004, 25(3): 443−450.

[5] Cao W P, Hench L L. Bioactive materials [J]. Ceramics International, 1996, 22: 493−507.

[6] Peitl O, Zanotto E D, Hench L L. Highly bioactive P_2O_5-Na_2O-CaO-SiO_2 glass ceramics [J].

Journal of Non-Crystalline Solids，2001，292：115−126.

［7］ Xynos I D，Edgar A J，Buttery L D K，et al. Ionic products of bioactive glass dissolution increase proliferation of human osteoblasts and induce insulin-like growth factor II mRNA expression and protein synthesis ［J］. Biochemical & Biophysical Research Communications，2000，276(2)：461− 465.

［8］ Shie M Y，Ding S J，Chang H C. The role of silicon in osteoblast-like cell proliferation and apoptosis ［J］. Acta Biomaterialiaiaialia，2011，7(6)：2604−2614.

［9］ Hannu T G，Aro H T，Ylänen H，et al. Silica-based bioactive glasses modulate expression of bone morphogenetic protein-2 mRNA in Saos-2 osteoblasts in vitro ［J］. Biomaterials，2001，22(12)： 1475−1483.

［10］ Bohner M，Lemaitre J. Can bioactivity be tested in vitro with SBF solution？ ［J］. Biomaterials，2009，30：2175−2179.

［11］ Bagambisa F B，Joos U，Schilli W. Mechanisms and structure of the bond between bone and hydroxyapatite ceramics ［J］. Journal Biomedical Materials Research，1993，27(8)：1047−1055.

［12］ Zhang X D，Zhou P，Zhang J G，et al. A study of porous block HA ceramics and its osteogenesis ［M］//Ravaglioli A，Krajewski A. Bioceramics and the Human Body. Amsterdam：Elsevier Science，1992：692−703.

［13］ Yamasaki H. Heterotopic bone formation around porous hydroxyapatite ceramics in the subcutis of dogs ［J］. Journal of Oral Biosciences，1990，32：190−192.

［14］ Ripamonti U. The morphogenesis of bone in replicas of porous hydroxyapatite obtained from conversion of calcium carbonate exoskeletons of coral ［J］. Journal of Bone & JoInternational Surgeryery American Volume，1991，73：692−703.

［15］ le Geros R Z. Calcium phosphate-based osteoinductive materials ［J］. Chemical Reviews，2008，108，4742−4753.

［16］ 樊渝江，张兴栋. 骨诱导性磷酸钙陶瓷——从基础研究到临床应用 ［J］. 中国医疗器械信息，2013(9)：11−13.

［17］ Barradas A M C，Yuan H P，van Blitterswijk C A，et al. Osteoinductive biomaterials：current knowledge of properties，experimental models and biological mechanisms ［J］. European Cells and Materials，2011，21：407−429.

［18］ Cheng L J，Tian Y，Zheng S. Osteoinduction mechanism of calcium phosphate biomaterials in vivo：a review ［J］. Journal of Biomaterials & Tissue Engineering，2017，7(10)：911−918.

［19］ Bohner M，Miron R J. A proposed mechanism for material-induced heterotopic ossification ［J］. Materials Today，2019，22：132−141.

［20］ Ratner B D. A pore way to heal and regenerate：21st century thinking on biocompatibility ［J］. Regenerative Biomaterials，2016，3(2)：107−110.

［21］ Sussman E M，Halpin M C，Muster J，et al. Porous implants modulate healing and induce shifts in local macrophage polarization in the foreign body reaction ［J］. Annals of Biomedical Engineering，2014，42(7)：1508−1516.

［22］ Madden L R，Mortisen D J，Sussman E M，et al. Proangiogenic scaffolds as functional templates for cardiac tissue engineering ［J］. PNAS，2010，107(34)：15211−15216.

［23］ Garg K，Pullen N A，Oskeritzian C A，et al. Macrophage functional polarization（M1/M2）in response to varying fiber and pore dimensions of electrospun scaffolds ［J］. Biomaterials，2013，34：4439−4451.

［24］Wang Z H，Cui Y，Wang J N，et al. The effect of thick fibers and large pores of electrospun poly（ε-caprolactone）vascular grafts on macrophage polarization and arterial regeneration ［J］. Biomaterials，2014，35：5700—5710.

［25］Zhang X D，Williams D F. Definitions of Biomaterials for the Twenty-First Century ［M］. Amsterdam：Elsevier，2019.

第6章　生物稳定材料与生物降解材料

生物活性与生物稳定是从材料对肌体影响的角度对材料进行分类的。从肌体对材料影响的角度来看，材料可以是在体内稳定的，也可以是在体内降解的。生物稳定材料是指在实际使用过程中，机械性能、功能性不受影响，不变性、不老化、不降解，能和生物体长期作用的材料。生物降解材料通常会在生物体内通过溶解、酶解、细胞吞噬等作用，在组织长入的过程中不断从体内排出，实现修复后的组织完全替代植入材料的位置，而其在体内不存在残留。生物稳定材料与生物惰性材料是有联系的，通常生物惰性材料一定是生物稳定的，但体内稳定的材料不一定是生物惰性的。如一些通常认为生物惰性的材料，比如 TiO_2 和 Al_2O_3，设计成多孔材料后也可以诱导类骨磷灰石的形成，表现出一定的成骨活性[1]。生物降解材料也不一定是生物活性材料，其降解过程也可能引发强烈的炎性反应。总之，材料的生物稳定与生物降解强调的是体内环境对材料的影响。

6.1　材料体内降解的机理

人体内是一个水相环境，同时存在各种蛋白质和细胞。材料植入体内时的创伤会引发急、慢性炎性反应；通常材料和组织的界面会长期存在巨噬细胞等炎性反应细胞。巨噬细胞会释放脂肪酸、H_2O_2 以及水解酶等物质，对材料造成破坏。理解材料的降解机理是设计生物稳定材料和生物降解材料的前提。

材料在体内的降解和吸收是受生物环境作用的复杂过程，包括物理、化学和生化因素。物理因素主要是外应力，化学因素主要是水解、氧化及酸碱作用，生化因素主要是酶和微生物。由于植入体内的材料主要接触组织和体液，因此水解和酶解是最主要的降解机制。

一般来讲，生物材料在体内首先与体液接触，通过水解作用，某些材料可能由高分子物质转变为水溶性的小分子物质。这些小分子物质经由血液循环，运输到呼吸系统、消化、泌尿系统，通过呼吸、粪、尿的方式排出体外。在代谢过程中，可能有酶参与。生物材料经过一系列的反应，可能完全降解并由体内排出，也可能有部分材料或其降解产物长期存在于人体内。生物材料在体内代谢的中间产物和终产物可能对人体有利也可能有害，因此研究材料在生物体内的代谢产物和途径十分重要。材料在体内的代谢受多方面因素的影响，如材料本身的影响、植入环境的影响等。

6.1.1 水解和酶促水解

易于水解的聚合物在体内可能同时存在单纯的水解和酶催化水解两种作用，酯酶可促进聚合物分解，而水解酶可促进聚合物降解。聚酯、聚酰胺、聚氨基酸、聚氰基丙烯酸以及某些聚酯型聚氨酯等在体内的降解都属于酶促水解机制。

高分子量固态聚合物装置从植入体内到消失，是不溶于水的固体变成水溶性物质的过程，这个过程称为溶蚀。分子链断裂是降解的第一阶段，吸收是第二阶段（即进入体液的降解产物被细胞吞噬并被转化和代谢）。当分子量小到可溶于水的极限时（如数均分子量 M_n 为 5000 Da 左右的聚酯），整体结构即发生变形和失重，逐步变为微小的碎片并进入体液。对于聚酯，目前公认的降解机制为：由于酯键的无规水解而引起分子链断裂，其降解速度符合酯类水解的一级动力学，并表现出自催化作用。分子量变化的对数值与时间呈线性关系，因此，通过体外水解动力学就可以预测材料在体内的降解时间。

聚合物前期的水解过程不一定需要酶的参与，但水解生成的低分子量聚合物片段可能需要通过酶的作用转化为小分子代谢产物。酶促水解和酶促氧化反应是材料在体内降解吸收的重要因素，酶在一定程度上影响着降解机制和速度。

体内水解研究比较充分的是聚酯类聚合物，如李速明等对聚乳酸的降解进行了充分的研究，得出结论：聚乳酸的降解为水解，水解产物乳酸或其低聚物对水解有自催化作用（H^+ 加速酯键的水解断裂）；材料表面的水解产物很容易被体液中和，而材料内部的降解产物乳酸的累积会导致材料内部的 pH 降低，加速材料内部的降解[2]。如果聚乳酸制品较厚，在材料内部会形成空腔，而外壳降解速度较慢，能使制品的外形保持一定时间；最后由于空腔太薄而造成制品崩塌。在设计可降解的聚酯制品时，要考虑材料内部降解自加速效应的影响。

6.1.2 体内氧化降解

对于一些非水解性聚合物，一种降解机理是酶催化的氧化降解。近年来，自由基与人类疾病的关系越来越受到人们的关注。医用材料植入体内后，几乎都会在局部引起不同程度的急性炎症。而当组织受伤，又会导致附近的多核白细胞及巨噬细胞代谢产生大量过氧阴离子，进而转化成 H_2O_2。一般认为，巨噬细胞释放的过氧化氢（H_2O_2）与过氧阴离子是无害的。但在金属离子，主要是亚铁离子存在的情况下，会催化生成高氧化活性的羟基自由基（HO·），这些自由基在聚合物表面和附近的积累会导致聚合物的损伤和降解。

高分子的体内氧化降解研究较为充分的是聚醚聚氨酯在体内的降解。在长期植入材料领域，聚氨酯主要用于心脏起搏器的电极绝缘层。1981 年，Prins 提出 Pellethane 2363 80A（一种聚醚聚氨酯，80A 为 Shore A 硬度）心脏起搏器绝缘线的降解现象[3]，后来 Stokes 等详细描述了这种绝缘线在体内的降解现象及其机理，并提出了环境应力开裂（ESC）和金属离子氧化（MIO）来描述聚氨酯的降解现象[4]。

早期的研究者认为，ESC 主要是由制品内的应力引起的。Stokes 等研究提出通过正火消除内应力后，制品的 ESC 现象大大降低[5]。Pinchuk 等采用超细纤维并正火消除内应力后，仍发现材料表面有相似的降解裂纹[6]（称为表面氧化，SO）。由此可知，应力可以加速裂纹扩展，但并不是引发降解的因素。

在对 ESC 机理的研究中，Anderson 研究小组取得了很大进展。1990 年，Zhao 等对不锈钢盒式植入实验的降解机理进行了探究。实验共采用三组样品，分别植入小鼠体内：第一组样品只采用预拉伸聚醚聚氨酯（Pellethane）导管；第二组样品将 Pellethane 与含有毒物质（Thermolite 831，二辛基锡类物质）的聚氯乙烯（PVC）一起植入；第三组样品将同样的 Pellethane 与含抗炎性药物的硅橡胶一起植入。结果第一组发生了严重降解（10～15 周），而第二组和第三组都未观察到降解现象。第二组有毒 PVC 杀死了材料周围的炎性反应细胞；第三组中抗炎药限制了植入后的炎症反应，材料周围的白细胞数量大大减少。由此推断炎性反应细胞如白细胞、巨噬细胞等参与了聚氨酯体内降解过程，并可能是一种自由基降解过程[7]。Zhao 等进一步采用巨噬细胞微区剥离技术，并用扫描电子显微镜（SEM）观察，发现在巨噬细胞黏附部位材料表面出现裂纹，而其他部位并未出现降解裂纹[8]。Anderson 等采用微区表面衰减红外分析技术，发现黏附区表面红外光谱与其他部位有明显不同。其中软段醚键与氨酯醚键的比例下降，同时自由氨酯羰基峰 1730 cm^{-1} 减少，而氢键结合羰基峰 1709 cm^{-1} 增多。软段聚四氢呋喃醚（PTMG）的亚甲基峰 1364 cm^{-1} 减弱，1670 cm^{-1}、1255 cm^{-1} 出现新峰，表明有酸、醇等降解产物生成。由此推断，软段醚键 α-CH$_2$ 为易降解部位。其他学者的研究也证实了这一点。

Anderson 等于 1992 年总结了多年的研究成果，提出聚醚聚氨酯体内细胞介导的氧化机理（见图 6-1）[9]。在 Anderson 的假说中，材料植入体内后，诱发炎性反应（可能为蛋白吸附后构象的改变所引发），白细胞、巨噬细胞等黏附于材料表面，释放出氧化自由基，夺取—OCH$_2$—键的 H 原子，从而引发高分子链降解。同时在酯酶的作用下，聚醚软段降解为酸和醇。

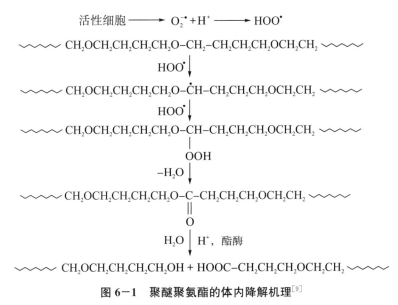

图 6-1 聚醚聚氨酯的体内降解机理[9]

Anderson 的"细胞介导的氧化机理"能够解释很多现象，包括材料降解后红外图谱中醚键峰降低；随着硬段含量增加（软段醚键含量减少），聚醚聚氨酯稳定性提高；用不含醚键的软段（如脂肪族聚碳酸酯）替代 PTMG，材料的 ESC 现象消失；等等。因此，Anderson 的氧化降解机理已被文献广泛接受。1997 年，Schubert 等进一步研究了 O_2 在聚醚聚氨酯降解中所起的作用，结果表明，聚醚聚氨酯的自动氧化是由 O_2 维持的，降解过程决定于 O_2 向材料内部的扩散[10]。1999 年，Zhao 等采用体外"巨噬细胞/Fe/应力"系统模拟细胞在材料降解中的作用，证实了巨噬细胞黏附于材料表面后通过"氧化爆发"（Oxidative Burst）产生大量的氧化物质如 H_2O_2，使材料产生 ESC；对比试验发现不会产生"氧化爆发"的细胞，如淋巴细胞（lymphocyte）不能使材料产生 ESC。同时，将抑制"氧化爆发"的物质（Dexamethasone）加入聚醚聚氨酯中，也可以抑制 ESC[11]。这些研究证实了 Anderson 的"细胞介导的氧化机理"。

金属离子氧化（MIO）降解本质上也是一种体内细胞介导的氧化过程，只是金属离子加速了氧化的进程。MIO 的表现为材料从基体由内向外破坏，在降解材料中经常可以发现金属离子。裂纹扩展的方向是无规的，材料整体破坏，裂纹界面光滑，表现出脆性断裂特征。心脏起搏器导线由金属和 Pellethane 绝缘线组成，MIO 主要在心脏起搏器导线上发现。Stokes 等采用 Pellethane 2363 80A 管套在各种金属轴上并植入兔皮下 8～12 个月，发现金属钴对降解有强烈的催化作用。经表面衰减反射红外（ATR-FTIR）分析发现，醚键的 $\alpha\text{-CH}_2$ 为易氧化降解的弱键，这与 ESC 类似[12]。

体外单独用 $CoCl_2$ 或 H_2O_2 都不能模拟体内降解现象，二者共同作用却能很快降解 Pellethane 2363 80A[13]。体内巨噬细胞所释放的 H_2O_2 与 Co^{2+} 在体内反应产生自由基，如 $HO\cdot$、$O_2^-\cdot$ 等（见图 6-2，其中 R 代表聚醚软段）。这些自由基通过链引发降解软段 PTMG，其所产生的氢过氧化物显然可通过自由基氧化方式（见图 6-1）继续降解。Stokes 等详细描述了可能的降解产物[12]。钴离子只是加速了聚醚聚氨酯软段的降解。心脏起搏器金属导线材料 MP35N、Elgloy 等都含有大量的钴，因此心脏起搏器导线绝缘线的降解是必然的。

$$Co^{2+}+H_2O_2 \longrightarrow HO\cdot+HO^-+Co^{3+}$$

$$HO\cdot+H_2O_2 \longrightarrow HOO\cdot+H_2O$$

$$HOO\cdot+H_2O_2 \longrightarrow H_2O+O_2+HO\cdot$$

$$HOO\cdot \longrightarrow O_2^-\cdot+H^+$$

$$Co^{3+}+RCH_2OR' \longrightarrow R\dot{C}HOR'+Co^{2+}+H^+$$

$$Co^{3+}+H_2O_2 \longrightarrow HOO\cdot+H^++Co^{2+}$$

$$4Co^{3+}+2H_2O \longrightarrow O_2+4H^++4Co^{2+}$$

图6-2 Co^{2+} 通过氧化还原反应产生自由基和氧气[8]

聚氨酯氧化降解研究揭示了体内的氧化环境。实际上，聚乙烯这类稳定的聚合物在体内也会发生氧化降解[14]。

6.1.3　溶解再沉淀

对于钙磷陶瓷材料，由于其在体液中的稳定性（溶度积）不同，植入体内后总是会通过溶解转化为稳定的晶相。在体液（pH 为 7.4）环境下，HA 是最稳定的钙磷陶瓷。从热力学上讲，所有的钙磷陶瓷在体内都有转化成 HA 的趋势。TCP 会在体液中溶解，最后沉淀转化成 HA。这就是 TCP 等可降解陶瓷材料降解的本质。当然，在体内仍然会有细胞参与降解过程。Koerten 和 van der Meulen 研究了三种钙磷粉体[直径$(11.3\pm6.3)\mu m$，单个粉体微粒由约 $1~\mu m$ 的晶粒组成]的体内体外降解过程。在体外 pH 为 4 的条件下，降解速率 β-TCP＞HA＞FHA（FHA：氟磷灰石）。降解首先发生在晶界，导致晶粒从材料脱落，某些晶粒上还可以观察到裂纹。将实验粉体材料悬浮在 PBS 中注射到小鼠腹膜内观察，三种材料均有巨噬细胞、多核巨细胞等浸润，有胶原和血管等长入。材料的降解和体外类似，说明炎性反应细胞释放的酸性物质参与了降解。同时细胞吞噬脱落的晶粒，在细胞质中有被吞噬的颗粒物质，通过溶酶体在胞内降解。材料降解导致细胞内外钙磷含量升高，在胞外再沉积形成无定形物质。细胞线粒体内也有针状晶体出现，导致线粒体破裂，进而导致细胞死亡，这一点主要在 β-TCP 植入物中观察到[15]。总之，陶瓷的降解主要是溶液介导（体液中溶解）和细胞介导（吞噬后溶解）两种。

6.1.4　电化学腐蚀

金属材料在体内的降解本质上是一种电化学腐蚀过程，生物学因素（细胞）也会参与其中。镁及其合金属于可降解金属，用于血管内支架和骨修复材料。金属镁的标准电极电位为 -2.363 V（相对于标准氢电极），表明其为相当活泼的金属，在体液（电解质）中主要发生析氢腐蚀：

$$Mg(s) \longrightarrow Mg^{2+}(aq) + 2e^- \qquad （阳极反应）$$
$$2H_2O + 2e^- \longrightarrow H_2(g) + 2OH^-(aq) \qquad （阴极反应）$$
$$Mg^{2+}(aq) + 2OH^-(aq) \longrightarrow Mg(OH)_2(s) \qquad （产物生成）$$

金属镁作为阳极（发生镁的溶解形成离子），杂质或其他相对惰性的合金相充当阴极（发生析氢反应）。氢氧化镁沉淀反应是在电解质中进行的，该沉淀可以附着在金属表面，改变金属的电极电位（-2.159 V）[16]，但不足以钝化金属镁。这是因为体液中的 Cl^- 会促使 $Mg(OH)_2$ 溶解形成可溶性的 $MgCl_2$。除金属本身的电化学稳定性外，蛋白的吸附也会影响金属的降解。Mueller 等的研究表明，和对照样磷酸缓冲液（PBS）相比，白蛋白对镁及其合金的腐蚀有一定促进作用（腐蚀电流大于在 PBS 中的腐蚀电流）[17]。Li 等研究了 Mg-Ca 合金的体内降解和骨修复行为。含 1％Ca 的合金（Mg-1Ca）制备的骨螺钉植入兔腓骨中 3 个月内逐渐降解，并有新生骨生成。在体内降解的过程中，合金内的 Mg_2Ca 相作为电化学的阴极析出氢，金属 Mg 作为阳极释放 Mg^{2+}，氢氧化镁沉积在表面，局部 pH 升高有利于生成 HA（生物活性），促进骨修复。同时，随着降解的进行，部分晶粒脱落，有可能被巨噬细胞和异物巨细胞等吞噬，发生细胞内降解[18]。

Mg 是人体的组成元素（70 kg 成年人含 21～35 g）。镁合金植入体内释放的镁离子可参与人体新陈代谢。某些皮下植入的实验观察到有气体腔形成，而血管内植入未观察到气体的积累。控制降解速率(采用合金元素或添加涂层)可以使氢气的释放和氢气的溶解及扩散速率相匹配，避免局部的气体积累。

除均匀腐蚀外，局部腐蚀在体内也可能发生。材料表面钝化层分布不均匀，可能造成未(弱)钝化区局部腐蚀；材料表面微小裂纹区，由于裂纹内部扩散限制(比如 O_2 浓度低)，造成局部电位降低，易发生裂纹腐蚀；巨噬细胞黏附区，由于局部 pH 降低，造成电位降低，也易于腐蚀。

6.2　聚氨酯的生物稳定与降解

生物惰性材料一定是生物稳定材料，第 5 章讲述的聚乙烯、聚四氟乙烯、聚对苯二甲酸乙二醇酯(PET)、硅橡胶、Al_2O_3、氧化锆、不锈钢和钛合金等均可以认为是生物稳定材料。历史上，生物稳定主要针对聚氨酯材料。聚氨酯材料是一大类含有氨基甲酸酯(—NHCOO—)链节的聚合物。在医用材料领域，使用的聚氨酯材料主要是一类具有软段(A)和硬段(B)交替共聚的结构为(AB)$_n$型的弹性体材料。软段主要由柔性的脂肪族聚酯或聚醚等组成，硬段由二异氰酸酯和低分子扩链剂(二元醇和二元胺)组成。聚氨酯的合成通常采用两步法：首先由大分子二元醇(分子量一般为 600~4000)与过量的二异氰酸酯反应形成含异氰酸根端基(—NCO)的"预聚物"，然后加入低分子的二元醇或二元胺进行扩链反应得到。其中大分子二元醇形成软段，二异氰酸酯和扩链剂形成硬段(见图 6-3)。也有将二异氰酸酯、大分子二元醇和扩链剂一起加入制备聚氨酯的，称为一步法。聚氨酯合成常用原料如图 6-4 所示。

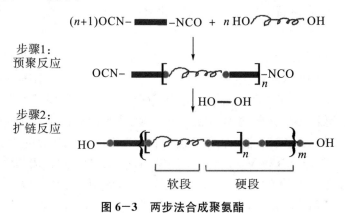

$$(n+1)OCN-\blacksquare-NCO + n\,HO\sim\!\!\sim\!\!\sim OH$$

步骤1：
预聚反应

$$OCN-\blacksquare[\sim\!\!\sim\!\!\sim\blacksquare]_n-NCO$$

HO—OH

步骤2：
扩链反应

$$HO-\{\sim\!\!\sim\!\!\sim[\blacksquare]_n\blacksquare\}_m-OH$$

软段　硬段

图 6-3　两步法合成聚氨酯

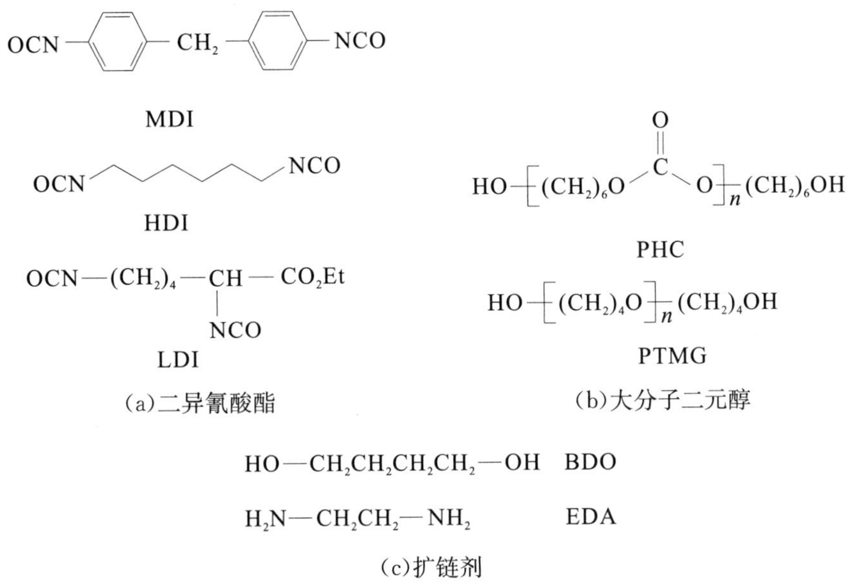

$$OCN-\text{（苯环）}-CH_2-\text{（苯环）}-NCO$$

MDI

$$OCN-(CH_2)_6-NCO$$

HDI

$$OCN-(CH_2)_4-\underset{\underset{NCO}{|}}{CH}-CO_2Et$$

LDI

（a）二异氰酸酯

$$HO-\left[(CH_2)_6O-\overset{\overset{O}{\|}}{C}-O\right]_n(CH_2)_6OH$$

PHC

$$HO-\left[(CH_2)_4O\right]_n(CH_2)_4OH$$

PTMG

（b）大分子二元醇

$$HO-CH_2CH_2CH_2CH_2-OH \quad \text{BDO}$$

$$H_2N-CH_2CH_2-NH_2 \quad \text{EDA}$$

（c）扩链剂

图 6-4　聚氨酯合成常用原料

软段和硬段热力学上不相容，导致材料出现微相分离。硬段形成纳米级的微区，有强烈的氢键相互作用，起到物理交联的效果，可增加材料的强度、耐疲劳性和耐磨性；软段玻璃化温度低（处于橡胶态），形成连续相，可增加材料的韧性。聚氨酯的强度可以达到20~70 MPa，断裂伸长率可以达到500%以上。因此聚氨酯材料强而韧，可以采用多种方式进行加工（挤出、注射、模塑、浸涂等）。同时其生物相容性较好，在医用材料上得到了广泛应用，包括心血管系统用各种介入导管、心脏起搏器绝缘线、创伤敷料、医用黏合剂等。目前有研究认为，小直径人工血管宜以聚氨酯作为候选材料。主要的医用聚氨酯材料列于表6-1。

表 6-1　主要的医用聚氨酯材料

商品名	组成	来源
Biomer	MDI/EDA/PTMG	Ethicon，Corp. Cardiotech International
Cardiothane （早期 Avicothane）	MDI/EDA/PTMG 和 PDMS	Kontron，Inc.
Pellethane 2363	MDI/BDO/PTMG	Dow Chemical
Tecoflex	MDI/BDO/PTMG	Thermidics，Inc.
Bionate （早期 Corethane）	MDI/BDO/PHEC	Polymer Technology Group，Inc.
Chronoflex AL（AR）	HMDI(MDI)/BDO(EDA)/PHC	Cardiotech International，Inc.
Biospan	MDI/PTMG/EDA 和 CHDA	Polymer International，Inc.

注：MDI(4,4'-二苯基甲烷二异氰酸酯)、PTMG、PHC、EDA 和 BDO 的结构如图 6-4 所示。PDMS—聚二甲基硅氧烷二醇；PHEC—聚(己二醇乙二醇)碳酸酯二醇；HMDI—氢化 MDI；CHDA—环己烷二胺。

6.2.1　生物稳定聚氨酯材料

大量的降解机理研究结果表明，聚醚聚氨酯中醚键旁的 $\alpha\text{-}CH_2$、聚酯聚氨酯的酯键是易于降解的弱键。因此，改用其他不含醚键或少含醚键的软段来合成聚氨酯将可能得到新型的"生物稳定聚氨酯"。聚氨酯材料的降解是从表面开始的，因此通过表面改性也可能改善材料的生物稳定性。另外，根据 Andseron 及 Stokes 等的细胞介导的氧化降解机理假说，聚氨酯是通过自由基氧化机理降解的，故采用新型抗氧剂也是提高生物稳定性的一条途径。

第一个商品化的生物稳定聚氨酯是 Corvita 公司的聚碳酸酯聚氨酯，商品名为 Corethane(见表 6-1)[3]，由 Pinchuk 开发。Szycher 也开发了一种聚碳酸酯聚氨酯，由脂肪族二异氰酸酯、聚碳酸酯二元醇和小分子胺类或醇类扩链剂反应而得。商品化的产品为 Chronoflex AL(见表 6-1)[19]。聚碳酸酯聚氨酯的优点是力学强度好于聚醚聚氨酯，耐体内氧化，但仍然存在体内水解。

在聚氨酯结构中引入稳定性良好的聚硅氧烷(PDMS)和含氟链段也可以提高生物稳定性。Martin 等采用 PDMS 和 PHMO(聚六亚甲基醚二醇)混合二元醇作软段、MDI/BDO 为硬段，合成一系列聚氨酯。在 150%形变条件下植入羊脊柱两侧肌肉中 3 个月后，扫描电镜观察发现 PDMS 大大提高了材料生物稳定性，其中软段含 80%PDMS 的样品具有最好的伸长率、强度和生物稳定性[20]。Ward 和 Santerre 提出硅氧烷和氟碳链封端的聚醚聚氨酯作生物稳定材料[21-22]。Ward 等做了体内植入实验，结果表明，2%～6%的 PTFE(分子量 800)封端的聚氨酯耐环境应力开裂和金属离子氧化的能力大大提高[23-25]。谢兴益等的研究表明，氟碳链封端[$CF_3(CF_2)_6CH_2O—$，399 Da]能提高聚碳酸酯聚氨酯的体外耐氧化性[26]。

维生素 E(VE)是人体自身的自由基清除剂，为生物抗氧剂，又称为生育酚。Andesron 研究小组的 Schubert 将质量百分含量为 5%的 α-生育酚加入聚醚聚氨酯中，用 Sprague Dawley 大鼠作盒式植入实验[27]。表面全反射红外光谱表明 VE 防止了 Pellethane 表面降解达 5 周以上，10 周以后仍有 82%的醚键保留，而对照样只有 18%的醚键保留下来。VE 可以作为医用聚氨酯的抗氧剂。

6.2.2　可降解聚氨酯材料

聚氨酯材料的可设计性使其材料性能跨度增大，可以涵盖生物稳定材料和生物降解材料[28]。生物可降解聚氨酯材料的设计策略：选择可降解的聚酯(聚己内酯、聚乳酸等)作为软段；选择脂肪族二异氰酸酯(降解产物无毒)，主要有赖氨酸二异氰酸酯(LDI，见图 6-4)，1,6-己二异氰酸酯(HDI)和 1,4-丁二异氰酸酯(BDI)；在扩链剂中引入一些降解(酶降解、氧化降解或者水解)敏感基团赋予材料可降解性。有时为了赋予材料一定的亲水性，比如制备可降解水凝胶，需要引入亲水性的聚乙二醇(PEG)作为软段。

Hafeman 等研究了以 LDI 三聚体和可降解聚酯为原料制备的聚酯聚氨酯的体内外降解行为[29]。研究结果表明：在磷酸缓冲液中以单纯的水解为主，加入酯水解酶可以适当提高降解速率；以 HDI 三聚体制备的聚氨酯对氧化降解不是很敏感，但以 LDI 三聚体制备的聚氨酯在氧化环境中降解速率提高了 6 倍。大鼠体内 LDI 型聚氨酯的降解速率和体外降解速率接近，其组织切片染色和免疫染色结果表明，材料周围有巨噬细胞，且分泌髓过氧化物酶(myeloperoxidase)。结果表明，除单纯水解、酶解外，体内氧化环境在 LDI 型聚酯聚氨酯的降解中起着重要作用。

6.3　生物稳定弹性体材料

　　研究人员通过对聚氨酯体内降解机理的研究，对体内稳定高分子材料的结构有了一个基本认识：聚合物的主链和侧链不能含有酯键、酰胺键、醚键、氨基甲酸酯键、脲键等任何易于水解、酶解和氧化降解的官能团。另外，超高分子量聚乙烯关节臼窝在植入体内后，会降解形成不饱和键及分子间交联[14,30]，这表明单纯的含亚甲基的聚乙烯和仲叔碳交替的聚丙烯等在体内仍然难以保持长期稳定，因为材料中双键的形成会导致材料变脆和应力开裂。据此，Pinchuk 提出用仲季碳交替的聚合物[即聚异丁烯(PIB)，见图 6-5]作为体内稳定的材料。但是单独的 PIB 无法使用，因为其分子链柔性，分子间没有交联，无法在受力情况下保持其形状(工业用 PIB 分子链上有少量双键，硫化后作为丁基橡胶使用)。为此，需在 PIB 分子链上引入可以起交联作用的链段。Pinchuk 等和阿克隆大学的 Kennedy 合作，采用阳离子活性聚合制备聚苯乙烯-聚异丁烯-聚苯乙烯(SIBS)三嵌段聚合物(见图 6-5)[31]。SIBS 分子链两端为刚性的聚苯乙烯(PS)链段，中间为柔性的 PIB 链段，两种链段热力学不相容，产生微相分离。PS 的刚性链段聚集在一起形成纳米级的微相，分散在柔性的 PIB 连续相中。PS 链段提供材料强度，PIB 提供材料弹性和生物稳定性。

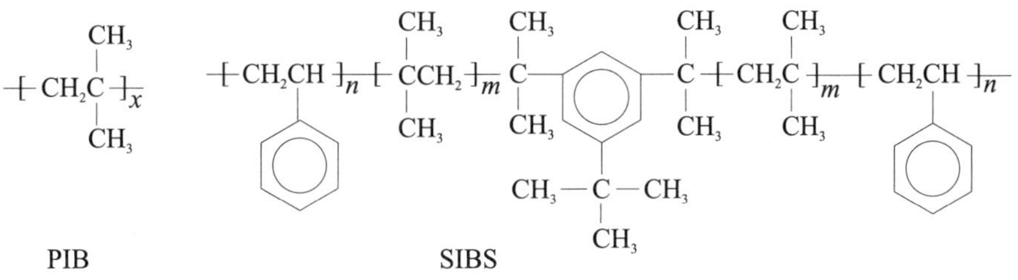

图 6-5　PIB 和 SIBS 的化学结构(PIB 链段中间是引发剂残基)

　　医用级 SIBS 的苯乙烯链节摩尔含量为 5%～50%，其硬度为 30 A～60 D，拉伸强度为 10～30 MPa，断裂伸长率为 300%～1100%；其强度优于硅橡胶，比聚氨酯略差。SIBS 在体内只有微弱的炎性反应，有良好的体内稳定性。在作为猪冠脉支架涂层时，几乎没有引起支架的再狭窄，通畅率高。2002 年，波士顿科学国际有限公司(Boston Scientific Corporation)用 SIBS 开发了药物洗脱冠脉支架。SIBS 的耐蠕变性一般，用于长期受力的制品需要谨慎。

6.4 可降解生物材料

6.4.1 天然可降解生物材料

天然可降解生物材料广泛存在于自然界并被人类所熟知，比如多糖类淀粉、蛋白质类明胶等。它们在作为生物材料时，一般也需要经过物理或者化学的加工。同时，因为有些天然高分子材料的水溶性较差，还需要对其进行改性，如纤维素材料等。因而在实际使用过程中通常会先对天然可降解生物材料做一定的处理，使其具有更好的功能性，实现在生物医学中的应用。一般来说，天然材料的生物相容性较好，但也存在一定的免疫原性，及不同来源和批次的材料性能存在差异等缺点。

6.4.1.1 胶原和明胶

胶原(collagen)，又名胶原蛋白，是哺乳动物体内含量最多的一类蛋白质，占蛋白质总量的 25%～30%，是动物结缔组织重要的蛋白质(占结缔组织质量的 20%～30%)，广泛存在于低等脊椎动物的体表面和哺乳动物机体的一切组织。胶原蛋白的基本结构单位是原胶原(tropocollagen)，原胶原肽链的一级结构具有(Gly-x-y)$_n$重复序列，其中 x 常为脯氨酸(Pro)，y 常为羟脯氨酸(Hypro)或羟赖氨酸(Hylys)。Hylys 残基可发生糖基化修饰，其糖单位有的是一个半乳糖残基(Gal)，但通常是二糖(Glu-Gal-)，胶原上的糖的质量约为胶原的 10%。原胶原是由三条 α-肽链组成的纤维状蛋白质，相互拧成三股螺旋状构型，长 280～300 nm，直径为 1.4～1.5 nm。截至目前，已发现的胶原蛋白有 27 种不同类型，按发现顺序分为 Ⅰ 型胶原、Ⅱ 型胶原、Ⅲ 型胶原等，最常见的类型为 Ⅰ 型胶原；不同类型的胶原定位于体内的特定组织，也有两三种不同的胶原存在于同一组织中。

明胶是由胶原部分水解得到的一类蛋白质，在这个过程中，胶原的三螺旋结构发生部分分离和断裂。明胶的氨基酸组成与胶原相似，但因预处理存在差异，组成成分也可能不同。不同规格的明胶分子量一般为 15000～250000 Da。明胶作为一种大分子的亲水胶体，是一种营养价值较高的低卡保健食品，可以用来制作糖果添加剂、冷冻食品添加剂等。此外，明胶也被广泛应用于医药行业。通常将明胶和其他生物材料共混制备生物膜材料、医用纤维。目前，将明胶基复合材料用作组织工程支架材料和信号分子载体是生物材料的研究热点之一，用于组织修复与替代。

6.4.1.2 透明质酸

透明质酸(HA，见图 6-6)是一种阴离子，非硫酸糖胺聚糖，广泛分布于结缔组织、上皮组织和神经组织。HA 是双糖的聚合物，由 D-葡萄糖醛酸和 N-乙酰-D-葡萄糖胺组成，通过交替的 β-1,4 和 β-1,3 糖苷键连接。透明质酸是构成人体细胞间质、眼玻璃体、关节滑液等结缔组织的主要成分，在体内发挥保水、维持细胞外空间、调节渗透压、润滑、促进细胞修复的重要生理功能。透明质酸分子中含有大量的羧基和羟基，在水溶液中形成分子内和分子间的氢键，这使其具有强大的保水作用，可结合于自身 400 倍以上的水；在较高浓度时，由于其分子间作用形成复杂的三级网状结构，其水溶液具有显著的黏弹性。透明质酸作为细胞外基质的主要成分，直接参与细胞内外电解质交流的调控，发挥物理和分子信息的过滤器作用。大分子透明质酸对细胞移动、增殖、分化及吞噬功能有抑制作用，小分子透明质酸则有促进作用。同时，由于其特殊的生理性能、理想的流变性、无毒、无抗原性、高度的生物相容性和体内可降解性，在医学领域已得到广泛应用。作为药物传递的新辅料，透明质酸能够促进药物经黏膜的吸收；此外，可用作骨性关节炎和类风湿性关节炎等关节手术的填充剂，作为媒介在滴眼液中广泛应用；还用于预防术后粘连和促进皮肤伤口的愈合。透明质酸与其他带阳离子基团的药物相互作用形成的化合物对药物具有缓释作用，可达到定向和定时释放的目的。随着医药科技的发展，透明质酸在医药方面的应用将越来越广泛。

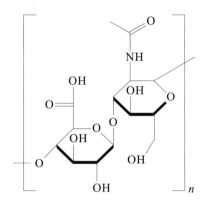

图 6-6　透明质酸的结构式

6.4.1.3　甲壳素和壳聚糖

甲壳素[Chitin，分子式为$(C_8H_{13}O_5N)_n$，见图 6-7]，又称甲壳质、几丁质，在自然界中广泛存在于低等植物菌类、甲壳(虾、蟹等)、昆虫等动物的外壳、真菌的细胞壁等，每年自然界生物合成量约为 100 亿吨。甲壳素是 N-乙酰氨基葡萄糖以 β-1,4 糖苷键结合而成的一种氨基多糖，化学结构和植物纤维素非常相似。纤维素的基本单位是葡萄糖，其是由 300~2500 个葡萄糖残基通过 β-1,4 糖苷键连接而成的聚合物。甲壳素和纤维素都是六碳糖的多聚体，分子量都在 100 万以上。甲壳素呈米黄色至白色，通常为无定形粉末或者半透明片状物，溶于浓盐酸/磷酸/硫酸/乙酸，不溶于碱及其他有机溶剂，也不溶于水。这是因为分子中的乙酰氨基形成了很强的分子内氢键，这使得它的应用受到了一定的限制。

甲壳素具有良好的生物相容性，无生物毒性，价格低廉，易改性，机械强度较好，在生物材料上的应用研究非常多。医疗用品上，甲壳素可用于制作隐形眼镜、人工皮肤、缝合线、人工透析膜和人工血管等。甲壳素的产物作为韧而强的材料可作为外科线。另外，甲壳素可加速人体伤口愈合，甚至成为一个单独的伤口愈合剂。

壳聚糖(chitosan)，又称脱乙酰基衍生物甲壳素，不溶于水，可溶于部分稀酸。在特定的条件下，壳聚糖能发生水解、烷基化、酰基化、羧甲基化、磺化、硝化、卤化、氧化、还原、缩合和络合等化学反应，生成各种具有不同性能的壳聚糖衍生物，从而扩大应用范围。壳聚糖大分子中有活泼的羟基和氨基，它们具有较强的化学反应能力。在碱性条件下，C-6上的羟基可以发生如下反应：羟乙基化，壳聚糖与环氧乙烷进行反应，可得羟乙基化的衍生物；羧甲基化，壳聚糖与氯乙酸反应可得羧甲基化的衍生物；磺酸酯化，甲壳素和壳聚糖与纤维素一样，用碱处理后可与二硫化碳反应生成磺酸酯；氰乙基化，丙烯腈和壳聚糖可发生加成反应，生成氰乙基化的衍生物。上述反应能在甲壳素和壳聚糖中引入大的侧基，破坏其结晶结构，因而能提高溶解性，如可溶于水。羧甲基化衍生物在溶液中显示出聚电解质的性质。因壳聚糖分子中带有游离氨基，在酸性溶液中易成盐，呈阳离子性质。壳聚糖随其分子中含氨基数量的增多，氨基特性会更加显著，这奠定了壳聚糖的许多生物学特性及加工特性的基础。甲壳素和壳聚糖是少有的带正电的生物大分子，其溶液含有铵离子，这些铵离子通过结合负离子来抑制细菌。壳聚糖的抑制细菌活性，使其在医药方面有着广泛应用。

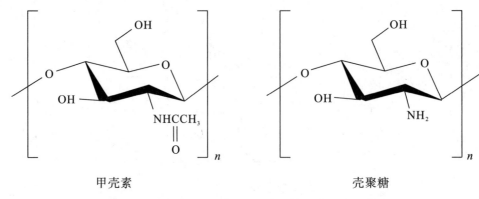

甲壳素　　　　　　　　　　壳聚糖

图 6-7　甲壳素（R＝COCH₃）和壳聚糖（R＝H）的结构式

6.4.1.4　纤维素

纤维素（cellulose）是自然界中分布最广、含量最多的一种多糖，占植物界碳含量的50％以上。一般木材中，纤维素质量占比为 40％～50％，而棉花的纤维素含量接近100％，为天然的最纯纤维素来源。纤维素是由葡萄糖组成的大分子多糖，是植物细胞壁的主要成分。作为地球上最古老、最丰富的天然高分子，人们对纤维素有着长达一百多年的研究。纤维素不溶于水及一般有机溶剂，这是因为纤维素分子之间存在氢键。因而在实际使用过程中，人们会对它进行一定的改性。常用的纤维素衍生物有纤维素酯类、醚类和醚酯类，包括醋酸纤维素、乙基纤维素、羧甲基纤维素等。

纤维素及其衍生物通常用作口服和局部用药物制剂，可制作黏合剂、崩解剂和稳定剂。醋酸纤维素是部分乙酰化的纤维素，乙酰基质量含量为 29％～45％，常用作片剂的半透膜包衣，特别是渗透泵型片剂和植入剂，能控制、延缓药物的释放。醋酸纤维素的薄膜也可以用于透皮吸收传递系统。三醋酸纤维素具有很好的生物相容性，无毒、无刺激性，对皮肤无致敏性，并已收载于美国食品药品管理局（FDA）的《非活性组分指南》（口服片剂）中。

6.4.1.5　结冷胶

结冷胶是由鞘氨醇单胞菌群中的细菌产生的胞外多糖，是该细菌胞外聚合物（EPS）的主要成分。商业结冷胶的主要成分是由葡萄糖、葡萄糖醛酸和鼠李糖三种单糖按 2∶1∶1 的比例为重复结构单元组成的线性多聚糖。结冷胶在加热到高温后可以溶解于水，在降温过程中，结冷胶链从一个随意弯曲的构象逐步形成双螺旋结构，同时锁住高含量的水分，通过溶胶-凝胶转变温度后形成凝胶；多重的双螺旋链被认为是网状结构的交联点。多价金属离子的引入可增加凝胶的稳定性。结冷胶作为一种被美国 FDA 认证的生物材料，被广泛应用于制药、食品行业和生物医学领域，如食品(如果酱)中的稳定剂、乳化剂、蛋白载体、骨再生引导材料、伤口敷料、细胞黏附材料、杀菌剂等。

6.4.2　人工合成可降解生物材料

人工合成可降解生物材料包括聚酯类、聚氨基酸类，它们都含有可被水或者酶分子作用的不稳定的键，如酯键(—COO—)、酰胺键(—CONH—)等，遇水易被水解。人工合成可降解生物材料性能稳定、可控，但缺乏具有生物活性的基团，生物相容性相对较差。

6.4.2.1　聚酯

聚酯是研究最多、应用最广泛的一类可降解聚合物[32]。其合成方法一般采用环状单体开环聚合(见图 6-8)。最简单的聚酯是聚乙醇酸(PGA)，由乙交酯开环聚合而得，是可结晶的聚合物，结晶度为 $46\% \sim 52\%$，$T_m = 200℃$，$T_g = 36℃$，$\rho = 1.50 \sim 1.69$ g/cm^3。实用的 PGA 分子量需要大于 10000 Da，如果分子量太大(>100000 Da)，将导致加工困难。PGA 拉伸强度一般为 $50 \sim 60$ MPa；做成纤维后，由于分子链的取向，强度可达 890 MPa。因此可以用 PGA 的纤维对 PGA 进行自增强，强度可以高达 $210 \sim 270$ MPa。PGA 的酯键没有大的疏水基团保护，易于降解，在体内 14 天强度下降 50%，28 天强度下降 $90\% \sim 95\%$。PGA 可作可降解的手术缝合线。

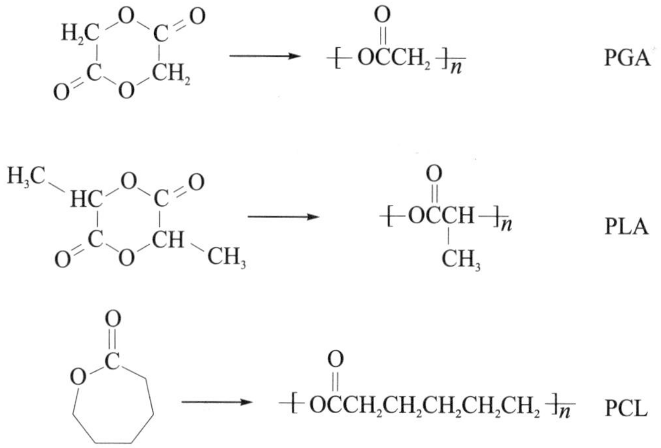

图 6-8　常见聚酯的合成

乳酸是糖在缺氧条件下的代谢产物，其分子结构中含有一个手性碳，天然乳酸为左旋乳酸。由于乳酸单体的手性不同，可以得到不同结构的聚乳酸(PLA，$\rho = 1.24 \sim 1.30$ g/cm^3)[33]。全部由左旋或者右旋丙交酯合成的聚合物为聚左旋乳酸(PLLA)或者聚右旋乳酸(PDLA)，为可结晶聚合物，$T_m = 140℃ \sim 180℃$，$T_g = 50℃ \sim 70℃$，一般情况下拉伸强度可以达到 80 MPa 左右。由内消旋丙交酯或者等量左旋和右旋丙交酯混合物(外消旋)合成的聚乳酸为消旋聚乳酸(PDLLA)，为无定形聚合物，拉伸强度一般为 $40 \sim$

50 MPa。聚乳酸由于有侧链甲基的空间位阻和疏水作用，其降解速率大大小于 PGA；其结晶度越大，降解越慢。聚乳酸在体内的降解时间为 220 天左右，其降解产物会对降解有促进作用。对于厚制品，体内材料的内部降解速率会大于表面降解速率，会形成内部空洞，甚至造成制品崩塌。

PLLA 和 PDLA 可以形成立构规整聚合物（scPLA），其熔点高达 200℃～230℃。四川大学傅强教授课题组采用粉末冶金的方法，在低于 scPLA 熔点的条件下对其粉末进行高压加工，得到了 scPLA 含量为 100%、耐水解的聚乳酸制品[34]。

聚乳酸的应用包括手术缝合线、骨折内固定螺钉、药物缓释等。

聚（ε-己内酯）（PCL）也是一种可结晶的聚合物，由于脂肪链较长，分子链柔性增加，强度比 PGA 和 PLA 低。其基本的性能参数：$\rho=1.271\sim1.200 \text{ g/cm}^3$，$T_m=56℃\sim65℃$，$T_g=-65℃\sim-60℃$，拉伸强度约为 23 MPa，断裂伸长率可以达到 700%[32,35]。PCL 体内降解速率慢，可以达 2～3 年。PCL 刚性没有 PGA 大，可以作为柔性好的手术缝合线。PCL 由于分子链柔性大，可以作为可降解聚氨酯的软段。

共聚酯可以调节均聚酯的性能。针对乙交酯和丙交酯共聚物（PLGA）的研究较多，当乳酸链节摩尔含量在 25%～75%的范围内时，PLGA 为无定形聚合物。其乳酸链节摩尔含量为 50%时，体内降解时间通常为 1～2 个月；摩尔含量为 75%时，体内降解时间通常为 4～5 个月；摩尔含量为 85%时，体内降解时间通常为 5～6 个月[35]。

6.4.2.2 聚酸酐

聚酸酐（Polyanhydride）是一类分子链含有酸酐键（—CO—O—OC—）的聚合物。由于酸酐基团极易水解，其水解速率大于水向材料内部的扩散速率，导致材料的降解受水向材料内部扩散的速率控制；材料降解总是从表面向内部推进，这种降解的机理称为表面溶蚀。表面溶蚀的降解机理可以使包裹的药物比较均匀地向周围组织释放（称为零级释放）。20 世纪 70 年代末期，以美国麻省理工学院 Langer 教授为首的研究小组利用聚酸酐的不稳定性，开发出可生物降解的高分子材料，成功地用于药物控制释放领域[36]。

聚酸酐可通过缩聚而得，也可通过开环聚合而得。而缩聚又分为熔融缩聚和溶液缩聚，其中最常用的是熔融缩聚法（见图 6-9）[36]。该法是先将二元酸和醋酸反应生产混合酸酐，然后混合酸酐在高温高真空下熔融缩聚，脱去醋酸酐，得到相应高聚物。几乎所有的二元酸都可以用于制备聚酸酐（常用单体见图 6-9）。其中脂肪族聚酸酐几天内就可以降解，芳香族聚酸酐降解慢，有的甚至可达数年。

研究最充分的聚酸酐为聚[1,3-双（对羧基苯氧基）丙烷-癸二酸]，简记为 P(CPP-SA)（见图 6-9）。两种单体的比例可以调节其降解速率（SA 占比越大，降解越快），其范围可以在几天到几年之间变化。FDA 批准了 P(CPP-SA)用于释放化疗药物卡莫司汀（BCNU），以治疗脑癌（商品名 Gliadel©）。两种单体的比例为 1∶1 的 P(CPP-SA)可用于释放庆大霉素，以治疗骨髓炎（商品名 Septacin©）[35]。

虽然 P(CPP-SA)释药速率可调，但其降解不完全是线性的。因为癸二酸链节的降解快一些，而芳香酸酐链节的降解要慢得多。为此，Langer 等开发了一类新的聚芳香脂肪酸酐，其单体一端是芳香羧酸，一端是脂肪羧酸（见图 6-9 的单体），该类聚合物在几天到几个月的降解都呈现零级降解动力学[36]。

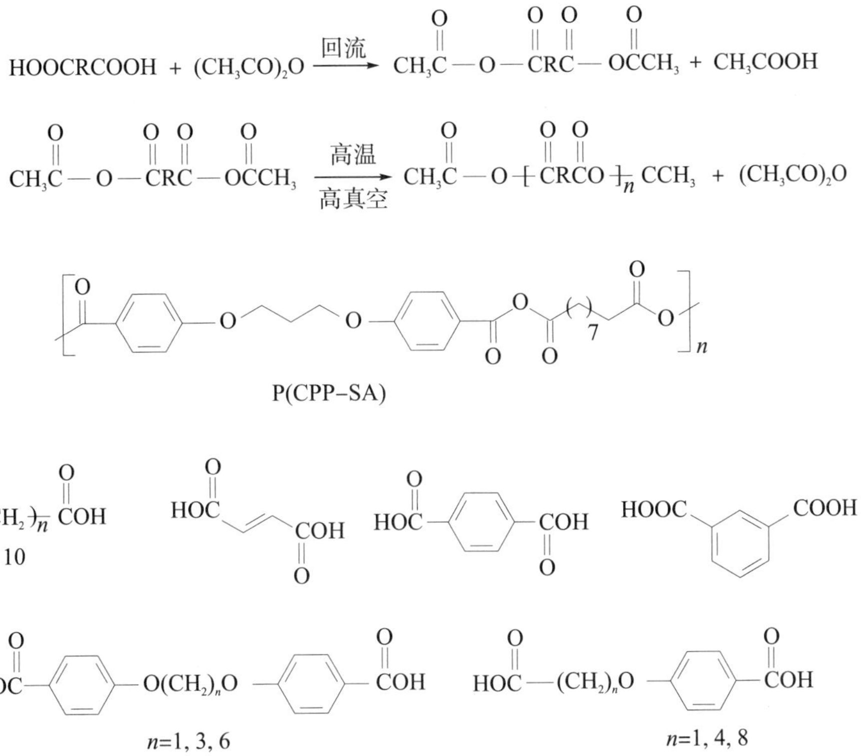

图 6-9　聚酸酐的合成、代表性结构和常用的单体

6.4.2.3　聚原酸酯

原酸(碳原子和 3 或 4 个—OH 连接)不能够稳定存在，但原酸的酯(碳原子和 3 或 4 个 RO—连接)是可以稳定存在的。图 6-10 展示了三类聚原酸酯(Poly(ortho ester)，POE)的结构和合成方法。POE 的降解是由原酸酯键水解引起的，降解产物容易被生物体所代谢。如果其分子结构中的疏水链(图 6-10 中的 R 和 R')足够长，疏水作用强，水分子不易进入材料内部，材料就只能从表面开始降解，其降解过程也为表面溶蚀过程[35,37]。和聚酸酐相比，其降解速率相对较慢。

POE(POE-Ⅰ)是由 2,2-二乙氧基四氢呋喃和二元醇聚合而得；POE-Ⅱ是由双烯酮单体(3,9-双(2-叉-2,4,8,10-四噁螺(5,5)十一烷)和二元醇聚合而得；POE-Ⅲ是由原酸三甲(乙)酯和三元醇反应制得的(见图 6-10)。通过调整疏水链的结构(脂肪族、芳香族)、链长等参数，可以调控 POE 的降解速率。POE 主要用于药物的长期缓释等领域。

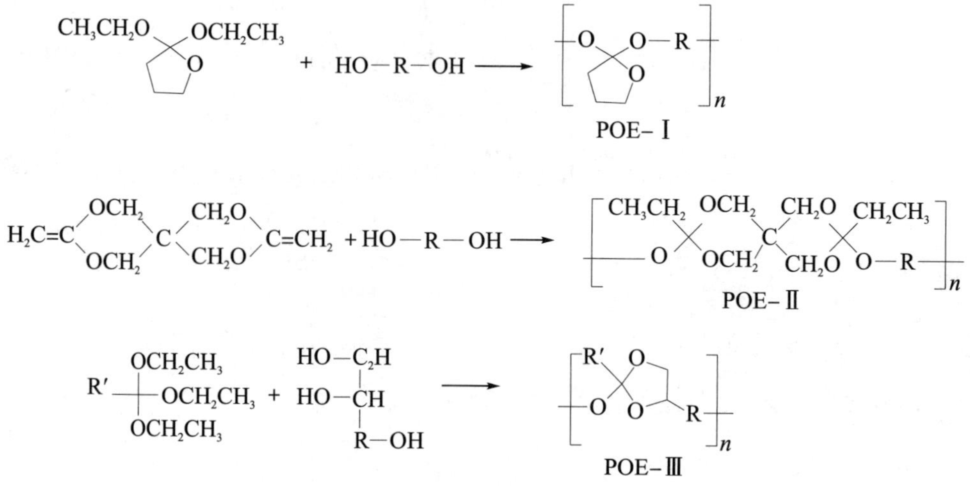

图 6-10　三类聚原酸酯的合成

6.4.2.4　聚碳酸酯

可降解的聚碳酸酯是脂肪族的聚碳酸酯（APC）。由于 APC 降解产物是脂肪族二元醇和 CO_2，为中性，不存在酸催化降解效应，其降解产物也不会造成大的炎性反应（由聚乳酸降解产生的酸性物质的积累容易造成无菌性炎症）[38]。APC 比较耐水解，但不耐酶解[39-40]。APC 的降解总是从表面开始，表现出一种表面溶蚀过程[41-42]。APC 可用于组织工程支架和药物载体，其二元醇低聚物可用于合成聚碳酸酯聚氨酯，表现出较好的生物稳定性（详见"6.2　聚氨酯的生物稳定与降解"）。

APC 的合成和性能与其碳酸酯键之间的亚甲基数目有关[43-44]。聚（碳酸乙二醇酯）（PEC）可由环氧乙烷和 CO_2 直接聚合得到，其分子链上碳酸酯基团含量可以达到 99%。采用酯交换法或碳酸亚乙酯开环聚合无法制得 PEC，其分子链上醚键可以高达 50% 以上。聚（碳酸-1,3-丙二醇酯）（PTMC）可由三亚甲基碳酸酯开环聚合得到，采用酯交换法会得到少许醚链节（如 1.3%[43]）。含 4 个及以上亚甲基的 APC 采用酯交换法可以得到几乎 100% 含碳酸酯链节的聚合物。近些年酯交换法在得到高分子量的 APC 方面取得了较大的进展。比如，Zhu 等采用 TiO_2/SiO_2 酯交换催化剂制备聚（碳酸-1,6-己二醇酯），其分子量可以达到 166000 Da，拉伸强度达到了 40 MPa，断裂伸长率达到 500%[45]。表 6-2 列出了不同 APC 的性能。需要指出的是，APC 的力学性能和分子量、结晶度有密切的联系，不同文献的数字差别可能较大。

表 6-2　APC 的性能

$\left[OCO\!-\!R\right]_n$ (O)	T_g（℃）	T_m（℃）	拉伸强度（MPa）	断裂伸长率（%）
R=$(CH_2)_2$	24~27	—	0.5	490.5
R=$(CH_2)_3$	−20	38	3.0~10.9	230~1250
R=$(CH_2)_4$	−34	50	34.1	~400*
R=$(CH_2)_5$	−38	43	~20*	~380*

$\begin{array}{c}O\\\parallel\\\left[OCO-R\right]_n\end{array}$	T_g(℃)	T_m(℃)	拉伸强度(MPa)	断裂伸长率(%)
R=$(CH_2)_6$	−46	49	40.0	~500*

注：数据来自文献[42,44−47]。"*"表示估计值。

APC 和聚酯相比，降解产物中性，降解方式可控（表面溶蚀），用于药物缓释和组织工程材料更具优势。APC 的应用受制于其商品化程度，没有聚酯高。从表 6.2 可以看出，PEC 和 PTMC 的力学性能还需要提高。目前，最有可能推广应用的是聚（碳酸-1,4-丁二醇酯），其性能已达到通用聚合物的水平（如聚丙烯），并且其原料丁二醇价格相对较低。

6.4.2.5　细菌合成的聚酯

1926 年，法国科学家 Maurice Lemoigne 提出细菌中存在聚酯；1927 年，研究人员将聚酯从细菌中分离出来；1982 年，英国 ICI 公司批量生产细菌聚酯（或微生物聚酯），商品名为 Biopol[48]。Biopol 的结构为 R-3-羟基丁酸和 R-3-羟基戊酸共聚酯［P(3HB-co-3HV)］（见图 6−11）。聚(R-3-羟基丁酸)酯(PHB)是研究最充分的一种微生物聚酯，其性能较脆，通过共聚可以改善脆性。

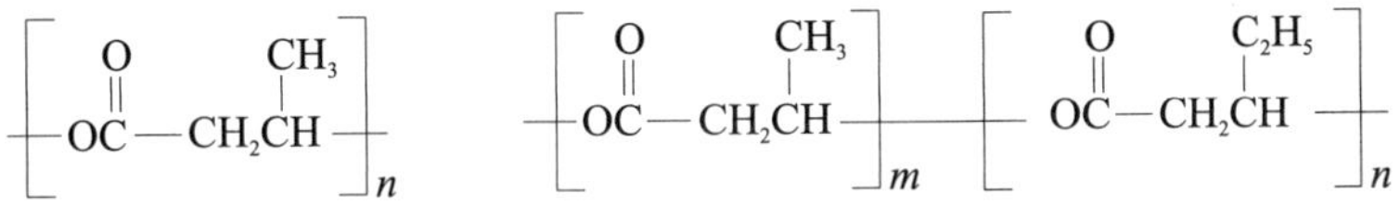

图 6−11　微生物聚酯的结构

能够合成微生物聚酯的细菌有 300 多种，如真养产碱杆菌（*alcaligenes eutrophus*）、类黄假单胞菌（*pseudomonas pseudoflava*）、食油假单胞菌（*pseudomonas oleovorans*）等。生物合成聚酯是这些微生物的一种储能物质，是以丙酸、丁酸、甲醇、葡萄糖、乙二醇等为碳源，通过细菌发酵合成的。为了提高合成效率，以基因重组大肠杆菌和转基因植物合成微生物聚酯的研究也在进行之中[49−50]。

PHB 的基本性能如下：分子量为 $1×10^5 \sim 10×10^5$ Da，晶体和无定形材料密度分别为 1.26 g/cm³ 和 1.18 g/cm³，T_m=171℃~182℃，T_g=5℃~10℃，拉伸强度约为 40 MPa，断裂伸长率为 6%~8%[49]。除性能较脆外，其他性能和通用塑料聚丙烯相当。PHB 性能较脆的原因可能是形成了较大的球晶（直径为 50~500 μm），球晶形成过程导致微裂纹产生[51]。通过共聚改性可以提高韧性，但强度和模量下降[51]，详见表 6−3。

表 6−3　P(3HB-co-3HV) 的性能[51]

性能	3HV 含量(mol%)					
	0	3	9	14	20	25
T_m(℃)	179	170	162	150	145	137
T_g(℃)	10	8	6	4	−1	−6
杨氏模量(GPa)	3.5	2.9	1.9	1.5	1.2	0.7

性能	3HV 含量(mol%)					
	0	3	9	14	20	25
拉伸强度(MPa)	40	38	37	35	32	30
断裂伸长率(%)	5	—	—	—	50	—

微生物聚酯可以通过水解和酶解的方式降解。Freier 等[52]的研究表明，PHB 膜(约 0.1 mm 厚)在 PBS(pH7.4，37℃)中一年质量不下降，分子量降低约一半；胰酶可加速其降解。自然界中有很多微生物可释放 PHB 解聚酶，将 PHB 降解为水溶性的单体和低聚物。PHB 及其共聚物的酶解是一种表面溶蚀过程[50]。在健康人血液中有 30～100 μg/mL 的羟基丁酸酯，其为人体的正常代谢产物[49]。Gogolewski 等将 PHB 和含 22% 3HV 的 P(3HB-co-3HV)植入小鼠皮下(ϕ4 mm×7 mm)，发现其组织反应弱，无急性炎性反应，无脓肿，无组织坏死，植入体内 6 个月材料周围为血管化的纤维组织包围，表明其生物相容性好。其片材(ϕ15 mm×2 mm)植入小鼠皮下 6 个月分子量下降 15%～43%，但质量下降很少(约 1.6%)；同样条件下，PLLA 分子量下降 56%～99%，质量减少约 50%[53]。在另一项研究中，多孔的 PHB 作为大鼠肠道补片(10 mm×10 mm，厚度数据未给出)，在半年内几乎完全降解，并修复了直径约 6 mm 的肠道孔[52]。微生物聚酯降解速率比 PLA 小。

微生物聚酯可以用于组织修复和药物缓释材料。

6.4.2.6 其他可降解聚合物

其他可降解聚合物包括聚磷腈、聚磷酸酯、聚氨基酸等[35]，感兴趣的读者可查阅相关文献。聚氨基酸由于其降解产物为氨基酸，具有很高的安全性，最近围绕其做的研究较多[54]。可降解聚氨酯已在"6.2.2 可降解聚氨酯材料"进行了阐述。

6.5 可降解陶瓷材料

在体液环境中(pH 为 7.4)最稳定的钙磷陶瓷是羟基磷灰石 HA[$Ca_{10}(PO_4)_6(OH)_2$]。通常，致密的高结晶度的 HA 在体内是难以降解的。可溶性钙盐和可溶性磷酸盐混合(Ca/P=1.67，碱性条件)即可得到 HA 沉淀，对沉淀进行水热处理可以提高其结晶度。多孔 HA 在体内具有生物活性(表面形成类骨磷灰石)、骨传导性(在骨区和骨组织发生键合)和骨诱导性(非骨区诱导成骨)。在有细胞参与的过程(如骨诱导过程)中，破骨细胞会释放酸性物质对 HA 进行降解，也会吞噬 HA 微粒进一步进行胞内降解。在这种情况下，HA 多孔材料逐渐被吸收(降解)，新生骨组织发生重建。因此，在一定条件下，HA 也可以认为是可降解陶瓷材料。

磷酸三钙[$Ca_3(PO_4)_2$，TCP]有 α 相和 β 相，前者属单斜晶系，后者属菱形晶系。α-TCP 溶解性大于 β-TCP，两者均不如 HA 稳定。当加热到 1125℃时，β-TCP 可转变为 α-TCP。由于 α-TCP 的不稳定性和细胞毒性，其应用受到限制。因此，在 β-TCP 的烧结过程中,需要控制温度,防止生成 α-TCP。β-TCP 是典型的可降解陶瓷材料,其体内降解有体液降解(溶解)和细胞降解两种方式。β-TCP 可以和骨直接键合,但是不符合生物活性材料的定义,因为没有观察到类骨磷灰石的形成[55]。破骨细胞吸收 β-TCP,新骨组织逐渐形成。在某些 β-TCP 中也观察到有骨诱导性,样品的消毒方式为蒸汽高压消毒(autoclaving)。蒸汽处理可能导致表面生成磷灰石,这层磷灰石很薄(很难检测到),可能是产生骨诱导性的原因[55]。

β-TCP 可通过固相反应、热转化或者沉淀法制得[55]。固相反应是富钙相(碳酸钙、氢氧化钙、HA 等)和富磷相(磷酸氢钙、焦磷酸钙、磷酸铵等)通过充分碾磨并进行反应而得。碳酸钙和磷酸氢钙的反应过程如下所示:

$$CaCO_3 + 2CaHPO_4 \rightarrow CaCO_3 + Ca_2P_2O_7 + H_2O \rightarrow \beta\text{-}Ca_3(PO_4)_2 + CO_2 + H_2O$$

热转化法是将无定形磷酸钙或者缺钙羟基磷灰石 $[Ca_9(PO_4)_5(HPO_4)OH,CDHA]$ 在 650℃~750℃下煅烧,从而得到 β-TCP。CDHA 是在水相合成的,其反应过程为

$$9Ca(NO_3)_2 + 6(NH_4)_2(HPO_4) + 6NH_3 + H_2O \rightarrow Ca_9(PO_4)_5(HPO_4)OH + 18NH_4NO_3$$

$$Ca_9(PO_4)_5(HPO_4)OH \xrightarrow{650℃\sim750℃} 3\beta\text{-}Ca_3(PO_4)_2 + H_2O$$

在有机溶剂(乙二醇、甲醇、四氢呋喃、丙酸乙酯等)中可以合成 β-TCP。Bow 等采用甲醇作溶剂,醋酸钙和磷酸作原料,在室温下合成无定形磷酸钙,然后陈化 8 h 得到 β-TCP,其粒径约为 50 nm[56]。

目前,限制 β-TCP 应用的主要问题是力学强度低,降解过快,骨修复作用尚未完成时往往就已降解完毕,因此难以作为承力部位的骨修复材料。在临床上,β-TCP 主要用于治疗颌面部的骨缺损、填补牙周的空洞、与有机或无机材料复合制作人造肌腱及复合骨板,还可作为药物的载体[57]。

双相磷酸钙(BCP)陶瓷由 HA 和 β-TCP 复合而成,HA/β-TCP 比例越高,降解速率越小。在比例相同的情况下,孔隙率越大,孔连通性越好,材料的降解性能越好。BCP 能够形成无定形磷酸钙(ACP),具有生物活性、骨传导性和骨诱导性。

6.6　可降解金属材料

镁及其合金属于可降解金属材料,其密度、力学性能与密质骨相匹配,且镁本身是人体的构成元素,这是其作为骨修复材料的天然优势(见表 6-4)[58]。镁及其合金在体内降解,生物相容性好,骨组织能够长入,此外镁还有诱导新骨生成的作用[59],因此镁及其合金作为新一代骨修复材料得到了广泛重视。

表 6-4　一些医用金属和陶瓷的性能[58]

组织/材料			密度 (g/cm³)	屈服强度 (MPa)	拉伸强度 (MPa)	弹性模量 (GPa)	断裂伸长率 (%)
密质骨			1.80~2.10	104~121	110~130	15~25	0.7~3.0
可降解金属	Mg 及其合金	纯镁	1.74~2.00	65~100	90~190	41~45	2~10
		AZ31	1.78	185	263	45	15~23
		AZ91	1.81	160	150	45	2.5
		WE43	1.84	170	220	44.2	2~17
	铁锰合金	Fe20Mn	7.73	420	700	207	8
		Fe35Mn	—	230	430	—	32
	Zn 合金	Zn-Al-Cu	5.79	171	210	90	1
非降解金属、陶瓷	不锈钢	SS316L	7.91	90	490	200	40
	钛合金	Ti6Al4V	4.43	880	950	113.8	14
		Ti6Al7Nb	4.52	800	900	105	10
	钴铬合金	CoCr20Ni15Mo7	7.80	240~450	450~960	195~230	50
	生物陶瓷	刚玉 Al_2O_3	4.00	—	400~580	260~410	0.12
		合成 HA	3.15	—	40~200	70~120	—

　　镁及其合金的腐蚀有电偶腐蚀、晶界腐蚀和点蚀三种。镁在体内腐蚀太快，采用合金的形式可以对腐蚀速率进行调控。常用的合金元素有钙、锌、稀土、硅、锰和锆等。铝是工业镁合金（AZ31、AZ91 等）的常用元素，因有潜在神经毒性，一般应避免用于医用材料。所加的合金元素的量一般应小于该合金元素的固溶度，以免析出第二相，引起电偶腐蚀。例如，钙和锌的最佳合金百分比分别为 0.6% 和 4.0%，均小于其固溶度 1.34% 和6.20%[59]。镁合金还可以进行表面改性，以减小腐蚀速率，提高生物相容性。近年来，上海交通大学袁广银等开发了 Mg-Nd-Zn-Zr 合金，该合金体系中的 Nd 元素具有良好的析出强化和固溶强化效果，同时可以提高基体电位，弱化基体与第二相之间的电偶腐蚀。Zn 在提高合金强度的同时，可促进镁合金非基面滑移发生从而提高塑性。Zr 可显著细化组织，提高合金的强韧性和耐蚀性。该合金的屈服强度可达到 320~380 MPa，断裂伸长率约为 10%，力学性能远高于 AZ31 及 WE43 等合金。其体外腐蚀速率同样小于 AZ31 合金，且腐蚀方式为均匀腐蚀。该合金表面涂敷了钙磷涂层（涂层的主要成分为 $CaHPO_4$ · $2H_2O$），使其在 Hank's 溶液中耐腐蚀性提高了 30%；体内植入实验表明，其在体内有更好的成骨诱导作用[59]。

参考文献

[1] 樊渝江，张兴栋. 骨诱导性磷酸钙陶瓷——从基础研究到临床应用 [J]. 中国医疗器械信息，2013(9)：11-13.

[2] Therin M，Christel P，Li S M，et al. In vivo degradation of massive poly（α-hydroxy acids）：

validation of In vitro findings [J]. Biomaterials, 1992, 13: 594−600.

[3] Pinchuk L. A review of the biostability and cacinogenicty of polyurethanes in medicine and the new generation of 'biostable' polyurethanes [J]. Journal of Biomaterials Science-Polymer Edition, 1994, 6(3): 225−267.

[4] Stokes K, Cobian K. Polyether polyurethanes for implantable pacemaker leads [J]. Biomaterials, 1982, 3: 225−231.

[5] Stokes K, Urbanski P, Cobian K. New test methods for the evaluation of stress cracking and metal catalyzed oxidation in implanted polymers [M]//Plank H, et al. Polyurethanes in Biomedical Engineering Ⅱ. Amsterdam: Elsevier Amsterdam, 1987: 109−128.

[6] Pinchuk L, Martin J B, Esquivel M C, et al. The use of silicone/polyurethane graft polymers as a means of eliminating surface cracking of polyurethane prostheses [J]. Journal of Biomaterials Applications, 1988, 3: 260−296.

[7] Zhao Q, Agger M R, Fitzpatrick M, et al. Cellular interactions with biomateirals: in vivo cracking of per-stressed Pellehtane 2363-80A [J]. Journal of Biomedical Materials Research, 1990, 24: 621−637.

[8] Zhao Q, Topham N, Anderson J M, et al. Foerign body giant cells and polyurethane biostability: in vivo correlation of cell adhesion and surface cracking [J]. Journal of Biomedical Materials Research, 1991, 25: 177−183.

[9] Anderson J M, Hiltner A, Zhao Q H, et al. Cell/polymer inteacrtions in the biodegradation of polyurethanes [M] // Vert M, Feijen J, Albertsson A, et al. Biodegadable Polymesr and Plastics, Royal Soeiety of Chemistry. England: Cambridge, 1992: 122−136.

[10] Schubert M A, Wiggins M J, Anderson J M, et al. Role of oxygen in biodegradation of poly (etherurethan uera) elastomers [J]. Journal of Biomedical Materials Research, 1997, 34: 519−530.

[11] Zhao Q, Donovan M, Schroeder P, et al. In vitro modulation of macrophage phenotype and inhibition of polymer degradation by dexamethasone in a human macrophage/Fe/stress system [J]. Journal of Biomedical Materials Research, 1999, 46: 475−484.

[12] Stokes K, Ubranski P, Upton J. The in vivo auto-oxidation of polyether polyurethane by metal ions [J]. Journal of Biomaterials Science-Polymer Edition, 1990, 1(3): 207−230.

[13] Zhao Q, Casas-Bejar J, Urbansky P, et al. Glass wool-H_2O_2/$CoCl_2$ test system for in vitro evaluation of biodegradative stress cracking in polyurethanes elastomer [J]. Journal of Biomedical Materials Research, 1995, 29: 467−475.

[14] Currier B H, van Citters D W, Currier J H, et al. In vivo oxidation in remelted highly cross-linked retrievals [J]. Journal of Bone and Joint Surgery American Volume, 2010, 92(14): 2409−2418.

[15] Koerten H K, van der Meulen J. Degradation of calcium phosphate ceramics [J]. Journal of Biomedical Materials Research, 1999, 44: 78−86.

[16] Eliaz N. Corrosion of metallic biomaterials: a review [J]. Materials 2019, 12, 407; doi: 10.3390/ma12030407.

[17] Mueller W-D, Fernández M, de Mele L, et al. Degradation of magnesium and its alloys: dependence on the composition of the synthetic biological media [J]. Journal of Biomedical Materials Research, 2009, 90A: 487−495.

[18] Li Z J, Gu X N, Lou S Q, et al. The development of binary Mg-Ca alloys for use as biodegradable materials within bone [J]. Biomaterials, 2008, 29: 1329−1344.

［19］Szycher M. Biostable polyurethane products ［J］. US Patent，1993，5：254，662.

［20］Martin D J，Warren L A P，Gunatillake P A. Polydimethy1siloxane/polyether mixed macrodiol-based polyurethane elasotmer：biostability ［J］. Biomaetrials，2000，21：1021－1029.

［21］Ward R S，Tian Y，White K. Improved polymer biostabiliy via oligomeric end group incorpoarted during synthesis ［C］. Boston，Massachusetts：216th Naitonal meeting for the American Society，1998：23－27.

［22］Tang Y W，Santerre J R，Labow R S. Use of surface-modifying macromolecules to enhance the biostability of segmented polyurethanes ［J］. Journal of Biomedical Materials Research，1997，35：371－381.

［23］Ward R，Anderson J，McVenes R，et al. In vivo biostability of polyether polyurethanes with fluoropolymer surface modifying endgroups：Resistance to biologic oxidation and stress cracking ［J］. Journal of Biomedical Materials Research Part A，2006，79：827－835.

［24］Ward R，Anderson J，McVenes R，et al. In vivo biostability of shore 55D polyether polyurethanes with and without fluoropolymer surface modifying endgroups ［J］. Journal of Biomedical Materials Research Part A，2006，79：836－845.

［25］Ward R，Anderson J，McVenes R，et al. In vivo biostability of polyether polyurethanes with fluoropolymer and polyethylene oxide surface modifying endgroups：resistance to metal ion oxidation ［J］. Journal of Biomedical Materials Research Part A，2007，80：34－44.

［26］Xie X Y，Wang R F，Li J H，et al. Fluorocarbon chain end-capped poly(carbonate urethane)s as biomaterials：blood compatibility and chemical stability assessments ［J］. Journal of Biomedical Materials Research Part B：Applied Biomaterials，2009，89，223－241.

［27］Schubert M A，Wiggins M J，Defife K M，et al. Vitamin E as an antioxidant for poly(etherurethane urea)：in vivo studies ［J］. Journal of Biomedical Materials Research，1996，32：493－504.

［28］Santerre J P，Woodhouse K，Lareche G，et al. Understanding the biodegradation of polyurethanes：from classical implants to tissue engineering materials ［J］. Biomaterials，2005，26：7457－7470.

［29］Hafeman A E，Zienkiewicz K J，Zachman A L，et al. Characterization of the degradation mechanisms of lysine-derived aliphatic poly(ester urethane) scaffolds ［J］. Biomaterials，2011，32：419－429.

［30］Kurtz S M，Hozack W J，Purtill J J，et al. Otto Aufranc award paper：significance of in vivo degradation for polyethylene in total hip arthroplasty ［J］. Clinical Orthopaedics and Related Research，2006，453：47－57.

［31］Pinchuk L，Wilson G J，Barry J J，et al. Medical applications of poly(styrene-*block*-isobutylene-*block*-styrene)(“SIBS”) ［J］. Biomaterials，2008，29：448－460.

［32］Zhang C. Biodegradable polyesters：synthesis，properties，applications ［M］//Fakirov S. Biodegradable Polyesters. Wiley-VCH Verlag GmbH & Co. KGaA，2015：1－19.

［33］Södergård A，Stolt M. Properties of lactic acid based polymers and their correlation with composition ［J］. Progress in Polymer Science，2002，27：1123－1163.

［34］柏栋予，王柯，白红伟，等. 不断向自然与金属冶金学习的高分子加工 ［J］. 高分子学报，2016(7)：843－849.

［35］Nair L S，Laurencin C T. Biodegradable polymers as biomaterials ［J］. Progress in Polymer Science，2007，32：762－798.

［36］傅杰，卓仁禧，范昌烈. 新型生物可降解医用高分子材料——聚酸酐 ［J］. 功能高分子学报，

1998，11(2)：302−310.

[37] 魏民，常津，姚康德. 生物可降解高分子材料——聚原酸酯 [J]. 北京生物医学工程，1999，18(1)：60−64.

[38] Xu J，Feng E，Song J. Renaissance of aliphatic polycarbonates：new techniques and biomedical applications [J]. Journal of Applied Polymer Science，2014，131：39822.

[39] Jung J H，Ree M，Kim H. Acid and base-catalyzed hydrolyses of aliphatic polycarbonates and polyesters [J]. Catalysis Today，2006，115：283−287.

[40] Suyama T，Tokiwa Y. Enzymatic degradation of an aliphatic polycarbonate，poly(tetramethylene carbonate) [J]. Enzyme and Microbial Technology，1997，20：122−126.

[41] Zhang Z，Kuijer R，Bulstra S K，et al. The in vivo and in vitro degradation behavior of poly (trimethylene carbonate) [J]. Biomaterials，2006，27：1741−1748.

[42] Dadsetan M，Christenson E M，Unger F，et al. In vivo biodegradation of poly(ethylene carbonate) [J]. Journal of Controlled Release，2003，93：259−270.

[43] He Q，Zhang Q，Liao S R，et al. Understanding cyclic by-products and ether linkage formation pathways in the transesterification synthesis of aliphatic polycarbonates [J]. European Polymer Journal，2017，97：253−262.

[44] 朱文祥，李春成，肖耀南，等. 脂肪族聚碳酸酯的制备方法及其结构性能 [J]. 石油化工，2016，45(3)：257−263.

[45] Zhu W，Huang X，Li C，et al. High-molecular-weight aliphatic polycarbonates by melt polycondensation of dimethyl carbonate and aliphatic diols：synthesis and characterization [J]. Polymer International，2011，60：1060−1067.

[46] Ramlee N A，Tominaga Y. Mechanical and degradation properties in alkaline solution of poly (ethylene carbonate)/poly(lactic acid)blends [J]. Polymer，2019：44−49，166.

[47] Dobrzynski P，Kasperczyk J，Li S. Synthetic biodegradable medical polyesters：poly(trimethylene carbonate) [M] // Zhang X. Science and Principles of Biodegradable and Bioresorbable Medical Polymers：Materials and Properties. Amsterdam：Elsevier，2017.

[48] Lenz R W，Marchessault R H. Bacterial polyesters：biosynthesis，biodegradable plastics and biotechnology [J]. Biomacromolecules，2005，6(1)：1−8.

[49] 张景昱. 利用转基因植物生产生物可降解塑料(PBH)的研究——产 PBH 的叶绿体型转基因植株的获得，表达框架及转化体系的优化 [D]. 北京：中国科学院植物研究所，2002.

[50] Sudesh K，Abe H，Doi Y. Synthesis，structure and properties of polyhydroxyalkanoates：biological polyesters [J]. Progress Polymer Science，2000，25：1503−1555.

[51] Loo C-Y，Sudesh K. Polyhydroxyalkanoates：Bio-based microbial plastics and their properties [J]. Malaysian Polymer Journal，2007，2(2)：31−57.

[52] Freier T，Kunze C，Nischan C，et al. In vitro and in vivo degradation studies for development of a biodegradable patch based on poly(3-hydroxybutyrate) [J]. Biomaterials，2002，23：2649−2657.

[53] Gogolewski S，Jovanovic M，Perren S M，et al. Tissue response and in vivo degradation of selected polyhydroxyacids：polylactides (PLA)，poly(3-hydroxybutyrate)(PHB)，and poly(3-ydroxybutyrate-co-3-hydroxyvalerate)(PHB/VA) [J]. Journal of Biomedical Materials Research，1993，27：1135−1148.

[54] Song Z Y，Han Z Y，Lv S X，et al. Synthetic polypeptides：from polymer design to supramolecular assembly and biomedical application [J]. Chemical Society Reviews，2017，46：6570−6599.

[55] Bohner M，le Gars Santoni B，Döbelin N. β-tricalcium phosphate for bone substitution：synthesis

and properties [J]. Acta Biomaterialiaialia，2020，113：23－41.

[56] Bow J S，Liou S C，Chen S-Y. Structural characterization of room-temperature synthesized nano-sized β-tricalcium phosphate [J]. Biomaterials，2004，25：3155－3161.

[57] 顾芯铭，辛然，周延民. 促骨再生磷酸钙材料的性能及研究进展 [J]. 中国实验诊断学，2017，21(6)：1102－1105.

[58] Agarwal S，Curtin J，Duffy B，et al. Biodegradable magnesium alloys for orthopaedic applications：a review on corrosion，biocompatibility and surface modifications [J]. Materials Science and Engineering C：Materials for Biological Applications，2016，68：948－963.

[59] 袁广银，牛佳林. 可降解医用镁合金在骨修复应用中的研究进展 [J]. 金属学报，2017，53(10)：1167－1180.

第7章　生物材料组织反应调控

　　生物材料在体内应用时，会与人体组织和细胞发生多种相互作用，如蛋白质吸附、细胞行为变化、炎症反应、补体系统激活等。这些组织反应不仅影响生物材料的生物相容性，还可能诱导或抑制生物材料的其他生物活性，从而影响其在特定生理环境中的功能和效果。因此，了解生物材料组织反应的影响因素，并通过材料的结构设计或性能调节来控制其组织反应，是实现生物材料高效应用的关键。生物材料在体内应用时往往处于复杂多变的生理环境，不同的器官、组织以及不同发展阶段的病灶部位，其微环境的温度、pH、酶活性等都有所不同。生物材料可能会在这些复杂的生理环境中发生不同程度和方式的降解，进而对组织反应产生正面或负面的影响，但这种影响往往是难以控制的。刺激响应材料能够感知和响应不同的环境刺激而发生结构或性能的可控变化，这对于生物材料的组织反应调控和体内应用来说具有重要价值。本章主要介绍生物材料的降解性、刺激响应性的原理和分类，以及能调控蛋白质吸附、细胞行为和免疫反应的刺激响应性生物材料的设计和应用。

7.1　生物材料的降解性

　　生物材料的降解性是指材料在体内应用时是否能够发生化学或物理的降解，并最终被人体吸收或排出的特性。根据降解性，生物材料可以分为不可降解和可降解两类。不可降解的生物材料是指在人体生理环境中能够长期保持稳定，不发生降解的一类材料，如硅橡胶、聚乙烯、聚丙烯酸酯等。这类材料具有优良的力学性能和耐久性，能够承受较大的载荷和应力，因此主要应用于体外耗材、一次性医疗器具、人体软硬组织修复替代等。可降解的生物材料是指在人体生理条件下，能够在水、酶等因素的作用下由大分子断裂成小链段，并最终代谢为小分子的一类材料，如聚乳酸、聚酯、改性的天然多糖等。这类材料具有一定的降解速率，能够与人体组织相适应，避免了材料的长期残留和异物反应，因此被广泛应用于骨折固定、骨缺损修复、医用缝合线、药物控释和组织工程等领域[1]。为满足不同的临床需求，人们在深入理解生物材料的降解机制的基础上，通过材料的结构设计或性能调节，来控制材料的降解行为和降解产物，以获得具有不同性能和功能的生物材料和制品。

7.1.1 降解机制

生物材料在体内的降解是一个复杂的过程，受到多重生物环境因素的影响。这些因素包括物理、化学和生化层面的作用。物理因素主要指外部应力，如拉伸、压缩、剪切等；化学因素包括水解、氧化以及酸碱作用，如水分子、氧分子、氢离子等；而生化因素则涉及酶的催化作用和微生物的参与，如蛋白酶、脂肪酶、细菌等。由于生物材料在体内应用时主要暴露于各类组织和体液环境，水解作用（包括酸碱作用和自催化过程）和酶解作用通常是其降解过程中的主导机制[1]。

7.1.1.1 水解机制

生物材料植入人体内后，首先会吸收水分而发生膨胀和浸析。在这一溶胀过程中，材料的体积会增大，结构会产生空隙，液体随之渗透到材料内部，为材料的进一步水解提供了条件。随后，材料的主链受水溶液的作用而发生化学键断裂，形成一些大分子片段。这些片段继续受水溶液的作用而降解形成更小的片段，直至材料最终被完全水解成小分子[2]。不同的化学键具有不同的水解活性，例如酸酐在水溶液中的半衰期只有几分钟，而酯键的半衰期长达几年[2]。将材料按化学键水解难易程度从大到小排序：聚酸酐＞聚原酸酯＞聚羧酸酯＞聚氨基甲酸酯＞聚碳酸酯＞聚醚＞聚烃类。材料主链的水解活性在很大程度上决定了材料的水解速率。除此之外，生物材料的水解速率还受其他多方面因素的影响：材料的水解不是一个单一的过程，在材料水解的同时会发生分子链的重排，对于一些半结晶材料会造成材料结晶度的升高，而结晶度的升高会降低材料的水解速率；降解产物在局部蓄积可能导致局部环境 pH 值变化，而溶液 pH 值的变化会显著影响材料的水解速率；材料的水渗透性也与其降解性有关，凡是能够影响材料水渗透的物理形态和结构因素都能显著影响其降解性[3]。

7.1.1.2 酶解机制

生物材料的水解过程不一定需要酶的参与，但是水解生成的低分子量分子片段可能需要通过酶的作用转化为小分子代谢物。酶解和酶促氧化反应被认为是使材料在体内被降解吸收的重要因素，酶能够在一定程度上影响材料的降解机制和速度。临床还发现，一些被认为是非降解性的植入物，如尼龙人工血管或聚氨酯导管和心室辅助泵，在体内有明显的降解现象。对于这些材料的体内降解行为的研究表明，酶、过氧化物、自由基、吞噬细胞和磷脂等都起到重要作用[4]。酶的作用机制主要有两种：酶促水解机制和酶促氧化机制。酶促水解机制是指酶能够催化生物材料的水解反应，加速材料的降解速率。容易被酶促水解的材料有聚酯、聚酰胺、聚氨基酸、聚氰基丙烯酸以及某些聚酯型聚氨酯。这些材料中的酯键、酰胺键、肽键和氰基丙烯酸键都能够被相应的酶识别和切割，如酯酶、蛋白酶、脂肪酶等[5]。酶促氧化机制是指酶能够催化生物材料的氧化反应，引起材料的氧化降解。这种机制主要涉及一些氧化酶，如氧化氢酶、过氧化物酶、过氧化物歧化酶等。这些酶能够产生或转化一些强氧化剂，如过氧化氢、次氯酸、羟自由基等。这些氧化剂能够氧化生物材料中的氨基、羧基、酮基、醛基等，使分子链断裂。酶解机制的影响因素有酶的种类、活性、浓度、亲和力、选择性等，以及材料的结构、组成、形态、表面性质等[6]。

7.1.1.3　其他降解机制

除了水解机制和酶解机制之外，生物材料在体内还可能受到其他一些因素的影响而发生降解。这些因素包括过氧化物、自由基、吞噬细胞、磷脂等。这些因素的作用机制主要有以下几种：

过氧化物和自由基的氧化作用。生物材料植入体内后，在局部会引起不同程度的急性炎症。当组织受到损伤时，周围血管的通透性发生变化，多形核白细胞迅速向炎症部位移动，这些中性粒细胞的激活机制接着使单核细胞分化为巨噬细胞。多形核白细胞和巨噬细胞的代谢产生大量的超氧阴离子（O_2^{-}），这个不稳定的中间体进而转化为更强的氧化剂（H_2O_2）。体内的 NADPH（还原型辅酶Ⅱ）氧化酶和 NADH（还原型辅酶）氧化酶都参加了这个转化过程，而超氧化物歧化酶（SOD）则起到了加速转化的作用，H_2O_2 有可能在植入部位引发聚合物自身分解；同时 H_2O_2 在肌过氧化酶（MtK）的作用下可进一步转化为次氯酸。次氯酸也是一种生物材料的强氧化剂，可氧化聚酰胺、聚脲、聚氨酯中的氨基，使分子链断裂。

吞噬细胞的内吞作用。组织学研究已经证实，材料在体内最终都是通过吞噬细胞和巨噬细胞内吞作用进行代谢的。生物材料植入体内后，会在局部形成一层薄的结缔组织包膜，有些表面还可能有毛细血管供血情况。但是，如果材料周围的包膜形状异常、表面粗糙，或者材料因受到拉力、压缩等外力作用而发生移位等情况时，异体巨噬细胞会被激活，作用于部分交联点处，使材料发生崩解。如关节替代物，因其有运动要求，易导致植入物磨损，反复磨损将导致材料表面应力增大，逐步崩解，释放出微粒或小碎片。这些微粒或小碎片等是激活巨噬细胞的源头，而溶酶体和细胞的酶促氧化作用即导致材料进入细胞介导型降解[7-8]。

磷脂的水解作用。磷脂是一种广泛存在于生物体内的脂类物质，其分子结构中含有磷酸基团和酯键，因此容易与水解酶和酸碱作用而发生水解。磷脂的水解作用对生物材料的降解有两方面的影响：一是磷脂的水解产物，如磷酸、脂肪酸、甘油等，可能与生物材料发生化学反应，导致材料的降解或变性；二是磷脂的水解作用可能改变生物材料的表面性质，如亲水性、电荷性、黏附性等，从而影响材料与周围组织的相互作用，进而影响材料的降解速率和模式[9]。

7.1.2　生物材料降解与组织反应的关系

生物材料的降解性会影响其在体内引起的组织反应，因此控制降解速率对于生物材料的设计和应用十分重要。例如，用于组织修复的可降解支架材料要求其降解动力学与组织愈合的速率相匹配，否则，降解太快或过慢都会影响被修复组织的机械性能和伤口处的炎症和重塑过程[10]。生物材料的降解是多种因素综合作用的结果，主要包括材料本身的性质、生物体环境的条件和物理因素，通过调节这三种因素可以实现对生物材料降解速率的控制。Freier 等以聚（3-羟基丁酸酯）（PHB）为材料制备了一种可吸收的胃肠道贴片，研究发现，单纯的 PHB 薄膜在 pH 为 7.4、温度为 37℃ 的条件下降解一年，分子量可下降一半；与无规 PHB 共混则可加快分子量的降低[11]。水溶性添加剂的加入可提高 PHB 的降解速率；而疏水性增塑剂的加入则可降低降解速率。他们采用 PHB/无规 PHB 混合物来修复大鼠的肠损伤，植入 26 周后，发现四只大鼠中只有一只体内有残留材料，所有病例肠缺损均已闭合。聚（乳酸-乙醇酸）（PLGA）由于其可调节的生物降解性和良好的生物相容性，已被美国食品药品监督管理局（FDA）批准作为多种生物材料器件的组成部分。有研究表明，在 PLGA 的降解过程中，酸性降解产物（乳酸和乙醇酸）的积累会降低周围组织的 pH 值，从而引发体液和异物反应，促进材料的降解。Jasen 等将弱碱性且与骨矿成分相似的纳米磷灰石颗粒添掺入 PLGA 支架，纳米磷灰石颗粒能够中和酸性降解产物，从而降低聚合物的降解速率，同时也能够减轻酸性降解产物引起的炎症反应[12]。

此外，药物递送系统也是可降解生物材料的一个重要应用领域，其降解速率和降解行为直接影响着药物的递送效果。生物材料在体内降解后，其结构、组成以及生物学性能会随之改变。这些改变会影响生物材料的自组装或解组装特性。降解诱导的自组装有利于药物载体在病灶部位的聚集和滞留，增强药物的靶向性[13-15]；降解诱导的解组装可以加快药物释放的速率，提高药物的治疗效果。例如，Wang 等设计了一种酶响应的多肽生物成像探针材料，其能够在肿瘤区域过表达的酶的催化作用下降解，进而特异性地自组装形成纳米纤维，这显著降低了肿瘤对材料的清除，增强了探针在肿瘤部位的积累[16]。Liu 等利用酯类化合物自组装形成囊泡，该囊泡能在胆碱酯酶的作用下酯键断裂、囊泡解体，并释放出药物分子(见图 7-1)[18]。

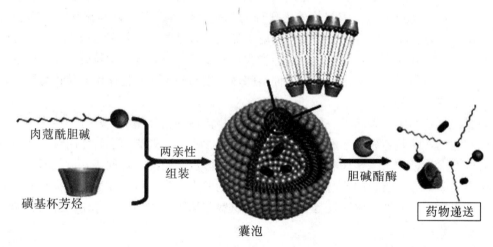

图 7-1　肉蔻酰胆碱装配形成囊泡，在胆碱酯酶的作用下囊泡破坏示意图[18]

降解性是生物材料实现特定生物功能的关键因素之一。生物材料在体内的降解过程需要根据使用部位和时间的不同来调节，以适应其应用目的。组织工程与组织再生材料要求材料能够在生物体环境下降解，且产物具有生物相容性和生物可吸收性，同时要求材料的降解速率与细胞增殖和组织器官再生的速率相协调，这就决定了不是所有的生物可降解材料都能用于组织工程，也不是一种材料就能适用于不同组织器官。此外，用于靶向给药的载体材料需要在病灶组织和细胞的不同部位发生特异性降解，以突破体内复杂的生理屏障并实现精准、可控的药物释放，这对于生物材料的降解行为提出了更大的挑战。因此，探索有效的方法来实现对生物材料降解性的时空调控对于提高生物材料的应用效果具有重要意义。

7.2　生物材料的刺激响应性

生命系统中许多重要的组成成分都是大分子，如蛋白质、核酸等。它们的结构和行为会随周围环境的变化而变化，进而实现特定的生理行为。可以将类似的适应性行为赋予人工合成的生物材料，这样生物材料就不仅仅是提供一个结构，而是能在动态意义上发挥作用，这对生物材料的应用意义重大。在生物材料中引入能够响应于某些刺激而改变性质（如极性、电荷、溶解性等）的官能团，会使化学结构中相对较小的变化协同放大，从而使材料的宏观性质发生改变。这类能够根据周围环境的变化发生性能改变的材料称为环境响应材料或刺激响应材料。刺激源主要分为化学和物理两类：化学刺激源包括 pH、氧化还原性物质、酶、气体等，物理刺激源包括光、温度、超声波、电、磁等。

7.2.1　温度响应性

温度是刺激响应材料体系中应用最广泛的刺激源之一。温度的变化不仅容易控制，而且适用于体外和体内环境。已有研究证实，血流异常、白细胞浸润、高代谢率和病变组织中细胞的高增殖率会导致肿瘤和其他炎症性疾病的体温异常。正常组织和肿瘤组织间的温度差已经被用于早期肿瘤和恶性肿瘤的诊断。除了利用病变部位固有的温差，还可利用外部"加热"的方式在特定的位置人为获得更大的温差。温敏型材料的特性是存在临界溶解温度，其是聚合物和溶剂（或其他聚合物）的相发生不连续变化的温度点。如果聚合物在特定温度以下溶解（取决于聚合物浓度），而在高于该温度的情况下发生相分离，那么这些聚合物通常具有低临界溶解温度（LCST），即浓度-温度相图中相分离曲线的最低温度；否则，称为高临界溶解温度（UCST）。温敏型材料中常含有酰胺、醚键、羟基等官能团，如聚（N-异丙基丙烯酰胺）（PNIPAM）、聚乙烯基甲基醚（PVME）、聚氧化乙烯（PEO）、羟丙基纤维素（HPC）、聚乙烯吡咯烷酮（PVP）等，大多都是基于 LCST 的聚合物体系。常见聚合物的 LCST 见表 7-1[19]，其中 PNIPAM 是最常用的温度敏感性聚合物，其 LCST 约 32℃。

表 7-1　常见聚合物的 LCST

聚合物	LCST
聚（N-异丙基丙烯酰胺）（PNIPAM）	约 32℃
聚乙烯基甲基醚（PVME）	约 40℃
聚乙二醇（PEG）	约 120℃
聚丙二醇（PPG）	约 50℃
聚甲基丙烯酸（PMAA）	约 75℃
聚乙烯醇（PVA）	约 125℃
聚乙烯基甲基恶唑烷酮（PVMO）	约 65℃

聚合物	LCST
聚乙烯吡咯烷酮(PVP)	约 160℃
甲基纤维素	约 80℃
羟丙基纤维素(HPC)	约 55℃
聚磷腈衍生物	33℃～100℃
聚(N-乙烯基己内酰胺)	约 30℃
聚硅氧乙二醇	10℃～60℃

温敏型聚合物的最大特点是分子链中含有可形成氢键的官能团，在不同温度下形成氢键的对象不同，因而显示出温度敏感性[19]。比如 PNIPAM 分子中含有可形成氢键的酰胺键以及疏水的异丙基官能团。在低于 LCST 时，PNIPAM 分子链与周围的水分子形成氢键，聚合物链比较舒展，因而比较亲水；而高于此温度时，聚合物中的酰胺键与水分子之间的氢键被破坏，分子内及分子间的疏水作用占主导，因而聚合物变得疏水，表现出温度敏感的相变行为，如图 7-2 所示[20]。基于此，大量的聚集-解聚温敏性高分子胶束体系被设计出来。Okano 等合成了由 N-异丙基丙烯酰胺(NIPAM)和苯乙烯嵌段共聚物形成的温敏性胶束，当温度高于 LCST 时，外层的 PNIPAM 脱水坍塌，致使胶束发生聚集，这种现象是可逆的[21]。这种温敏性胶束可以利用温度的变化达到靶向控释的目的。

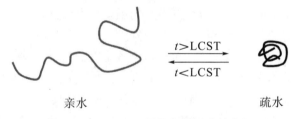

图 7-2　PNIPAM 链构象随温度的变化

水凝胶是一类具有三维交联网络结构的软材料，主要由亲水性或两亲性聚合物组成。聚合物中氨基($-NH_2$)、羧基($-COOH$)、磺酸基($-SO_3H$)等亲水基团的存在使水凝胶具有优异的锁水能力[19]。根据交联网络，水凝胶可以分为物理凝胶和化学凝胶两类。其中，物理凝胶网络是聚合物链通过物理缠结、疏水作用、氢键、主客体作用以及静电作用等物理作用形成的；而化学凝胶网络是聚合物分子链通过共价键形成的[19]。在物理凝胶中，温敏型水凝胶是一类具有重要实用价值的生物材料，其溶胶-凝胶转变温度可以通过聚合物的结构或组成来调控，以实现在生物体内的应用。这类材料的水溶液在室温或室温以下以液体状态存在，而当温度升高至人体温度时发生原位溶胶-凝胶转变，形成在水中溶胀而不溶解的半固态凝胶。温敏型水凝胶具有很多优点：温度诱导的溶胶-凝胶转变不需要任何变性交联剂，在体内更安全；温度敏感性使其具有局部给药的可注射性，可以避免首过效应(首过效应指某些药物经口服在通过肠黏膜及肝脏经灭活代谢后进入体循环的药量减少、药效降低的效应)；流动状态下载药有利于药物在水凝胶中的均匀分散，同时在体温下快速发生溶胶-凝胶转变，以避免治疗剂的初期爆释现象；此外，流动状态注射赋予水凝胶形状可控性[19,22]。因此，温敏型水凝胶在药物递送、组织工程等方面显现出广泛的应用前景[19,22-23]。ABA 型三嵌段共聚物和挂锤形共聚物是最常见的温敏型水凝胶共聚物。ABA 型三嵌段共聚物中，一般两端 A 段为 PNIPAM，B 段为亲水性聚合物，如 PEG；挂锤形共聚物中，一般是将 PNIPAM 接枝在亲水性高分子侧链上[24]。在低温下，PNIPAM 共聚物呈溶液状态；逐渐升温后，随着 PNIPAM 溶解性降低而形成以 PNIPAM 为核的胶束；进一步升温后，胶束间发生堆积聚集，通过 PNIPAM 的疏水作用交联形成水凝胶[24]。PNIPAM 不仅可以方便地跟各种亲疏水单体共聚，也能通过后期修饰接枝在不同材料上，且通过改变共聚物的链长（或分子量）以及共聚物中各组分的比例，调整温敏型水凝胶的性能。因此，基于 PNIPAM 共聚物的温敏型水凝胶具有原料多样化、材料合成方便以及易于多功能化等优点，可以针对性地开展分子设计从而满足实际应用需求[24]。聚乙二醇/聚酯嵌段共聚物是近些年发展起来的一种可降解温敏型水凝胶体系，其雏形最早由 Kim 课题组于 1997 年提出[25]。由于所用 PEG 和聚酯材料均已被 FDA 批准用于临床，因此，该类水凝胶在生物医用领域具有广阔的应用前景。常见的聚乙二醇/聚酯嵌段共聚物主要有 ABA 型、BAB 型和 AB 型三种[26]，其中 A 段为聚酯，包括 PLGA、聚乳酸（PLA）、聚（ε-己内酯）（PCL）和聚（ε-己内酯-乳酸）（PCLA）等，B 段为 PEG。以最常见的 PLGA-PEG-PLGA 为例，在不同的温度下，材料将发生不同的相转变。Ding 课题组针对这方面开展了大量研究工作[22,27-31]，他们认为：室温时，两亲性聚合物能自组装形成以 PLGA 为核、PEG 为壳的纳米胶束；温度升高后，材料疏水作用的增强使胶束聚集形成逾渗胶束网络；继续升温，胶束聚集加剧从而形成较大的微区，导致水凝胶变得不透明；进一步升温，材料将因疏水作用过大而形成沉淀。影响该类温敏型水凝胶的因素主要有端基种类、聚合物链长、分子量分布和聚酯嵌段中各单体的比例等。当用作药物载体时（特别是针对难溶性疏水药物），该类水凝胶可通过胶束的增溶作用改善药物的包载性能，以实现药物的长效缓释。得益于水凝胶材料的可降解性和良好的生物相容性，这类水凝胶将在生物医用领域发挥愈来愈重要的作用，也有望真正走向临床使用。

7.2.2　pH 响应性

在生物体中，不同的组织、器官，甚至细胞内不同区室之间都存在一定的 pH 值差异。同时，有些疾病也可能导致局部组织 pH 的变化，如炎症、肿瘤等。因此，可以根据不同疾病、不同部位的 pH 差异针对性地设计材料，这对于疾病的治疗、诊断意义重大[32-33]。pH 响应型聚合物主要有两种：一种能够发生电荷转移（质子化或去质子化），且电荷转移后其亲疏水性发生变化。这类聚合物主要含弱酸或弱碱基团，在 pH 为 4~8 时会发生质子化/去质子化。另一种是聚合物中含有酸不稳定键，主要包括腙键、马来酸酰胺、缩醛和亚胺键等[34-37]。

羧基是典型的弱有机酸聚合物取代基，这类化合物能够在较低 pH 下接受质子并在中性和较高 pH 下释放质子，如聚丙烯酸（PAA）或聚甲基丙烯酸（PMAA）。弱有机碱聚合物如聚（4-乙烯基吡啶）在较高 pH 下接受质子，在较低 pH 下释放质子。如聚（甲基丙烯酸-2-(N,N-二甲氨基)乙酯）（PDMAEMA）侧基带有叔胺，在中性或酸性条件下可获得质子。Armes 等设计了一种 pH 响应聚合物囊泡，其疏水膜由两种组分构成：一种是侧链含有叔胺基团的组分，另一种是可自交联组分[38]。当 pH 从中性降低到酸性时，侧链上的叔胺基团发生了质子化，导致体系的亲疏水性发生了改变。然而，由于自交联组分的存在，囊泡结构不会破坏，而是保持稳定。同时，囊泡的尺寸会随着 pH 的降低而增大，囊泡膜的通透性也会提高，从而促进囊泡内外物质的交换。Wang 等利用表面引发原子转移自由基聚合（ATRP）的方法在硅纳米线列阵（SiNWAs）表面接枝聚甲基丙烯酸叔丁酯（PtBMA）聚合物刷，通过水解将其转变为 PMAA 聚合物刷，如图 7-3 所示[39]。水接触角测试结果表明，SiNWAs-PMAA 表面具有 pH 依赖的浸润性，在低 pH 下表面相对较为疏水，而随着 pH 的升高，表面亲水性增强，该响应性具有可逆性。这种表面性质的变化导致蛋白质吸附量的改变，例如，当 pH 为 4 和 9 时，SiNWAs-PMAA 对纤维蛋白原的吸附量相差近 39 倍[39]。

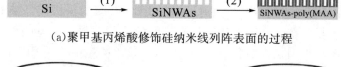

(a)聚甲基丙烯酸修饰硅纳米线列阵表面的过程

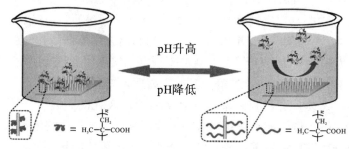

(b)SiNWAs-PMAA 表面 pH 响应可逆结合溶菌酶[39]

图 7-3 pH 响应的聚甲基丙烯酸改性表面调控蛋白吸附

含酸不稳定键的 pH 响应材料主要是在其主链、侧链或链段之间引入腙键、马来酸酰胺、缩醛和亚胺键等基团。Zhu 等将肟键引入三嵌段聚合物 PEG 与 PCL 嵌段之间，该聚合物在酸性条件下显示出快速释放动力学[40]。Tan 等将 pH 敏感的腙键引入聚氨酯的 PCL 软段，所形成的纳米胶束外壳含有 PEG 和羧基，在中性条件下表面电荷为负；当 pH 为 5.0~6.5 时，由于羧基的质子化和季铵盐的暴露，胶束表面电荷由负变正，这种 pH 依赖的电荷反转有利于靶向递送和入胞；此外，在酸性条件下腙键发生断裂脱掉 PEG 外壳暴露出活性配体，增强了肿瘤细胞的摄取（见图 7-4）[34]。除将 pH 不稳定键与主链结合外，药物分子也可以通过 pH 不稳定键共价结合到聚合物链上。Cheng 等通过一种酸敏感的席夫碱键将阿霉素（DOX）与聚乳酸共价结合，得到的胶束在酸性条件下表现出快速释放动力学的特征[41]。

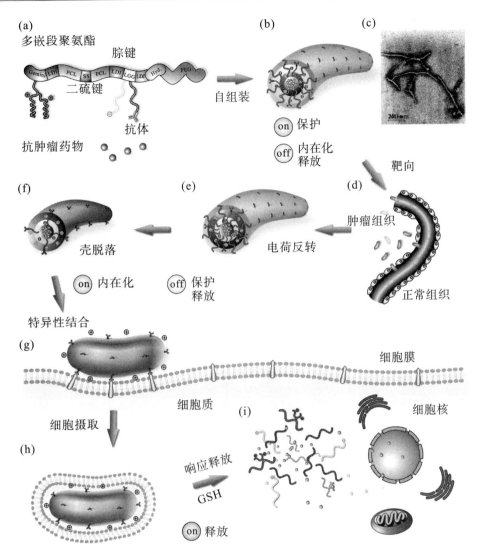

(a)多嵌段聚氨酯的分子结构示意图；(b)多嵌段聚氨酯纤维胶束示意图；(c)多嵌段聚氨酯胶束的透射电镜图片；(d)纳米载体通过 EPR 效应靶向肿瘤；(e)pH 响应的电荷反转；(f)肿瘤酸性条件下，胶束表面带正电，PEG 链脱落，暴露出靶向抗体和季铵盐基团；(g)纳米载体通过抗体-受体相互作用捕获并固定在细胞表面；(h)受体介导和季铵盐增强细胞对纳米载体的摄取；(i)谷胱甘肽(GSH)触发纳米载体在细胞内释放药物

图 7－4　响应性多嵌段聚氨酯药物递送载体[16]

7.2.3　氧化响应性

活性氧(ROS)是一类高活性的离子或自由基，包括超氧离子(O_2^-)、羟基自由基(·OH)、次氯酸根(ClO^-)、过氧化氢(H_2O_2)和单线态氧($^1O_2$)等。ROS 在肿瘤、心血管病、炎症及退行性相关疾病等病灶部位浓度较高，将 ROS 作为触发器设计氧化响应性生物材料用于靶向诊断或治疗是非常有意义的。常见的 ROS 响应的原子或基团有二茂铁、硒、碲、苯硼酸酯键、草酸酯、硫醚键和硫缩酮键等，其对 ROS 响应的机理见表 7－2[42]。

表 7-2 常见活性氧基团响应机理[42]

原子或基团	结构	响应机理
非裂解亲疏水转变		
硫醚键 硒 碲	R=S,Se,Te	$\xrightarrow{H_2O_2}$ 亚砜 (R=S,Se,Te)；$\xrightarrow{H_2O_2}$ 砜
二茂铁	Fe(环戊二烯基)₂	$\xrightarrow{H_2O_2}$ 二茂铁阳离子
结构裂解		
二硒化物	—Se—Se—	$\xrightarrow{[O]}$ —Se(=O)—OH
硫缩酮	—S—C—S—	$\xrightarrow{[O]}$ —SH + 丙酮
苯硼酸/酯	苯硼酸频哪醇酯	$\xrightarrow{H_2O_2}$ HO—B(O)(O) + HO—苯—CH₂OH
乙烯基二硫醚	—S—CH=CH—S—	$\xrightarrow[RNH_2/H_2O]{^1O_2}$ —SH + CO_2
芳基草酸酯	芳基草酸酯	$\xrightarrow{H_2O_2}$ 苯酚 + CO_2
脯氨酸低聚物	脯氨酸低聚物	$\xrightarrow{H_2O_2}$ R_1NH_2+ 酮 + H_2O + CO_2

Liu 等发现了一种基于苯/萘硼酸的多功能 ROS 响应聚合物囊泡体系，其在细胞内 H_2O_2 作用下脱除萘硼酸酯基团，随后发生重排反应释放伯胺并引发氨解反应，从而实现聚合物囊泡双层膜的无痕交联以及疏水性基团转变为亲水性基团，进而导致疏水性的紫杉醇和亲水性盐酸阿霉素的协同释放[43]。Ding 等设计出一种以胆固醇修饰半胱氨酸为疏水链段、PEG 为亲水链段的两亲性聚氨基酸，其侧链硫醚键在 ROS 作用下被氧化成砜键或亚砜键，构象由 β 折叠转变为 α 螺旋，形貌也由胶束转变为囊泡。这一转变打开了细胞内在化开关和释药开关，从而在机体内外达到良好的抗肿瘤效果[44]。除了利用生物体内的 ROS，Ding 等进一步利用葡萄糖氧化酶与葡萄糖反应产生的 ROS 来触发聚合物构象的有序变化，从而在保留囊泡完整性的同时增强其膜通透性，实现体内葡萄糖响应的胰岛素控释和糖尿病治疗[45]。Li 等利用 N-取代硫醚类多肽聚［N-3-(甲硫基)丙基甘氨酸］(PMeSPG)为疏水链段、聚肌氨酸(PSar)为亲水链段的两亲性类多肽(PMeSPG-b-PSar)自

组装形成 ROS 响应的聚合物囊泡。他们将光敏剂四苯基卟啉(TPP)引入聚合物囊泡体系，在可见光照射下能够原位产生 ROS，使得聚合物囊泡结构被破坏[46]。

7.2.4 光响应性

光作为一种外源性刺激，具有可控、洁净、高效等优点，能够在光照射下发生物理或化学变化的聚合物材料在生物医用领域是非常具有吸引力的。许多化学和物理过程可以简单地通过特定波长的光照射来启动。光或辐射触发的过程包括化学键的形成或断裂、异构体的相互转换(如顺式—反式)、电荷的变化以及化学反应的重排等，这些转变可以是可逆的，也可以是不可逆的[47]。光响应聚合物材料的制备主要是将能够与光发生作用并经历上述转变的功能性基团结合到聚合物主链或侧链。常见的光响应基团有苯并吡喃、三甲氧基苯甲烷、偶氮苯、肉桂酰基、香豆素和邻硝基苯基等[47-48]。偶氮苯基团具有顺式与反式两种几何异构体，在紫外光照射下，可以从稳定的反式结构转变为较不稳定的顺式结构，停止光照或照射可见光时会转变为反式结构。Liu 等在材料表面接枝了末端固定精氨酰-甘氨酰-天冬氨酸(RGD)肽的偶氮苯，当偶氮苯采取反式异构体时，会将 RGD 肽暴露出来，使其表面能够吸附细胞；当采取顺式异构体时，会将 RGD 肽包埋在分子链中，从而转变为抗细胞黏附的表面[49]。

还有一些光敏感基团在光照条件下会发生断裂，如邻硝基苄基。Revzin 课题组通过邻硝基苄基衍生物将能够与细胞结合的生物素修饰在玻璃表面，从而通过光照来控制细胞的释放[50]。Ding 等设计了一种光还原自降解高分子材料，将邻硝基苄基保护的二硫苏糖醇作为"分子剪刀"引入主链含有二硫键的高分子侧链[48]。该聚合物纳米自组装体在病灶生理环境中能够响应细胞内水平的谷胱甘肽，实现主链的断裂。在缺乏还原剂(如谷胱甘肽)的情况下，可以通过光照去掉邻硝基苄基保护基团，原位激活"分子剪刀"并实现主链的还原自降解(见图 7-5)。这种对还原环境和光照双重协同响应的高分子纳米材料可以克服刺激响应的时空障碍，提高刺激响应速率。

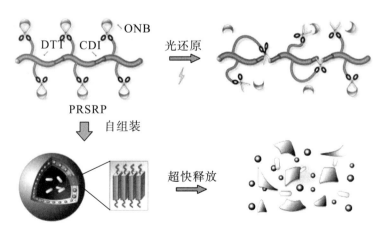

图 7-5 光还原自降解聚合物光响应示意图[48]

7.2.5　其他响应性

除了前述较为常见的响应材料，研究者们还设计了大量响应于气体、电场、磁场、酶甚至超声波的智能响应材料。Yuan 等设计并合成了（N-脒基）十二烷基丙烯酰胺（AD）单体，然后以聚乙二醇为大分子引发剂，通过可逆加成-断裂链转移聚合（RAFT）制备两嵌段共聚物 PEO-b-PAD[51]。该聚合物所形成的囊泡能够响应 CO_2 气体发生可逆膨胀和收缩。这是由于 PAD 中的脒基与 CO_2 反应后转变成了带电的脒鎓基，为了平衡静电排斥力，这些囊泡必须通过膨胀来获得较低的自由能。Yan 等通过主客体作用将 β 环糊精修饰的聚苯乙烯和二茂铁修饰的聚乙二醇自组装形成囊泡，并通过电压来控制超分子体系的可逆缔合和解离，从而实现囊泡的组装与解组装[52]。磁响应性主要是通过在聚合物中引入超顺磁性氧化铁（USPIO）等磁性纳米粒子来实现的[37,53-55]。Liu 等将磁性纳米粒子 Fe_3O_4 与聚乙烯醇混合制备智能磁响应水凝胶，在没加磁场时，磁性纳米粒子无规分布，药物正常释放；加上磁场后，磁性纳米粒子发生聚集，使得凝胶网络孔径减小，药物释放速率下降；关闭磁场后，释放速率再次恢复[54]。Chen 等提出一种由聚（2-四氢呋喃氧基）甲基丙烯酸乙酯链段自组装形成的超声响应囊泡，该聚合物囊泡在超声作用下被破坏或重组装形成更小的囊泡，从而释放出所包载的分子[56]。

7.3　蛋白质吸附调控

当生物材料应用于生物环境时，蛋白质与材料表面的相互作用是生物材料命运的决定性因素。生物材料在体内的组织反应一般都是基于蛋白质吸附发生的。生物材料进入生物环境后，其表面会很快被蛋白质包覆，随后调节细胞的黏附、分化和迁移。因此，蛋白质吸附在再生医学和组织工程中起着关键作用。此外，蛋白质与材料表面的相互作用对于药物递送系统也是十分重要的，如某些蛋白质可以作为受体用于药物的靶向递送。在生物芯片的应用中，蛋白质往往以酶、受体或抗体的形式固定在芯片表面来识别检测分子，其固定量和构象会直接影响检测限和灵敏度。蛋白质吸附现象在某些应用中会产生负作用，例如，对于隐形眼镜及导管类生物材料来说，蛋白质的吸附往往会引起使用者的不适。血液接触材料在应用过程中会吸附血液中的各种蛋白质，随后引起凝血或溶血反应、血小板黏附与激活、补体系统激活、红细胞及白细胞响应，进而形成血栓和炎症，导致器件应用失败，严重的甚至会危及生命。综上所述，开发抗蛋白吸附和对蛋白吸附具有智能调控作用的生物材料意义重大。

7.3.1　抗蛋白吸附材料

材料表面的化学组成赋予其特定的浸润性、带电性和表面张力等，而这些性质势必影响蛋白质的吸附。一般认为，材料表面与蛋白质分子之间的作用力大小与其表面能密切相关，表面能越低作用力越小，即材料的抗蛋白吸附能力越强。此外，亲水性物质修饰的材料表面所形成的类似"屏障"的水化层可以有效提供熵、焓能垒，以阻止蛋白质分子靠近材料表面，这也是改善材料表面抗蛋白吸附能力的有效方法之一。静电相互作用可以影响蛋白质吸附。当材料表面与蛋白质表面带有相反电荷时，即使表面亲水，静电吸引力仍然占主导作用，从而驱动蛋白质的吸附；而带有相同电荷的蛋白质则由于静电排斥作用，吸附能力会减弱。通过仿生设计在材料表面固定一些生物活性分子，如天然生物膜、肝素等，可以有效阻抗蛋白质的吸附。

7.3.1.1　亲水性物质修饰

通常认为，蛋白质的吸附量随着材料的疏水性增强而增加，故选用亲水性物质对材料表面进行修饰可以改善其抗蛋白吸附性能。常用的亲水性物质有聚环氧乙烷（PEO）/PEG、PVP、PAA、聚（甲基丙烯酸-2-羟乙酯）（PHEMA）、聚（甲基丙烯酸寡聚乙二醇酯）（POEGMA）和多糖等。一般认为，亲水性聚合物的抗蛋白吸附作用主要源于所形成的致密水合层以及分子链压缩所导致的空间位阻。其中 PEO/PEG 因具有较好的生物相容性、较弱的免疫原性和较好的抗蛋白吸附能力而受到研究者的广泛关注。Tan 等利用不同拓扑结构的含 PEO 链段的聚合物（PEO、PEO-PPO-PEO 三嵌段共聚物和含 PEO 的星形聚合物）对聚苯乙烯微球进行改性，并研究了微球表面的抗血浆蛋白吸附能力。他们发现三嵌段和星形聚合物比 PEO 更容易吸附在微球表面，从而增加微球表面的抗血浆蛋白吸附能力；其中含有 PPO 链段的聚合物具有更强的抗吸附能力[57]。然而，简单的吸附不能保证 PEO/PEG 在材料表面的长期稳定，特别是在含水环境中。为了解决这一问题，可以通过共混的方式将含 PEO/PEG 的两亲聚合物限制在材料基体中，这样既可以提高其稳定性又可以保证其在表面的富集。Lee 等将含 PEO 的三嵌段共聚物与聚氨酯共混，得到的材料表面抗蛋白和血小板吸附能力均有所提高，并能较好地防止凝血现象[58]。这种共混方法比较简单，但是含 PEO 链段的嵌段共聚物极易从材料中浸出，无法保证材料的长期稳定。

Chen 等将一端带有甲氧基、另一端带有功能性三乙氧基硅烷基的不对称 PEO（TES-mPEO）以共价结合的方式引入 PDMS 主链。由于 TES-mPEO 是单端功能化聚合物且具有更强的亲水性，因此 PEO 链段会迁移到材料表面[59]。研究发现，材料表面抗蛋白吸附的能力会因 TES-mPEO 的含量和分子量不同而存在差异。当含有 10% 的 TES-mPEO（分子量为 350）时，材料表面具有最好的抗蛋白吸附效果。类似的，Chen 等将两端带有功能性三乙氧基硅烷基的 PEO 共价结合到 PDMS 主链中，PEO 会迁移到材料表面形成环状结构[60]。与单官能团 PEO 相比，双官能团 PEO 受弹性材料的束缚更多，更不容易迁移到界面，因此该材料的抗蛋白吸附能力差于单官能团 PEO 修饰的材料。

相比于在高分子主链中引入亲水链段，以共价接枝的方式在材料表面形成刷状分子是一种制备永久性亲水表面的有效方法，且对基体材料的性能基本不产生显著影响[61-62]。如果材料表面没有可与亲水物质反应的活性基团，则可以利用汞灯照射产生活性自由基或通过等离子体处理发生氧化或聚合反应。但这些方法都需要进行多步反应，而且很难达到所需的表面官能团覆盖率。

在早期一些关于聚合物刷表面与蛋白质相互作用的理论研究中，通常将蛋白质分子和聚合物分子分别假设为实心小球和无规线团，两者之间有三种通用的相互作用模式（见图 7-6）：①一级吸附，蛋白质粒子扩散进入聚合物刷内部并吸附于材料表面；②二级吸附，蛋白质粒子吸附于聚合物刷与溶剂界面处；③三级吸附，蛋白质粒子扩散并滞留在聚合物刷中[63]。吸附颗粒的大小是决定吸附机制的重要因素，但聚合物刷的链间距（密度）、链长（厚度）、链与粒子间的相互作用及材料基体表面与粒子间的相互作用力等都对吸附行为有一定影响。Jeon 和 Andrade 在球形颗粒表面接枝 PEG，发现在 PEG 分子链密度相同的情况下，分子链的长度对蛋白吸附性能有一定的影响[64]。随着分子链长度增加，材料表面抗蛋白质吸附的性能增强。Wu 等和 Chilkoti 等利用 ATRP 的方法在基底表面引入具有良好亲水性的聚 PVP 和聚（寡聚乙二醇甲基丙烯酸酯）（POEGMA），发现随着聚合物刷厚度的增加，材料表面的抗蛋白质吸附性能有所提高[65-66]。另外，较高的 PEG 分子链密度增加了蛋白质接近材料表面的位阻，因此不利于蛋白质吸附。Gage 等发现当硅表面修饰的 PEG 分子链密度较小时，链之间的空隙大于蛋白质分子的尺寸，蛋白质分子较易穿过空隙而吸附在硅表面上；当 PEG 分子链密度足够大时，蛋白质分子很难穿过空隙[67]。

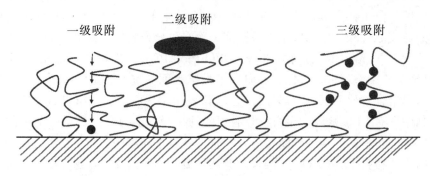

图 7-6　蛋白质在聚合物刷表面吸附的三种作用模式

7.3.1.2　低表面能物质修饰

蛋白质等生物大分子在材料表面的附着力与材料的表面能密切相关，材料的表面能越低，其对蛋白质的吸附能力越弱。氟化聚合物具有化学惰性以及低黏附性能、低表面自由能和低摩擦系数等优异的表面性质，因而在工业和生物医学等领域得到广泛应用，如改善纺织品的疏水疏油性，用作塑料、纸和金属的表面修饰和生物材料涂层等。截至目前，基于低表面能抗蛋白吸附的聚合物刷主要是由含氟聚合物构成的。Yarbrough 等在玻璃基底上修饰了一系列交联全氟聚醚接枝的寡聚物，其中全氟聚醚基团在基底表面的富集赋予了该玻璃材料较好的抗蛋白吸附性能[68]。Li 等在聚醚砜超滤膜表面沉积聚多巴胺，然后利用端氨基氟化物与聚多巴胺之间的迈克尔加成反应进一步对超滤膜进行化学改性，其中氟碳链在材料表面形成的疏水微区赋予超滤膜良好的防污性能[69]。Tsiboukli 等合成了甲基丙烯酸全氟烷基酯类聚合物，该聚合物具有比 PTFE 更好的溶解性，且氟烷基链的活动性较好，更容易在表面富集[70]。其表面能低于 $10\ mJ/m^2$，对多种生物有机体（石莼、藤壶等）都有低黏附性。

7.3.1.3　两性离子修饰

两性离子聚合物（又称两性聚电解质）是同时含有阴离子和阳离子基团的聚合物，根据分子结构的不同，主要分为磷酰胆碱型、磺基甜菜碱型、羧基甜菜碱型以及两性电荷混合型（见图 7-7）[71]。当两性离子聚合物溶液大幅偏离等电点时，发生质子化或去质子化，其溶液性质近似阳离子或阴离子聚电解质。两性离子聚合物又具有特殊的"反聚电解质效应"，当在其溶液中加入小分子盐时，能够破坏两性离子聚合物正、负电荷之间的内盐键，从而屏蔽分子链上阴、阳离子基团之间的相互作用，增强聚合物与溶剂之间的相互作用，使分子链更加舒展，流体力学半径增大，黏度增加[72]。另外，两性离子聚合物还具有极强的亲水性、优良的热和化学稳定性、生物相容性以及抗污染性能[71]。两性离子聚合物表现出优异的抗蛋白吸附特性，能够代替目前应用较广的 PEO/PEG 聚合物来阻止非特异性蛋白质吸附。目前对于其抗蛋白吸附的机理报道主要有两种：结构相似和水化作用[71]。

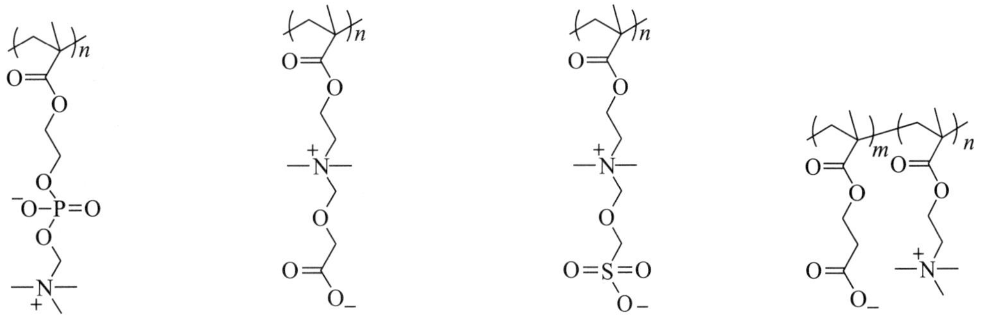

（a）磷酰胆碱型　　　（b）磺基甜菜碱型　　　（c）羧基甜菜碱型　　　（d）两性电荷混合型

图 7-7　两性离子聚合物的类型

结构相似机理最早由 Ishihara 等提出[73]。由于磷酰胆碱基团与磷脂结构相似，可以从血浆或血液中迅速吸附磷脂，这些吸附的磷脂会快速形成双分子层结构从而抑制蛋白质和细胞的吸附。此外，分子模拟研究发现，磷酰胆碱头部基团与膜脂的组装密度相同并且呈反向平行，从而使偶极最小化[74]。而磷酰胆碱自组装膜在氮磷比为 1：1 且电荷平衡时，对蛋白质的吸附能力最弱。结构相似机理虽然可以解释为什么磷酰胆碱基团修饰的表面在血浆和血液中有抗蛋白质吸附性能，但是无法解释磷酰胆碱基团修饰的表面在缓冲液等无磷脂介质中的抗蛋白吸附行为，以及其他两性离子聚合物的抗蛋白吸附行为。

水化作用机理是从 PEG 的抗蛋白吸附机理得到的启发。Whitesides 等发现 OEG 或低聚物两性离子的自组装单分子膜（SAM）能够有效降低非特异性蛋白吸附，这种惰性表面是亲水的且含有氢键受体基团[75-76]。在水分子和离子存在的环境中，研究者通过理论模拟研究了磷酰胆碱基团封端的自组装单分子膜（PC-SAM）与蛋白质溶解酵素之间的相互作用，结果表明 PC-SAM 可以通过离子溶剂化作用结合水分子，在表面形成一层牢固的水化层，比寡聚乙二醇自组装单分子膜（OEG-SAM）结合水分子更牢固，并且其周围的水分子更接近于自由状态。其中的水分子会对接近 PC 表面的蛋白质产生强烈的排斥作用，从而阻碍蛋白质的吸附。Shao 等在甜菜碱型两性离子聚合物的抗蛋白吸附机理方面展开了系列分子模拟研究，从电荷密度角度比较了磺基甜菜碱和羧基甜菜碱两性离子化合物的分子缔合行为[77]。相比于磺基甜菜碱，羧基甜菜碱阴、阳离子电荷密度差异小，会发生更强的分子缔合作用和多重刺激响应。接着，Shao 等又从配位数、空间分布、偶极取向分布、正电基团和负电基团周围的水分子滞留时间等方面研究了两性离子化合物的水化作用，发现这两种两性离子化合物具有相似的水化作用，只是磺基甜菜碱负电基团周围含有更多的水分子，而且这些水分子具有更窄的空间分布、更多的优先偶极取向和更长的滞留时间[78]。此外，两性离子聚合物阴、阳离子基团的种类、间距、密度、稳定性和电荷排列等都会对其抗吸附特性产生一定影响[79]。从已有的研究结果可知，两性离子聚合物和非离子型的 OEG 虽然都具有抗蛋白质和细菌黏附的功能，但是其机理却不同[80]。OEG 通过氢键作用形成水化层，与蛋白质之间存在弱的疏水作用，这种作用促使蛋白质结构发生变化；而两性离子聚合物通过离子溶剂化作用形成水化层，与蛋白质之间无相互作用，不改变蛋白质的结构。

Jiang 等针对两性离子对蛋白质的吸附作用做了大量创新性的研究工作[81-82]，并发表了较为详细的综述[83-84]。通过聚合物分子结构设计，他们制备了含叔胺和羧基的羧基甜菜碱甲基丙烯酸甲酯聚合物刷，通过改变 pH 使其在阳离子、两性离子和阴离子三种状态之间转换。其在生理条件下为两性离子状态，具有抗非特异性蛋白质吸附性能。还可以通过调节 pH 改变带电状态，以用作药物和基因输送的载体[85]。Jiang 等采用 ATRP 方法制备了由聚(11-巯基十一烷基磺酸)(PSA)和聚磺基甜菜碱甲基丙烯酸甲酯(PSBMA)组成的两嵌段聚合物 PSA-PSBMA，通过离子对锚固将其固定到聚阳离子刷表面，这为提高阳离子表面的抗蛋白质吸附能力和血液相容性提供了一种新方法[86]。在惰性表面可以采用层层组装的方法构筑两性离子聚合物涂层。Chien 等在聚苯乙烯(PS)、聚二甲基硅氧烷(PDMS)和聚砜(PSF)三种化学惰性的基质表面上通过聚电解质层层自组装沉积了三层聚电解质(TLP)，经过紫外光照射交联得到富含大量氨基的表面，再与 PSBMA 和聚羧基甜菜碱甲基丙烯酸甲酯(PCBMA)反应得到两性离子聚合物涂层[87]。除甜菜碱型的两性离子聚合物外，基于氨基酸的两性离子聚合物也具有良好的抗蛋白吸附能力。Liu 等将丝氨酸与甲基丙烯酰氯反应得到丝氨酸甲基丙烯酸酯单体(SerMA)，然后在金表面利用 ATRP 反应聚合得到两性离子聚合物(PSerMA)刷，并通过调节紫外光照射时间来调控膜厚度，结果表明接枝了 PSerMA 刷的金表面可有效抵抗蛋白质吸附[88]。

7.3.1.4 生物活性分子修饰

各种生物分子表面是天然的无污染表面，在生物材料表面覆盖一层生物活性分子或天然生物分子，是提高生物相容性的有效方法。天然生物膜是由脂类和蛋白质组成的有机体系，而膜脂又由磷脂和糖脂组成，因此以糖脂和磷脂修饰生物材料可以起到两方面的作用：①增进细胞膜与生物材料表面的亲和性；②诱导细胞膜上的受体将生物材料作为自体识别。受天然生物膜结构启发，刘振海等对聚丙烯微孔膜表面分别进行了糖基、聚类磷脂、聚肽的接枝修饰，以提高膜表面的生物相容性[89]。经糖基(烯丙基葡糖，AG)修饰后，聚丙烯微孔膜表面的亲水性显著提高，对牛血清白蛋白(BSA)的吸附明显降低。当 AG 接枝率超过 3.14% 时，膜对 BSA 几乎无吸附作用。经聚类磷脂修饰后的表面，蛋白质吸附量都大大减少，血小板在膜上的黏附被显著抑制。

肝素(Heparin)是一种含磺酸基、磺胺基和羧基的天然阴离子多糖，可以通过催化血液中的凝血因子和抗凝血因子的复合而有效地阻止凝血过程，是临床上使用最广泛的抗凝血药物。宋杰等将白蛋白和肝素固定在 TiO_2 表面，能减少血小板和纤维蛋白原的吸附。在动物体内植入 6 个月后，该改性 TiO_2 薄膜上黏附的血小板少，形态无变化，血管内无血栓。比未涂层的 TiO_2 和不锈钢表面具有更持久和稳定的抗凝血性[90]。

7.3.2 特异性蛋白质吸附材料

蛋白质与生命活动息息相关，能够作为生物材料与组织之间作用的媒介。在降低材料非特异性蛋白吸附的同时，引入能够识别并特异性结合蛋白质的组分（如糖与蛋白质），能够赋予材料某些特殊性能，进而调控组织反应。

人体内正常的止血过程涉及凝血（纤维蛋白形成）和纤溶（纤维蛋白溶解）两大系统，二者相互依存、紧密联系。当血管受到损伤时会触发凝血系统以达到止血修复的目的，与此同时，纤溶系统也被激活，可及时降解血管修复过程中多余的纤维蛋白凝块，从而保证血管畅通。如果模拟人体纤溶系统，在植入材料表面引入类似纤溶系统中的活性官能团，就能赋予材料迅速溶解表面形成的初级血栓的功能。纤溶系统中涉及赖氨酸、血纤溶酶原（Plg）、血纤溶酶、纤溶酶原激活物（t-PA）等生物分子。在纤溶过程中，纤维蛋白凝块表面暴露的赖氨酸残基特异性地结合 Plg。Plg 是纤溶系统中的关键蛋白，它会在 t-PA 的激活下转化为可以溶解血栓的纤溶酶，从而阻止血栓的形成。相关研究工作也证实了赖氨酸是纤维蛋白表面特异性结合 Plg 和 t-PA 的关键，故若要在材料表面构造纤溶系统，关键是在材料表面引入赖氨酸残基。Brash 等在 1992 年提出了通过在材料表面引入赖氨酸分子来构造纤溶系统的设想，他们利用赖氨酸与磺酸基团之间的反应将赖氨酸固定在磺化聚氨酯[91-92]和磺化玻璃表面[93-94]，并且通过实验证明了 Plg 与赖氨酸是通过赖氨酸结合位点（LBS）特异性结合的。随后，Brash 等又将 ε-赖氨酸与 α-赖氨酸涂覆到聚氨酯的表面，证实了只有 ε-赖氨酸修饰的表面才可以从血浆中特异性地结合 Plg[94]。这一系列工作确定了在生物材料表面构建纤溶系统的可行性，对溶血栓材料的制备具有指导性的意义。Chen 等将亲水性的 PEG 作为生物惰性间隔臂接到聚二甲基硅氧烷和聚氨酯材料表面，接着在 PEG 的末端修饰 ε-赖氨酸，通过蛋白质吸附测试证实该表面不但可以排斥非特异性蛋白质吸附，而且可以促进血液中的 Plg 与表面所固定的赖氨酸特异性结合[95-97]。由于此种方法是通过"grafting to"的方式将聚合物链接枝到材料表面的，故接枝密度和赖氨酸化程度不高。在此基础上，他们在材料表面引入可聚合的双键，通过"grafting from"的方式引入 PHEMA 作为间隔臂，并利用其侧链末端丰富的羟基固定 ε-赖氨酸，由此得到的表面赖氨酸接枝密度（2.81 nmol/cm²）明显高于 PEG-Lys 修饰的聚氨酯表面（0.76 nmol/cm²），且溶解血栓的速度也相应提高。经过进一步的发展，该课题组将双键化的赖氨酸与亲水性单体甲基丙烯酸-2-羟乙酯（HEMA）通过自由基聚合接枝到双键化的聚氨酯表面，并通过简单改变单体投料比使赖氨酸的接枝密度达到最优值[98]。

对于生命体而言，糖与蛋白质之间的特异性识别在生命过程中发挥着非常重要的作用[99]。凝集素是一类能与糖基发生可逆的非共价结合的蛋白质，不同的凝集素可以和特定的糖基发生特异性的相互作用，如伴刀豆球蛋白 A（Con A）可以选择性地与葡萄糖、甘露糖和 N-乙酰葡萄糖胺结合，花生凝集素（PNA）可以选择性地与半乳糖和 N-乙酰半乳糖胺等结合。Con A 是一种常用的凝集素研究模型，它不仅可以特异性识别糖基，还可以改善 T 细胞活化性能，并具有免疫调节作用。此外，Con A 对肝癌细胞有一定的毒性[100-101]。Zheng 等将温敏性单体（二乙二醇甲醚甲基丙烯酸酯，DEGMA）、识别肝癌细胞的半乳糖单体（己二酸半乳糖乙烯醇酯，OVNGal）和特异性识别 Con A 的葡萄糖单体（己二酸葡萄糖乙烯醇酯，OVNGlu）通过 RAFT 反应制得糖聚合物[P（DEGMA-co-OVNGmix）]，再将该糖聚合物接枝在金纳米颗粒表面，构建治疗肝癌的新型纳米体系，以特异性地结合 Con A 并杀死肝癌细胞[102]。

7.3.3　蛋白质吸附动态调控材料

材料性质的变化会导致其与生物分子的相互作用发生变化，因此可以通过调节材料表面的性质来实现蛋白质的吸附与脱吸附。这可以通过在材料表面修饰环境敏感分子（特别是一些刺激性响应高分子）来实现。这些高分子能够在光、温度、pH、氧化还原等环境条件变化下发生构象变化、相变等物理性能和化学性质的变化，进而改变材料的亲疏水性、溶解能力、分子链堆叠程度等[103]。PNIPAM 改性表面的浸润性及其对蛋白质分子的黏附性随着温度的变化而变化，因为已被应用于蛋白质的分离纯化和控制释放。例如，将 PNIPAM 固定在氧化铟锡（ITO）电极表面后，通过加热和冷却来控制电极表面的温度，便可以实现蛋白质在电极表面的吸附与释放[104]。Okano 等将表面接枝 PNIPAM 的硅胶粒子应用于色谱固定相，通过改变柱子的温度来控制固定相与生物分子之间的疏水作用，从而实现对蛋白质、类固醇、多肽等生物分子的分离[105]。Chen 等通过 ATRP 在具有纳米级拓扑结构的硅纳米线阵列（SiNWAs）表面接枝 PNIPAM，基于变性蛋白质比正常蛋白质疏水性更高这一特性，实现了选择性分离变性蛋白质的目的[106]。除了应用 PNIPAM 改性表面的浸润性变化，利用 PNIPAM 分子链的温敏性伸展-收缩构象变化同样可以实现对材料表面蛋白质吸附的调控[107]。

通过电场控制材料表面的性能是调节生物分子吸附的一种有效方法。Lahann 等在 Au 电极材料表面修饰末端带有羧酸根离子的烷基硫醇聚合物，通过调控电场来改变材料表面的亲疏水性：当电极表面为负电场时，其与带负电的羧酸根离子相互排斥，导致分子链伸展，羧酸根离子暴露在材料表面，因而比较亲水；当电极表面为正电场时，羧酸根离子被吸附到表面，聚合物链弯曲重排，烷基链暴露在表面，因而比较疏水[108]。Ferapontova 等发现金属电极表面的电势能会改变蛋白质在材料表面的吸附量，当材料表面的电荷与酶的电荷相反时，吸附量会显著提高[109]。Li 等在微流道芯片表面自组装末端带有羧基或者氨基的化合物，并通过电压实现蛋白质的选择吸附、释放和分离[110]。

7.4　细胞行为调控

生物材料的宿主反应主要是由宿主细胞对材料表面的识别引起的，因此，如何调控生物材料的表面性能以达到最佳的细胞与材料相互作用并降低不利的宿主反应，是目前设计和改进生物材料的关键问题，也是生物材料和再生医学领域的一个重要研究方向。细胞能够感知外界物质的特征并整合理化信号，最终引起细胞功能和基因表达的改变。大量的化学、物理和生物刺激因子都能够影响细胞行为，如改变官能团和表面拓扑结构可以调节细胞的黏附和分化性能，选择性修饰细胞黏附抗体能够限制细胞扩散区域，使用材料图案技术可以控制细胞形貌进而调控细胞行为等[111-118]。

7.4.1　细胞黏附调控

细胞相容性材料可以为细胞提供良好的生长环境，并维持细胞正常的表型和生理功能，最终实现组织或器官结构和功能的恢复。无论在体内还是在体外，细胞在材料表面的黏附是器官构建的先决条件。细胞在材料表面的黏附可分为两个阶段：第一个阶段是细胞通过伪足的延伸与材料表面接触，第二个阶段是细胞通过黏着斑吸附到材料表面。这两个阶段都包括细胞对细胞外基质中蛋白质配体的识别。细胞外基质中的胶原蛋白、纤维粘连蛋白、玻璃粘连蛋白和层粘连蛋白等都是整合素的配体，能够被细胞识别。

生物材料表面的不同改性方法，如表面固定纤维粘连蛋白或 RGD 肽、微相分离表面、PEO 支化表面、离子化表面、不同官能团表面等都会影响所接触细胞的细胞外基质（ECM）蛋白的表达。这些不同性质的 ECM 提供的信号不同，引起细胞的基因表达不同，进而让细胞表现出不同性质的黏附能力。本节主要从材料表面的拓扑结构、材料表面的亲疏水性、材料表面能、材料表面电荷及材料表面化学等方面来讨论其对细胞黏附行为的调控。

7.4.1.1　材料表面的拓扑结构

生物材料表面的拓扑结构如粗糙度、孔的大小和分布、沟槽的深度和宽度以及纤维的粗细等都会影响细胞的黏附行为，不同的拓扑结构对同一细胞的影响不同，相同的拓扑结构对不同细胞的影响也不同[119]。通常认为，对不规则的表面，粗糙度越大越有利于细胞的黏附，但过于粗糙的表面与太光滑的表面一样，都不利于细胞的黏附。其粗糙度阈值还没有定论，这与表面加工方法、细胞类型和表面粗糙度评价参数等有关，有待于进一步研究。而对规则的图案化表面，其影响会因表面形貌的变化而复杂得多[120]。

Clark 等采用光刻法在聚赖氨酸涂层上制造出不同深度和间距的凹槽表面（深 $0.2 \sim 1.9~\mu m$，间距 $4 \sim 24~\mu m$），发现其表面细胞的成列性与凹槽的深度、细胞的种类和大小有很大关系，而与凹槽间距的关系较小[121]。已有研究表明，粗糙度值（R_a）为 $0.1 \sim 0.2~\mu m$ 的表面对成骨细胞具有最佳的黏附性，R_a 为 $0.3 \sim 0.4~\mu m$ 的表面对成骨细胞的黏附性也比更粗糙的表面好[122]。然而 Deligianni 指出，R_a 为 $0.3~\mu m$ 的表面初期黏附的细胞数比 R_a 为 $0.87~\mu m$ 和 $0.49~\mu m$ 的表面少[123]。Kamal 等采用不同尺寸的 TiO_2 颗粒对钛金属表面进行喷砂处理，以改变其表面结构。结果发现，所用 TiO_2 颗粒的尺寸对细胞的附着及增殖均会产生影响，其中粒径为 $63 \sim 90~mm$ 的 TiO_2 颗粒喷砂表面的细胞吸附能力最强[124]。

7.4.1.2　材料表面的亲疏水性

生物材料表面的亲疏水性能对其吸附的蛋白质的构象产生影响，从而影响其细胞黏附行为。一般认为，亲水性很强的表面不利于蛋白质的吸附，因而不利于细胞的黏附；对于疏水性很强的表面，一方面非黏附蛋白的吸附阻碍了黏附蛋白的吸附，另一方面所吸附的黏附蛋白构象被破坏，导致其与细胞膜表面整合素相结合的活性位点无法完全暴露，不利于细胞的黏附。因此，只有在亲水性适度的表面，黏附蛋白才可以既吸附于材料表面，又能保持天然构象[114]。Wachem 等通过控制 HEMA 和甲基丙烯酸甲酯（MMA）两种单体的比例制备了一系列不同亲水性的共聚物，并研究了人体内皮细胞的黏附行为。结果表明，当 HEMA 和 MMA 的比例为 $25:75$ 时（接触角为 $39°$），内皮细胞在共聚物表面的黏附率最高[111]。Webb 等利用硅烷化反应制备了含有不同官能团的玻璃表面，发现在有血清的条件下，亲水性的表面比疏水性的表面更利于细胞的黏附和铺展，最佳接触角为 $20°\sim40°$[112]。Silver 等先将二甲基硅氧烷橡胶进行表面等离子体处理，使表面形成含氧基团，再通过化学吸附使末端带有不同亲疏水基团的三氯硅烷在材料表面形成自组装单分子层，其中亲水表面的血小板黏附和纤维蛋白沉积比疏水表面多，这与通常认为的亲水性 PEG 链具有优良血液相容性相矛盾，可能原因是该研究采用的 PEG 链太短，运动性较弱[113]。

7.4.1.3　材料表面能

材料表面能对细胞黏附有着重要影响。一般认为，较高的表面能有利于细胞的黏附、铺展和增殖，因为其表面可被活细胞完全覆盖，并呈现出扁平、拉长的形态，黏附作用较强；而低表面能材料黏附的细胞呈现球形或近球形，黏附作用较弱。Schakenraad 等研究了人体成纤维细胞在多种聚合物和玻璃表面的铺展和增长，发现无论是有血清还是没有血清，细胞的相对铺展程度都随表面能的增加呈 S 形增加趋势[125]。

7.4.1.4　材料表面电荷

在生理条件下，细胞表面带有分布不均的负电荷。因此，带有正电荷的材料表面有利于细胞的黏附和铺展[115]。在细胞培养中使用带正电荷的聚赖氨酸涂覆材料表面，可以促进细胞黏附。Lee 等利用电晕放电技术处理聚乙烯(PE)膜表面，并引发丙烯酸(AA)、苯乙烯磺酸钠(NaSS)和 N,N-二甲基胺丙基丙烯酰胺(DMAPAA)在膜表面的接枝聚合，将电荷引入材料表面，结果发现：血小板和中国仓鼠卵细胞在含正电荷的 PE-g-DMAPAA 表面黏附量很大，在含负电荷的 PE-g-AA 表面黏附量很小；但在同为负电荷的 PE-g-NaSS 表面却能够很好地黏附，可能与 NaSS 中的苯环有关[115−116,126]。上述实验结果表明，材料表面的正电荷对细胞黏附有促进作用，同时也说明材料表面的细胞黏附性能往往是多种因素共同作用的结果。

7.4.1.5　材料表面化学

材料表面的化学官能团对细胞黏附有重要影响。羟基、氨基、羧基、羰基、酰胺基、磺酸基等基团的引入可以促进细胞的黏附和生长，砜基、硫醚、醚键等基团对细胞生长影响不大，而刚性结构如芳香聚醚类则不利于细胞的黏附[127]。Owens 等认为，二维的长链烷基醇表面对细胞有很强的黏附作用[128]。

细胞外基质及血清中含有很多对细胞黏附有促进作用的活性因子，把这些活性因子固定于材料表面，或对材料进行预吸附处理，可明显改善细胞的黏附和生长。常见的活性因子包括各种贴壁因子(如纤粘连蛋白 Fn、层粘连蛋白 Ln、玻粘连蛋白 Vn、胶原、聚赖氨酸)和生长因子［如成纤维细胞生长因子(FGF)、血管内皮细胞生长因子(VEGF)］等。细胞膜表面的整合素受体可与其配体分子中的某些肽段(如 RGD 序列和 YIGSR 序列)相互作用，因此在生物材料表面固定 RGD、YIGSR 等黏附肽段是提高其对细胞黏附作用的有效手段。已有大量研究工作致力于 RGD 肽段在材料表面的固定化，并取得了理想的效果[129]。但需要注意的是，过高密度的黏附肽段有可能不利于细胞相容性的提高。

7.4.2　细胞分化

干细胞是一种能够再生为各种组织器官的未充分分化的细胞，干细胞移植治疗作为一种先进的医学技术已经于 2009 年被归入"第三类医疗技术"。人体干细胞包括胚胎干细胞（ESC）和成体干细胞（ASC）两大类。ESC 存在获取困难、不易体外培养、伦理等问题，因此其临床应用受到限制。ASC 主要包括造血干细胞（HSC）和间充质干细胞（MSCs）等。按照分化潜能，干细胞又可分为全能干细胞、单能干细胞和多能干细胞三类[130]。在过去三十年里，干细胞研究取得了很大的进步，并已经初步用于肝功能障碍、心肌梗死等疾病的治疗和中枢神经系统的修复等[131]。特别是对 MSCs 的研究，已经在骨关节炎等骨骼及软骨疾病的治疗上取得了一定成效[132]，引起国内外学者的广泛关注。

MSCs 具有自我更新、无限繁殖及多向分化的能力，能朝成骨细胞、软骨细胞、脂肪细胞、肌细胞、成纤维细胞、神经细胞等多方向分化。大部分的体外分化方向会受化学诱导因子的控制，但也有研究发现会受细胞周围微环境的影响[133−134]。骨髓中可以分离出 HSC 和造血祖细胞以及骨髓间充质干细胞，而且机体内 MSCs 会主动迁移到损伤部位，分化成所需细胞类型从而利于组织的重建和修复。从 1993 年开始，MSCs 就已经被尝试用于治疗骨关节炎和骨缺损等疾病[135−136]。MSCs 的增殖和分化受多种因素影响，基于生物化学因素的研究已颇为广泛[137]，但物理微环境的影响也不可忽视[138−139]，例如材料的硬度、孔隙、组成以及力学等。其中，物理微环境调控 MSCs 分化的分子机制是研究的重点和难点。Engler 等利用不同刚度的基底来培养 MSCs，发现基底的刚度会影响细胞形态，并且这一过程依赖于非肌性肌球蛋白 II（NMM II）的表达。随着基底刚度的增加，MSCs 黏着斑增多，依赖于 NMM II 的细胞收缩性增强[142−143]。由此可见，调控材料基底的刚度对于 MSCs 的培养及再生医学的研究至关重要，适于许多干细胞的临床应用，如心肌成形术、肌营养不良治疗和神经成形术[144]。

Brusatin 等指出，材料的软硬度本身并不会对干细胞的分化产生影响，其表面的蛋白质才是影响干细胞分化的本质原因[145]。鉴于此，Ding 等以抗非特异性蛋白质黏附的 PEG 水凝胶为基底，将 RGD 共价结合到水凝胶表面，以控制特定细胞的黏附，这样就能将水凝胶基底软硬度与表面化学效应分离。他们使用两种不同压缩模量和两种不同 RGD 纳米间距的 PEG 水凝胶对 MSCs 进行培养，发现基质软硬度是干细胞分化的有效调节因子。此外，他们还发现，RGD 纳米间距会影响大鼠骨髓间充质干细胞的扩散面积和分化[117]。因此，基质软硬度和细胞黏附配体的纳米级空间排列都会直接影响干细胞的命运（见图 7−8）。

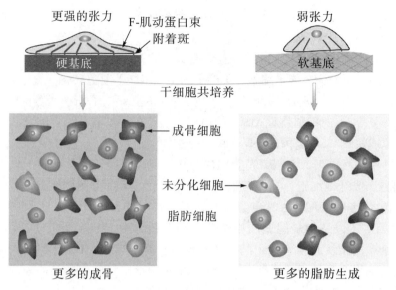

(a)基质硬度：硬质水凝胶的强烈机械反馈导致 F-肌动蛋白复合体的激活增加和更强的细胞张力。相应的内-外-内感应导致更多的成骨

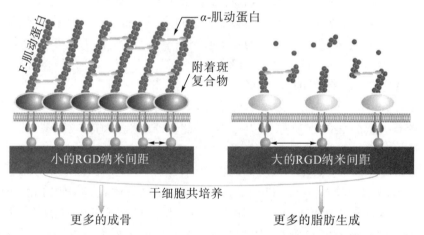

(b)RGD 纳米间距效应：虽然在小的纳米间距上形成了很好的局部粘连，但在临界黏附纳米间距（~70 nm）以上，细胞无法形成交联肌动蛋白束；大的 RGD 纳米间距有利于成骨[117]

图 7-8　基质硬度和细胞黏附配体对干细胞的影响示意图

　　材料的官能团会对细胞的分化产生一定影响。Ding 课题组将单分子层自组装和高分子水凝胶表面图案化技术相结合，研究了材料表面官能团对干细胞黏附和分化的影响。他们将 MSCs 培养在涂有四种不同官能团（—CH₃、—OH、—COOH 和—NH₂）烷硫醇的表面，并进行 9 天的软骨诱导，发现对干细胞的成软骨分化起决定作用的是细胞铺展面积[118]。在相同的铺展面积下，官能团的种类对干细胞的成软骨分化没有影响，但官能团可以通过调控蛋白的非特异性黏附来影响细胞的铺展面积，进一步影响细胞的成软骨分化行为。

　　此外，还有很多化学、物理和生物刺激能够影响细胞分化，如表面拓扑结构、粗糙度等[146-148]。大部分已知的刺激都是静态的，而当细胞培养或组织再生过程中材料的化学性质发生变化时，这些参数不可避免地会发生变化。例如，生物降解速率可能是影响细胞行为的动态刺激之一。已有研究揭示，材料降解会对包载在水凝胶中的细胞产生影响。Burdick 等通过不同的交联方式制备了开放/限制型水凝胶网络，引入基质金属蛋白酶（MMP）敏感肽作为透明质酸（HA）的可降解交联剂，发现人骨髓间充质干细胞在可降解的体系中更容易铺展并促进成骨；当二次交联使降解体系变为非降解体系时，脂肪生成能力增强[149]。此外，有研究证实，降解速率对于干细胞的分化具有一定的影响[150]。Ding 课题组将 PEG 两端与寡聚乳酸进行反应并丙烯酰化合成了大分子单体，进一步光聚合后得到水凝胶，并利用嵌段共聚物纳米光刻技术在这种抗黏附的水凝胶上构建了细胞黏附 RGD 肽纳米阵列。随后，通过在培养基中加入酸性介质预水解得到一系列具有不同基质硬度和降解速率的样品。在酸性水解后期得到的降解速率较高的较软样品上细胞密度和铺展面积下降，但细胞骨架和细胞活力增强。此外，在此样本上有更多的脂肪生成，但骨生成也更为显著。这并不完全归因于刚度效应，降解速率也会对细胞产生影响，高降解速率促进了骨髓间充质干细胞的成骨分化。因此，研究生物降解材料上的细胞黏附和分化时，不能只考虑基质刚度、材料的官能团、表面拓扑结构、粗糙度等静态因素，还应重视降解速率这种动态因素，这对研发用于再生医学的可降解生物材料提供了一种新的思路。

7.5　免疫反应调控

免疫反应是指人体对病原体或异物通过免疫系统做出的防御反应。当病原体或异物侵入人体后，会激化人体的淋巴细胞产生体液免疫和细胞免疫。免疫反应实质上是抗原与抗体的反应。有许多物质可以作为特异性抗原，它们能在某种因素下激活机体的免疫系统而发生免疫反应。免疫反应几乎可以发生在全身各个系统中。

正常情况下，身体的免疫功能维持在平衡状态。免疫力过强会造成机体损伤，太弱则容易受到外界有害物质的侵害。例如，风湿病患者机体的免疫功能往往被异常激活，如果没有得到及时的控制，就会产生免疫炎症反应，使关节、皮肤和肾脏等组织和器官受损。为了控制过激的免疫反应，减少炎症，减轻器官损伤，一般需要用到免疫抑制剂。此外，移植排斥反应是人体对移植器官的免疫反应，是器官移植面临的关键问题。然而，在某些情况下，免疫系统不能正常发挥作用。例如，肿瘤细胞存在多种规避免疫反应的机制，使免疫系统不能正常发挥作用，从而使病情得不到控制。因此，我们需要针对特定的应用环境来合理调控免疫反应。选择相应的生物材料可以对机体的免疫反应进行调控：一方面，许多生物材料自身就具有免疫调节剂效应，能够直接参与和调节生物体的免疫反应；另一方面，生物材料可以作为载体实现免疫调节剂递送和控释。本节主要从这两个方面来介绍生物材料对于免疫反应的调控。

7.5.1　生物材料作为免疫调节剂

生物材料可直接作为免疫调节剂实现免疫调节。随着生物材料加工技术的发展，制造高度可调的天然或合成生物材料已经成为可能。生物材料的类型、表面化学、润湿性、几何形状、降解性和力学性能等是影响异物反应和免疫反应的重要因素[152-154]。因此，为了获得理想的使用效果，需要权衡生物材料的各种性质。调控生物材料对细胞黏附、代谢活性、分化等行为的影响，以及调控生物活性分子和药物的产生，可以实现对宿主先天免疫反应的控制。

7.5.1.1 表面化学

生物材料的表面化学结构能够控制蛋白质和细胞的黏附，通过表面改性(如化学接枝、自组装、等离子体修饰或聚合)，可以调控蛋白质吸附和免疫细胞对生物材料的反应，进而控制组织对生物材料表面的反应。有研究显示，与含有—CF 和—COOH 的表面相比，含有—NH₂和—OH 的表面能够诱导更多的先天免疫细胞和蛋白质迁移至材料植入部位，并在植入材料周围形成更厚的纤维囊[155-157]。

另外，表面化学可以影响巨噬细胞的极化、附着和免疫调节分子的分泌[158]。例如，与 PHEMA 支架相比，含有两性离子基团的 PCBMA 水凝胶在植入小鼠皮下部位后能诱导产生更多的促炎型巨噬细胞(M1 型)[159]。Wolf 等发现，用猪皮肤和膀胱真皮层组织的脱细胞基质水凝胶涂覆聚丙烯网格，可导致小鼠抗炎型巨噬细胞(M2 型)向 M1 型极化的细胞数量增加[160]。此外，Jones 等对植入聚合物材料的表面进行了蛋白质组学分析，结果发现，相比于疏水和离子化表面，亲水和中性表面巨噬细胞迁移更少，且由巨噬细胞的积累和融合异物形成的巨细胞更少[161]。在另一项研究中，Bartneck 等探究了纳米粒子表面电荷对于免疫调节的影响。他们将不同表面电荷的纳米棒与巨噬细胞进行共同培养，发现具有末端氨基表面正电荷的纳米棒会诱导巨噬细胞向 M2 抗炎表型极化，而具有羧酸末端基表面负电荷的纳米棒会诱导巨噬细胞向 M1 型极化[162]。

7.5.1.2 表面拓扑结构

生物材料在纳米和微观尺度水平的表面形貌会影响细胞的黏附、迁移、增殖、分化等行为，因此调控材料的表面形貌是调节免疫细胞反应的一种有效方法[163]。利用光刻、电子束光刻、软光刻、微接触印刷和热压花等技术可以形成不同纳米和微观尺度的表面拓扑结构，如柱子、网格、脊、坑和点[163]。这种对表面特性的调控有利于巨噬细胞的迁移、增殖、功能化、分化、极化和融合。表面形貌可以有效调控细胞行为的原因在于细胞与 ECM 成分之间的相互作用。在最近的一项研究中，TopoChip 平台(一种具有 2176 种独特微形貌的筛选工具)被用来评估微/纳米范围内的表面模式对人类巨噬细胞黏附和表型的影响[164]。该平台设计了大量不同形状(圆形、三角形、矩形)、不同尺寸(直径为 3~23 μm，高度为 10 μm)的图形。在这些拓扑结构和图案尺寸的作用下，材料表面对细胞的附着特性是多变的。据报道，巨噬细胞在直径为 5 μm 的微柱上的附着性显著高于其他规格。此外，在低细胞附着性的 TopoUnits 表面(直径小于 10 μm)，细胞黏附于微图形之间，而在高细胞附着性的表面，巨噬细胞通过吞噬作用吸附微柱[164]。

7.5.1.3 润湿性

生物材料表面润湿性对免疫原性有重要影响，因为先天免疫细胞可以识别具有高疏水性的外来物质[165]。因此，为了防止材料表面产生强烈的免疫原性反应，常使用亲水聚合物(PEO/PEG)来修饰药物载体、组织工程支架等，以赋予其非免疫原性的特性，如减少表面蛋白黏附、降低与巨噬细胞的相互作用。将巨噬细胞培养于不同润湿性的钛表面，它们在细胞因子分泌和极化方面的表现存在不同：在疏水钛表面，M1 型的巨噬细胞数量和相应的促炎细胞因子水平（如 IL-1β、IL-6、TNF-α）均增加；而在亲水表面，M2 型的巨噬细胞数量非常多，相应的抗炎细胞因子（如 IL-4、IL-10）也有所增加[166]。此外，材料表面的润湿性还会影响巨噬细胞的形态，在疏水碳纳米纤维支架表面培养的巨噬细胞，伸长程度更高，丝状伪足数量更多；而在亲水碳纳米纤维支架表面培养的巨噬细胞仍然保持圆形没有伸长，丝状伪足数量也较少[167]。

7.5.1.4　几何形状

生物材料的几何形状对免疫细胞行为和宿主反应有一定影响。Champion 等将聚苯乙烯颗粒设计成不同几何形状的微米大小的球体和圆盘。巨噬细胞从椭圆形圆盘的大轴方向开始吞噬，能在很短的时间内（如 6 分钟）将它们吞噬；而从小轴方向开始吞噬，即使 2 小时后也没有吞噬整个圆盘[168]。然而，球体的吞噬是均匀的，不会存在吞噬方向差异性。此外，植入物大多会在体内发生移动，尖锐的形状相比于球形会产生较强的组织反应[169]。Misiek 等将球形和尖锐的羟基磷灰石粒子植入小猎狗的颊部软组织中，试验发现，球形的羟基磷灰石粒子消除炎症的速度明显快于尖锐的羟基磷灰石粒子[170]。Lebre 等研究了羟基磷灰石形状对免疫细胞募集的影响，发现针状颗粒能比球形颗粒募集更多的中性粒细胞和嗜酸性粒细胞，这可能是由于不规则形状的生物材料具有更高的表面积，从而吸附了更多的活化蛋白质[171-172]。大部分针对生物材料的研究结果显示，与小尺寸的球体相比，直径在 1.5 mm 及以上的球体，在植入啮齿动物和非人灵长类动物后的异物反应和纤维化程度更低[154]。然而，植入物的大小对异物反应的影响仍然存在争议。有研究发现，由聚氨酯、硅和聚氧化乙烯组成的材料尺寸越大，其周围的纤维化层越厚[173]。在另一项研究中，Sanders 等将聚丙烯纤维植入大鼠的背部，培养至第 5 周，小直径纤维（2.1～5.9 μm）表面的巨噬细胞密度与对照组相当，而大直径纤维（6.5～26.7 μm）表面的巨噬细胞密度均高于对照组，且观察到较厚的包膜[174]。这是由于小直径纤维与细胞接触面积小，引起的组织反应较弱。此外，生物材料植入物的孔径和孔隙率也会对免疫反应产生影响[175]。与孔径为 160 μm 的植入物相比，当皮下植入的聚（甲基丙烯酸 2-羟乙基酯）孔径为 30 μm 时，观察到血管密度和组织重塑程度有了明显改善[176]。另外，免疫细胞对不同粗糙度的表面也表现出不同的反应[177]。Hotchkiss 等将巨噬细胞接种在粗糙和光滑的环氧化物基底，发现在粗糙表面，M2 型的巨噬细胞数量较多，与其相关的因子的表达量都上调，与 M1 型相关的趋化因子的分泌较少[166]。在另一项关于钛材料的研究中也发现类似的现象：光滑的钛材料表面诱导了 M1 型巨噬细胞的激活，相应的细胞因子水平升高[178]。

一些特殊形貌的生物材料[如病毒样颗粒（VLP）纳米材料]被证实能够诱导先天免疫反应。类病毒粒子与天然病毒类似，但缺乏基因组，因此是更安全和廉价的候选疫苗[179]。Fiering 课题组根据豇豆花叶病毒（CPMV）设计了一种粒径为 30 nm、具有二十面体结构的自组装类病毒纳米颗粒[180]。这些纳米颗粒可以被肿瘤微环境中的中性粒细胞迅速吞噬，从而消除 B16F10 黑色素瘤，同时对免疫原性较差的 B16F10 产生有效的全身抗肿瘤免疫反应。研究人员证实，该纳米颗粒对多种肿瘤具有免疫治疗效果，并且未产生明显的毒副作用。Zhang 等将由基因工程制备的病毒抗原整合到类脂质体中，得到类病毒纳米囊泡(VMVs),其大小、形状和特异性免疫功能与天然病毒相似[181]。此外,最近的一项临床试验使用了一种含有 CpG-ODN 和 Melan-a/MART-1 肽抗原的类病毒纳米粒子疫苗来预防Ⅲ~Ⅳ期黑色素瘤,该纳米粒子在所有患者体内都产生了抗原特异性 T 细胞反应,并且进一步诱导了 CD8+ T 细胞的反应。

7.5.1.5 降解性

生物材料的降解性可以影响免疫细胞的募集和反应。Rayahin 等将透明质酸支架通过酶降解成不同分子量的小片段,并与树突状细胞和 T 细胞一起孵育,研究发现:低分子量片段增加了树突状细胞的活化和 T 细胞的增殖,并能诱导巨噬细胞促炎表型的增加;高分子量透明质酸促进了抗炎表型的增加[182]。此外,Ye 等利用不同的交联剂调控生物材料的降解性能和免疫反应,发现用戊二醛交联的胶原支架比用六亚甲基二异氰酸酯交联的胶原支架所诱导的中性粒细胞数量更多,这主要是因为两种交联剂影响了胶原支架的降解时间,其中用戊二醛交联的胶原支架在 28 天后降解,而用六亚甲基二异氰酸酯交联的胶原支架在同样长的时间内并没有降解[183]。此外,尽管两种生物材料中的巨噬细胞数量相似,但巨噬细胞的行为是有所不同的:用戊二醛交联的胶原支架可以被巨噬细胞吞噬,而用六亚甲基二异氰酸酯交联的胶原支架不能被巨噬细胞吞噬。因此,只有前者能够形成一个适合诱导中性粒细胞和巨噬细胞的微环境。

7.5.1.6 机械性能

生物材料的机械性能能影响先天免疫系统细胞的行为。巨噬细胞的表型和激活(如分化或运动)能够响应于生物材料的硬度,这证明了硬度对巨噬细胞表型具有一定的调控能力。巨噬细胞(THP-1 细胞)在由不同硬度的聚丙烯酰胺凝胶包被的胶原支架上生长,会根据底层基质的硬度来适应它们的极化状态、功能作用和迁移模式[204]。其中高硬度(323 kPa)凝胶包被的胶原支架诱导产生了促炎 M1 型巨噬细胞,细胞吞噬活性降低;而低硬度(11 kPa 和 88 kPa)凝胶则促使巨噬细胞向抗炎、高吞噬活性表型极化。此外,巨噬细胞在硬凝胶上采用快速迁移模式,而在低硬度凝胶上采取缓慢迁移模式。Ballotta 等研究了支架的机械应变对免疫细胞活性的影响,他们将来自外周血的细胞培养在 PCL 支架上。结果显示,7%的应变诱导了细胞极化成 M2 型,增强了参与免疫反应基因的表达,且不会造成支架内细胞数量的减少;而 12%的应变则会诱导细胞向 M1 型极化,免疫反应相关基因下调,细胞数量减少[185]。这表明机械性能能够影响免疫细胞的行为,对生物支架材料的设计和制造具有重要的指导意义。

7.5.1.7 其他

一些特殊的生物材料能够在特定条件下进行免疫反应调控,例如具有光热效应和光动力效应的生物材料。光热治疗(PTT)是利用特定波长范围的光(如近红外光)激发光热材料,使之处于一种释放振动能(热)的激发态,利用产生的热量杀死肿瘤细胞,诱导肿瘤细胞凋亡、坏死的一种治疗方法。受损的肿瘤细胞可以将肿瘤抗原释放到周围的环境中,引发抗肿瘤免疫效应[184-185]。Bear 等[188]发现,基于金纳米壳的 PTT 可以促进肿瘤局部促炎细胞因子和趋化因子的表达,启动抗肿瘤效应 CD8+ T 细胞应答。PTT 与过继转移的肿瘤特异性 T 细胞的联合能够有效地清除远端转移的肿瘤细胞。受单壁碳纳米管(SWNTs)潜在的佐剂活性和强近红外吸收的启发,Liu 等[189-190]使用聚乙二醇化的单壁碳纳米管作为光热剂来消融原发性肿瘤,并结合抗 CTLA-4 抗体治疗来防止肿瘤的转移。基于 SWNT 的 PTT 可以释放死亡肿瘤细胞的碎片作为肿瘤抗原的储存库,从而诱导肿瘤引流淋巴结的树突状细胞成熟,并且能提高促炎细胞因子的表达。在 CTLA-4 阻断剂的帮助下,结合光热肿瘤消融,这可以有效增强对远端肿瘤的免疫反应,使远端肿瘤中效应 T 细胞(包括调节性 T 细胞、辅助 T 细胞、细胞毒性 T 细胞)与调节性 T 细胞(抑制免疫反应)的比率显著增加。光动力治疗(PDT)是一种对患者系统或局部应用光敏剂[191-192],然后用特定波长的光照射病灶部位,导致细胞死亡和组织破坏的治疗方法[193-194]。PDT 能在肿瘤中诱导急性炎症,诱导细胞因子和应激蛋白的释放,从而引起白细胞浸润,最终破坏肿瘤。PDT 诱导的氧化应激可以上调热休克蛋白(HSPs),诱导炎症相关转录因子的表达和促进炎性细胞因子的释放[195]。PTT 和 PDT 具有诱导免疫原性细胞死亡(ICD)的潜能,它们所诱导肿瘤细胞的死亡伴有蛋白质和其他分子的释放,即损伤相关分子模式[DAMPs,包括钙网蛋白(CRT)、三磷酸腺苷(ATP)和高迁移率族蛋白 B1(HMGB1)],可引发强烈的炎症反应[196-198]。这些 DAMPs 的释放在炎症过程中能够募集固有免疫细胞(巨噬细胞、淋巴细胞和树突状细胞),清除受损或死亡的肿瘤细胞[199]。

7.5.2 免疫调节剂的递送

递送体系能够增加免疫调节剂在病灶部位的聚集、靶向肿瘤细胞或免疫细胞并降低毒副作用。目前,已有大量新颖的递送平台用于免疫治疗,包括纳米粒子、植入物、可注射支架、经皮递送和细胞基质平台[200]。相比于治疗剂的单独使用,递送平台主要具有以下优点:①能够保护免疫调节剂,并将其直接递送到靶细胞[201];②如果能够响应于 pH、光、温度或超声波等体内或体外刺激,就可以实现对免疫调节剂的时空控制,使其在到达靶点前保持非活性状态,到达靶点后被激活[202-204];③植入物等递送平台可以用于免疫调节剂的局部递送[205-207]。在评估针对不同疾病的免疫治疗方案时,免疫调节剂的递送途径是一个重要的考虑因素。

7.5.2.1 纳米粒子

纳米粒子具有优良的生物相容性和可降解性、可设计的尺寸和表面性能、较高的载药量和药物递送效率、良好的循环稳定性不仅能提高药物的生物利用度,实现高效的药物靶向和控释,还可以降低全身给药产生的副作用[208]。因此,纳米粒子被广泛应用于药物递送系统,主要有聚合物纳米粒子、无机纳米粒子、金属纳米粒子、量子点等。基于纳米粒子的免疫调节剂递送主要有两种方式:①直接将免疫调节剂包载入纳米粒子内部;②将免疫调节剂引入材料分子结构,然后组装形成纳米粒子,作为纳米前药。

近些年,研究人员针对肿瘤微环境,在免疫调节剂递送方面取得了重大研究进展。肿瘤微环境除了癌细胞,还包括血管、肿瘤浸润性免疫细胞、成纤维细胞、肿瘤相关巨噬细胞(TAMs)、骨髓源性抑制细胞(MDSCs)、信号分子以及 ECM,具有高度的异质性及低氧、低 pH 等特殊的性质,是肿瘤细胞与人体免疫系统正面交锋的"战场"[209]。TAMs 是肿瘤微环境的重要组成部分,是肿瘤微环境中浸润数量最多、对肿瘤的生长与转移最为重要的免疫细胞[210]。根据功能,TAMs 一般被分为 M1 型巨噬细胞和 M2 型巨噬细胞[211-212]。M1 型巨噬细胞具有较强的抗原提呈能力，能够激活机体的抗肿瘤免疫反应，并能通过相关细胞因子的分泌诱导肿瘤细胞凋亡，从而抑制肿瘤生长[213-214]。相反，M2 型巨噬细胞可大量分泌免疫抑制相关细胞因子，抑制 T 细胞介导的免疫反应并降低 ROS 和一氧化氮(NO)的生成，从而抑制机体的抗肿瘤免疫应答，诱导肿瘤新生血管的形成，并促进肿瘤的侵袭转移，由此成为肿瘤生长增殖的"帮凶"[215]。而且，在肿瘤微环境中，促肿瘤生长的 M2 型巨噬细胞为肿瘤相关巨噬细胞的主要表型。因此，选择合适的免疫调节方法以改善 M2 型巨噬细胞导致的免疫抑制微环境，重建免疫细胞的抗肿瘤免疫应答，成为肿瘤免疫治疗的有效途径。Cai 课题组将 PI3K γ 蛋白(能够控制肿瘤相关巨噬细胞的极化)的小分子抑制剂 3-甲基腺嘌呤(3-MA)载入中空的氧化铁纳米粒子中，并引入二硫键和甘露糖[216]。其中甘露糖能够靶向肿瘤相关巨噬细胞；二硫键在肿瘤细胞内的高 GSH 环境中断裂，释放 3-MA，通过巨噬细胞的信号通路上调 NF-κB p65 的表达，从而促进 TAMs 极化为 M1 型巨噬细胞。极化后的巨噬细胞可重塑免疫抑制微环境，增加免疫促进因子的分泌和释放，减少免疫抑制因子的分泌，有效缓解免疫抑制，激活免疫反应，抑制肿瘤生长。

程序性细胞凋亡因子(PD-1)是一种免疫检查点受体，在活化的 T 细胞中表达，在衰竭的 T 细胞中过度表达。许多肿瘤会过度表达程序性细胞凋亡因子的受体(PD-L1)。PD-L1 与 PD-1 相互作用，使激酶信号通路受到抑制，进而抑制 T 细胞的增殖和活性。许多实体瘤都会高度表达吲哚胺 2,3-双加氧酶(IDO)，可催化 L-色氨酸降解为 L-犬尿氨酸，导致色氨酸的消耗和犬尿氨酸在肿瘤微环境中的积累，这是钝化 T 细胞增殖和活性的重要机制。基于此，Cheng 课题组设计了一种肿瘤微酸环境和酶双响应的多肽纳米结构用来共同递送^{D}PPA-1(D 型氨基酸形成的多肽，为 PD-L1 的拮抗剂)和 IDO 抑制剂 NLG919[217]。该多肽纳米颗粒的疏水核由微酸响应性功能分子组成，该纳米药物表面暴露大量亲水性短肽^{D}PPA-1，疏水内核在肿瘤微酸性环境下由于质子化而变得松散，使基质金属蛋白酶(MMP-2)水解其底物并导致纳米颗粒的完全崩解，由此释放出 NLG919 和 PPA-1，激活免疫能力，从而达到较好的肿瘤治疗效果(见图 7−9)。

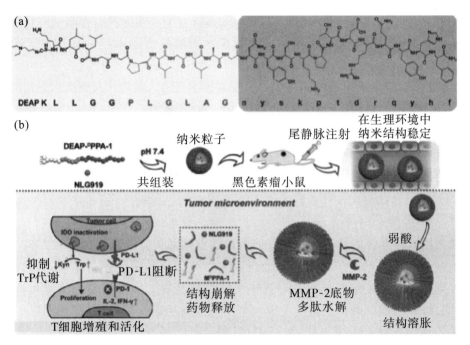

图 7-9　基质金属蛋白酶响应的多肽递送免疫检查点阻断剂用于免疫治疗的示意图[217]

7.5.2.2　植入材料

生物材料在植入体内修复组织缺损和替代器官功能的过程中，关键点是能够有效调控免疫反应以使其安全有效地执行相应的功能。用于免疫反应调控的植入材料需要满足以下几个要求：①具有良好的组织黏附性；②具有良好的组织相容性，即植入后不能干扰术后创面的愈合，也不能引起植入副反应；③包载的药物可以有效、持久地释放，起到持续调控的作用[218-220]。

Garcia 等利用水凝胶颗粒向致病性效应 T 细胞提呈 Fas 配体蛋白（FasL）并促使其凋亡，从而抑制该效应 T 细胞引起的免疫排斥。他们将结合 FasL 的水凝胶颗粒与活体胰岛混合后移植到糖尿病小鼠模型体内后，在长达 200 多天的观察期内未发现免疫排斥效应。这为 Ⅰ 型糖尿病的治疗开辟了新途径[221]。

Wang 等通过建模，设计构建了一种装有免疫调节剂的 3D 打印支架，该支架的多孔结构可以使大量免疫细胞流入，具有类似于淋巴器官的功能，从而在体内形成"人造的三级淋巴结构（aTLS）"[222]。与传统的凝胶相比，该多孔支架可以更有效地浸润免疫细胞，激活抗肿瘤免疫反应。此外，结合免疫阻断疗法和个性化 3D 制造，构建了可植入定制化 3D 支架疫苗，通过协同作用有效抑制了肿瘤生长并预防术后肿瘤转移。

7.5.2.3　可注射支架材料

使用基于植入物的递送系统往往需要进行外科手术，这会给患者带来二次伤害。可注射支架材料由于具有微创的优点被广泛应用于药物递送[223-226]。目前常用的可注射支架材料主要为凝胶类材料，这些材料具有高度的可变形性和自组织性，而且一般具有响应性，能够在特定环境下发生溶胶-凝胶转变或剪切变稀行为，因此可以注射给药。Scheinman 等设计了一种 ROS 响应的可注射的 PVA 凝胶，当注射到低免疫原性的乳腺癌小鼠模型后，水凝胶降解并首先释放化疗药物吉西他滨以杀死癌细胞并促进免疫原性肿瘤表型，然后释放抗 PD-L1 抗体以刺激抗肿瘤免疫[227]。与局部或全身注射游离吉西他滨和抗 PD-L1 抗体相比,局部注射水凝胶显著抑制了小鼠黑色素瘤模型的术后肿瘤复发,延长了生存期。

除水凝胶外,二氧化硅等无机生物材料也常被用于植入材料,具有高横纵比的介孔二氧化硅棒(MSR)被注射入体内后能够再自组装形成大孔结构[223,228],这个大孔结构能够提供一个招募免疫细胞的 3D 细胞微环境。同时,支架释放免疫调节剂,激活招募的树突状细胞,随后靶向淋巴结,促进适应性免疫应答。与对照组相比,以硅棒为基础的疫苗增加了毒性 T 细胞的数量,产生了较高的血清抗体水平,并延长了小鼠 185 型淋巴瘤模型的生存期。

7.5.2.4 经皮给药体系

微创经皮给药系统能够以可控的方式直接在疾病部位持续释放免疫调节剂,从而最大限度地减少所需剂量[229-231]。这些给药系统由可降解的微针贴片组成,可以无痛穿透皮肤,到达富含免疫细胞的表皮,提供免疫调节药物。微针通常由生物可降解聚合物(如透明质酸)组成,并负载含有免疫调节剂的刺激响应性纳米颗粒(见图 7-10)。这些经皮给药系统在特定环境下能够控释免疫调节剂,局部激活免疫系统。在小鼠黑色素瘤模型中,与无响应性的微针或瘤内注射游离抗 PD-1 抗体(aPD1)相比,使用微针贴片单次给药可诱导强烈的免疫应答反应,40 天后小鼠生存率达到 40%,而其他治疗组在 30 天后死亡[230]。

微针递送系统是高度模块化的,因为微针内的纳米颗粒可以与其他免疫调节药物进行集成,如 IDO 抑制剂 1-甲基-dl-色氨酸(1-MT)[229]。通过 pH 敏感微针经皮递送抗 PD-1 抗体和 1-MT 可使黑色素瘤小鼠模型在 40 天后的存活率达到 70%。微针贴片中还可装载肿瘤细胞裂解液和天然黑色素,以提高免疫治疗的效果。当暴露在近红外光下时,黑色素会产生热量,导致周围组织局部释放炎症细胞因子、佐剂和其他危险信号,以吸引和激活免疫细胞,在黑色素瘤小鼠模型中使 87% 的小鼠长期存活并伴有肿瘤排斥反应[231]。

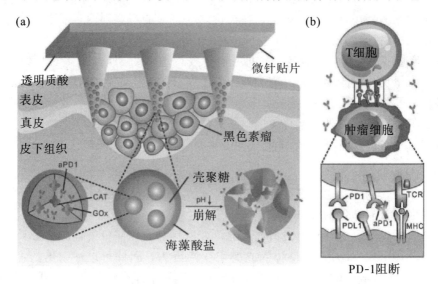

图 7-10　微针递送包载抗 PD-1 抗体(aPD1)的刺激响应纳米粒子示意图[230]

参考文献

［1］ Nair L S, Laurencin C T. Biodegradable polymers as biomaterials ［J］. Progress in polymer science, 2007, 32(8-9): 762-798.

［2］ Lucke A, Schnell E, Schmeer G, et al. Biodegradable poly(D,L-lactic acid-poly (ethylene glycol)-monomethyl ether diblock copolymers: structures and surface properties relevant to their use as biomaterials ［J］. Biomaterials. 2000, 21: 2361-2370.

［3］ 杜江华, 杨青芳, 范晓东. PHB/PLLA 聚酯材料与 PHB/PLLA/PEO 聚酯材料的体外降解性 ［J］. 化工进展, 2012, 31(03): 586-592.

［4］ 邵惠训. 自由基和自由基清除剂 ［J］. 中国生物工程杂志, 1994, 14(4): 50.

［5］ Liederer B M, Borchardt R T. Enzymes involved in the bioconversion of ester-based prodrugs ［J］. Journal of pharmaceutical sciences, 2006, 95(6): 1177-1195.

［6］ Zhang H, HanL, Dong H. An insight to pretreatment, enzyme adsorption and enzymatic hydrolysis of lignocellulosic biomass: Experimental and modeling studies ［J］. Renewable and sustainable energy reviews, 2021, 140: 110758.

［7］ Wake M C, Gerecht P D, Lu L, et al. Effects of biodegradable polymer particles on rat marrow-derived stromal osteoblasts in vitro ［J］. Biomaterials, 1998, 19(14): 1255-1268.

［8］ Williams D F. Mechanisms of biodegradation of implantable polymers ［J］. Clinical materials, 1992, 10(1-2): 9-12.

［9］ Duraiswamy N, Choksi T D, Pinchuk L, et al. A phospholipid-modified polystyrene—polyisobutylene—polystyrene(SIBS)triblock polymer for enhanced hemocompatibility and potential use in artificial heart valves ［J］. Journal of biomaterials applications, 2009, 23(4): 367-379.

［10］ Liang S, Yang X, Fang X, et al. In vitro enzymatic degradation of poly (glycerol sebacate)-based materials ［J］. Biomaterials, 2011, 32(33): 8486-8496.

［11］ Freier T, Kunze C, Nischan C, et al. In vitro and in vivo degradation studies for development of a biodegradable patch based on poly(3-hydroxybutyrate) ［J］. Biomaterials, 2002, 23(13): 2649-2657.

［12］ Ji W, Yang F, Seyednejad H, et al. Biocompatibility and degradation characteristics of PLGA-based electrospun nanofibrous scaffolds with nanoapatite incorporation ［J］. Biomaterials, 2012, 33(28): 6604-6614.

［13］ Li L, Qiao S, Liu W, et al. Intracellular construction of topology-controlled polypeptide nanostructures with diverse biological functions ［J］. Nature Communications, 2017, 8: 1276.

［14］ Yang P, Luo Q, Qi G, et al. Host materials transformable in tumor microenvironment for homing theranostics ［J］. Advanced Materials, 2017, 29: 1605869.

［15］ Qi G, Zhang D, Liu F, et al. An "on-site transformation" strategy for treatment of bacterial infection ［J］. Advanced Materials, 2017, 29: 1703461.

［16］ Zhao X X, Li L L, Zhao Y, et al. In Situ Self-Assembled Nanofibers Precisely Target Cancer-Associated Fibroblasts for Improved Tumor Imaging ［J］. Angewandte Chemie International Edition, 2019, 131(43): 15431-15438.

［17］ Webber M J, Newcomb C J, Bitton R, et al. Switching of self-assembly in a peptide nanostructure with a specific enzyme ［J］. Soft Matter, 2011, 7(20): 9665-9672.

[18] Guo D, Wang K, Wang Y, et al. Cholinesterase-responsive supramolecular vesicle [J]. Journal of the American Chemical Society, 2012, 134: 10244−10250.

[19] Jeong B, Kim S W, Bae Y H. Thermosensitive sol-gel reversible hydrogels [J]. Advanced Drug Delivery Reviews, 2002, 54(1): 37−51.

[20] de las Heras A C, Pennadam S, Alexander C. Stimuli responsive polymers for biomedical applications [J]. Chemical Society Reviews, 2005, 34: 276−285.

[21] Cammas S, Suzuki K, Sone C, et al. Thermo-responsive polymer nanoparticles with a core-shell micelle structure as site-specific drug carriers [J]. Journal of Controlled Release, 2015, 48(2−3): 157−164.

[22] Yu L, Ding J D. Injectable hydrogels as unique biomedical materials [J]. Chemical Society Reviews, 2008, 37: 1473−1481.

[23] Kopecek J. Hydrogel biomaterials: a smart future? [J]. Biomaterials, 2007, 28(34): 5185−5192.

[24] 刘敏华, 南开辉, 陈杨军. 合成高分子基温敏水凝胶在眼病治疗中的研究进展 [J]. 高分子学报, 2021, 52(1): 15.

[25] Jeong B, Bae Y H, Lee D S, et al. Biodegradable block copolymers as injectable drug-delivery systems [J]. Nature, 1997, 388(6645): 860−862.

[26] Liow S S, Dou Q Q, Kai D, et al. Thermogels: in situ gelling biomaterial [J]. ACS Biomaterials Science Engineering, 2016, 2: 295−316.

[27] Yu L, Zhang Z, Zhang H, et al. Biodegradability and biocompatibility of thermoreversible hydrogels formed from mixing a sol and a precipitate of block copolymers in water [J]. Biomacromolecules, 2010, 11(8): 2169−2178.

[28] Yu L, Zhang Z, Ding J. Influence of LA and GA sequence in the PLGA block on the properties of thermogelling PLGA-PEG-PLGA block copolymers [J]. Biomacromolecules, 2011, 12: 1290−1297.

[29] Chen L, Ci T, Yu L, et al. Effects of molecular weight and its distribution of PEG block on micellization and thermogellability of PLGA-PEG-PLGA copolymer aqueous solutions [J]. Macromolecules, 2015, 48(11): 3662−3671.

[30] Shen W J, Chen X B, Luan J B, et al. Sustained codelivery of cisplatin and paclitaxel via an injectable prodrug hydrogel for ovarian cancer treatment [J]. ACS Applied Materials and Interfaces, 2017, 9: 40031−40046.

[31] Zhuang Y, Yang X, Li Y, et al. Sustained release strategy designed for lixisenatide delivery to synchronously treat diabetes and associated complications [J]. ACS Applied Materials and Interfaces, 2019, 11: 29604−29618.

[32] Zhou K, Wang Y, Huang X, et al. Tunable, ultrasensitive pH-responsive nanoparticles targeting specific endocytic organelles in living cells [J]. Angewandte Chemie International Edition, 2011, 50: 6109−6114.

[33] Li Y, Wang Z, Wei Q, et al. Non-covalent interactions in controlling pH-responsive behaviors of self-assembled nanosystems [J]. Polymer Chemistry, 2016, 7(38): 5949−5956.

[34] Ding M, Li J, He X, et al. Molecular engineered super-nanodevices: smart and safe delivery of potent drugs into tumors [J]. Advanced Materials, 2012, 24: 3639−3645.

[35] Deirram N, Zhang C, Kermaniyan S S, et al. pH-responsive polymer nanoparticles for drug delivery [J]. Macromolecular Rapid Communication, 2019, 40: e1800917.

[36] Ding M, Song N, He X, et al. Toward the next-generation nanomedicines: design of multifunctional multiblock polyurethanes for effective cancer treatment [J]. ACS Nano, 2013, 7: 1918−1928.

[37] Wei J, Shuai X, Wang R, et al. Clickable and imageable multiblock polymer micelles with magnetically guided and PEG-switched targeting and release property for precise tumor theranosis [J]. Biomaterials, 2017, 145: 138−153.

[38] Du J, Armes S P. pH-responsive vesicles based on a hydrolytically self-cross-linkable copolymer [J]. Journal of the American Chemical Society, 2005, 127(37): 12800−12801.

[39] Yu Q, Chen H, Zhang Y, et al. pH-reversible, high-capacity binding of proteins on a substrate with nanostructure [J]. Langmuir, 2010, 26: 17812−17815.

[40] Jin Y, Song L, Su Y, et al. Oxime linkage: a robust tool for the design of pH-sensitive polymeric drug carriers [J]. Biomacromolecules, 2011, 12(10): 3460−3468.

[41] Yu Y, Chen C K, Law W C, et al. A degradable brush polymer-drug conjugate for pH-responsive release of doxorubicin [J]. Polymer Chemistry, 2015, 6(6): 953−961.

[42] Ye H, Zhou Y, Liu X, et al. Recent advances on reactive oxygen species-responsive delivery and diagnosis system [J]. Biomacromolecules, 2019, 20(7): 2441−2463.

[43] Deng Z, Qian Y, Yu Y, et al. Engineering intracellular delivery nanocarriers and nanoreactors from oxidation-responsive polymersomes via synchronized bilayer cross-linking and permeabilizing inside live cells [J]. Journal of the American Chemical Society, 2016, 138(33): 10452−10466.

[44] Liu H, Wang R, Wei J, et al. Conformation-directed micelle-to-vesicle transition of cholesterol-decorated polypeptide triggered by oxidation [J]. Journal of the American Chemical Society, 2018, 140(21): 6604−6610.

[45] Zheng Y, Wang Z, Li Z, et al. Ordered conformation-regulated vesicular membrane permeability [J]. Angewandte Chemie International Edition, 2021, 60: 22529−22536.

[46] Deng Y, Chen H, Tao X, et al. Oxidation-sensitive polymersomes based on amphiphilic diblock copolypeptoids [J]. Biomacromolecules, 2019, 20(9): 3435−3444.

[47] Kamaly N, Yameen B, Wu J, et al. Degradable controlled-release polymers and polymeric nanoparticles: mechanisms of controlling drug release [J]. Chemical Reviews, 2016, 116(4): 2602−2663.

[48] Weng C, Chen H D, Xu T R, et al. Photo-responsive self-reducible polymers: overcoming the spatiotemporal barriers for hypersensitivity [J]. ACS Materials Letters, 2020, 2(6): 602−609.

[49] Liu D B, Xie Y Y, Shao H W, et al. Using azobenzene-embedded self-assembled monolayers to photochemically control cell adhesion reversibly [J]. Angewandte Chemie International Edition, 2009, 48: 4406−4408.

[50] Shin D S, Seo J H, Sutcliffe J L, et al. Photolabile micropatterned surfaces for cell capture and release [J]. Chemical Communications, 2011, 47: 11942−11944.

[51] Yan Q, Zhou R, Fu C K, et al. CO_2-responsive polymeric vesicles that breathe [J]. Angewandte Chemie International Edition, 2011, 50(21): 4923−4927.

[52] Yan Q, Yuan J, Cai Z, et al. Voltage-responsive vesicles based on orthogonal assembly of two homopolymers [J]. Journal of the American Chemical Society, 2010, 132(27): 9268−9270.

[53] Sanson C, Diou O, Thevenot J, et al. Doxorubicin loaded magnetic polymersomes: theranostic nanocarriers for MR imaging and magneto-chemotherapy [J]. ACS Nano, 2011, 5: 1122−1140.

[54] Liu T, Hu S, Liu T, et al. Magnetic-sensitive behavior of intelligent ferrogels for controlled release

of drug [J]. Langmuir, 2006, 22(14): 5974−5978.

[55] Ding M, Zeng X, He X, et al. Cell Internalizable and intracellularly degradable cationic polyurethane micelles as a potential platform for efficient imaging and drug delivery [J]. Biomacromolecules, 2014, 15(8): 2896−2906.

[56] Chen W, Du J. Ultrasound and pH dually responsive polymer vesicles for anticancer drug delivery [J]. Scientific Reports, 2013, 3 (1): 2162.

[57] Tan J S, Butterfield D E, Voycheck C L, et al. Surface modification of nanoparticles by PEO/PPO block copolymers to minimize interactions with blood components and prolong blood circulation in rats [J]. Biomaterials, 1993, 14(11): 823−833.

[58] Lee J H, Ju Y M, Lee W K, et al. Platelet adhesion onto segmented polyurethane surfaces modified by PEO- and sulfonated PEO-containing block copolymer additives [J]. Journal of Biomedical Materials Research, 1998, 40(2): 314−323.

[59] Chen H, Brook M A, Sheardown H. Silicone elastomers for reduced protein adsorption [J]. Biomaterials, 2004, 25: 2273−2282.

[60] Chen H, Brook M A, Chen Y, et al. Surface properties of PEO-silicone composites: reducing protein adsorption [J]. Journal of Biomaterials Science-Polymer Edition, 2005, 16: 531−548.

[61] Kingshott P, Thissen H, Griesser H J. Effects of cloud-point grafting, chain length, and density of PEG layers on competitive adsorption of ocular proteins [J]. Biomaterials, 2002, 23(9): 2043−2056.

[62] Gong X, Dai L, Griesser H J, et al. Surface immobilization of poly(ethylene oxide): Structure and properties [J]. Journal of Polymer Science Part B-Polymer Physics, 2000, 38: 2323−2332.

[63] Currie E P K, Norde W, Stuart M A C. Tethered polymer chains: surface chemistry and their impact on colloidal and surface properties [J]. Advances in Colloid and Interface Science, 2003: 100−102, 205−265.

[64] Jeon S I, Andrade J D. Protein-surface interactions in the presence of polyethylene oxide [J]. Journal of Colloid and Interface Science, 1991, 142(1): 159−166.

[65] Ma H, Li D, Sheng X, et al. Protein-resistant polymer coatings on silicon oxide by surface-initiated atom transfer radical polymerization [J]. Langmuir, 2006, 22: 3751−3756.

[66] Wu Z, Chen H, Liu X, et al. Protein adsorption on poly (N-vinylpyrrolidone)-modified silicon surfaces prepared by surface-initiated atom transfer radical polymerization [J]. Langmuir, 2009, 25: 2900−2906.

[67] Norde W, Gage D. Interaction of bovine serum albumin and human blood plasma with PEO-tethered surfaces: influence of PEO chain length, grafting density, and temperature [J]. Langmuir, 2004, 20: 4162−4167.

[68] Yarbrough J C, Rolland J P, DeSimone J M, et al. Contact angle analysis, surface dynamics, and biofouling characteristics of cross-linkable, random perfluoropolyether-based graft terpolymers [J]. Macromolecules, 2006, 39: 2521−2528.

[69] Li Y, Su Y, Zhao X, et al. Antifouling, high-flux nanofiltration membranes enabled by dual functional polydopamine [J]. ACS Applied Materials & Interfaces, 2014, 6(8): 5548−5557.

[70] Tsibouklis J, Stone M, Thorpe A A, et al. Fluoropolymer coatings with inherent resistance to biofouling [J]. Surface Coatings International Part B: Coatings, 2002, 85: 301−308.

[71] 慈吉良, 康宏亮, 刘晨光, 等. 两性离子聚合物的抗蛋白质吸附机理及其应用 [J]. 化学进展, 2015, 27(9): 1198−1212.

［72］ Yin H，Liu F，Feng X H，et al. Synthesis of ramsdellite by refluxing process and its influencing factors ［J］. Journal of Inorganic Materials，2011，26(3)：321−326.

［73］ Ishihara K，Oshida H，Endo Y，et al. Hemocompatibility of human whole blood on polymers with a phospholipid polar group and its mechanism ［J］. Journal of Biomedical Materials Research，1992，26(12)：1543−1552.

［74］ Chen S，Zheng J，Li L，et al. Strong resistance of phosphorylcholine self-assembled monolayers to protein adsorption：insights into nonfouling properties of zwitterionic materials ［J］. Journal of the American Chemical Society，2005，127：14473−14478.

［75］ Ostuni E，Chapman R G，Liang M N，et al. Self-assembled monolayers that resist the adsorption of proteins and the adhesion of bacterial and mammalian cells ［J］. Langmuir，2001，17：6336−6343.

［76］ Chapman R G，Ostuni E，Yan L，et al. Preparation of mixed self-assembled monolayers(SAMs) that resist adsorption of proteins using the reaction of amines with a SAM that presents interchain carboxylic anhydride groups ［J］. Langmuir，2000，16(17)：6927−6936.

［77］ Shao Q，Mi L，Han X，et al. Differences in cationic and anionic charge densities dictate zwitterionic associations and stimuli responses ［J］. Journal of Physical Chemistry B，2014，118：6956−6962.

［78］ Shao Q，Jiang S. Effect of carbon spacer length on zwitterionic carboxybetaines ［J］. Journal of Physical Chemistry B，2013，117(5)：1357−1366.

［79］ Li Z，Tang H L，Feng A C，et al. Synthesis of zwitterionic polymers by living/controlled radical polymerization and its applications ［J］. Progress Chemistry，2018，30：1097−1111.

［80］ Zhang Z，Zhang M，Chen S，et al. Blood compatibility of surfaces with superlow protein adsorption ［J］. Biomaterials，2008，29(32)：4285−4291.

［81］ Cheng G，Zhang Z，Chen S，et al. Inhibition of bacterial adhesion and biofilm formation on zwitterionic surfaces ［J］. Biomaterials，2007，28：4192−4199.

［82］ Cao Z，Mi L，Mendiola J，et al. Reversibly switching the function of a surface between attacking and defending against bacteria ［J］. Angewandte Chemie International Edition，2012，51：2602−2605.

［83］ Mi L，Jiang S. Integrated antimicrobial and nonfouling zwitterionic polymers ［J］. Angewandte Chemie International Edition，2014，53：1746−1754.

［84］ Jiang S，Cao Z. Ultralow-fouling，functionalizable，and hydrolyzable zwitterionic materials and their derivatives for biological applications ［J］. Advanced Materials，2010，22：920−932.

［85］ Sundaram H S，Ella-Menye J R，Brault N D，et al. Reversibly switchable polymer with cationic/zwitterionic/anionic behavior through synergistic protonation and deprotonation ［J］. Chemical Science，2014，5：200−205.

［86］ Chang Y，Shih Y J，Lai C J，et al. Blood-inert surfaces via ion-pair anchoring of zwitterionic copolymer brushes in human whole blood ［J］. Advanced Functional Materials，2013，23：1100−1110.

［87］ Chien H W，Tsai C C，Tsai W B，et al. Surface conjugation of zwitterionic polymers to inhibit cell adhesion and protein adsorption ［J］. Colloids and Surfaces B：Biointerfaces，2013，107：152−159.

［88］ Liu Q，Singh A，Liu L. Amino acid-based zwitterionic poly(serine methacrylate) as an antifouling material ［J］. Biomacromolecules，2013，14(1)：226−231.

［89］ 刘振海，杨谦，吴健，等. 聚丙烯微孔膜表面的仿生修饰与酶固定化 ［J］. 自然化学进展，2005，15(10)：1189−1194.

[90] 宋杰，吴熹，黄楠，等. 纤维蛋白原与吸附白蛋白、肝素的新型血管支架材料氧化钛的血液相容性 [J]. 生物医学工程学杂志，2007，24(5)：1097—1101.

[91] Woodhouse K A, Brash J L. Adsorption of plasminogen from plasma to lysine-derivatized polyurethane surfaces [J]. Biomaterials, 1992, 13: 1103—1108.

[92] Woodhouse K A, Wojciechowski P W, Santerre J P, et al. Adsorption of plasminogen to glass and polyurethane surfaces [J]. Journal of Colloid and Interface Science, 1992, 152(1): 60—69.

[93] Woodhouse K A, Brash J L. Plasminogen adsorption to sulfonated and lysine derivatized model silica glass materials [J]. Journal of Colloid and Interface Science, 1994, 164: 40—47.

[94] Woodhouse K A, Weitz J I, Brash J L. Lysis of surface-localized fibrin clots by adsorbed plasminogen in the presence of tissue plasminogen activator [J]. Biomaterials, 1996, 17: 75—77.

[95] Chen H, Zhang Z, Chen Y, et al. Protein repellant silicone surfaces by covalent immobilization of poly(ethylene oxide) [J]. Biomaterials, 2005, 26: 2391—2399.

[96] Chen H, Zhang Y X, Li D, et al. Surfaces having dual fibrinolytic and protein resistant properties by immobilization of lysine on polyurethane through a PEG spacer [J]. Journal of Biomedical Materials Research A, 2009, 90a: 940—946.

[97] Li D, Chen H, Brash J L. Mimicking the fibrinolytic system on material surfaces [J]. Colloids Surf B Biointerfaces, 2011, 86(1): 1—6.

[98] Tang Z, Liu X, Luan Y, et al. Regulation of fibrinolytic protein adsorption on polyurethane surfaces by modification with lysine-ontaining copolymers [J]. Polymer Chemistry, 2013, 4: 5597—5602.

[99] Lee Y C, Lee R T. Carbohydrate-protein interactions: basis of glycobiology [J]. Accounts of Chemical Research, 2002, 28: 321—327.

[100] Ambrosi M, Cameron N R, Davis B G. Lectins: tools for the molecular understanding of the glycocode [J]. Organic & Biomolecular Chemistry, 2005, 3(9): 1593—1608.

[101] Huang M, Shen Z, Zhang Y, et al. Alkanethiol containing glycopolymers: a tool for the detection of lectin binding [J]. Bioorganic & Medicinal Chemistry Letters, 2007, 17: 5379—5383.

[102] Zheng Y L, Zhang Y N, Zhang T Y, et al. AuNSs@Glycopolymer-ConA hybrid nanoplatform for photothermal therapy of hepatoma cells [J]. Chemical Engineering Journal, 2020, 389: 124460.

[103] Kuroki H, Tokarev I, Minko S. Responsive surfaces for life science applications [J]. Annual Review of Materials Research, 2012, 42: 343—372.

[104] Yin Z Z, Zhang J J, Jiang L P, et al. Thermosensitive behavior of poly(N-isopropylacrylamide) and release of incorporated hemoglobin [J]. Journal of Physical Chemistry C, 2009, 113: 16104—16109.

[105] Nagase K, Kobayashi J, Kikuchi A, et al. Preparation of thermoresponsive anionic copolymer brush surfaces for separating basic biomolecules [J]. Biomacromolecules, 2010, 11(1): 215—223.

[106] Wang H, Wang Y, Yuan L, et al. Thermally responsive silicon nanowire arrays for native/denatured-protein separation [J]. Nanotechnology, 2013, 24: 105101.

[107] Yu Q, Shivapooja P, Johnson L M, et al. Nanopatterned polymer brushes as switchable bioactive interfaces [J]. Nanoscale, 2013, 5: 3632—3637.

[108] Lahann J, Mitragotri S, Tran T N, et al. A reversibly switching surface [J]. Science, 2003, 299(5605): 371—374.

[109] Ferapontova E, Dominguez E. Adsorption of differently charged forms of horseradish peroxidase on metal electrodes of different nature: effect of surface charges [J]. Bioelectrochemistry, 2002, 55:

127—130.

[110] Mu L, Liu Y, Cai S, et al. A smart surface in a microfluidic chip for controlled protein separation [J]. Chemistry, 2007, 13: 5113—5120.

[111] Van Wachem P B, Hogt A H, Beugeling T, et al. Adhesion of cultured human endothelial cells onto methacrylate polymers with varying surface wettability and charge [J]. Biomaterials, 1987, 8: 323—328.

[112] Webb K, Hlady V, Tresco P A. Relative importance of surface wettability and charged functional groups on NIH 3T3 fibroblast attachment, spreading, and cytoskeletal organization [J]. Journal of Biomedical Materials Research, 1998, 41(3): 422—430.

[113] Silver J H, Hergenrother R W, Lin J C, et al. Surface and blood-contacting properties of alkylsiloxane monolayers supported on silicone rubber [J]. Journal of Biomedical Materials Research, 1995, 29: 535—548.

[114] Tziampazis E, Kohn J, Moghe P V. PEG-variant biomaterials as selectively adhesive protein templates: model surfaces for controlled cell adhesion and migration [J]. Biomaterials, 2000, 21: 511—520.

[115] Lee J H, Jung H W, Kang I K, et al. Cell behaviour on polymer surfaces with different functional groups [J]. Biomaterials, 1994, 15(9): 705—711.

[116] Lee J H, Lee J W, Khang G, et al. Interaction of cells on chargeable functional group gradient surfaces [J]. Biomaterials, 1997, 18(4): 351—358.

[117] Ye K, Wang X, Cao L, et al. Matrix stiffness and nanoscale spatial organization of cell-adhesive ligands direct stem cell fate [J]. Nano Letters, 2015, 15: 4720—4729.

[118] Cao B, Peng Y, Liu X, et al. Effects of functional groups of materials on nonspecific adhesion and chondrogenic induction of mesenchymal stem cells on free and micropatterned surfaces [J]. ACS Applied Materials & Interfaces, 2017, 9: 23574—23585.

[119] Oxley H R, Corkhill P H, Fitton J H, et al. Macroporous hydrogels for biomedical applications: methodology and morphology [J]. Biomaterials, 1993, 14(14): 1064—1072.

[120] Deligianni D D, Katsala N D, Koutsoukos P G, et al. Effect of surface roughness of hydroxyapatite on human bone marrow cell adhesion, proliferation, differentiation and detachment strength [J]. Biomaterials, 2000, 22(1): 87—96.

[121] Clark P, Connolly P, Curtis A S, et al. Cell guidance by ultrafine topography in vitro [J]. Journal of Cell Science, 1991, 99: 73—77.

[122] Huang H H, Ho C T, Lee T H, et al. Effect of surface roughness of ground titanium on initial cell adhesion [J]. Biomolecular Engineering, 2004, 21: 93—97.

[123] Deligianni D. Effect of surface roughness of the titanium alloy Ti-6Al-4V on human bone marrow cell response and on protein adsorption [J]. Biomaterials, 2001, 22: 1241—1251.

[124] Mustafa K, Wroblewski J, Hultenby K, et al. Effects of titanium surfaces blasted with TiO 2 particles on the initial attachment of cells derived from human mandibular bone [J]. Clinical Oral Implants Research, 2000, 11: 116—128.

[125] Schakenraad J M, Busscher H J, Wildevuur C R, et al. The influence of substratum surface free energy on growth and spreading of human fibroblasts in the presence and absence of serum proteins [J]. Journal of Biomedical Materials Research, 1986, 20: 773—784.

[126] Lee J H, Khang G, Lee J W, et al. Platelet adhesion onto chargeable functional group gradient surfaces [J]. Journal of Biomedical Materials Research, 1998, 40: 180—186.

［127］Tamada Y，Ikada Y. Fibroblast growth on polymer surfaces and biosynthesis of collagen ［J］. Journal of Biomedical Materials Research，1994，28：783—789.

［128］Owens N F，Gingell D，Trommler A. Cell adhesion to hydroxyl groups of a monolayer film ［J］. Journal of Cell Science，1988，91：269—279.

［129］Olbrich K C，Andersen T T，Blumenstock F A，et al. Surfaces modified with covalently-immobilized adhesive peptides affect fibroblast population motility ［J］. Biomaterials，1996，17：759—764.

［130］Ohishi M，Schipani E. Bone marrow mesenchymal stem cells ［J］. Journal of Cellular Biochemistry，2010，109：277—282.

［131］Thomas E D. Landmarks in the development of hematopoietic cell transplantation ［J］. World Journal of Surgical Oncology，2000，24：815—818.

［132］Murphy J M，Fink D J，Hunziker E B，et al. Stem cell therapy in a caprine model of osteoarthritis ［J］. Arthritis Rheum，2003，48：3464—3474.

［133］Dezawa M，Kanno H，Hoshino M，et al. Specific induction of neuronal cells from bone marrow stromal cells and application for autologous transplantation ［J］. Journal of Clinical Investigation，2004，113：1701—1710.

［134］Pittenger M F，Mackay A M，Beck S C，et al. Multilineage potential of adult human mesenchymal stem cells ［J］. Science，1999，284(5411)：143—147.

［135］Niedzwiedzki T，Dabrowski Z，Miszta H，et al. Bone healing after bone marrow stromal cell transplantation to the bone defect ［J］. Biomaterials，1993，14：115—121.

［136］Horwitz E M，Prockop D J，Fitzpatrick L A，et al. Transplantability and therapeutic effects of bone marrow-derived mesenchymal cells in children with osteogenesis imperfecta ［J］. Nature Medicine，1999，5：309—313.

［137］Gang E J，Jeong J A，Hong S H，et al. Skeletal myogenic differentiation of mesenchymal stem cells isolated from human umbilical cord blood ［J］. Stem Cells，2004，22：617—624.

［138］Sudhir K，Wilson E，Chatterjee K，et al. Mechanical strain and collagen potentiate mitogenic activity of angiotensin Ⅱ in rat vascular smooth muscle cells ［J］. Journal of Clinical Investigation，1993，92：3003—3007.

［139］Seib F P，Prewitz M，Werner C，et al. Matrix elasticity regulates the secretory profile of human bone marrow-derived multipotent mesenchymal stromal cells（MSCs）［J］. Biochemical and Biophysical Research Communications，2009，389：663—667.

［140］Engler A J，Griffin M A，Sen S，et al. Myotubes differentiate optimally on substrates with tissue-like stiffness：pathological implications for soft or stiff microenvironments ［J］. Journal of Cell Biology，2004，166(6)：877—887.

［141］Berry M F，Engler A J，Woo Y J，et al. Mesenchymal stem cell injection after myocardial infarction improves myocardial compliance ［J］. American Journal of Physiology，2006，290：H2196—H2203.

［142］Engler A J，Sen S，Sweeney H L，et al. Matrix elasticity directs stem cell lineage specification ［J］. Cell，2006，126：677—689.

［143］Wang N，Tolic-Norrelykke I M，Chen J，et al. Cell prestress. I. Stiffness and prestress are closely associated in adherent contractile cells ［J］. American Journal of Physiology. Cell Physiology，2002，282 (3)：C606—C616.

［144］Lee M S，Lill M，Makkar R R. Stem cell transplantation in myocardial infarction ［J］. Reviews in

Cardiovascular Medicine，2004，5：82－98.

［145］ Brusatin G，Panciera T，Gandin A，et al. Biomaterials and engineered microenvironments to control YAP/TAZ-dependent cell behaviour［J］. Nature Materials，2018，17：1063－1075.

［146］ Lutolf M P，Hubbell J A. Synthetic biomaterials as instructive extracellular microenvironments for morphogenesis in tissue engineering［J］. Nature Biotechnology，2005，23：47－55.

［147］ Muraoka T，Koh C Y，Cui H G，et al. Light-riggered bioactivity in three dimensions［J］. Angewandte Chemie International Edition，2009，48：5946－5949.

［148］ Liu X，Liu R，Cao B，et al. Subcellular cell geometry on micropillars regulates stem cell differentiation［J］. Biomaterials，2016，111：27－39.

［149］ Khetan S，Guvendiren M，Legant W R，et al. Degradation-mediated cellular traction directs stem cell fate in covalently crosslinked three-dimensional hydrogels［J］. Nature Materials，2013，12：458－465.

［150］ Feng Q，Zhu M，Wei K，et al. Cell-mediated degradation regulates human mesenchymal stem cell chondrogenesis and hypertrophy in MMP-sensitive hyaluronic acid hydrogels［J］. PLoS One，2014，9：e99587.

［151］ Peng Y，Liu Q J，He T，et al. Degradation rate affords a dynamic cue to regulate stem cells beyond varied matrix stiffness［J］. Biomaterials，2018，178：467－480.

［152］ Antmen E，Vrana N E，Hasirci V. The role of biomaterials and scaffolds in immune responses in regenerative medicine：macrophage phenotype modulation by biomaterial properties and scaffold architectures［J］. Biomaterials Science，2021，9：8090－8110.

［153］ Davenport H，Pascual G，Wang Y，et al. Advanced strategies for modulation of the material-macrophage interface［J］. Advanced Functional Materials，2020，30：1909331.

［154］ Zhang B，Su Y，Zhou J，et al. Toward a better regeneration through implant-mediated immunomodulation：harnessing the immune responses［J］. Advanced Science，2021，8：2100446.

［155］ Kamath S，Bhattacharyya D，Padukudru C，et al. Surface chemistry influences implant-mediated host tissue responses［J］. Journal of Biomedical Materials Research，Part A，2008，86A：617－626.

［156］ Nair A，Zou L，Bhattacharyya D，et al. Species and density of implant surface chemistry affect the extent of foreign body reactions［J］. Langmuir，2008，24：2015－2024.

［157］ Barbosa J，Madureira P，Barbosa M，et al. The influence of functional groups of self-assembled monolayers on fibrous capsule formation and cell recruitment［J］. Journal of Biomedical Materials Research，Part A，2006，76A：737－743.

［158］ Christo S N，Diener K R，Bachhuka A，et al. Innate immunity and biomaterials at the nexus：friends or foes［J］. BioMed Research International，2015，2015：342304.

［159］ Zhang L，Cao Z，Bai T，et al. Zwitterionic hydrogels implanted in mice resist the foreign-body reaction［J］. Nature Biotechnology，2013，31：553－556.

［160］ Wolf M，Dearth C，Ranallo C，et al. Macrophage polarization in response to ECM coated polypropylene mesh［J］. Biomaterials，2014，35：6838－6849.

［161］ Jones J，Chang D，Meyerson H，et al. Proteomic analysis and quantification of cytokines and chemokines from biomaterial surface-adherent macrophages and foreign body giant cells［J］. Journal of Biomedical Materials Research，Part A，2007，83A：585－596.

［162］ Bartneck M，Keul H，Singh S，et al. Rapid uptake of gold nanorods by primary human blood phagocytes and immunomodulatory effects of surface chemistry [J]. ACS Nano, 2010, 4: 3073—3086.

[163] Yang Y, Lin Y, Zhang Z, et al. Micro/nano-net guides M2-pattern macrophage cytoskeleton distribution via Src-ROCK signalling for enhanced angiogenesis [J]. Biomaterials Science, 2021, 9: 3334—3347.

[164] Vassey M, Figueredo G, Scurr D J, et al. Immune modulation by design: using topography to control human monocyte attachment and macrophage differentiation [J]. Advanced Science, 2020, 7: 1903392.

[165] Andorko J, Jewell C. Designing biomaterials with immunomodulatory properties for tissue engineering and regenerative medicine [J]. Bioengineering and Translational Medicine, 2017, 2: 139—155.

[166] Hotchkiss K, Reddy G, Hyzy S, et al. Titanium surface characteristics, including topography and wettability, alter macrophage activation [J]. Acta Biomaterialia, 2016, 31: 425—434.

[167] Chun Y, Wang W, Choi J, et al. Control of macrophage responses on hydrophobic and hydrophilic carbon nanostructures [J]. Carbon, 2011, 49: 2092—2103.

[168] Champion J A, Mitragotri S. Role of target geometry in phagocytosis [J]. Proceedings of the National Academy of Sciences of the United States of America, 2006, 103(13): 4930—4934.

[169] Matlaga B, Yasenchak L, Salthouse T. Tissue response to implanted polymers: the significance of sample shape [J]. Journal of Biomedical Materials Research, 1976, 10: 391—397.

[170] Misiek D, Kent J, Carr R. Soft tissue responses to hydroxylapatite particles of different shapes [J]. Journal of Oral and Maxillofacial Surgery, 1984, 42: 150—160.

[171] Lebre F, Sridharan R, Sawkins M, et al. The shape and size of hydroxyapatite particles dictate inflammatory responses following implantation [J]. Scientific Reports, 2017, 7: 2922.

[172] Ode B, Lamboni L, Souho T, et al. Immunomodulation and cellular response to biomaterials: the overriding role of neutrophils in healing [J]. Materials Horizon, 2019, 6: 1122—1137.

[173] Ward W, Slobodzian E, Tiekotter K, et al. The effect of microgeometry, implant thickness and polyurethane chemistry on the foreign body response to subcutaneous implants [J]. Biomaterials, 2002, 23: 4185—4192.

[174] Sanders J, Stiles C, Hayes C. Tissue response to single-polymer fibers of varying diameters: Evaluation of fibrous encapsulation and macrophage density [J]. Journal of Biomedical Materials Research, 2000, 52: 231—237.

[175] Garg K, Pullen N, Oskeritzian C, et al. Macrophage functional polarization(M1/M2) in response to varying fiber and pore dimensions of electrospun scaffolds [J]. Biomaterials, 2013, 34: 4439—4451.

[176] Sussman E, Halpin M, Muster J, et al. Porous implants modulate healing and induce shifts in local macrophage polarization in the foreign body reaction [J]. Annals of Biomedical Engineering, 2013, 42: 1508—1516.

[177] Barth K, Waterfield J, Brunette D. The effect of surface roughness on RAW 264.7 macrophage phenotype [J]. Journal of Biomedical Materials Research, Part A, 2013, 101A: 2679—2688.

[178] Soskolne W, Cohen S, Shapira L, et al. The effect of titanium surface roughness on the adhesion of monocytes and their secretion of TNF-α and PGE2 [J]. Clinical Oral Implants Research, 2002, 13: 86—93.

[179] Storni T, Ruedl C, Schwarz K, et al. Nonmethylated CG motifs packaged into virus-like particles

induce protective cytotoxic T cell responses in the absence of systemic side effects [J]. Journal of Immunology, 2004, 172: 1777−1785.

[180] Lizotte P, Wen A, Sheen M, et al. In situ vaccination with cowpea mosaic virus nanoparticles suppresses metastatic cancer [J]. Nature Nanotechnology, 2016, 11: 295−303.

[181] Zhang P, Chen Y, Zeng Y, et al. Virus-mimetic nanovesicles as a versatile antigen-delivery system [J]. Proceedings of the National Academy of Sciences of the United States of America, 2015, 112: E6129−E6138.

[182] Rayahin J, Buhrman J, Zhang Y, et al. High and low molecular weight hyaluronic acid differentially influence macrophage activation [J]. ACS Biomaterials Science and Engineering, 2015, 1: 481−493.

[183] Ye Q, Harmsen M, van Luyn M, et al. The relationship between collagen scaffold cross-linking agents and neutrophils in the foreign body reaction [J]. Biomaterials, 2010, 31: 9192−9201.

[184] Sridharan R, Cavanagh B, Cameron A, et al. Material stiffness influences the polarization state, function and migration mode of macrophages [J]. Acta Biomaterialiaialia, 2019, 89: 47−59.

[185] Ballotta V, Driessen-Mol A, Bouten C V C, et al. Strain-dependent modulation of macrophage polarization within scaffolds [J]. Biomaterials, 2014, 35(18): 4919−4928.

[186] Fu G, Liu W, Feng S, et al. Prussian blue nanoparticles operate as a new generation of photothermal ablation agents for cancer therapy [J]. Chemical Communications, 2012, 48: 11567.

[187] Guo L, Yan D D, Yang D, et al. Combinatorial photothermal and immuno cancer therapy using chitosan-coated hollow copper sulfide nanoparticles [J]. ACS Nano, 2014, 8(6): 5670−5681.

[188] Bear A S, Kennedy L C, Young J K, et al. Elimination of metastatic melanoma using gold nanoshell-enabled photothermal therapy and adoptive T cell transfer [J]. PLoS One, 2013, 8(7): e69073.

[189] Wang C, Xu L, Liang C, et al. Immunological responses triggered by photothermal therapy with carbon nanotubes in combination with anti-CTLA-4 therapy to inhibit cancer metastasis [J]. Advanced Materials, 2014, 26(48): 8154−8162.

[190] Chen Q, Xu L, Liang C, et al. Photothermal therapy with immune-adjuvant nanoparticles together with checkpoint blockade for effective cancer immunotherapy [J]. Nature Communication, 2016, 7: 13193.

[191] Kübler A C. Photodynamic therapy [J]. Medical Laser Application, 2005, 20: 37−45.

[192] MitraMRCP A, Stables G. Topical photodynamic therapy for non-cancerous skin conditions [J]. Photodiagnosis Photodynamic Therapy, 2006, 3: 116−127.

[193] Schuitmaker J J, Baas P, van Leengoed H L L M, et al. Photodynamic therapy: a promising new modality for the treatment of cancer [J]. Journal of Photochemistry and Photobiology B: Biology, 1996, 34(1): 3−12.

[194] Castano A P, Demidova T N, Hamblin M R. Mechanisms in photodynamic therapy: part two—cellular signaling, cell metabolism and modes of cell death [J]. Photodiagnosis and Photodynamic Therapy, 2005, 2(1): 1−23.

[195] Castano A P, Mroz P, Hamblin M R. Photodynamic therapy and anti-tumour immunity [J]. Nature Reviews Cancer, 2006, 6(7): 535−545.

[196] Vabulas R M, Wagner H, Schild H. Heat shock proteins as ligands of toll-like receptors [J]. Current Topics in Microbiology and Immunology, 2002, 270: 169−184.

[197] Beg A A. Endogenous ligands of Toll-like receptors: implications for regulating inflammatory and immune responses [J]. Trends Immunol, 2002, 23(11): 509—512.

[198] Garg A D, Nowis D, Golab J, et al. Immunogenic cell death, DAMPs and anticancer therapeutics: An emerging amalgamation [J]. Biochimica et Biophysica Acta, 2010, 1805: 53—71.

[199] Krosl G, Korbelik M, Dougherty G. Induction of immune cell infiltration into murine SCCVII tumour by photofrin-based photodynamic therapy [J]. British Journal of Cancer, 1995, 71: 549—555.

[200] Wang C, Ye Y, Hu Q, et al. Tailoring biomaterials for cancer immunotherapy: emerging trends and future outlook [J]. Advanced Materials, 2017, 29: 1606036.

[201] Shao K, Singha S, Clemente-Casares X, et al. Nanoparticle-based immunotherapy for cancer [J]. ACS Nano, 2015, 9(1): 16—30.

[202] Wilson J T, Keller S, Manganiello M J, et al. pH-Responsive nanoparticle vaccines for dual-delivery of antigens and immunostimulatory oligonucleotides [J]. ACS Nano, 2013, 7(5): 3912—3925.

[203] Zhang C, Zhang J, Shi G, et al. A light responsive nanoparticle-based delivery system using pheophorbide a graft polyethylenimine for dendritic cell-based cancer immunotherapy [J]. Molecular Pharmaceutics, 2017, 14: 1760—1770.

[204] Pan Y, Yoon S, Sun J, et al. Mechanogenetics for the remote and noninvasive control of cancer immunotherapy [J]. Proceedings of the National Academy of Sciences of the United States of America, 2018, 115(5): 992—997.

[205] Ali O A, Huebsch N, Cao L, et al. Infection-mimicking materials to program dendritic cells in situ [J]. Nature Materials, 2009, 8(2): 151—158.

[206] Stephan S B, Taber A M, Jileaeva I, et al. Biopolymer implants enhance the efficacy of adoptive T-cell therapy [J]. Nature Biotechnology, 2015, 33(1): 97—101.

[207] Ye Y, Wang J, Hu Q, et al. Synergistic transcutaneous immunotherapy enhances antitumor immune responses through delivery of checkpoint inhibitors [J]. ACS Nano, 2016, 10: 8956—8963.

[208] Riley R S, June C H, Langer R, et al. Delivery technologies for cancer immunotherapy [J]. Nature Reviews Drug Discovery, 2019, 18: 175—196.

[209] Liu L, Nie S, Xie M. Tumor microenvironment as a new target for tumor immunotherapy of polysaccharides [J]. Critical reviews in food science and nutrition, 2016, 56: S85—S94.

[210] Sawa-Wejksza K, Kandefer-Szerszeń M. Tumor-associated macrophages as target for antitumor therapy [J]. Archivum Immunologiae et Therapiae Experimentalis, 2018, 66(2): 97—111.

[211] Singh Y, Pawar V K, Meher J G, et al. Targeting tumor associated macrophages(TAMs) *via* nanocarriers [J]. Journal of Controlled Release, 2017, 254: 92—106.

[212] Ponzoni M, Pastorino F, Di P, et al. Targeting macrophages as a potential therapeutic intervention: impact on inflammatory diseases and cancer [J]. International Journal of Molecular Sciences, 2018, 19: 1953.

[213] Kim J, Bae J. Tumor-associated macrophages and neutrophils in tumor microenvironment [J]. Mediators Inflammation, 2016, 2016: 6058147.

[214] Sinha P, Clements V, Ostrand-Rosenberg S. Reduction of myeloid-derived suppressor cells and induction of M1 macrophages facilitate the rejection of established metastatic disease [J]. Journal of Immunology, 2005, 174: 636—645.

［215］ Verreck F A W, de Boer T, Langenberg D M, et al. Human IL-23-producing type 1 macrophages promote but IL-10-producing type 2 macrophages subvert immunity to（myco）bacteria ［J］. Proceedings of the National Academy of Sciences of the United States of America, 2004, 101(13): 4560－4565.

［216］ Li K, Lu L, Xue C, et al. Polarization of tumor-associated macrophage phenotype via porous hollow iron nanoparticles for tumor immunotherapy in vivo ［J］. Nanoscale, 2020, 12(1): 130－144.

［217］ Cheng K, Ding Y, Zhao Y, et al. Sequentially responsive therapeutic peptide assembling nanoparticles for dual-targeted cancer immunotherapy ［J］. Nano Letters, 2018, 18(5): 3250－3258.

［218］ Song C, Phuengkham H, Kim Y, et al. Syringeable immunotherapeutic nanogel reshapes tumor microenvironment and prevents tumor metastasis and recurrence ［J］. Nature Communications, 2019, 10 (1): 3745.

［219］ Wang C, Wang J, Zhang X, et al. In situ formed reactive oxygen species-responsive scaffold with gemcitabine and checkpoint inhibitor for combination therapy ［J］. Science Translational Medicine, 2018, 10: eaan3682.

［220］ Phuengkham H, Song C, Um S, et al. Implantable synthetic immune niche for spatiotemporal modulation of tumor-derived immunosuppression and systemic antitumor immunity: postoperative immunotherapy ［J］. Advanced Materials, 2018, 30: 1706719.

［221］ Headen D, Woodward K, Coronel M, et al. Local immunomodulation Fas ligand-engineered biomaterials achieves allogeneic islet graft acceptance ［J］. Nature Materials, 2018, 17: 732－739.

［222］ Zhang Y, Xu J, Fei Z, et al. 3D printing scaffold vaccine for antitumor immunity ［J］. Advanced Materials, 2021, 33: 2106768.

［223］ Kim J, Li W, Choi Y, et al. Injectable, spontaneously assembling, inorganic scaffolds modulate immune cells in vivo and increase vaccine efficacy ［J］. Nature Biotechnology, 2014, 33: 64－72.

［224］ Hori Y, Winans A, Huang C, et al. Injectable dendritic cell-carrying alginate gels for immunization and immunotherapy ［J］. Biomaterials, 2008, 29: 3671－3682.

［225］ Koshy S, Ferrante T, Lewin S, et al. Injectable, porous, and cell-responsive gelatin cryogels ［J］. Biomaterials, 2014, 35: 2477－2487.

［226］ Bencherif S, Warren S, Ali O, et al. Injectable cryogel-based whole-cell cancer vaccines ［J］. Nature Communications, 2015, 6: 1－13.

［227］ Scheinman P, Vocanson M, Thyssen J, et al. Contact dermatitis ［J］. Nature Reviews Disease Primers, 2021, 7: 38.

［228］ Li A, Sobral M, Badrinath S, et al. A facile approach to enhance antigen response for personalized cancer vaccination ［J］. Nature Materials, 2018, 17: 528－534.

［229］ Ye Y, Wang J, Hu Q, et al. Synergistic transcutaneous immunotherapy enhances antitumor immune responses through delivery of checkpoint inhibitors ［J］. ACS Nano, 2016, 10: 8956－8963.

［230］ Wang C, Ye Y, Hochu G, et al. Enhanced cancer immunotherapy by microneedle patch-assisted delivery of anti-PD1 antibody ［J］. Nano Letters, 2016, 16: 2334－2340.

［231］ Ye Y, Wang C, Zhang X, et al. A melanin-mediated cancer immunotherapy patch ［J］. Science Immunology, 2017, 2: 737329.

第三部分
生物材料的应用

第8章 生物材料的消毒灭菌和抗菌

生物材料应避免细菌污染而造成人体感染。在设计生物材料和制品时，应尽量防止细菌黏附。本章将对生物材料的消毒灭菌和抗菌进行介绍。

8.1 生物材料的消毒灭菌

要生产合格的生物材料及制品，在出厂前和使用前必须按照一定的方式进行消毒灭菌处理，以降低在与环境和人体接触时由于病原菌污染和增殖所造成的局部及全身性致病隐患。引起感染性疾病的病原菌可能来自医护工作者的双手、周围环境或生物材料自身。因此，对生物材料进行消毒灭菌处理，科学地抑制微生物的生长繁殖，在材料的实际应用中尤为重要。在生物材料的实际应用中，通常首先采用消毒和灭菌的方式对生物材料进行预处理。对生物材料的消毒（disinfection）是指杀灭或破坏非芽孢型和增殖状态的致病微生物，但不一定可以杀死含芽孢的细菌和非病原微生物；对生物材料的灭菌（sterilization）是指杀灭生物材料中一切微生物，包括杀死病原微生物和非病原微生物、细菌的繁殖体和芽孢[1]。对常用生物医用外科制品灭菌后，要求芽孢存活率应低于 10^{-6}，即经过 100 万次无菌试验后，阳性率<1[2]。灭菌可以实现消毒的目标，消毒达不到灭菌的要求。然而对生物医用材料进行灭菌和消毒处理的过程和方法是无法严格区分的，因此统称对生物材料的消毒灭菌处理。

对生物材料的消毒灭菌处理，主要目的是对生物材料表面和内部可能存在的微生物进行杀灭或失活处理。微生物是一类体型微小、结构简单的低等生物，一般由单细胞构成，也有简单的多细胞和非典型细胞形态的类型。根据其致病性，微生物可分为病原菌和非病原菌，包括细菌、病毒、真菌、放线菌、立克次体、支原体、衣原体、螺旋体等八个大类。

微生物的主要特征是生物体的体积小但表面积很大，因而具有极其高效的生物化学转化能力，表现出惊人的生长繁殖速度。芽孢是某些微生物在其生命周期中的正常休眠体。在芽孢状态下，微生物的芽孢膜致密耐热，同时对化学杀菌剂的抵抗性强，因而其耐杀灭性远强于增殖状态。对生物材料进行简单消毒不足以有效杀灭微生物芽孢、肝炎病毒等致病源。

在杀菌过程中，通常以杀灭芽孢的效率作为对生物材料灭菌效果的评价依据。同时，杀灭微生物的速率 K 通常与微生物的浓度或单位体积内微生物的数目成正比，可按式(8-1)进行计算[3]：

$$K = \frac{1}{t} \ln \frac{N_0}{N_t} \qquad\qquad (8-1)$$

式中，t 为灭菌时间；N_0 为灭菌前初始微生物数目；N_t 为灭菌后存活的微生物数目。

杀灭微生物的速率也可用"1/10 减少时间"的 D 值来表示，即杀灭 90% 微生物所需要的时间。D 值是杀菌速率常数的倒数。采用不同灭菌方法所得到的 D 值的单位不同，如采用热灭菌和化学灭菌时，D 值的单位为分钟（min）或小时（h）；采用电离辐射灭菌时，D 值的单位为拉得（rad）。

生物材料在实际使用前都应进行有效的消毒灭菌处理。目前，生物材料的消毒灭菌方法可分为物理和化学两种。其中，物理消毒灭菌包括热灭菌(高压蒸汽灭菌、干热法灭菌和火焰法灭菌等)、辐照灭菌、激光灭菌(利用激光的高能量杀灭外科医疗器械表面的微生物)和气体等离子体灭菌(改变细菌、霉菌和芽孢的保护层，实现灭菌消毒的目的)等。化学消毒灭菌主要是利用化学试剂的生理毒性，在其渗透进入微生物的细胞后影响胞内蛋白质和酶等生理物质的活性，破坏细胞的生理机能，从而导致细胞死亡，达到消毒灭菌的效果。根据杀灭微生物的功效，可将常用化学消毒剂分为高效、中效、低效三类。某些化学药剂在低浓度下是消毒剂，在高浓度下是灭菌剂。消毒剂可分为固体和液体溶液型，以及气体型。前者包括重金属(如铜、银和金等)及其盐类和合成化合物(季铵盐、过氧化物、酚、醛类)等，后者主要是具有一定生理毒性的气体(如甲醛、环氧乙烷、环氧丙烷、β-丙内酯、卤代甲烷、乙撑亚胺等)。

8.1.1　生物材料的物理消毒灭菌

8.1.1.1　热灭菌

对生物材料的热灭菌处理可分为高压蒸汽灭菌(湿法灭菌)、干热法灭菌(干法灭菌)和火焰法灭菌，基本灭菌原理都是借助高温使微生物细胞内的蛋白质凝固变性，破坏其生理机能，从而杀灭微生物。

高压蒸汽灭菌是使用最为普遍、效果显著、技术最为可靠的一种热力灭菌方法。它是利用在加压条件下湿热蒸汽的穿透性显著增加的特点，升高温度使微生物细胞内原生质的含水量升高，促使细胞内蛋白质凝固变性的过程更易发生，实现消毒灭菌的目的。通常的高压蒸汽灭菌过程要在专门的高压蒸汽灭菌器中进行，包括蒸汽消毒柜、高压蒸汽锅和蒸汽消毒炉等。基于高温高压的灭菌原理，热力灭菌时温度越高，灭菌效果越好。高压蒸汽灭菌的温度受压力控制，压力增大，温度升高。除了压力和温度，采用高压蒸汽灭菌时还应考虑热杀灭时间、热力穿透时间(生物材料尺寸和放置方位等)，以及在高温高压下生物材料的安全时间。采用湿热空气杀菌时，常用的有三种模式：①以 115℃ 的饱和蒸汽(0.7 kg/cm² 表压)处理 30 分钟；②以 121℃ 的饱和蒸汽(1 kg/cm² 表压)处理 20 分钟；③以126℃的饱和蒸汽(1.4 kg/cm² 表压)处理 15 分钟。

采用高压蒸汽灭菌时，要求生物材料至少能耐受 115℃ 以上的高温。除金属和陶瓷材质的生物材料外，适用高压蒸汽灭菌的生物医用高分子材料包括聚丙烯、尼龙、硅橡胶、天然橡胶、聚四氟乙烯、聚三氟氯乙烯、氟乙烯-丙烯共聚物、聚碳酸酯、聚对苯二甲酸乙二醇酯、环氧树脂等，其他高分子材料大都不适用高压蒸汽灭菌。高压蒸汽灭菌的优势在于灭菌装置简单有效，经济环保，劣势主要在于热力和湿气会对部分材质的生物性能和功能产生显著影响。如对高分子材料进行高温消毒，当灭菌温度超过高分子材料的玻璃化转变温度(T_g)时，会引起高分子材料形状和表面微结构的改变，进而影响其尺寸[4]、相关机械性能[5]和生物相容性等[6]。一些硅橡胶-低温各向同性碳材质的复合制品，在经过高温灭菌消毒后，其抗凝血性会有明显下降。特别是一些由生物医用高分子材料制备的电子元件和精密器件，为保证其材料性能和功能的精密性，更不宜采用高压蒸汽灭菌进行消毒。其次，高压蒸汽灭菌不能适应工业规模化高分子制品的灭菌要求，灭菌后产品不能长期保存。因此，需要深入研究灭菌方法，建立相应的工业规模的灭菌装置，以适应生物材料的发展要求。

干热法灭菌的原理是在适当温度的干空气中加热生物材料及制品，以杀灭存在的病原微生物等(见图 8-1)。可用干热法灭菌的生物材料及制品主要是玻璃制品、陶瓷制品和金属制品等，通常选择的灭菌温度范围为 160℃～190℃。常用的灭菌温度和灭菌时间设为三种：160℃～170℃，杀菌 2 小时；170℃～180℃，杀菌 1 小时；180℃～190℃，杀菌 30 分钟。该方法的优点是可在干燥条件下对大规模的装置进行杀菌消毒；相较于高压蒸汽灭菌，缺点是杀灭效果不佳，一般的细菌和真菌能被有效杀灭，但细菌的芽孢即使用 300℃左右的高温也有 30% 的存活率，因此使用该方法处理生物材料时要注意配合其他消毒灭菌方法，以进一步杀灭孢子类病原体。

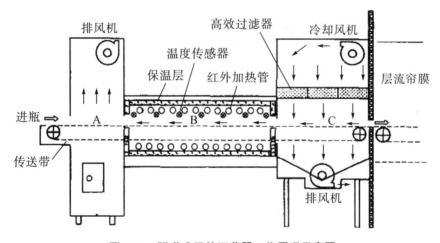

图 8-1　隧道式干热灭菌器工作原理示意图

8.1.1.2　辐照灭菌

辐照灭菌是生物医用制品常采用的消毒灭菌方法，特别适用于"一次性使用"的高分子制品[7]。该方法的作用原理是基于电离辐射产生的电子束、X 射线或 γ 射线能使其他物质氧化或产生自由基再作用于生物分子，或者直接作用于生物分子，以打断氢键、使双键氧化、破坏环状结构或使某些分子聚合等方式破坏和改变生物大分子的结构，从而抑制或杀死微生物。具体的作用机理尚有争论。一部分学者提出了直接作用理论，即假定高能辐射可以使微生物的脱氧核糖核酸发生变性，诱导其产生电离行为，破坏其相关生理活性，阻碍或干涉其在细胞内的复制和转录过程，进而影响微生物细胞的生理行为，造成细胞的凋零和死亡；另外一部分学者提出了间接作用理论，认为高能辐射首先与微生物周围介质发生相互作用，进而形成氧自由基和活化因子，随后在微生物脱氧核糖核酸的转录和复制中诱发次级反应，破坏其生理活性，最终达到消毒灭菌的目的。

灭菌剂量的确定是辐照灭菌的重要指标参数。通常辐照灭菌所使用的灭菌剂量以每克被照射物质吸收 100 尔格能量为一个拉得（rad）计[8]，采取的方法主要是 γ 射线［如放射性元素钴（^{60}Co）或铯（^{137}Cs）所辐射的射线等］辐射灭菌和加速器中的高能电子灭菌等。辐照灭菌法的优点在于，射线的穿透力强，灭菌效果好，对生物材料及制品包装后也可再次进行灭菌处理，均一性好。同时，辐照灭菌可在常温下进行，不必考虑生物材料的耐热性问题，整个消毒过程可以实现连续化和自动化，具有明显的技术可靠性。特别是在批量处理生物材料制品时，经济效益佳[9]。但是辐照灭菌法也存在一定的局限性，如部分生物高分子材料经过辐射后，其化学结构会发生变化，产生降解或交联行为[10]，影响制品的力学性能和微观结构等[11-12]。此外，辐照灭菌会引起生物高分子材料的颜色发生变化，部分高分子制品经辐照后会变黄甚至完全变暗[13]。部分生物高分子材料辐照稳定性见表 8-1。橡胶的辐照敏感性见表 8-2。

表 8-1 部分生物高分子材料的辐照稳定性

生物高分子材料	辐照稳定性
聚乙烯（PE）	耐辐照能力强
聚丙烯（PP）	辐照后会引起主链断裂或产生交联反应
烯烃共聚物	苯乙烯-醋酸乙烯共聚物和乙烯-丙烯酸乙酯共聚物受辐照处理后，高分子材料的化学组成和结构基本没有变化
聚苯乙烯（PS）	对辐照非常稳定
聚甲基丙烯酸甲酯（PMMA）	其板材和模塑材耐辐照，但多次辐照容易引起老化，影响产品性能
聚氯乙烯（PVC）	一次辐照为宜，避免多次辐照
聚四氟乙烯	不适用于辐照灭菌处理
聚酰胺	尼龙 66 和尼龙 6 可以做多次辐照灭菌处理
纤维素	醋酸纤维素（CA）可以采用辐照灭菌
橡胶材料	聚氨酯橡胶最稳定，天然橡胶、丁苯橡胶和丁腈橡胶次之，氯丁橡胶和丁基橡胶稳定性最差

表 8-2 橡胶的辐照敏感性

橡胶	辐照破坏最低剂量（mrad）	辐照破坏 25% 的剂量（mrad）
聚丙烯酸橡胶	2～4	10～15
丁基橡胶	2～3	10
氯磺化聚乙烯	—	30
乙丙橡胶	10	100
氟橡胶	5	50～70
天然橡胶	50	100～200

续表

橡胶	辐照破坏最低剂量（mrad）	辐照破坏 25％的剂量（mrad）
丁腈橡胶	—	100
聚丁橡胶	6	50
硅橡胶	—	50～100
丁苯橡胶	6～8	100
聚氨酯橡胶	20	600～800

8.1.1.3　激光灭菌

近年来，随着激光技术的迅速发展和广泛应用，激光灭菌已被成功应用于医学领域。例如在血管丰富部位进行显微外科手术时，"激光刀"具有显著优势，可帮助实现微创和精准医疗[14]。同样，可以利用激光对金属类生物材料进行应用前的消毒处理。激光具有巨大的能量，当被金属材料的表面反射后其能量会被附着在金属材料表面的生物组织吸收而形成局部高温，导致微生物细胞组织液蒸发，破坏细胞膜的结构和整体性，从而达到消毒灭菌的目的。例如，利用 10 瓦的二氧化碳激光器对被枯草杆菌芽孢和梭状杆菌芽孢污染的手术器材进行灭菌，只需要 1.5～2.0 分钟即可达到完全灭菌的效果。灭菌后的器材在 37℃下培养 21 天后，没有发现细菌增殖，说明激光灭菌法具有高效性和可靠性[15]。总的来说，激光灭菌法的优点是简单高效，在一定范围内可以批量处理生物材料及制品；缺点是价格较高，对材料具有选择性。

8.1.1.4　气体等离子体灭菌

生物材料及制品在应用前必须经消毒灭菌处理，减少致病微生物可能造成的患病风险。其中，杀灭病原体的芽孢是对生物材料及制品消毒灭菌的难点。因为芽孢外层的芽孢壳由含大量二硫键（—S—S—）的类角蛋白组成，相邻的类角蛋白在多肽链间存在多重主价交联（二硫键）和次价交联（氢键），因而在稀盐水溶液或稀酸、稀碱溶液中均不溶解，是相当惰性的，在保护芽孢不受外界侵扰方面起着十分重要的作用[16]。只有破坏了这一多层外壳，才能进一步贯穿芽孢的内层，进而与芽孢的皮层或原生质发生反应，破坏其生理活性，达到消毒灭菌的目的。这就需要选择更加高效的杀菌方式和措施。

低温等离子体已经被证实可以作为一种理想的媒介物来破坏细菌、霉菌和芽孢的保护层，极大地促进失活灭菌的过程。用等离子体进行材料表面的消毒灭菌表现出显著的高效性，且经常与少量化学杀菌剂（如醛类物质）联用[17]。在低温低压条件下的等离子体放电过程中，自由电子从外加磁场获得能量，在和中性离子碰撞时又将这部分能量释放出来。在能量传递过程中，可以形成许多高活性和反应性物质（包括激发态下的原子、电子、分子和离子等），破坏芽孢外部的保护层，使得活性的酚类分子可以顺利进入变性后的结构，并诱发一系列的附加反应，最终达到灭菌杀孢的效果[18]。

气体等离子体灭菌的优点是作用速度快，灭菌效果好，有时在几分钟内即可完成，是一种安全、高效、快速的灭菌方法。同时，灭菌温度低，有毒有害成分（如甲醛等）用量少，对生物材料制品和器件无腐蚀性和残存毒性，特别适用于对热敏性生物高分子材料及制品的灭菌[19]，也适用于金属或玻璃、高分子材料制成的细微管线和复杂器件的消毒灭菌，是一种发展前景好、经济有效的生物高分子材料及制品的消毒灭菌法。对比其他灭菌法，要完全杀灭枯草杆菌菌株，采用热灭菌需要在 150℃灭菌 60 分钟，采用环氧乙烷灭菌需要在 54℃、气体浓度为 600 mg/L、相对湿度为 50％灭菌 2 小时，采用气体等离子体灭菌，在气体流速为 80～100 mL/min、甲醛流速为 10 mg/min、电磁频率为 13.56 MHz、灭菌室电磁功率密度为 0.015 W/cm³、压力为 0.5 mmHg 时，只需 10 分钟。

8.1.2　生物材料的化学消毒灭菌

对生物材料及制品的化学消毒灭菌，是选择合适的消毒剂，通过渗入微生物的细胞内与微生物细胞内的功能单元如核糖核酸、蛋白等反应形成毒性化合物，影响胞内蛋白质、酶系统的生理活性，破坏细胞的生理机能，导致细胞凋亡，从而达到灭菌目的。因消毒剂对不同病原体的杀灭效果不同，故具有不同的应用范围。高效消毒剂也称灭菌剂，如含氯或含碘消毒剂、环氧乙烷等，能够杀灭包括细菌芽孢和真菌孢子在内的各种微生物病原体，可用于处理直接接触损伤皮肤黏膜、体液或经皮肤黏膜进入组织器官的生物材料及制品；中效消毒剂如乙醇和煤酚皂溶液等，可杀灭除细菌芽孢外的各种病原微生物，因此可用于处理不进入组织器官或仅接触未破损的皮肤黏膜的生物材料及制品；低效消毒剂如洗必泰和洁尔灭等，只能杀灭一般细菌繁殖体、部分真菌和亲脂性病毒，不能杀灭结核杆菌、亲水性病毒和细菌芽孢，临床上只用于对常规医疗器械的初步消毒处理。由于化学消毒剂的灭菌效率受多重因素的影响，在对生物材料及制品进行处理时，不仅要考虑可能污染的病原体种类和数量，还要考虑消毒剂的种类、浓度、用量、作用温度和时间等。此外，还要注意化学消毒剂处理生物材料的残留（残存剂量和后处理）等问题。

重金属及其盐类消毒剂主要包括汞、银、铜等重金属及其盐类，都是常用的蛋白质沉淀剂，其杀菌作用主要是重金属离子易与微生物细胞的蛋白质结合而使蛋白质变性，或者与胞内活性酶的硫醇基团结合而使酶失活，影响细胞的生理功能活性，最终导致微生物细胞凋亡[20-22]。

醇类化合物消毒剂主要是乙醇和异丙醇等，可以诱导微生物细胞的蛋白质变性，干扰微生物的新陈代谢，抑制病原菌的繁殖[21]。

过氧化物类消毒剂包括过氧化氢、臭氧、过氧乙酸和过氧碳酸等，其是利用自身分解产生的活性氧（reactive oxygen species，ROS），使脱氧核糖核酸断裂从而抑制其复制和转录过程，破坏蛋白酶的结构和功能，最终引起细胞的凋亡[24-25]。

卤素类消毒剂主要是氯或碘单质及其化合物，其中含氯化合物的应用最广泛，如次氯酸钠等。以强氧化剂次氯酸钠为例，简要介绍其杀菌机理。次氯酸钠（NaClO）水溶液，俗称漂白水或安替福民，对皮肤黏膜具有腐蚀性和致敏性，主要杀菌机理是通过自身的水解过程形成次氯酸，并再一次分解形成活性氧，活性氧的强氧化性使病原体（细菌和病毒）胞内蛋白质等活性物质变性，从而导致病原微生物凋亡[26-27]。对生物材料及制品进行消毒通常采用液体浸泡的方式，因此在消毒结束后必须冲洗干净再使用。特别是对与体液接触的制品进行消毒时，更应注意避免消毒剂残留带来的致病问题。这种杀菌方法的优点是可以在低温下进行消毒灭菌，操作简单；缺点是可能存在消毒剂残留的问题，脱吸附时间长，需要严格处理残留消毒剂。

氧杂环化合物类消毒剂主要是气体消毒剂，包括环氧乙烷、环氧丙烷、β-丙内酯等，灭菌方式是气体杀菌消毒。其杀菌机制主要是气体分子对微生物细胞内活性酶、蛋白质和核酸分子上的功能性基团（如硫醇、氨基、羧基、羟基等）具有烷基化作用，可干扰和抑制其生物酶活性、代谢过程，导致致病微生物凋亡。

β-丙内酯是一种高效广谱的灭菌消毒剂，对细菌、芽孢、真菌、立克次氏体和病毒都有很好的杀灭效果[8]。在使用时必须注意：β-丙内酯蒸汽与细菌体产生反应需要一定的水分，其溶液才能通过细胞的类脂层起到杀菌作用；灭菌时相对湿度必须在 75% 以上才会表现出良好的杀菌效果。β-丙内酯主要用于对流感疫苗、狂犬疫苗等病毒疫苗的消毒。但是 β-丙内酯具有毒性和致癌性，在处理生物材料及制品后要注意残留问题。在一定条件下，β-丙内酯可水解为羟基丙酸，水解产物不再存在致癌性。

环氧乙烷又名氧化乙烯，常温常压下为无色气体，能溶于水、乙醇和乙醚，可溶解聚乙烯和聚氯乙烯等聚合物，对玻璃纸、棉布、聚乙烯薄膜、药品等具有很强的穿透力。因此，待灭菌的上述材质的生物材料及制品可事先进行包装，灭菌后可长期保存。但环氧乙烷不能穿透玻璃、金属等材质的生物材料及制品，因此不能用于这些材料及制品的灭菌。由于环氧乙烷是一种非特异性烷基化学试剂，在常温下即可以迅速地与细胞内许多重要的有机物质（包括氨基酸、蛋白质、酶、核糖核苷酸等）发生反应，取代蛋白质上的功能基团（如羧基、氨基、酰胺基和羟基等）的活性氢原子，生成烷基化合物，使蛋白质失去在基本代谢中所需要的反应基团，从而阻碍微生物酶许多正常的化学反应和新陈代谢过程，导致微生物细胞凋亡[29]。环氧乙烷气体对各种类型的微生物都表现出显著的杀灭能力，包括细菌、结核菌、芽孢、真菌和病毒等，但是杀灭芽孢所需剂量一般是杀灭细菌所需剂量的 2~6 倍，是一种广谱杀菌剂。影响其杀菌效率的因素主要有[30]：①浓度。环氧乙烷浓度增加，则灭菌效率提高。相关灭菌试验结果表明，环氧乙烷浓度增加 1 倍，则灭菌所需时间缩短一半，灭菌时所需最低杀菌浓度为 450 mg/L，最高杀菌浓度为 1000 mg/L。②杀菌温度。温度对环氧乙烷灭菌效率影响极大，温度每升高 10℃，灭菌活性增加 2.7 倍。通常选择在 50℃~60℃ 范围内进行灭菌，既保证有较高的灭菌活性，又不至于因温度过高对材料产生不良影响。③相对湿度。环氧乙烷灭菌要取得满意结果，相对湿度必须控制在 30%~40%，这也是保证灭菌效率的重要因素。④灭菌时间。灭菌时间通常根据使用的环氧乙烷浓度、灭菌温度、相对湿度而定，一般情况下：25℃，灭菌 6~12 小时；50℃~60℃，灭菌 4 小时。⑤残留量。因环氧乙烷有很强的穿透力，消毒后必然会在材料表面残留，残留量随生物材料的不同而有差别。其中，天然橡胶、涤纶树脂制品的残留量最多，聚氨酯和聚氯乙烯制品次之，聚乙烯和聚丙烯制品最少。因此，灭菌后必须将材料吸收的环氧乙烷全部清除干净才能使用，否则会引起不良反应。如环氧乙烷液体接触皮肤后可引起刺痛、红肿、水疱甚至冻伤；吸入过量气体则会引起头晕头疼、恶心和呕吐，严重者可引发肺水肿等[31]。有研究报道，生物高分子材料及制品吸附环氧乙烷后会引起溶血和细胞毒性[32-33]，以及多种不良组织反应等，如经环氧乙烷消毒的人工肾在进行血液透析后引起了典型的全身性变态反应[34]。因此，对于医用生物制品和药物，经环氧乙烷灭菌后一般需要在真空下脱除残留，或置于空气中一定时间以清除残留，存放时间依材料而定[35]。为安全起见，部分国家规定消毒灭菌的生物制品必须存放 2 周以上方可使用，并严格限制灭菌后医用制品中环氧乙烷及相关物质的残存量。根据国际标准 ISO 10993-7

(2008 版)中的规定，医疗器械经环氧乙烷灭菌后残留环氧乙烷(EO)的限度为 4 mg/器械，2-氯乙醇(ECH)的限度为 9 mg/器械，我国也会兼顾国内标准 GB/T 15980—1995(已作废)，要求 EO 残余量不超过 10 μg/g。如按 GB 32610—2016 和 GB 2626—2006 的规定，在日常型防护和专业型医用防护口罩中，残留的环氧乙烷含量应低于 10 μg/g(儿童专用口罩环氧乙烷残留量不得高于 2 μg/g)。

使用环氧乙烷灭菌时，除了要考虑灭菌后消毒剂的残留问题，还要考虑灭菌过程的安全性和残留物的副反应，以及是否生成了其他有毒化合物。环氧乙烷是一种低沸点、易燃的化合物，触及明火即会燃烧，当空气中的浓度超过 3% 时就可能引发爆炸。因此，灭菌时常将环氧乙烷与惰性气体(如二氧化碳和氟代烃等)混合，降低使用安全风险。当用生理盐水冲洗吸附有环氧乙烷的生物材料及制品时，环氧乙烷在含氯溶液中会生成氯乙醇，产生进一步的细胞毒性，进而引起其他组织反应等。

此外，常用杀菌剂还包括醛类化合物、酚类化合物、季铵盐化合物、表面活性剂等。临床及生物材料制品预处理中常用消毒剂的种类、作用机制及典型试剂见表 8-3。

表 8-3　常用消毒剂的种类、作用机制及典型试剂

消毒剂种类	作用机制	典型试剂
醛类化合物	诱导细胞内蛋白质分子烷基化，还原细胞质内的氨基酸并使蛋白质凝固[36]	甲醛、戊二醛
酚类化合物	诱导蛋白质变性，破坏细胞膜的整体性	苯酚
季铵盐化合物	破坏细胞膜的渗透性和整体性，使菌体破裂漏液导致细胞凋亡[37-38]；导致蛋白质变性、失活	苯扎溴铵、度米芬、消毒净
醇类化合物	诱导蛋白质变性	乙醇
过氧化物	氧化性，促使蛋白质沉淀	高锰酸钾、过氧化氢、碘酒
重金属及其盐类	重金属离子与蛋白质结合使其变性，失去正常功能	红汞、硫柳汞
表面活性剂	影响微生物细胞的生长和分裂过程	新洁尔灭
染料	干扰氧化，抑制繁殖	龙胆紫
酸碱类	破坏细胞膜、壁，使蛋白质凝固	醋酸、生石灰
氧杂环化合物	与蛋白质、核酸发生烷基化反应，改变其结构，从而丧失正常功能	环氧乙烷

8.2　生物材料的抗菌

微生物在自然界分布广泛，种类繁多，且绝大多数对人类和动植物是有益的，已被广泛应用于人类生活的各个领域，与人类生活密切相关。例如，在农业方面，利用微生物生产细菌肥料、植物生长激素或生物农药杀虫剂等；在工业方面，利用微生物进行食品发酵、石油勘探、化工制革、垃圾无害化处理、污水处理等；在医药行业方面，利用微生物生产抗生素(如青霉素、四环素、链霉素等)。然而，也有小部分微生物可以引起人类和动

植物的病害，称为病原微生物。

细菌是与人类关系最为密切的微生物之一，它们根据细胞壁的结构，可分为革兰氏阳性菌、革兰氏阴性菌及古细菌三大类。其中，有些细菌能引起人类疾病，这些细菌称为病原菌。病原菌的致病机制主要有两种：一种是由细菌产生的毒素直接作用于宿主细胞，导致细胞损伤或死亡；另一种是宿主对细菌产生的物质过敏，导致免疫系统异常激活而引起组织炎症。例如，葡萄球菌是一种常见的革兰氏阳性菌，它能引起化脓性疾病，如皮肤蜂窝织炎、脓肿等[39,40]；链球菌也是一种革兰氏阳性菌，它能引起化脓性炎症、急性风湿热、丹毒等疾病[41]；大肠杆菌是一种革兰氏阴性菌，它是人类肠道内的正常菌群之一，但当人体抵抗力较差或大肠杆菌进入肠道以外部位时，它也能引起相应的感染，如败血症、腹膜炎等[42a]。根据 2020 年美国医学会杂志(JAMA)发表的一项研究显示[42b]，在 1.52 万名重症监护病房(ICU)患者中，超过 50% 的致病原因为微生物感染，其中革兰氏阴性菌占 67%，革兰氏阳性菌占 37%，真菌占 16%，可疑或确诊感染患者的死亡率达到 30%。

细菌等微生物广泛分布于空气、土壤和水体中，因此，各种材料在使用过程中都会不可避免地接触到细菌。细菌一旦接触材料，就会沉积到材料表面，通过与材料表面的相互作用，逐渐黏附定植，再进一步生长、繁殖形成生物膜。生物膜是一种由多种微生物共同构成的复杂结构，它能保护细菌免受外界环境的影响，增强细菌的耐药性和抗药性。病原菌对生物材料的污染不仅会带来巨大的安全隐患，而且对医疗经济发展产生严重的阻碍。心脏起搏器、血管支架、骨关节植入物和人工肾等生物材料及制品如果被细菌等微生物污染后植入患者体内，会导致严重的炎症反应和并发症，如感染性心内膜炎、血管内膜炎、骨髓炎、关节炎、尿路感染等[43-44]。目前，临床上针对植入材料感染的药物治疗方案存在着诸多问题，如耐药性、抗药性、高毒性、副作用大等，甚至出现了无药可用的困境[45]。因此，抗菌材料已成为当今材料科学领域最具有活力的研究方向之一。开发具有优异抗菌性能、对周围环境无毒副作用、且能防止细菌产生耐药性的材料是研究的重点和难点。

8.2.1 抗菌的基本概念

8.2.1.1 生物膜的形成

在合适的温度、湿度、营养等环境条件下，细菌并不以游离的单细胞形式存在，而是在物质表面积累形成多个细菌聚集物，这样的聚集物称为生物膜。在大多数生物膜中，细菌占比不到 10%(质量比)，而胞外基质可占到 90% 以上。胞外基质是由细菌自身产生的一种细胞外聚合物(EPS)，主要由聚多糖、蛋白质、糖蛋白、糖脂及胞外 DNA 等组成。胞外基质形成生物膜的三维结构支架，细菌嵌入其中并负责黏附表面和覆盖生物膜。生物膜内液体可以沿着各个渠道流动，保证膜内细菌所需营养物质的供给及其新陈代谢产物的排出。EPS 包被着细菌，赋予细菌对各种抗菌剂的耐受性，促进微生物在组织或材料表面聚集[46]。

一般细菌的生物膜形成可分为以下五个阶段(见图 8-2)：

(1)可逆吸附阶段。细菌被动黏附在材料表面，主要受两者之间的疏水作用、静电力及范德华力的影响。其中疏水作用存在于距离材料表面 10 nm 左右范围内，作用强度能有效地克服材料表面和细菌之间的相关斥力，因而细菌可以比较牢固地吸附在材料表面，并有可能和材料表面特定基团发生特异性相互作用。在此阶段，细菌可以进入生物膜生存，或离开并恢复为浮游生物生存。

（2）不可逆吸附阶段，也称为定植，指沉积在材料表面的细菌逐渐向不可逆吸附转化的过程。在此阶段，表面黏附缺陷位点（SadB）、大型黏附蛋白 LapA 和 EPS 等有助于细菌与材料表面之间的黏附[47-48]。研究表明，在向不可逆吸附的转变过程中，细菌内的双（3′-5′）环鸟苷一磷酸二聚体（c-di-GMP）参与其中，并能有效地调节 EPS 的产生和运动[49]。

（3）微菌落阶段。该阶段与黏附在材料表面的细菌的生长繁殖情况材料的性质以及周围环境条件密切相关。如果材料或周围环境具有适合的温度、湿度、营养等条件，附着在材料表面的细菌会相互聚集成群，生长繁殖生成 EPS，从而形成微菌落。

（4）成熟阶段。随着微菌落中细菌的进一步生长繁殖，EPS 的分泌量进一步提高，材料表面的微菌落逐渐相互凝集融合，形成一个完整的复合菌落网。蘑菇样突起是一种比较典型的菌落形状，在环境的影响下，菌落也可形成其他更加适宜生存的形状，如在流速较高的水生环境中，生物膜可呈扁平状或流线型，以缓冲较高的流体剪切力。

（5）散播阶段。在生物膜发育后期，一些细菌从成熟的生物膜转化为以浮游生物的形式生存。这些分散的细胞继续探索其他材料，并再次附着在新的材料表面上。因此，散播阶段不仅是生物膜生命周期的最后阶段，还是另一个生命周期的开始。散播分为主动分散和被动分散两种。主动分散主要取决于细胞的运动性或 EPS 的降解，是由环境条件的变化触发的，例如温度、饥饿、缺氧和代谢产物积聚[50]；被动分散主要取决于物理因素，例如在液体流动条件下的剪切力等[51]。

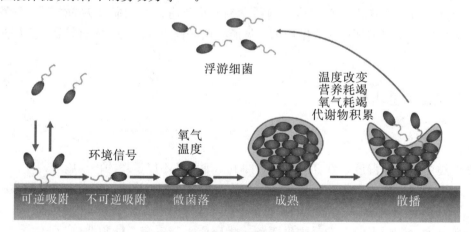

图 8-2　细菌生物膜形成的五个阶段

8.2.1.2　微生物生长的常见抑制方法

在自然环境中，只要满足特定的温度、湿度、气压和营养物质等条件，微生物均能进行繁殖生长进而形成生物膜。微生物在材料表面的可逆吸附阶段是生物膜形成的第一个阶段。在这个阶段，细菌等微生物之间会发生信号传递，进一步生成生物膜。因此，对材料表面的微生物生长进行抑制最为直接的方法是对生物膜的形成进行预防。但是，如果生膜已经形成，就需要采用其他方法来破坏已经形成的生物膜，进而抑制微生物的生长。常见的抗菌方法见表8-4。

表8-4 抑制微生物生长的常见方法及其优缺点

抗菌方法		具体方法及抗菌剂	优点	缺点
微生物杀灭或抑制	物理方法	冷冻杀菌（-20℃～-18℃以下）、超高温杀菌（130℃～150℃）、高压杀菌（50～200 MPa）、电磁波杀菌（射线、X射线、紫外线）	切断微生物传播途径，创造无菌条件	很多材料表面及材质不允许使用极端物理条件进行处理
	化学方法	除氧法（真空法、除氧剂）、脱水法、化学药品杀菌（次氯酸盐、过氧化氢、三氯生及其他活性氧类消毒剂）	切断微生物传播途径，创造无菌条件	促进微生物耐药性的形成，且严重污染环境
杀菌剂直接涂覆表面		银离子化合物、铵盐基化合物、活性氯、三氯生	有效杀死材料表面的微生物，抑制生物膜的形成	促进微生物耐药性的形成，严重污染环境，且杀菌效果会逐渐消失
药物缓释载体系统		抗生素、银离子化合物、有机抗菌剂、抗菌肽	有效控制药物释放，减少抗菌剂的用量，长期有效抗菌	体内长期积累会对身体产生不利影响；存在耐药性问题
接触抗菌表面	防污表面	将表面化学改性为PEG、两性离子、羧基甜菜碱等防污表面	不具有杀菌功能，但具有防污功能	不能完全阻止微生物的黏附，微生物一旦附着，即失去防污功能
	杀菌表面	通过化学方法引入抗生素、有机抗菌剂、银离子化合物、抗菌肽等抗菌物质	能够长期有效抗菌，杀菌性能不会失去	存在耐药性问题，且微生物被杀死后易黏附在材料表面，阻碍进一步杀菌
	防污杀菌表面	将具有防污和杀菌作用的物质一起固定在材料表面	同时具有防污和杀菌的性能	制备方法过于复杂、精细
破坏已生成的生物膜		生物酶、生物膜分散剂等	生物酶分解蛋白质组分，分散剂瓦解弱氢键，破坏生物膜	在体外抗生物膜活性较好，在体内复杂的生理环境下效果不稳定

部分有害微生物会对人体健康构成很大的威胁，因此有关微生物生长的抑制方法已经得到了长时间的研究和发展。1856—1860 年，法国微生物学家路易斯·巴斯德（Louis Pasteur）提出食物发酵腐败的本质原因是微生物繁殖导致的代谢活动，并提出了著名的巴斯德低温消毒法。同时期，英国科学家约瑟夫·李斯德（Joseph Lister）通过对手术室内喷洒石炭酸溶液、高温煮沸手术用具的方法，防止手术过程中患者创口感染。因此，对于微生物生长的抑制，首要步骤是对环境的灭菌处理，达到"无菌环境"的条件。常用的方法

是通过控制温度、压力或使用化学消毒剂(如酒精、银盐、铵盐基化合物、活性氯、三氯生[52]、次氯酸盐、过氧化氢或其他活性氧类消毒剂[53-54])来消毒灭菌[55-58]。然而,通过物理或化学方法达成的无菌条件只能持续很短时间,需要重复多次使用这些灭菌手段,而且消毒剂的残留会对人体及环境构成一定的威胁。

除此之外,将抗菌剂直接涂覆在材料表面或者包载到材料内部,也能预防生物膜形成。例如,在材料表面或内部包载抗生素、银离子、有机抗菌剂、抗菌肽等[59-64]抗菌物质,能够实现较优的抗菌效果。但是该方法存在抗菌剂泄露容易造成毒副作用、环境污染以及抗菌效果不能长时间维持等问题。此外,大多数抗菌剂会使微生物产生耐药性[62,65],如耐甲氧西林金黄色葡萄球菌(MRSA)[66]的毒性很强,在美国由此引起的致死率远远超过艾滋病病毒(HIV)。

以化学或物理手段赋予材料表面防污或杀菌性能,可以有效抵抗或杀灭接触的微生物,并且不会向周围环境释放抗菌剂,具有效率高、毒性小、抗菌时间持久、耐药性减少等优点。具有防污、杀菌功能的材料表面根据其功能,可以分为防污表面、杀菌表面及防污杀菌表面三种类型。

防污表面通常具有不利于细菌黏附的表面形貌,或者通过化学改性防止微生物的初始黏附。例如,模仿荷叶、昆虫翅膀和鲨鱼皮肤等特殊表面形貌,可以达到优异的抗黏附作用;在材料表面引入 PEG、聚丙烯酸和两性离子聚合物等亲水性高分子,形成的高度水化的表面具有良好的体积排斥效应,可以有效阻止细菌的黏附[67-69]。然而,单一的防污功能并不能完全抵抗微生物的附着,一旦病原微生物成功黏附在材料表面,就会大规模地进行繁殖代谢活动,最终致使防污功能消失[70-71]。

相比防污表面,杀菌表面能够通过物理共混[72-74]或表面接枝各种抗菌物质[75-76]有效杀死黏附的微生物,从而达到抗菌效果。与防污表面相似,单一抗菌功能的实现需要大剂量的抗菌药物,因此也更有可能导致耐药株的产生。并且当微生物被杀死后,会残留在材料表面,使材料的后续抗菌效果大打折扣。

与具有单一防污效果或者单一抗菌效果的材料相比,将防污和杀菌效果结合起来的材料将是未来抗菌材料发展的重点方向[77-85]。

在微生物形成生物膜后,由于生物膜对微生物的保护作用,普通的抗菌处理不再能达到预期的治疗效果。针对这种微生物感染的治疗,需要破坏生物膜结构。破坏生物膜结构通常需要使用能攻击生物膜蛋白质成分及分解微生物表面核酸的生物酶,也可以使用生物膜分散剂如 β-N-乙酰氨基葡萄糖苷酶(Dispersin B)、N-乙酰半胱氨酸、己酰半胱氨酸,或降解细胞外 DNA 脱氧核糖核酸成分的脱氧核糖核酸酶Ⅰ(DNaseⅠ),或增加生物膜中细菌的敏感性,使其易被杀菌剂杀死。但是在复杂的体内环境中,这些物质的抗生物膜活性机理还不是很清楚,生物膜分散剂在体外简单条件下的效果并不能解释其体内的抗生物膜活性。另外,并不是所有在体外抗生物膜活性好的物质在体内也有好的效果[86-87]。

8.2.1.3 抗菌剂的分类及其特点

抗菌剂是指一类能杀死病原微生物或抑制其生长的物质。合理利用抗菌剂能够使病原微生物的生长繁殖保持在一定水平以下,从而保持材料表面的相对无菌状态。常用的抗菌剂根据来源、化学组成可大致分为抗生素类、无机抗菌剂、有机抗菌剂(有机小分子抗菌剂和合成高分子抗菌剂）和天然抗菌剂等几种，见表 8-5。

表 8-5　抗菌剂的分类及其优缺点

抗菌剂类别	主要品种举例	优点	缺点
抗生素类	青霉素、四环素、链霉素等	种类多，杀菌效率高	极易产生耐药性
无机抗菌剂	基于一些金属离子，主要有 Ag、Au、Cu、Zn、Fe、Ni 及 ZnO、MgO、CuO、TiO_2 等金属氧化物，还有磷酸钛盐、磷酸锆盐等金属盐类	耐热性好，广谱抗菌有效抗菌期长，毒性低，不产生耐药性	释放型抗菌剂，其中银系抗菌剂易变色，制造困难，长期释放易产生累积毒性
有机抗菌剂｛有机小分子抗菌剂 合成高分子抗菌剂	季铵盐、酚醚类、苯酚类、双胍类、异噻唑类、吡咯类、有机金属类、咪唑类、吡啶类、噻唑类等	杀菌速度快，抗菌效率高，部分抗菌剂无毒，加工方便，稳定性好	释放型抗菌剂，耐热性差，易在溶剂中析出，易产生耐药性，分解产生的副产物通常有毒性
	季铵盐、含磷及磺酸基类、胍盐、吡啶类、卤素类、模拟天然抗菌肽的聚合物、苯酚和苯甲酸衍生物的聚合物、聚盐等	能够实现长效、广谱、安全无毒的抗菌，稳定性好	研究起步晚，制备方法复杂
天然抗菌剂	两亲性阳离子抗菌肽、溶菌酶、山梨酸、壳聚糖及其衍生物等	不易产生耐药性，安全无毒	壳聚糖、山梨酸等本身抗菌效果一般，抗菌肽、溶菌酶类制备或提取困难，成本高

抗生素类抗菌剂是一类由细菌、霉菌或其他微生物在生长过程中产生的具有抗病原体活性或其他活性的次级代谢产物，主要从微生物的培养液中提取或者以合成、半合成的方法制造。其种类多，且不断有新的品种被开发出来，杀菌速度快、效率高；但是极易导致微生物产生耐药性。

无机抗菌剂是利用金属离子及其氧化物的杀菌或抑菌能力制得的一类抗菌剂。人类很早就有利用银、铜、锌及其化合物来杀菌的记载。随着纳米技术的发展，相应的无机纳米抗菌剂研究取得了很大的进展，应用比较广泛的是纳米银、纳米铜、纳米锌及纳米 TiO_2 等[88-89]。其中纳米银是抗菌效率最高的一种无机抗菌剂，纳米铜次之，纳米锌最弱。内部有空洞结构且能牢固负载金属离子的材料，或者能与金属离子形成稳定螯合物的材料可以控制金属离子的释放速度。同金属离子一样，许多金属氧化物也具有抗菌性能。目前最常见的抗菌金属氧化物主要为 TiO_2 和 ZnO。ZnO 的抗菌性能较弱，一般用作其他金属离子的载体或辅助抗菌剂组分，很少单独使用。TiO_2 的抗菌机理主要是光催化抗菌，其在黑暗环境下没有抗菌能力，在光照条件下抗菌能力被激活，可应用于医疗、水纯化系统等，但高浓度时有轻微的毒性[90]。

有机抗菌剂和无机抗菌剂相比，不仅使用历史长，而且品种较多，常用的有卤化物、有机锡、异噻唑、吡啶金属盐、咪唑酮、醛类化合物、季铵盐等。有机小分子抗菌剂对微生物的灭活和抑制性能一方面取决于其发挥作用的基团，另一方面也与该化合物的取代基性质(亲疏水性)、分子中各原子及基团的排列、空间排布、反应性能等密切相关。其中季铵盐类抗菌剂的氮正离子可与微生物细胞表面带负电的极性磷脂端基通过静电作用相互吸引[91]，引起细胞壁膜的扰动，疏水烷基链再通过疏水作用刺破疏水的细胞膜磷脂层，导致细胞膜通透性增加，胞膜内容物泄露，最终导致细菌死亡[92-93]。这种物理杀菌机制不易产生耐药性。有机小分子抗菌剂属于释放型抗菌剂，可通过物理共混[63-64]或者离子作用[66]被包载在合适的载体中，不断释放到周围环境，与细菌相互作用发挥抗菌效果。然而有机小分子抗菌剂的长期使用容易产生累积毒性，对人体健康存在潜在威胁。合成高分子抗菌剂从1965年开始为世人所知，主要是通过物理或化学作用在高分子链上接枝抗菌官能基团，或者将带抗菌官能基团的单体分子进行聚合来实现的。与有机小分子抗菌剂相比，合成高分子抗菌剂不会向外界释放单体抗菌剂，杀菌有效期更长。此外，其能够在保证相同抗菌效果的前提下，有效降低材料中活性抗菌官能团的总密度。目前，合成高分子抗菌剂主要有聚季铵盐、含磷及磺酸基的聚合物、胍盐聚合物、模拟天然抗菌肽的聚合物、卤素类聚合物、苯酚和苯甲酸衍生物的聚合物、聚吡啶盐等。虽然许多合成高分子抗菌剂的抗菌机理还没有被充分解释，但因其具有极低的耐药性，获得了学者的广泛关注。近十年，获得FDA批准的具有抗菌功能的高分子抗菌剂数量明显增加，合成高分子抗菌剂已逐渐发展为有机小分子抗菌剂的理想替代物。

天然抗菌剂是人类历史上出现最早的抗菌剂，树胶和植物浸渍液早就被用作天然抗菌剂。目前在使用的天然抗菌剂主要有抗菌肽[96-98]、溶菌酶、壳聚糖及其衍生物等。其中壳聚糖是一种可降解的具有良好生物相容性和抗菌性能的生物材料，其化学名称为(1-4)-2-氨基-2-脱氧-β-D-葡聚糖，是由甲壳素通过脱乙酰基反应得到的。1979年，壳聚糖首次被证明具有抗菌效果。目前，业界关于其抗菌机制的推测主要有两种：一是带有正电荷的壳聚糖分子通过静电吸附效应与带有负电荷的细胞壁接触，并主动吸附在微生物表面，阻碍病原微生物的活动进而降低其代谢繁殖活性；二是壳聚糖分子通过与病原微生物内的DNA分子片段相互作用，阻碍病原微生物内的DNA转录为RNA，从而终止病原微生物的代谢繁殖。然而壳聚糖本身的耐热性不高，在180℃就会发生分解，且固态时的抗菌效果不如液态，因此很少单独使用。抗菌肽和溶菌酶等属于蛋白质类抗菌剂。抗菌肽具有良好的广谱抗菌性，可以非特异性地杀死革兰氏阴性菌、革兰氏阳性菌和真菌等，而且对哺乳类动物细胞无毒，不易引起补体激活或血小板激活等。但是由于生产成本太高，其应用受到一定的限制。为了解决这个问题，越来越多的研究转向模拟抗菌肽。DeGrado和Tew等成功地开展了一系列利用高分子模拟生物抗菌肽(如蛙皮素、防御素等)的研究工作[99-103]。这些高分子主要具有两个基本要素：①高度刚性的主链；②刚性主链上的侧链必须一侧是疏水性基团，另一侧带正电荷。这种大分子通过将整个主链插入微生物细胞膜内部来达到高效杀菌的目的。这种插入对于细胞膜是毁灭性的，它通过撕裂细胞膜导致细菌迅速死亡。例如，侧基上含有氨基的聚亚苯基乙炔撑共轭聚合物和其他含有阳离子侧基的刚性聚合物已成为有效的生物抗菌肽模拟物[104]。

8.2.2　生物材料防污杀菌策略

生物材料可以通过防止病原微生物黏附(防污)或杀灭接触黏附的病原微生物(杀菌)来

实现抗菌功能(见图 8-3)。防止环境中的病原微生物黏附,主要通过三种途径来实现:
①由 PEG 或具有更高氧化稳定性的 PEG 替代品如聚甘油、聚恶唑啉等构成防污涂层以实现空间排斥;②使用超疏水性或高度负电性的聚合物对生物材料表面进行改性;③使用表面能较低的材料,如聚四氟乙烯等。此外,对接触黏附的病原微生物进行杀灭,主要通过在聚合物基体中嵌入抗菌剂或是直接在材料表面接枝小分子抗菌剂或抗菌聚合物等。因此根据材料表面对微生物的作用方式,可将生物材料分为防污材料、杀菌材料以及防污和杀菌相结合的材料。

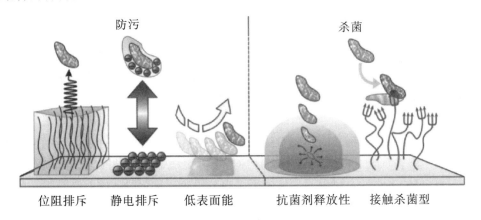

图 8-3　不同类型的抗菌材料表面

8.2.2.1　生物材料防污策略

有研究发现,无论是体内细菌的黏附或血栓的形成,还是海洋微生物的黏附等,都具有一定程度的相似性。从分子水平来看,这些黏附在初始阶段都是形成一层基膜,如蛋白质类大分子迅速地吸附在基质材料表面;随后,细胞或微生物等不同大小和性质的生物分子逐渐附着在材料表面,形成复杂而庞大的生物黏附体系,继而引发一系列的问题,如体内免疫、炎症,海洋生物对船体的污染[105-106]等。因此,科学地设计具有抗黏附性能的表面是解决这些问题的首要途径。有研究表明,材料表面的亲疏水平衡、表面能、电荷、极性、表面形貌等物理化学性能在很大程度上影响着材料表面的抗黏附行为。

1. 仿生物防污表面

自然界中,很多生物表面都具有良好的防污效果,例如,荷叶表面、昆虫外壳、许多海洋动物(鲨鱼、鲸鱼、海豚、贝类、海蟹)的皮肤等,均能够长期保持清洁。科学家对这些可以有效防污的生物外壳或表皮的生理状态、物理形貌和微观结构进行了研究和模拟,探讨了材料表面的微观结构对其亲疏水性和抗黏附性能的影响,并取得了很多成果。Feng 等发现荷叶表面的乳头状结构增加了水接触角,减小了滑动角,这是荷叶表面具有超疏水性的主要原因[107]。Callow 等研究了海豚皮表面和昆虫翅膀的微观结构及其防污机制,发现具有纳米微相分离结构的仿生表面和超疏水表面具有优异的防污性能[108]。Liu 等通过水热法在涤纶织物表面构建仿生鳞片状结构,并将具有高氨基密度的聚乙烯亚胺(PEI)涂覆在织物表面赋予其超亲水性。研究发现,该织物具有优异的防污性能和易清洁特性,可以抑制革兰氏阴性菌和革兰氏阳性菌的生长,大大提高了织物的使用寿命,并防止了水的二次污染[109]。Lin 等成功制备了双面仿鲨鱼皮聚二甲基硅氧烷(PDMS)膜,该

163

膜的超疏水仿生外层，可以有效避免细菌黏附，能作为辅料对伤口进行防污和修复[110]。Genzer 等研究表明，具有纳米结构的超疏水表面表现出广谱防污性能，能够抵抗多种生物的黏附[111-112]。

开发仿生物防污表面，可以采用简单合适的方法（物理微加工、化学处理或者两者相结合）对不同的基材和界面材料进行处理，构建微纳米拓扑结构防污表面。在基质材料表面涂覆或接枝可产生微相分离的聚合物、对表面进行溶胶-凝胶处理、在材料中引入纳米材料（如 SiO_2 纳米颗粒或碳纳米管等），或在界面材料中实现有机/无机杂化等，都能改变材料表面的微纳米结构。相比表面物理微加工法，表面化学处理可以对材料表面进行分子水平的调控，具有工艺相对简单、成本较低、使用范围更广等优势。但所制备的表面微纳米结构形貌不太规则，有序性较差，具有一定的随机性。随着材料科学及相关交叉学科的快速发展，可以在物理方法制备的微米级拓扑结构的粗糙表面上，进一步采用化学方法进行修饰改性，制备具有多尺度微纳米拓扑结构的表面。

2. PEG 基防污涂层

聚乙二醇（PEG）是一种具有优异生物相容性、良好亲水性和无毒副作用的聚合物，常被用作生物材料表面防污的涂层材料。PEG 的防污机制主要与以下三个因素有关：①PEG 具有良好的亲水性，可以通过氢键吸引水分子形成水化层，进而有效阻止疏水性的细菌等微生物在材料表面黏附；②PEG 具有很强的链运动性，使细菌以及黏附蛋白等缺乏结合位点，难以在涂层表面附着；③当蛋白质接近 PEG 功能化的材料表面时，PEG 链会发生收缩从而产生斥力，抑制蛋白质进入。

材料表面接枝的 PEG 链段的长度和密度均对其防污性能有影响。比如，聚氨酯表面较短的聚乙二醇链段无法降低其黏附细菌的能力，但较长的聚乙二醇链段可以减少细菌的黏附。除了接枝在材料表面，PEG 也可以引入嵌段聚合物的主链。例如，不同比例的 PEG 与聚环氧丙烷（PPG）或聚四氢呋喃醚（PTMG）共同作为软段合成的聚氨酯表面具有良好的防污性能，其中 PEG/PPG 或 PEG/PTMG 在摩尔比为 1∶1 时能显著降低金黄色葡萄球菌和粪肠球菌的附着力[113]。其中除 PEG 的亲水作用外，聚氨酯硬段和软段的微相分离程度也能影响其防污性能[114]。虽然 PEG 涂层在严格灭菌条件下能维持稳定的状态，但其在自由氧、金属离子或能氧化其羟基的酶的作用下会发生快速氧化，这限制了 PEG 基防污材料的长效防污性能。

3. 两性离子聚合物防污涂层

具有较强离子溶剂化的材料属于防污材料的范畴，具有广泛的应用前景。两性离子聚合物是指一类聚合物链中含有两性离子基团或混合阴阳离子基团的聚合物，根据带电基团的不同，可以进一步分为磷酰胆碱型、磺酸甜菜碱型、羧酸甜菜碱型以及混合型。在这一类防污材料中，阴离子基团和阳离子基团同时存在，且正、负电荷相等，容易通过静电诱导作用与水分子稳定结合，并通过氢键形成表面水化层，从而达到较强的抗附着性能。

羧酸甜菜碱型两性离子聚合物可以通过酸/碱环境的改变实现具有黏附能力的六元内酯环向非黏附特性的开环羧酸盐的结构转变。在极性条件下，六元内酯环的结构可以杀死附着于表面的大肠杆菌；在中性或碱性水溶液中，六元内酯环水解为开环羧酸盐，释放杀死的细菌，并阻止细菌的黏附[115]。两性离子聚磺基甜菜碱乙烯基咪唑（PSBVI）水凝胶具有优异的防污性能，对纤维蛋白原表现出超低吸附能力，甚至低于界面等离子体共振仪的检测限（0.3 ng/cm^2）[116]。两性离子聚羧基甜菜碱（甲基）丙烯酸酯（PCBMA）水凝胶也具有良好的防污能力，与中性 PHEMA 水凝胶相比，可以减少约 90% 的细菌黏附[117]。Kostina 等将两性离子聚羧基甜菜碱（甲基）丙烯酰胺（PCBMAA）与 PHEMA 结合制备的水凝胶不仅表现出优异的防污性能，而且机械性能与 PHEMA 水凝胶相当，因而在植入生物材料、药物载体等领域得到了广泛应用[118−120]。例如，基于两性离子 PCBMA 水凝胶的生物传感器可以实现对葡萄糖快速、灵敏且长期的监测，同时可以避免生物污染[121]。

4. 生物酶防污涂层

生物酶防污涂层能够干扰细菌的群体感应系统（QS）或降解材料表面的细菌生物膜，从而使材料具有防污性能。在细菌繁殖生成的生物膜中，细菌之间通信的信号分子是根据细胞密度来分泌调控的。现已甄别出的若干种 QS 信号均可以被 QS 淬灭酶催化降解，产生丝氨酸内酯以及相应的脂肪酸。目前已发现酰基高丝氨酸内酯酶（AHL）、AHL 酰化酶等有效的 QS 淬灭酶。Paul 等在硼硅酸盐玻璃、聚苯乙烯和反渗透膜三种表面上测试了 AHL 内酯酶对环境菌株生物膜形成的抑制能力，发现三种材料表面最后都有生物膜的形成，但是生物膜的生长均受到了抑制[122]。其中，聚苯乙烯的生物膜抑制效果最好。

为生物膜提供机械强度的是由微生物代谢产生的 EPS，主要由多糖、蛋白质、核酸和脂质组成。EPS 能介导生物膜与材料表面的黏附，形成一个三维聚合物网络，并对生物膜内的细菌胞体起保护作用。生物酶涂层能够降解生物膜基质，其中糖苷水解酶能降解金黄色葡萄球菌生物膜基质的主要成分聚-N-乙酰葡糖胺，从而防止生物膜的形成。

8.2.2.2　生物材料杀菌策略

传统的杀菌材料主要包括两种类型，即抗菌剂释放型和接触杀菌型。文献已报道的大多数杀菌聚合物是源于季铵化合物（QAC）的聚阳离子和宿主防御肽，它们可以在破坏细胞膜/壁完整性的同时使细菌酶失活[69,123−124]。同样，其他聚阳离子如聚乙烯亚胺衍生物[125]和壳聚糖衍生物[126]也可以通过膜溶解机制表现出有效的杀菌活性。随着研究的不断深入，各种多功能的新型杀菌材料被陆续开发出来。

1. 抗菌剂释放型聚合物

抗菌剂释放型聚合物主要是作为小分子抗菌剂的载体，达到延长杀菌时间或控制释放抗菌剂的目的。1979 年 Vogl 和 Tirrell 首次报道了[94]抗菌剂释放型聚合物聚水杨酸，虽然该聚合物没有获得很好的杀菌性能，但其降解后可以对水杨酸进行控制释放。Worley 等通过将 N-卤代胺基团接枝到多种聚合物主链上合成了一系列杀菌聚合物，使得长期储存活性氯成为可能[127]。这些聚合物可以在特定情况下释放出活性氯及次氯酸盐，其中活性氯能通过氧化微生物细胞膜上的磷脂双分子层来达到杀死微生物的目的。Coneski 等合成了一种释放一氧化氮（NO）的杀菌聚合物，该聚合物含有二醇二氮烯鎓基团，这种基团在一定条件下可以使聚合物在数小时内释放 NO[128−130]。此外，有研究表明从茶叶等天然物质中提取的多酚类化合物具有抗菌性[131]，Kenawy 等合成了此种天然聚合物的模拟物，发现该聚合物能够通过释放多酚类物质来达到杀死微生物的目的[132]。

然而，抗菌剂释放型聚合物也存在一定的局限性。例如，抗菌剂的持续释放可能会产生累积毒性以及污染周围环境，导致微生物产生耐药性，抗菌效果也会逐步消失。

2. 接触杀菌型生物材料

接触杀菌型生物材料是将多种类型的抗菌剂接枝在生物材料表面，杀死与其接触的细菌微生物。表面接枝型杀菌聚合物于2001年被提出作为接触杀菌表面的模型。表面接触杀菌聚合物的工作机理与溶液中的聚合物不同，接触杀菌表面可以通过聚合物的隔离效应使材料具有杀菌性能，表面接枝的杀菌物质能够穿透所黏附细菌的细胞壁，当进入细胞质膜后，细胞会因为磷脂双分子层的破坏而死亡(见图8-4)。当表面接枝的杀菌基团浓度足够高时，不仅可以杀死黏附在材料周围的细菌，还可以杀死那些在溶液中对此类聚合物并不敏感的微生物[75]。例如，表面接枝聚(4-乙烯-N-己烷基吡啶)的杀菌聚合物对革兰氏阳性的金黄色葡萄球菌和革兰氏阴性的绿脓杆菌均有较好的杀灭效果[76]。值得注意的是，革兰氏阴性菌并不能在溶液中被杀死，这便证明了表面隔离效应假说。此外，进一步研究表明，该材料对耐药金黄色葡萄球菌也有良好的杀灭效果[133]。季铵化的聚乙烯亚胺表面可以高效地杀灭微生物[134]，而当聚合物分子量足够大时，甚至可以使某些流感病毒失活[135]。而且这种材料表面也不会使金黄色葡萄球菌或大肠杆菌产生耐药性[92]。

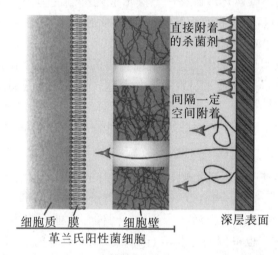

图8-4 基于高浓度表面隔离效应假说的接触杀菌机制

迄今为止，有很多种表面接枝聚合物的方法，包括化学接枝法、层层沉积法和等离子体聚合法。例如，聚(4-乙烯-N-己烷基吡啶)通过表面接枝法固定在氨基硅烷和丙烯酰氯改性的载玻片表面，随后载玻片上的丙烯酸基团与4-乙烯基吡啶基团进行共聚合，所得产物再用正己基溴进行烷基化处理得到接触杀菌的表面[76]。经过多年的发展，通过化学接枝形成接触杀菌表面的研究取得了很大进展，但是大部分制备工艺都比较复杂和精细，需要很多化学步骤和有机溶剂，成本较高，限制了其在工业生产领域的应用。

8.2.2.3 生物材料防污和杀菌相结合的策略

尽管防污策略和杀菌策略的研究和开发取得了重要进展，但仍然存在各自的不足。例如，防污材料表面可以抑制或减少细菌的初始黏附，但迄今为止的研究表明，任何表面都不能100％地防止细菌黏附，并且不可避免地会被细菌定植。一旦细菌附着在表面，它们就很难被杀死。另外，杀菌材料可以抑制生物膜的生长，并对初始黏附的细菌进行杀伤，但材料表面没有自洁功能，残留的死细菌会对材料表面造成污染，引起免疫反应或炎症，进而降低材料表面的后续杀菌效果。因此，理想的抗菌表面需要实现以下功能：①防止细菌的初始黏附；②杀死所有仍能黏附的细菌；③清除死细菌。考虑到杀菌成分和抗菌成分之间的互斥性，理想的抗菌表面应具有防污-杀菌-释菌功能转化的能力，即可控地表现出防污、杀菌或释菌的能力。

1. 防污-杀菌结合策略

根据杀菌剂与防污材料结合的方法，可将防污-杀菌结合策略分为三类：①将杀菌剂与防污的亲水性聚合物结合；②将杀菌剂交替沉积在防污层上构建防污-杀灭表面；③将杀菌剂储存在无污染基材中并释放。

亲水性聚合物由于具有优异的抗特异性蛋白质吸附和细菌黏附能力被用作防污材料。近年来，有研究人员通过将亲水性聚合物和具有杀菌特性的杀菌剂相结合，开发出了多种具有抗菌黏附和杀菌双重功能的抗菌表面。例如，Yan 等以致密的亲水性 PEG 作为防污背景层，将杀菌剂 QACs 共价接枝到 PEG 层上，构建了双层结构的抗菌表面。该表面不仅能有效地防止多种细菌的附着，而且能杀死那些突破了防污层与杀菌表面直接接触的细菌。由于每个 PEG 链的末端只有一个官能团，可发挥作用的杀菌剂浓度是有限的。为了提高反应位点的密度，可以使用侧链中带有 EG 单元的梳形聚合物[136-137]。Ju 等研究了赋予不锈钢表面防污和抗菌功能的有效方法。首先，将 PEG 衍生的聚合物如聚甲基丙烯酸-2-羟乙酯(PHEMA)或聚甲基丙烯酸寡聚乙二醇酯(POEGMA)接枝到表面，再以共价结合的方式将杀菌生物分子(壳聚糖或溶菌酶)接枝到侧链末端的羟基上。这种同时诱导防污和杀菌功能的非释放性方法适用于抑制生物膜和生物材料相关的感染[138-140]。除了 PHEMA 和 POEGMA，其他亲水性共聚物也被用来与天然杀菌剂(如氨苄西林)相结合制备植入物的抗菌涂层，以抵抗生物膜的形成。

将杀菌剂交替沉积在防污层上的方法称为逐层沉积防污抗菌层法。Iler 于 1966 年首次研究了层层(LBL)组装技术，该方法是一种通过静电作用构建具有高度可调形态和功能的多层聚合物(通常为聚电解质)的技术[141-145]，具有简单、经济、高效、性能优良的特点。该方法可以将带相反电荷的杀菌物质和防污物质交替沉积在基材上，这样构建的多层膜材料不仅可以减少细菌在表面的附着，而且可以杀死已经黏附在表面的细菌[146-151]。LBL 抗菌膜的设计通常采用以下三种方式：①通过调节表面的疏水性、电荷或刚性来防止细菌黏附[152-153]；②通过将带有阳离子基团的聚合物固定到 LBL 薄膜中，从而得到接触-杀灭表面，抗菌肽、具有氨基的合成聚合物(聚烯丙胺)、季铵盐及其衍生物是最常用的聚合物[154-155]；③将抗菌化合物(如铜盐、银盐或纳米颗粒)或抗生素(尤其是阳离子抗生素[156])用直接接触的方式释放或植入薄膜。由于 LBL 薄膜的降解过程通常比释放过程慢，后两种方法的抗菌作用通常比释放型涂层的持续时间更长[157]。

大多数接触杀菌表面能有效杀死附着在表面的细菌，但对浮游细菌的抗菌能力有限。而杀菌剂的控释可以有效减少表面细菌的定植，抑制浮游细菌的增殖。因此，含有可释放杀菌剂的防污基质已被开发用于实现杀菌和防污双重性能。两性离子水凝胶不仅具有防污能力，还能有效阻止细菌等微生物的生长繁殖。例如，Mi 和 Jiang 将羧基甜菜碱两性离子单元与杀菌基团水杨酸(SA)用一个可水解的酯键连接，制备了一种两性离子聚合物。该聚合物在水解过程中酯键断裂并释放出 SA，可抑制周围环境中细菌的生长，同时水解暴露出两性离子基团，能发挥防污与杀菌的协同作用[158]。

2. 杀菌-释菌结合策略

杀菌-释菌结合策略结合了杀菌和细菌释放特性，杀菌表面首先杀死附着在表面的细菌，然后在适当的刺激下激活阻抗功能，将杀菌表面转变为防污表面，去除或释放死菌及其碎片，使表面能够恢复清洁，保持长期有效的抗菌活性和生物相容性。实现这种杀菌-释菌性能转变的方式主要有两种：①温度引起的构象和疏水性的变化（物理变化）；②pH诱导的阳离子-两性离子的转化（化学变化）。

在众多刺激因素中，温度是研究得最多的调节材料表面细菌黏附行为的因素之一[159-161]。PNIPAAm是一种典型的温度响应聚合物，它的LCST（32℃）介于室温和生理温度范围之间[160-164]。经过表面改性后，PNIPAAm可响应环境温度的变化，发生收缩（>LCST）到伸展（<LCST）的构象转变，导致表面润湿性发生变化，进而影响蛋白质、细菌、细胞和其他物质在其表面的附着力[165-166]。研究表明，温度的改变不仅可以使初始黏附的细菌脱落，还可以去除成熟的生物膜。因此，将PNIPAAm与抗菌剂进行结合，可以获得具有可控杀菌和释菌能力的复合表面。Yu等利用表面引发聚合法制备了纳米图案化的PNIPAAm聚合物刷接枝表面。他们发现，当水溶液的温度高于LCST时，PNIPAAm聚合物刷发生收缩并形成清晰的条纹图案，条纹间的纳米空隙允许细菌附着，并暴露出原先嵌入的杀菌剂杀灭细菌；在温度低于LCST时，PNIPAAm分子链伸展并结合水分子，使表面由疏水变为亲水，在表面形成的水合层有利于细菌的释放[167]。这种温度触发的构象变化可用于调整PNIPAAm聚合物刷之间的纳米空隙，从而实现表面杀菌活性的可逆转换。随后，该课题组将季铵盐（QAS）、单线态氧敏化剂等杀菌剂以物理方法吸附在PNIPAAm聚合物刷之间的纳米空隙，开发了大量具有温度响应杀菌和释菌功能的智能抗菌界面[168-169]。

pH也是诱导抗菌表面杀菌-释菌性能转变的主要因素之一[170-171]。当pH诱导型聚合物被固定在固体基材表面时，环境pH的变化可能引起表面电荷的变化，导致聚合物构象的变化，最终改变材料表面的润湿性并实现细菌的附着和释放。Jiang等利用两性离子聚合物构建了pH诱导的智能杀菌表面，不仅可以杀死附着在生物材料表面的细菌，还可以通过改变pH引起两性离子结构的变化，从而释放细菌[106]。这种两性离子材料改性的表面（如聚磺基甜菜碱和聚羧基甜菜碱）可以通过静电相互作用形成水合层，显著减少非特异性蛋白质吸附、细菌黏附及表面生物膜的形成。

8.2.3 抗菌生物材料评价

目前，国内外关于抗菌材料的检测标准有三十余种，对于抗菌材料的评价主要从抗细菌和抗真菌两方面入手，通过对抗菌材料进行微生物实验来评价其杀死或抑制微生物的作用效果。以下将从实验条件要求、实验仪器设备和器皿器具、实验用试剂和菌种、实验方法等方面进行介绍。

8.2.3.1 实验条件要求

进行微生物实验时，为了保证最终数据的准确性和对结果的有效评价，首先要确保实验人员的人身安全和实验无菌环境的要求。

1. 对实验人员的要求

微生物实验人员应满足生物操作规程对实验人员的要求，并接受过相关微生物知识及系统实验的培训，具有充分的实践经验，能够在实验过程中严格按照规范执行操作。

2. 对无菌环境的要求

为避免实验用菌在保藏和实验过程中受到污染，避免实验器材和受检样品受到污染，应确保微生物实验的准备和操作过程的环境无菌。

洁净室(无菌室)是开展微生物实验的重要场所和最基本的设施，是保证微生物检测质量的重要基础。因此，它的设计要严格按照国家标准《洁净厂房设计规范》(GB 50073)、国家药品监督管理局颁发的《药品检验所实验室质量管理规范(试行)》中第十八条的规定执行。微生物实验室洁净室的施工、安装、验收应严格按照国家行业标准《洁净室施工及验收规范》(JGJ 71)执行。无菌室应配备对空气除菌过滤的单向流空气装置，操作区洁净度达 100 级或放置同等级别的超净工作台，室内温度控制在 18℃～26℃，相对湿度控制在 45％～65％。缓冲间及操作室内均应配备能达到空气消毒效果的紫外灯或其他适宜的消毒装置，空气洁净级别不同的相邻房间之间的静压差应大于 5 Pa，洁净室(区)与室外大气的静压差应大于 10 Pa。实验室常见灭菌方法及其应用对象见表 8-6。

表 8-6　实验室常见灭菌方法及其应用对象

灭菌方法	具体操作	灭菌有效性	应用对象
高压蒸汽灭菌	通过高压蒸汽灭菌锅灭菌，一般在 103 kPa、121.6℃灭菌 15～40 分钟	能杀死所有微生物(包括芽孢)，灭菌时间长短取决于存在的微生物数量，几乎是最有效的灭菌方法	用于一般培养基和玻璃器皿等耐热、耐压的物品器皿的灭菌
干热灭菌	通过电烘箱的热空气灭菌，一般在 160℃恒温保持 3～4 小时，或在 180℃恒温保持 2 小时	能够杀死微生物(包括芽孢)，干热灭菌的有效灭菌温度较高压蒸汽灭菌更高，作用时间也更长	用于空玻璃器皿灭菌；凡带有橡胶的物品和培养基，都无法进行干热灭菌
间歇灭菌	于 90℃～100℃煮沸 10 分钟，共煮沸 3 次，每次处理间隔时间为 24 小时	第一次加热杀死所有营养细胞，下一次加热杀死在间隔期间可能萌发的芽孢和孢子	适用于不能进行高压灭菌但有一定耐热性能的培养基的灭菌
紫外线杀菌	杀菌力最强的是波长 254～257 nm 的紫外线，无菌室和缓冲间的照射时间一般为 30～60 分钟，超净台或生物安全柜照射时间为 10～15 分钟	一般作为辅助灭菌方式，如果灭菌效果不好，可延长照射时间或增加其他灭菌方法来控制环境无菌	用于物体表面和空气灭菌
过滤除菌	借由无菌包装过滤器过滤	可除去细菌和真菌，不可除去病毒	用于不耐高温的培养基或溶液灭菌

3. 微生物实验的安全防护措施

抗菌生物材料评价实验主要利用病原微生物对材料的抗菌性能进行评价，所以实验人员必须采用必要且合理的防护措施与装备，避免被感染致病。实验人员进入洁净室(无菌室)不得化妆，不得戴手表、戒指等饰品。首先，在清洗双手后进入第一缓冲间更衣，换上消毒隔离拖鞋，脱去外衣，用消毒液消毒双手后戴上无菌手套，换上无菌连衣帽(不得让头发、衣服等暴露在外面),戴上无菌口罩。然后,更换或戴上第二副无菌手套,在进入第二缓冲间时换上另一双消毒隔离拖鞋。最后,进入风淋室,吹淋30秒后进入无菌室。

8.2.3.2 实验仪器设备和器皿器具

1. 常用的仪器设备

洁净室内常用的仪器设备有恒温培养箱〔(37±1)℃〕、医用冷藏柜(0℃~5℃)、超净工作台(1000级)、微生物光学显微镜、压力蒸汽灭菌器、恒温水浴振荡器、高速离心机、电热干燥箱等。

2. 常用的器皿器具

洁净室常用的器皿器具有培养玻璃皿、试管、移液管、离心管、接种环、酒精灯等。

8.2.3.3 实验用试剂和菌种

1. 培养基

培养基用于人工培养微生物,其中包含碳源、氮源、无机盐和生长因子,为微生物的生长繁殖提供必需的营养物质和水分。

2. 中和剂

进行微生物实验时,微生物的接触培养应在样品取出时即时停止,杀菌过程也应随之停止。这个过程中用于中和抗菌作用的物质称为中和剂。

3. 分散剂

分散剂也称湿润剂,其作用是将微生物进行分散和悬浮,并具有一定的保湿效果。目前,微生物实验中常用的分散剂有吐温60和吐温80、N-氨基甲酰甲基乙磺酸、二辛基丁二酸磺酸钠、月桂酸钠等。

4. 实验菌种

目前,易引起人体感染产生炎性反应的病原体有大肠杆菌、金黄色葡萄球菌、绿脓假单胞菌、肺炎克雷伯菌、白色念珠菌等。涂料上易发现的病原细菌有藤黄八叠球菌、海生黄杆菌、铜绿极毛杆菌等,病原真菌有萨氏曲霉、黄曲霉、黑曲霉、白曲霉、紫色青霉、木霉等;塑料材料上易发现的病原细菌有绿脓假单胞菌、金黄色葡萄球菌等,病原真菌有黑曲霉、土曲霉、杂色曲霉、橘青霉、常见青霉、出芽短梗霉等。以上所述细菌和真菌的标准菌株常用作抗菌材料检测实验细菌。

此外,对于不同的实验需求,用到的细菌或真菌菌种也有所不同。例如,对微生物的杀灭检测实验,以金黄色葡萄球菌作为化脓性球菌的代表,以大肠杆菌作为肠道菌的代表,以铜绿假单胞菌作为医院感染中最常分离的细菌繁殖体的代表,白色葡萄球菌作为空气中细菌的代表,以龟分枝杆菌脓肿亚种作为人结核分枝杆菌的代表,以枯草杆菌黑色变种芽孢作为细菌芽孢的代表,以白色念珠菌和黑曲霉菌作为致病性真菌的代表。另外,根据消毒灭菌材料的特定用途或特殊需求,也可选择其他菌种。

8.2.3.4 实验方法

1. 抗细菌性能评价方法

琼脂平皿扩散法即在平板培养皿内注入两层琼脂培养基,下层为无菌培养基,上层为接种培养基。将试样放在两层培养基上,经过一定时间培养后,根据培养基和试样接触处细菌繁殖的程度,定性评价试样的抗菌性能。此法是典型的定性方法,可根据细菌繁殖情况和抑菌带的宽度来评价每个试样的抗菌效果。但该方法有一定局限性，即只适用于含有溶出性抗菌剂的抗菌材料。

吸收法是将试样与对照样分别接种试验菌种，并分别进行立即洗脱和培养后洗脱，测定洗脱液中的细菌数并计算抑菌值或抑菌率，以此来评价试样的抑菌效果。该方法是一种定量方法，因此要在定性实验之后进行。比如，在测得样品对于某种微生物有杀灭作用后，再进一步用此方法计算抑菌率。该方法适用于对吸水性材料及其制品的评价。

振荡法是通过将试样与对照样分别装入一定浓度的试验菌种的三角瓶中，在规定的温度下振荡一段时间，测定三角瓶内菌液在振荡前及振荡后的活菌浓度，计算抑菌率，以此评价试样的抗菌效果。这种方法可加速反应，便于在较短时间内得到结果，适用于对织物、发泡塑料等材料的评价。

贴膜法是一种能定量描述材料抗菌性能的检测方法：将菌液滴加到试样上，覆盖薄膜，使菌液均匀分布在试样表面。接触一定时间后，计算样品的抗菌率。这种方法适用于非吸水性且可制成一定面积的硬质表面材料或涂层的样品，是目前最为常用的抗菌性能评价方法之一。

2. 抗真菌性能评价方法

平皿培养法即将试样置于培养基上，在试样及培养基表面均匀地加入一定量的混合孢子悬液，并培养一段时间，定期进行观察，按真菌的生长情况（覆盖面积）分等级评价试样的抗真菌性能。通过该方法，实验人员能直观判断试样的抗真菌性能。

参考文献

[1] 杜玉珍. 消毒与灭菌 [J]. 人人健康，1999(10)：23.

[2] Sterilization of health care products—General requirements for characterization of a sterilizing agent and the development，validation and routine control of a sterilization process for medical devices [S]. ANSI/AAMI，2009：14937.

[3] 孙多先，汪昭武. 生物医用材料的消毒与灭菌 [J]. 国外医学·生物医学工程分册，1982(3)：140-149.

[4] Shaheen E，Alhelwani A，van de Casteele E，et al. Evaluation of dimensional changes of 3D printed models after sterilization：a pilot study [J]. The Open Dentistry Journal，2018，12：72-79.

[5] Münker T，van de Vijfeijken S，Mulder C S，et al. Effects of sterilization on the mechanical properties of poly（methyl methacrylate）based personalized medical devices [J]. Journal of the Mechanical Behavior of Biomedical Materials，2018，81：168-172.

[6] Nair P D，Doherty P J，Williams D F. Influence of steam sterilization induced surface changes of polyester materials on its biocompatibility [J]. Bulletin of Materials Science，1997，20：991-999.

[7] Darmady E M，Hughes K E A，Burt M M，et al. Radiation sterilization [J]. Journal of Clinical Patholog，1961(1)：55-58.

[8] Sterilization of health care products—Radiation—Part 2：Establishing the sterilization dose [S]. ISO 11137-2，2013.

[9] Darwis D，Erizal Abbas B，Nurlidar F，et al. Radiation processing of polymers for medical and pharmaceutical applications [J]. Macromolecular Symposia，2015，353(1)：15-23.

[10] Sedlacek O，Kucka J，Monnery B D，et al. The effect of ionizing radiation on biocompatible

polymers: from sterilization to radiolysis and hydrogel formation [J]. Polymer Degradation and Stability, 2017, 137: 1—10.

[11] Mazor E, Zilberman M. Effect of gamma-irradiation sterilization on the physical and mechanical properties of a hybrid wound dressing [J]. Polymers for Advanced Technologies, 2017, 28: 41—52.

[12] Gorna K, Gogolewski S. The effect of gamma radiation on molecular stability and mechanical properties of biodegradable polyurethanes for medical applications [J]. Polymer Degradation and Stability, 2003, 79: 465—474.

[13] Faltermeier J, Simon P, Reicheneder C, et al. The influence of electron beam irradiation on colour stability and hardness of aesthetic brackets [J]. European Journal Orthodontics, 2012, 34(4): 427—431.

[14] Casson S, Spencer M, Walker K, et al. Laser capture microdissection for the analysis of gene expression during embryogenesis of Arabidopsis [J]. The Plant Journal, 2005, 42: 111—123.

[15] Adrian J C, Gross A. A new method of sterilization: the carbon dioxide laser [J]. Journal of Oral Pathology, 1979, 8(1): 60—61.

[16] Popham D L. Specialized peptidoglycan of the bacterial endospore: the inner wall of the lockbox [J]. Cellular and Molecular Life Sciences: CMLS, 2002, 59(3): 426—433.

[17] Gupta T T, Karki S B, Matson J S, et al. Sterilization of biofilm on a titanium surface using a combination of nonthermal plasma and chlorhexidine digluconate [J]. BioMed Research International, 2017, 128: 1—11.

[18] Moisan M, Barbeau J, Moreau S, et al. Low-temperature sterilization using gas plasmas: a review of the experiments and an analysis of the inactivation mechanisms [J]. International Journal of Pharmaceutics, 2001, 226(1—2): 1—21.

[19] Lisa D, Efrosyni T, Fraser B, et al. Low temperature gamma sterilisation of a bioresorbable polymer PLGA [J]. Radiation Physics and Chemistry, 2018, 143: 27—32.

[20] Ukhov S V, Kon'shin M E, Novikova V V, et al. Synthesis and antimicrobial activity of silver salts of substituted 2-iminocoumarin-3-carboxylic acid amides [J]. Pharmaceutical Chemistry Journal, 2004, 38: 186—187.

[21] Febré N, Silva V, Báez A, et al. Antibacterial activity of copper salts against microorganisms isolated from chronic infected wounds [J]. Revista Medica de Chile, 2016, 144(12): 1523—1530.

[22] Abbas Z, Ali B, Sabri A. Antimicrobial activity of biocides against different microorganisms isolated from biodeteriorated paints [J]. Pakistan Journal of Zoology, 2012, 44: 576—579.

[23] Chang J, Jeong T D, Lee S, et al. Intactness of medical nonsterile gloves on use of alcohol disinfectants [J]. Annals of Laboratory Medicine, 2018, 38(1): 83—84.

[24] Perumal P K, Wand M E, Sutton J M, et al. Evaluation of the effectiveness of hydrogen-peroxide-based disinfectants on biofilms formed by Gram-negative pathogens [J]. The Journal of Hospital Infection, 2014, 87(4): 227—233.

[25] Vashkov V I, Ramkova N V, Maslennikov Y I, et al. Chemical sterilization of biomedical articles made of thermolabile materials [J]. Nature Biomedical Engineering, 1974, 8: 331—333.

[26] Barrette W C, Hannum D M, Wheeler W D, et al. General mechanism for the bacterial toxicity of hypochlorous acid: abolition of ATP production [J]. Biochemistry, 1989, 28(23): 9172—9178.

[27] Vieira R G L, Moraes T D S, Silva L D O, et al. In vitro studies of the antibacterial activity of *Copaifera* spp. oleoresins, sodium hypochlorite, and peracetic acid against clinical and

environmental isolates recovered from a hemodialysis unit [J]. Antimicrobial Resistance and Infection Control, 2018, 7: 14.

[28] Ball E L, Dornbush A C, Sieger G M, et al. Sterilization of regenerated collagen sutures with β-propiolactone [J]. Journal of Applied Microbiology, 1961, 9: 269—272.

[29] Phillips C R, Kaye S. The sterilizing action of gaseous ethylene oxide. I. review [J]. American Journal of Hygiene, 1949, 50: 270—279.

[30] Mendes G C C, Brandao T R, Silva C L. Ethylene oxide sterilization of medical devices: a review [J]. American Journal of Infection Control, 2007, 35(9): 574—581.

[31] Buben I, Melichercíková V, Novotná N, et al. Problems associated with sterilization using ethylene oxide. Residues in treated materials [J]. Central European Journal of Public Health, 1999, 7: 197—202.

[32] Lucas A D, Merritt K, Hitchins V M, et al. Residual ethylene oxide in medical devices and device material [J]. Journal of Biomedical Materials Research Part B: Applied Biomaterials, 2003, 66B: 548—552.

[33] O'Leary R K, Guess W L. Toxicological studies on certain medical grade plastics sterilized by ethylene oxide [J]. Journal of Pharmaceutical Sciences, 1968, 57(1): 12—17.

[34] Windebank A J, Blexrud M D. Residual ethylene oxide in hollow fiber hemodialysis units is neurotoxic in vitro [J]. Annals of Neurology, 1989, 26(1): 63—68.

[35] Vink P, Pleijsier K. Aeration of ethylene oxide-sterilized polymers [J]. Biomaterials, 1986, 7(3): 225—230.

[36] Stevens A B. Aldehyde disinfectants and health in endoscopy units [J]. Gut, 1994, 35: 1641—1645.

[37] Yoo J H. Review of disinfection and sterilization—back to the basics [J]. Infection & Chemotherapy, 2018, 50(2): 101—109.

[38] Mohammed M, Tahar B Ï. Antibacterial activity of quaternary ammonium salt from diethylaminoethyl methacrylate [J]. Journal of Chemistry, 2012, 7: 61—66.

[39] Lowy F D. Medical progress—*Staphylococcus aureus* infections [J]. The New England Journal of Medicine, 1998, 339(8): 520—532.

[40] Enright M C, Robinson D A, Randle G, et al. The evolutionary history of methicillin-resistant *Staphylococcus aureus* (MRSA) [J]. PNAS, 2002, 99: 7687—7692.

[41] Carapetis J R, Steer A C, Mulholland E K, et al. The global burden of group a streptococcal diseases [J]. The Lancet Infectious Diseases, 2005, 5(11): 685—694.

[42] a) Skjerve E and Brennhovd O. A multiple logistic model for predicting the occurrence of Campylobacter jejuni and Campylobacter coli in water. J ApplBacteriol, 1992, 73: 94—98;
b) Vincent, J L, Sakr, Y, Singer, M, et al. Prevalence and outcomes of infection among patients in intensive care units in 2017 [J]. The Journal of the American Medical Association, 2020, 323(15): 1478—1487.

[43] Yang W, Bai T, Carr L R, et al. The effect of lightly crosslinked poly(carboxybetaine) hydrogel coating on the performance of sensors in whole blood [J]. Biomaterials, 2012, 33(32): 7945—7951.

[44] Veerachamy S, Yarlagadda T, Manivasagam G, et al. Bacterial adherence and biofilm formation on medical implants: a review [J]. Proceedings of the Institution of Mechanical Engineers, Part H: Journal of Engineering in Medicine, 2014, 228(10): 1083—1099.

[45] Boucher H W, Talbot G H, Bradley J S, et al. Bad bugs, no drugs: no eskape! An update from the infectious diseases society of America [J]. Clinical Infectious Diseases, 2009, 48: 1—12.

[46] Flemming H-C, Wingender J. The biofilm matrix [J]. Nature Reviews Microbiology, 2010, 8: 623—633.

[47] Caiazza N C, O'Toole G A. SadB is required for the transition from reversible to irreversible attachment during biofilm formation by *Pseudomonas aeruginosa* PA14 [J]. Journal of Bacteriology, 2004, 186(14): 4476—4485.

[48] Hinsa S M, Espinosa-Urgel M, Ramos J L, et al. Transition from reversible to irreversible attachment during biofilm formation by *Pseudomonas fluorescens* wcs365 requires an ABC transporter and a large secreted protein [J]. Molecular Microbiology, 2003, 49: 905—918.

[49] Ono K, Oka R, Toyofuku M, et al. cAMP signaling affects irreversible attachment during biofilm formation by *Pseudomonas aeruginosa* PAO1 [J]. Microbes and Environments, 2014, 29: 104—106.

[50] McDougald D, Rice S A, Barraud N, et al. Should we stay or should we go: mechanisms and ecological consequences for biofilm dispersal [J]. Nature Reviews Microbiology, 2012, 10: 39—50.

[51] Hall-Stoodley L, Costerton J W, Stoodley P. Bacterial biofilms: from the natural environment to infectious diseases [J]. Nature Reviews Microbiology, 2004, 2(2): 95—108.

[52] Heling I, Chandler N. Antimicrobial effect of irrigant combinations within dentinal tubules [J]. International Endodontic Journal, 1998, 31(1): 8—14.

[53] Queiroz de G, Day D. Antimicrobial activity and effectiveness of a combination of sodium hypochlorite and hydrogen peroxide in killing and removing pseudomonas aeruginosa biofilms from surfaces [J]. Journal of Applied Microbiology, 2007, 103: 794—802.

[54] Sharma V K, Yngard R A, Lin Y. Silver nanoparticles: green synthesis and their antimicrobial activities [J]. Advances in Colloid and Interface Science, 2009, 145(1—2): 83—96.

[55] Lok C-N, Ho C-M, Chen R, et al. Silver nanoparticles: partial oxidation and antibacterial activities [J]. Journal of Biological Inorganic Chemistry, 2007, 12(4): 527—534.

[56] Xiao Y-H, Chen J-H, Fang M, et al. Antibacterial effects of three experimental quaternary ammonium salt(QAS) monomers on bacteria associated with oral infections [J]. Journal of Oral Science, 2008, 50: 323—327.

[57] Diz M, Manresa A, Pinazo A, et al. Synthesis, surface active properties and antimicrobial activity of new bis quaternary ammonium compounds [J]. Journal of the Chemical Society, Perkin Transactions 2, 1994, 2(8): 1871—1876.

[58] Romão C, Miranda C A, Silva J, et al. Presence of qacEΔ1 gene and susceptibility to a hospital biocide in clinical isolates of *Pseudomonas aeruginosa* resistant to antibiotics [J]. Current Microbiology, 2011, 63: 16—21.

[59] Buffet-Bataillon S, Branger B, Cormier M, et al. Effect of higher minimum inhibitory concentrations of quaternary ammonium compounds in clinical *E. Coli* isolates on antibiotic susceptibilities and clinical outcomes [J]. The Journal of Hospital Infection, 2011, 79(2): 141—146.

[60] Klevens R M, Morrison M A, Nadle J, et al. Invasive methicillin-resistant staphylococcus aureus infections in the united states [J]. Journal of the American Medical Association, 2007, 298: 1763—1771.

［61］ Jones G L, Russell A D, Caliskan Z, et al. A strategy for the control of catheter blockage by crystalline biofilm using the antibacterial agent triclosan ［J］. European Urology, 2005, 48(5): 838—845.

［62］ Li L, Sun J, Li X, et al. Controllable synthesis of monodispersed silver nanoparticles as standards for quantitative assessment of their cytotoxicity ［J］. Biomaterials, 2012, 33(6): 1714—1721.

［63］ Sanpui P, Murugadoss A, Prasad P V D, et al. The antibacterial properties of a novel chitosan-Ag-nanoparticle composite ［J］. International Journal of Food Microbiology, 2008, 124(2): 142—146.

［64］ Hsu S-H, Tseng H-J, Lin Y-C. The biocompatibility and antibacterial properties of waterborne polyurethane-silver nanocomposites ［J］. Biomaterials, 2010, 31(26): 6796—6808.

［65］ Cé N, Noreña C P Z, Brandelli A. Antimicrobial activity of chitosan films containing nisin, peptide P34, and natamycin ［J］. CyTA-Journal of Food, 2012, 10(1): 21—26.

［66］ Shukla A, Fleming K E, Chuang H F, et al. Controlling the release of peptide antimicrobial agents from surfaces ［J］. Biomaterials, 2010, 31(8): 2348—2357.

［67］ Prince J A, Bhuvana S, Boodhoo K V K, et al. Synthesis and characterization of PEG-Ag immobilized PES hollow fiber ultrafiltration membranes with long lasting antifouling properties ［J］. Journal of Membrane Science, 2014, 454: 538—548.

［68］ Venault A, Yang H-S, Chiang Y-C, et al. Bacterial resistance control on mineral surfaces of hydroxyapatite and human teeth via surface charge-driven antifouling coatings ［J］. ACS Applied Materials & Interfaces, 2014, 6: 3201—3210.

［69］ Salwiczek M, Qu Y, Gardiner J, et al. Emerging rules for effective antimicrobial coatings ［J］. Trends in Biotechnology, 2014, 32(2): 82—90.

［70］ Roosjen A, van der Mei H C, Busscher H J, et al. Microbial adhesion to poly(ethylene oxide) brushes: Influence of polymer chain length and temperature ［J］. Langmuir, 2004, 20: 10949—10955.

［71］ Ostuni E, Chapman R G, Holmlin R E, et al. A survey of structure-property relationships of surfaces that resist the adsorption of protein ［J］. Langmuir, 2001, 17: 5605—5620.

［72］ Rizzello L, Pompa P P. Nanosilver-based antibacterial drugs and devices: mechanisms, methodological drawbacks, and guidelines ［J］. Chemical Society Reviews, 2014, 43(5): 1501—1518.

［73］ El-Rafie M H, Ahmed H B, Zahran M K. Characterization of nanosilver coated cotton fabrics and evaluation of its antibacterial efficacy ［J］. Carbohydrate Polymers: Scientific and Technological Aspects of Industrially Important Polysaccharides, 2014, 107: 174—181.

［74］ Zhang W, Luo X-J, Niu L-N, et al. One-pot synthesis of antibacterial monomers with dual biocidal modes ［J］. Journal of Dentistry, 2014, 42(9): 1078—1095.

［75］ Tiller J C, Liao C J, Lewis K, et al. Designing surfaces that kill bacteria on contact ［J］. Proceedings of the National Academy of Sciences of the United States of America, 2001, 98(11): 5981—5985.

［76］ Tiller J C, Lee S B, Lewis K, et al. Polymer surfaces derivatized with poly (vinyl-n-hexylpyridinium) kill airborne and waterborne bacteria ［J］. Biotechnology and Bioengineering, 2002, 79(4): 465—471.

［77］ Fu J, Ji J, Yuan W, et al. Construction of anti-adhesive and antibacterial multilayer films via layer-by-layer assembly of heparin and chitosan ［J］. Biomaterials, 2005, 26(33): 6684—6692.

［78］ Ding X, Yang C, Lim T P, et al. Antibacterial and antifouling catheter coatings using surface grafted PEG-b-cationic polycarbonate diblock copolymers ［J］. Biomaterials, 2012, 33(28): 6593—6603.

[79] Sui Y, Gao X, Wang Z, et al. Antifouling and antibacterial improvement of surface-functionalized poly (vinylidene fluoride) membrane prepared via dihydroxyphenylalanine-initiated atom transfer radical graft polymerizations [J]. Journal of Membrane Science, 2012, 394−395: 107−119.

[80] Sawada I, Fachrul R, Ito T, et al. Development of a hydrophilic polymer membrane containing silver nanoparticles with both organic antifouling and antibacterial properties [J]. Journal of Membrane Science, 2012, 387−388: 1−6.

[81] Chung J-S, Kim B G, Shim S, et al. Silver-perfluorodecanethiolate complexes having superhydrophobic, antifouling, antibacterial properties [J]. Journal of Colloid and Interface Science, 2012, 366: 64−69.

[82] Ho C H, Tobis J, Sprich C, et al. Nanoseparated polymeric networks with multiple antimicrobial properties [J]. Advanced Materials, 2004, 16(12): 957−961.

[83] Peyre J, Humblot V, Méthivier C, et al. Co-grafting of amino-poly (ethylene glycol) and magainin I on a TiO_2 surface: tests of antifouling and antibacterial activities [J]. Journal of Physical Chemistry B, 2012, 116(47): 13839−13847.

[84] Laloyaux X, Fautré E, Blin T, et al. Temperature-responsive polymer brushes switching from bactericidal to cell-repellent [J]. Advanced Materials, 2010, 22: 5024−5028.

[85] Cheng G, Xue H, Li G, et al. Integrated antimicrobial and nonfouling hydrogels to inhibit the growth of planktonic bacterial cells and keep the surface clean [J]. Langmuir, 2010, 26: 10425−10428.

[86] Arciola C R, Campoccia D, Speziale P, et al. Biofilm formation in staphylococcus implant infections. A review of molecular mechanisms and implications for biofilm-resistant materials [J]. Biomaterials, 2012, 33(26): 5967−5982.

[87] Bazaka K, Jacob M V, Crawford R J, et al. Efficient surface modification of biomaterial to prevent biofilm formation and the attachment of microorganisms [J]. Journal of Applied Microbiology Biotechnol, 2012, 95: 299−311.

[88] Zhang Q H, Yan X, Shao R, et al. Preparation of nano-TiO_2 by liquid hydrolysis and characterization of its antibacterial activity [J]. Journal of Wuhan University of Technology-Materials Science Edition, 2014(2): 407−409.

[89] Wang L L, Sunb T, Zhou S Y, et al. The antibacterial activities of Ag/nano-TiO_2 modified silicone elastomer [J]. ACTA Physica Polonica A, 2014, 125(2): 248−250.

[90] Uhm S H, Lee S B, Song D H, et al. Fabrication of bioactive, antibacterial TiO_2 nanotube surfaces, coated with magnetron sputtered Ag nanostructures for dental applications [J]. Journal of Nanoscience and Nanotechnology, 2014, 14(10): 7847−7854.

[91] Asri L A T W, Crismaru M, Roest S, et al. A shape-adaptive, antibacterial-coating of immobilized quaternary-ammonium compounds tethered on hyperbranched polyurea and its mechanism of action [J]. Advanced Functional Materials, 2014, 24: 346−355.

[92] Milović N M, Wang J, Lewis K, et al. Immobilized N-alkylated polyethylenimine avidly kills bacteria by rupturing cell membranes with no resistance developed [J]. Biotechnology and Bioengineering, 2005, 90(6): 715−722.

[93] Waschinski C J, Zimmermann J, Salz U, et al. Design of contact-active antimicrobial acrylate-based materials using biocidal macromers [J]. Advanced Materials, 2008, 20: 104−108.

[94] Vogl O, Tirrell D. Functional polymers with biologically active groups [J]. Journal of Macromolecular Science—Chemistry, 1979, 13: 415−439.

［95］ Panarin E, Solovskii M, Ékzemplyarov O. Synthesis and antimicrobial properties of polymers containing quaternary ammonium groups ［J］. Pharmaceutical Chemistry Journal, 1971, 5: 406 — 408.

［96］ Cox E, Michalak A, Pagentine S, et al. Lysylated phospholipids stabilize models of bacterial lipid bilayers and protect against antimicrobial peptides ［J］. Biochimica et Biophysica Acta (BBA)-Biomembranes, 2014, 1838(9): 2198 — 2204.

［97］ Bo T, Liu M, Zhong C, et al. Metabolomic analysis of antimicrobial mechanisms of ε-poly-l-lysine on saccharomyces cerevisiae ［J］. Journal of Agricultural and Food Chemistrym, 2014, 62(19): 4454 — 4465.

［98］ Ren Z H, Yuan W, Deng H, et al. Effects of antibacterial peptide on cellular immunity in weaned piglets ［J］. Journal of Animal Science, 2015, 93: 127 — 134.

［99］ Tew G N, Scott R W, Klein M L, et al. De novo design of antimicrobial polymers, foldamers, and small molecules: from discovery to practical applications ［J］. Accounts of Chemical Research, 2009, 43(1): 30 — 39.

［100］ Tew G N, Liu D, Chen B, et al. De novo design of biomimetic antimicrobial polymers ［J］. PNAS, 2002, 99(8): 5110 — 5114.

［101］ Ilker M F, Nüsslein K, Tew G N, et al. Tuning the hemolytic and antibacterial activities of amphiphilic polynorbornene derivatives ［J］. Journal of the American Chemical Society, 2004, 126(48): 15870 — 15875.

［102］ Gabriel G J, Madkour A E, Dabkowski J M, et al. Synthetic mimic of antimicrobial peptide with nonmembrane-disrupting antibacterial properties ［J］. Biomacromolecules, 2008, 9: 2980 — 2983.

［103］ Lienkamp K, Madkour A E, Musante A, et al. Antimicrobial polymers prepared by romp with unprecedented selectivity: a molecular construction kit approach ［J］. Journal of the American chemical Society, 2008, 130: 9836 — 9843.

［104］ Zasloff M. Antimicrobial peptides of multicellular organisms ［J］. Nature, 2002, 415: 389 — 395.

［105］ Garcia-Fernandez L, Cui J X, Serrano C, et al. Antibacterial strategies from the sea: Polymer-bound Cl-catechols for prevention of biofilm formation ［J］. Advanced Materials, 2013, 25: 529 — 533.

［106］ Cheng G, Xue H, Zhang Z, et al. A switchable biocompatible polymer surface with self-sterilizing and nonfouling capabilities ［J］. Angewandte Chemie International Editionit, 2008, 47(46): 8831 — 8834.

［107］ Feng L, Li S, Li H J, et al. Super-hydrophobic surfaces: from natural to artificial ［J］. Advanced Materials, 2002, 14(24): 1857 — 1860.

［108］ Callow J A, Callow M E. Trends in the development of environmentally friendly fouling-resistant marine coatings ［J］. Nature Communications, 2011, 2: 1 — 10.

［109］ Liu Y W, Zhang C H, Wang Z Q, et al. Scaly bionic structures constructed on a polyester fabric with anti-fouling and anti-bacterial properties for highly efficient oil-water separation ［J］. RSC Advances, 2016(90): 87332 — 87340.

［110］ Lin Y T, Ting Y S, Chen B Y, et al. Bionic shark skin replica and zwitterionic polymer brushes functionalized PDMS membrane for anti-fouling and wound dressing applications ［J］. Surface and Coatings Technology, 2020, 391: 125663.

［111］ Genzer J, Efimenko K. Recent developments in superhydrophobic surfaces and their relevance to marine fouling: a review ［J］. Biofouling, 2006, 22(5 — 6): 339 — 360.

［112］ Salta M, Wharton J A, Stoodley P, et al. Designing biomimetic antifouling surfaces ［J］. Philosophical Transactions of the Royal Society. Mathematical, Physical, and Engineering

Sciences，2010，368(1929)：4729—4754.

[113] Corneillie S, Lan P N, Schacht E, et al. Polyethylene glycol-containing polyurethanes for biomedical applications [J]. Polymer International, 1998, 46(3)：251—259.

[114] Francolini I, Donelli G, Vuotto C, et al. Antifouling polyurethanes to fight device-related staphylococcal infections：synthesis, characterization, and antibiofilm efficacy [J]. Pathogens and Disease [electronic], 2014, 70(3)：401—407.

[115] Ilčíková M, Tkac J, Kasák P. Switchable materials containing polyzwitterion moieties [J]. Polymers, 2015, 7：2344—2370.

[116] Carr L, Cheng G, Xue H, et al. Engineering the polymer backbone to strengthen nonfouling sulfobetaine hydrogels [J]. Langmuir：The ACS Journal of Surfaces and Colloids, 2010, 26(18)：14793—14798.

[117] Yang W, Xue H, Carr L R, et al. Zwitterionic poly（carboxybetaine）hydrogels for glucose biosensors in complex media [J]. Biosensors and Bioelectronics, 2011, 26(5)：2454—2459.

[118] Kostina N Y, Rodriguez-Emmenegger C, Houska M, et al. Non-fouling hydrogels of 2-hydroxyethyl methacrylate and zwitterionic carboxybetaine(meth)acrylamides [J]. Biomacromolecules, 2012, 13(12)：4164—4170.

[119] Lei Z Y, Wu P Y. Zwitterionic skins with a wide scope of customizable functionalities [J]. ACS Nano, 2018, 12：12860—12868.

[120] Li W C, Chu K W, Liu L Y. Zwitterionic gel coating endows gold nanoparticles with ultrastability [J]. Langmuir, 2019, 35：1369—1378.

[121] Yang W, Bai T, Carr L R, et al. The effect of lightly crosslinked poly（carboxybetaine）hydrogel coating on the performance of sensors in whole blood [J]. Biomaterials, 2012, 33：7945—7951.

[122] Paul D, Kim Y S, Ponnusamy K, et al. Application of quorum quenching to inhibit biofilm formation [J]. Environmental Engineering Science, 2009, 26(8)：1319—1326.

[123] Krishnamoorthy M, Hakobyan S, Ramstedt M, et al. Surface-initiated polymer brushes in the biomedical field：applications in membrane science, biosensing, cell culture, regenerative medicine and antibacterial coatings [J]. Chemical Reviews, 2014, 114：10976—11026.

[124] Kaur R, Liu S. Antibacterial surface design-Contact kill [J]. Progress in Surface Science, 2016, 91(3)：136—153.

[125] Lin J, Qiu S Y, Lewis K, et al. Mechanism of bactericidal and fungicidal activities of textiles covalently modified with alkylated polyethylenimine [J]. Biotechnology and Bioengineering, 2003, 83(2)：168—172.

[126] Yang W J, Cai T, Neoh K G, et al. Biomimetic anchors for antifouling and antibacterial polymer brushes on stainless steel [J]. Langmuir, 2011, 27：7065—7076.

[127] Liang J, Barnes K, Akdag A, et al. Improved antimicrobial siloxane [J]. Industrial & Engineering Chemistry Research, 2007, 46：1861—1866.

[128] Coneski P N, Rao K S, Schoenfisch M H. Degradable nitric oxide-releasing biomaterials via post-polymerization functionalization of cross-linked polyesters [J]. Biomacromolecules, 2010, 11：3208—3215.

[129] Stasko N A, Schoenfisch M H. Dendrimers as a scaffold for nitric oxide release [J]. Journal of the American Chemical Society, 2006, 128：8265—8271.

[130] Charville G W, Hetrick E M, Geer C B, et al. Reduced bacterial adhesion to fibrinogen-coated substrates via nitric oxide release [J]. Biomaterials, 2008, 29：4039—4044.

[131] Ferrazzano G F, Roberto L, Amato I, et al. Antimicrobial properties of green tea extract against cariogenic microflora: an in vivo study [J]. Journal of Medicinal Food, 2011, 14(9): 907−911.

[132] Kenawy E R, El-Shanshoury A E R R, Shaker N O, et al. Biocidal polymers: synthesis, antimicrobial activity, and possible toxicity of poly (hydroxystyrene-co-methylmethacrylate) derivatives [J]. Journal of Applied Polymer Science, 2011, 120(5): 2734−2742.

[133] Lin J, Tiller J C, Lee S B, et al. Insights into bactericidal action of surface-attached poly (vinyl-N-hexylpyridinium) chains [J]. Biotechnol Letters, 2002, 24: 801−805.

[134] Lin J, Qiu S, Lewis K, et al. Bactericidal properties of flat surfaces and nanoparticles derivatized with alkylated polyethylenimines [J]. Biotechnology Progress, 2002, 18(5): 1082−1086.

[135] Haldar J, An D, de Cienfuegos LÁ, et al. Polymeric coatings that inactivate both influenza virus and pathogenic bacteria [J]. PNAS, 2006, 103: 17667−17671.

[136] Yan S J, Song L J, Luan S F, et al. A hierarchical polymer brush coating with dual-function antibacterial capability [J]. Colloids and Surfaces B: Biointerfaces, 2017, 149: 260−270.

[137] Ye G, Lee J H, Perreault F, et al. Controlled architecture of dual-functional block copolymer brushes on thin-film composite membranes for integrated "defending" and "attacking" strategies against biofouling [J]. ACS Applied Materials & Interfaces, 2015, 7: 23069−23079.

[138] Ju X Y, Chen J, Zhou M X, et al. Combating pseudomonas aeruginosa biofilms by a chitosan-PEG-peptide conjugate via changes in assembled structure [J]. ACS Applied Materials & Interfaces, 2020, 12: 13731−13738.

[139] Tan H Q, Jin D W, Qu X, et al. A PEG-lysozyme hydrogel harvests multiple functions as a fit-to-shape tissue sealant for internal-use of body [J]. Biomaterials, 2019, 192: 392−404.

[140] Diaz-Gomez L, Concheiro A, Alvarez-Lorenzo C. Functionalization of titanium implants with phase-transited lysozyme for gentle immobilization of antimicrobial lysozyme [J]. Applied Surface Science, 2018, 452: 32−42.

[141] Iler R K. Multilayers of colloidal particles [J]. Journal of colloid and interface science, 1966, 21(6): 569−594.

[142] Richardson J J, Cui J W, Bjornmalm M, et al. Innovation in layer-by-layer assembly [J]. Chemical Reviews, 2016, 116: 14828−14867.

[143] Liu Y, Zheng S X, Gu P, et al. Graphene-polyelectrolyte multilayer membranes with tunable structure and internal charge [J]. Carbon, 2020, 160: 219−227.

[144] Zhao J, Zhu Y W, Pan F S, et al. Fabricating graphene oxide-based ultrathin hybrid membrane for pervaporation dehydration via layer-by-layer self-assembly driven by multiple interactions [J]. Journal of Membrane Science, 2015, 487: 162−172.

[145] Choi W, Choi J, Bang J, et al. Layer-by-layer assembly of graphene oxide nanosheets on polyamide membranes for durable reverse-osmosis applications [J]. ACS Applied Materials & Interfaces, 2013, 5: 12510−12519.

[146] He M, Wang Q, Zhao W F, et al. A substrate-independent ultrathin hydrogel film as an antifouling and antibacterial layer for a microfiltration membrane anchored via a layer-by-layer thiol-ene click reaction [J]. Journal of Materials Chemistry B Materials for Biology, 2018, 6: 3904−3913.

[147] Vaterrodt A, Thallinger B, Daumann K, et al. Antifouling and antibacterial multifunctional polyzwitterion/enzyme coating on silicone catheter material prepared by electrostatic layer-by-layer assembly [J]. Langmuir, 2016, 32: 1347−1359.

[148] Zhu X Y, Loh X J. Layer-by-layer assemblies for antibacterial applications [J]. Biomaterials Science, 2015, 3: 1505—1518.

[149] Ma X, Zhao Y L. Biomedical applications of supramolecular systems based on host-guest interactions [J]. Chemical Reviews, 2015, 115: 7794—7839.

[150] Zhang X L, Xu Y, Zhang X, et al. Progress on the layer-by-layer assembly of multilayered polymer composites: Strategy, structural control and applications [J]. Progress in Polymer Science, 2019, 89: 76—107.

[151] Zhuk I, Jariwala F, Attygalle A B, et al. Self-defensive layer-by-layer films with bacteria-triggered antibiotic release [J]. ACS Nano, 2014, 8: 7733—7745.

[152] Chen S F, Li L Y, Zhao C. et al. Surface hydration: Principles and applications toward low-fouling/nonfouling biomaterials [J]. Polymer, 2010, 51: 5283—5293.

[153] Fay F, Poncin-Epaillard F, le Norcy T, et al. Surface plasma treatment (Ar/CF4) decreases biofouling on polycarbonate surfaces [J]. Surf Innovations, 2021, 9: 65—76.

[154] Wang Y F, Hong Q F, Chen Y J, et al. Surface properties of polyurethanes modified by bioactive polysaccharide-based polyelectrolyte multilayers [J]. Colloids and Surfaces B: Biointerfaces, 2012, 100: 77—83.

[155] Graisuwan W, Wiarachai O, Ananthanawat C, et al. Multilayer film assembled from charged derivatives of chitosan: physical characteristics and biological responses [J]. Journal of Colloid and Interface Science, 2012, 376: 177—188.

[156] Agarwal A, Nelson T B, Kierski P R, et al. Polymeric multilayers that localize the release of chlorhexidine from biologic wound dressings [J]. Biomaterials, 2012, 33: 6783—6792.

[157] Junthip J, Tabarya N, Maton M, et al. Release-killing properties of a textile modified by a layer-by-layer coating based on two oppositely charged cyclodextrin polyelectrolytes [J]. International Journal of Pharmaceutics, 2020, 587: 119730.

[158] Mi L, Jiang S Y. Synchronizing nonfouling and antimicrobial properties in a zwitterionic hydrogel [J]. Biomaterials, 2012, 33: 8928—8933.

[159] Lu Y, Yue Z G, Wang W, et al. Strategies on designing multifunctional surfaces to prevent biofilm formation [J]. Frontiers of Chemical Science and Engineering, 2015(2): 324—335.

[160] Banerjee I, Pangule R C, Kane R S. Antifouling coatings: recent developments in the design of surfaces that prevent fouling by proteins, bacteria, and marine organisms [J]. Advanced Materials, 2011, 23: 690—718.

[161] Sakala G P, Reches M. Peptide-based approaches to fight biofouling [J]. Advanced Materials Interfaces, 2018, 5: 1800073.

[162] Leng C, Hung H C, Sun S W, et al. Probing the surface hydration of nonfouling zwitterionic and PEG materials in contact with proteins [J]. ACS Applied Materials & Interfaces, 2015, 7: 16881—16888.

[163] Shivapooja P, Ista L K, Canavan H E, et al. ARGET-ATRP synthesis and characterization of PNIPAAm brushes for quantitative cell detachment studies [J]. Biointerphases, 2012, 7: 1—9.

[164] Yang H T, Li G F, Stansbury J W, et al. Smart antibacterial surface made by photopolymerization [J]. ACS Applied Materials & Interfaces, 2016, 8: 28047—28054.

[165] Conzatti G, Cavalie S, Combes C, et al. PNIPAM grafted surfaces through ATRP and RAFT polymerization: Chemistry and bioadhesion, Colloids Surf B Biointerfaces, 2017, 151: 143—155.

[166] Ista L K, Mendez S, Perez-Luna V H, et al. Synthesis of poly (N-isopropylacrylamide) on initiator-modified self-assembled monolayers [J]. Langmuir, 2001, 17: 2552—2555.

[167] Yu Q, Cho J, Shivapooja P, et al. Nanopatterned smart polymer surfaces for controlled attachment, killing, and release of bacteria [J]. ACS Applied Materials & Interfaces, 2013, 5: 9295—9304.

[168] Yu Q, Ista L K, Lopez G P. Nanopatterned antimicrobial enzymatic surfaces combining biocidal and fouling release properties [J]. Nanoscale, 2014, 6: 4750—4757.

[169] Ista L K, Yu Q, Parthasarathy A, et al. Reusable nanoengineered surfaces for bacterial recruitment and decontamination [J]. Biointerphases, 2016, 11: 019003.

[170] Yu Q, Wu Z Q, Chen H. Dual-function antibacterial surfaces for biomedical applications [J]. Acta Biomaterialia, 2015, 16: 1—13.

[171] Chen J, Qiu X Z, Ouyang J, et al. pH and reduction dual-sensitive copolymeric micelles for intracellular doxorubicin delivery [J]. Biomacromolecules, 2011, 12: 3601—3611.

第9章　软组织替代材料

广义的软组织包括人体的皮肤、皮下组织、肌肉、肌腱、韧带、脏器、关节囊、滑膜囊、神经、血管等。人工血管将在第11章进行介绍，人工皮肤将在第12章进行介绍。软组织植入体的体内行为由所用的材料与植入体装置的设计共同决定。对材料适用性的最终评价需要通过体内临床行为来实现，植入体的性能更多地取决于植入体的设计。随着人工合成高分子材料技术的发展，软组织植入材料得到了广泛应用。良好的合成高分子材料通常具备力学性能接近于软组织且易于制成不同形态的特点。除植入替代性高分子材料外，一些高分子材料还有组织诱导再生的效果。组织诱导再生是近年来在体外、体内、动物、临床应用试验基础上发展起来的一种促进组织再生愈合的新理论及技术，其机理是依靠机械屏障，选择性地引导细胞向受损伤部位附着、迁移并增生，达到组织修复的目的。

作为软组织植入或替代材料，对性能的要求：①与人体软组织具有相同的物理性能，特别是柔韧性和层次结构；②耐生物老化；③易于加工成型；④物理和化学性能稳定；⑤材料易得，价格适当；⑥便于消毒灭菌；⑦不引起过敏反应或干扰肌体的免疫机理。

软组织植入或替代材料对人体效应的要求：①无毒，即化学惰性。一般而言，化学结构稳定的纯净高分子材料对肌体是无毒的。因此，医用高分子材料需要仔细纯化，严格控制配方组成、添加剂规格、成型加工工艺和生产包装环境。②无热原反应，主要指材料无污染热原菌种所引起的发热。热原的致热量因菌种而异，如革兰氏阴性杆菌致热能力最强。③不致癌，不致畸。④不破坏邻近组织，也不发生材料表面钙化沉积。⑤对于与血液接触的材料，还要具有良好的血液相容性。血液相容性一般指不引起凝血(抗凝血性好)、不破坏红细胞(不溶血)、不破坏血小板、不改变血中蛋白(特别是脂蛋白)、不扰乱电解质平衡。

9.1　人工肌肉

人工肌肉是一种新型智能高分子材料，能够在外加电场下，通过材料内部结构的改变而伸缩、弯曲、束紧或膨胀，和生物肌肉十分相似。人工肌肉和天然肌肉之间存在很大差距，这主要是作用机理不同导致的。为了发展与完善人工肌肉，有必要和天然肌肉进行比较，模仿和改进性能，以更好地应用于仿生学研究。人工肌肉和天然肌肉的相同点是它们在工作时都会发生体积改变，且两种肌肉工作时都需要移动的离子参与，都是通过化学反应产生机械运动。人工肌肉和天然肌肉的差别：首先，它们的变形机制明显不同。前者在变形过程中高分子链的构象发生改变，并由各处的微观变形积累叠加从而产生宏观形变做功；后者在变形过程中蛋白质的构象并不发生改变，其位移是通过不同种类蛋白质之间的相对位移积累叠加形成的。其次，它们的驱动力不同。前者的驱动力由电流完成，后者由生物电激发后直接将化学能转化为机械能。再次，它们的伸缩变化不同。前者既有收缩又有膨胀来表现其智能性；后者只有收缩，属于单向力装置，运动形式是直线往复式的。

人工肌肉多是传导离子的聚合物凝胶或传导电子的导电聚合物，主要有以下几种：①pH响应型致动凝胶纤维材料。其能在水中溶胀，并随酸碱变化纤维发生可逆收缩和溶胀，将化学能转化为机械能[1]。②电化学型导电聚合物。这种聚合物通常由基质和电活性聚合物复合而成，其在氧化还原条件下发生体积变化。例如，以电活性聚吡咯-金双层复合成的致动器，在电化学氧化还原条件下，电活性聚吡咯层压迫双层结构组合体，致其弯曲[2]。③离子聚合物金属复合物。其是以氟聚合物为骨架的膜材，表面结合贵金属铂或金形成复合物，作为树枝状电极。在一定驱动电压下，胶条向正极弯曲，可产生位移率10%~100%、压力10~30 MPa，弹性好[3]。④场致电收缩型聚合物。这种聚合物由25~40 μm 厚的偏二氟乙烯-三氟乙烯对半掺比的共聚物 P(VDF-TrEE)薄膜制成，外被覆金电极膜。制作时使用电辐射进行加工。在 150 MV/m 的电场作用下，电极间收缩达 4%，造成材料内在预应力，有很高的能量密度[4]。⑤电解相变型收缩材料。其原理类似于燃料电池，是以水分解时从液相变气相的过程中，体积的变化产生位移和动能[5]。⑥液晶收缩材料。有学者发现，光可使液晶材料弯曲[6]。

人工肌肉的部分材料已经率先应用于工商业制造，如用于制造机器鱼、宇航扫尘器等。此外，临床应用主要是抽吸生物标本和注射药物。有学者用稀土材料做成磁敏型收缩材料，称可以达到人工假体肌肉的水平；其产力达 167 N，加速度达 7×10^{-3} m/s，收缩率为 32%，正被开发为人工假肢材料。Otero 和 Cortés 研制出一种能如人手指般灵敏的机器人手指。这种手指的敏感部位是由三层复合膜［PPy/绝缘塑料膜/PPy］制成的，能感觉手指所承受的压力，从而调节手指用力。而且这种机器人手指跟人的手指一样，对物体能产生感觉[7]。在美国科罗拉多州丹佛举行的美国科学促进年会上，展出了一种有着女性脸型的新型机器人——K-bot，尽管没有复杂的人体组织，却具有柔软的皮肤。K-bot 的脸是由具有 24 种人工肌肉的导电聚合物制造成的，原料来自人造橡胶和泡沫混合物，因此能使面部做出更多的表情动作，如能按照指令完整地模仿并表达人类的 28 种面部表情。而且其面部会随着年龄的变化而出现皱纹。

协同效应是由两层膜同时氧化产生的不对称收缩/膨胀过程，以及两层膜同时还原产生的反向不对称收缩/膨胀：其中一层为推动装置，另一层为拉动装置。Fuchiwaki 等采用全导电聚合物设计了不对称双层肌肉，通过产生协同的电化学机械驱动实现运动。其中第一层膜在氧化/还原反应中交换阴离子实现膨胀/收缩，第二层膜在氧化/还原反应中交换阳离子导致收缩/膨胀，以此得到最佳的不对称配合[8]。Must 等研究了一种带有离子型电活性聚合物(IEAP)层压板的致动器，表现出高电致应变和高弯曲模量的特性[9]。该层压板具有活性炭基电极，离子液体用作电解质。多层兼容的金箔被用作电流收集器。机器人的循环运动受到尺蠖运动的启发，而 IEAP 层压板被同时用作驱动器和结构部件。

9.2　人工韧带和肌腱

人体的 206 块骨被韧带和肌腱连结构成一个整体，从而实现协调运动。每一根韧带与肌腱都有一定功用，损伤使韧带与肌腱断裂会导致关节脱位，久病会引起韧带与肌腱变性、过紧或过松，这些都能引起人的运动功能障碍。韧带和肌腱具有韧性与弹性，是能对抗强拉力的纤维组织，针对其损坏与短缺，通常以手术进行修复。目前，临床上使用的韧带分为三类：一是自体韧带，医生手术时根据病人所需重建韧带的长短，从病人自己的小腿等部位取一段肌腱、腘绳肌或髌腱系扎好，以钉固定在前交叉韧带位置；二是异体韧带，即所需的韧带取自同种异体(尸体)；三是人工韧带，即合成材料制成的人工韧带。合成材料制成的人工韧带主要有以碳纤维人工肌腱和聚酯材料制成的 LARS 人工韧带等(见图 9-1)。

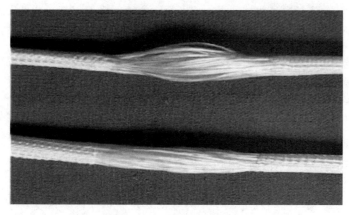

图 9-1　LARS 人工韧带

虽然自体韧带有很好的效果，但是由于自体移植会给患者带来二次伤害，并且可能引发其他病痛，其应用受到较大限制。而异体韧带由于来源有限，因此科学家致力于开发人工合成韧带材料。目前，聚芳酰胺纤维、乙烯聚合物、四氟乙烯均聚物已得到美国 FDA 的批准，并作为韧带的替代物应用于临床。但是这些韧带都存在一些缺点，主要是出现由材料颗粒物引起的各种炎症，最终导致移植失败。目前，相关研究领域多采用纤维状可降解聚合物和复合材料制备人工韧带。

为了同时达到高的机械强度和良好的生物相容性，复合生物材料被研究用于制造人工韧带。有研究指出，复合聚 L-乳酸/羟基磷灰石(PLLA/HAP)与 PLLA 相比，可改善细胞和组织反应，并表现出更好的治疗效果。PLLA/HAP 提高了矿化和骨沉积效率，加快了骨形成，重建效果远优于 PLLA[10]。Lessim 等用聚苯乙烯磺酸钠接枝改性 PET 人工韧带，可以大大改善细胞反应和蛋白质吸附[11]。

9.3　脂肪组织填充

在面部美容等方面，注射高流量、低黏度的材料用于软组织填充已有很长的历史。虽然牛胶原蛋白注射长期占据主导地位，但在过去的几十年里仍出现了许多不同成分的新型填充剂，如结合肉毒杆菌素的注射式软组织膨胀剂。随着各种新型可注射填充物的出现，评估其成分和特性以满足患者不同目标需求是十分必要的。在理想情况下，可注射填充物不会引发任何明显的炎症反应（高度生物相容性），易于通过注射进入受体部位（通过小规格针头时有良好的流动行为），并产生可接受的长时间容量保留（数月到数年）。目前，美国 FDA 批准的填充物和在 FDA 申请/研究下的填充物在这三个基本特征上都有差异。

脂肪类填充材料主要分为天然基和聚合物基两类。例如胶原蛋白衍生物填充材料，胶原蛋白是从单株人类真皮成纤维细胞中培养出来的，该成纤维细胞用于制造人体组织的时间已超过 10 年，已经过病毒、逆转录病毒和致瘤性的广泛测试[12]。这些细胞产生天然的胶原蛋白，然后经分离、纯化后用于注射。商业化的有 CosmoDerm Ⅰ、Ⅱ 及 CosmoPlast，其中 CosmoDerm Ⅱ 的胶原蛋白浓度大约是 CosmoDerm Ⅰ 的两倍。还有来源于牛胶原的 Zyderm Ⅰ、Ⅱ 和 Zyplast。同样的，透明质酸衍生物填充材料也广泛用于脂肪组织填充。如商品名为"Hylaform"的材料是一种无菌、无色的凝胶移植物，由交联的禽源透明质酸分子组成[13]。而商品名为"Captique"和"Restylane"的材料是非动物源的、稳定的透明质酸基础材料，没有免疫反应风险[14]。合成聚合物基材料有由聚 L-乳酸制备的微颗粒填充材料，商品名为"Sculptra"。还有商品名为"Artecoll"的永久性注射填充材料，由悬浮在 3.5% 牛胶原蛋白和 0.3% 利多卡因溶液中的聚甲基丙烯酸甲酯微球组成。上述所有可注射的填充材料在体内的持久性仍需要做临床对照试验进行验证。

除了商业化的产品，学者们对脂肪组织的重建与替代也进行了大量研究。Bellas 等制备了一种可注射的蚕丝泡沫，并对其在软组织再生中的应用进行了可行性研究[15]。这些蚕丝泡沫被成功地注射到大鼠皮下，在 3 个月的时间内与周围的自然组织发生了融合（见图 9-2）。泡沫很容易吸收脂肪，可以作为现有软组织工程技术的支架或模板，单独作为生物材料或与脂肪提取物结合使用。可注射泡沫剂为修复软组织缺损提供了一种新的选择。

可降解泡沫可作为液体或糊状混合物在内窥镜下插入软组织缺损，在外科治疗方面具有广阔潜力。在材料原位发泡膨胀的情况下，可将缺损密封起来。Laube 等合成了一种新型的聚氨酯可降解聚合物，具有良好的生物相容性和生物降解性，能作为软组织缺损的替代品。由于其有限的细胞毒性、机械稳定性和发泡的可控性，该原位发泡材料可能实现覆盖和黏合结缔组织破裂[16]。通过进一步降低黏度，该材料还可能通过更长的套管或管子在更复杂的情况下应用。疝修补动物试验证明，该发泡材料在组织替代过程中具有良好的承力性、黏结性以及耐久性。同时，这种发泡材料有望实现规模化生产。

另外，Zhu 等开发了一种制造多孔可注射水凝胶的工艺，其中包含脱细胞组织成分[17]：选择聚（N-异丙基丙烯酰胺-乙烯基吡咯烷酮-甲基丙烯酸酯聚乳酸）作为代表性的快速热响应水凝胶，选择甘露醇颗粒和消化后的膀胱基质分别作为致孔剂和生物活性脱细胞组织成分。在注射过程中形成具有理想孔径的连接孔结构。在软组织注射模型中，与未加入功能成分的对照组相比，这种新型水凝胶材料诱导细胞浸润更快，M2 型巨噬细胞极化程度更大。随后利用兔脂肪组织缺损模型，探索了复合材料修复软组织缺损的潜力。

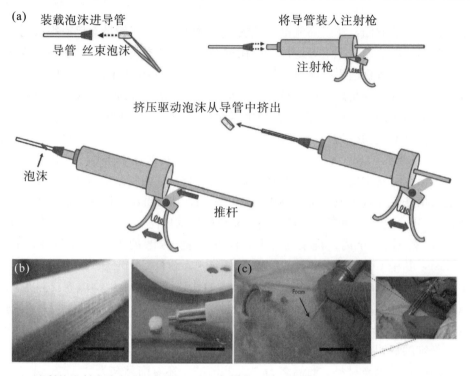

(a)注射枪注射泡沫方法示意图。(b)泡沫横截面宏观图像，标尺为 5 cm(左)；泡沫切割至注射所需的尺寸[5 mm 直径×2 mm 高度，标尺为 5 mm(右)]。(c)通过定制的注射枪，可以很容易地在体内注射泡沫，标尺为 5 cm[15]

图 9-2　注射枪注射泡沫方法示意图

9.4　人工乳房材料

乳腺疾病术后的乳房重建及隆胸等需求使得人们对人工乳房材料的关注逐渐提高。以假体为基础的乳房重建(implant-based breast reconstruction，IBBR)可以减少或避免采用自体组织在乳房重建手术中供区的损伤和瘢痕，因此得到了越来越多的应用[18]。IBBR 常用的人工材料分为生物源性材料和人工合成材料两类：①生物源性材料：生物源性材料为脱细胞真皮(ADM)，其保留了真皮的基质骨架，不含原有细胞；可来源于人尸、猪、牛、牛心包组织等。这种生物骨架使宿主的血管及细胞在其表面快速增殖，与宿主完全融合。ADM 不含有原有生物的细胞，理论上不会引起免疫排斥反应。②人工合成材料：人工合成网片价格低于 ADM，可满足不同人群的要求。根据制备的原材料不同，人工合成网片分为可降解网片［短期降解网片——PolyGlactin 910(90％乙交酯和 10％ L-丙交酯的共聚物)组成的 Vicryl 补片，长期降解网片，由丙交酯和碳酸三亚甲基共聚物组成的缓慢降解纤维 TIGR 补片］和不可降解网片(钛化物包裹的聚丙烯网片，TiLOOP 补片，TCPM)。

TCPM 是一种由轻质、不可吸收的单丝经编织形成的网片，2008 年被欧洲批准用于乳房重建，目前在乳房重建中使用较广泛。还有由不可吸收聚酯纤维制备的三维网片，商品名为"Breform"。

9.5　修复补片材料

在腹壁缺损手术中使用合成补片和生物支架成为标准的修补疝缺损的方式。近年来，疝修补材料不断进步，新型、无毒性、组织相容性更佳、排异性更小的人工合成材料被应用于临床，使得无张力疝修补术更加简单合理，可以更好地改善患者体感，降低术后并发症的发生[19]。腹股沟疝修补术最早使用的人工材料是金属网。但金属网的缺点是无柔韧性，不耐折，顺应性差，无法满足临床要求，于是很快就被淘汰了。1958 年，Francis Usher 首次将聚乙烯-Marlex 网应用于临床。随着材料科学技术的进步，科学家发现聚丙烯较聚乙烯有更多的优点，因此 1962 年，Marlex 网的化学成分被聚丙烯所代替。1973 年，Stoppa 等采用大的补片置于腹膜前间隙，同时修补双侧疝。1984 年，美国外科医师 Lichtenstein 将人工合成材料聚丙烯制作成的网状补片（Marlex）用于腹壁疝修补，并且发现这一方法不仅简单易行，且并发症少、复发率低、疗效确切，接近人体正常生理解剖结构[20]。由于张力低，有研究人员提出了无张力疝修补手术（tension-free hernia repair）的新概念。随后，人工合成材料在疝和腹壁外科手术中被广泛应用，不仅提高了腹股沟疝和腹壁疝的外科治疗效果，而且促进了疝和腹壁外科的发展。市场的巨大需求进一步推动了疝材料学的发展，各种材质、规格的补片被生产出来应用于临床治疗。

目前，商业化的补片种类繁多，临床上可应用的补片材料可分为两种：人工合成材料，包括不可吸收合成材料、可吸收合成材料、复合型材料；生物材料，按照来源可分为同种异体材料和异种异体材料。人工合成补片的修复原理是补片材料与人体组织接触后诱发炎症性异物反应和连续增强的纤维化增生，在补片周围及间隙填充胶原形成瘢痕组织，构成机械性稳定的人工腹壁结构。不可吸收的人工合成材料包括聚丙烯（polypropylene，PP）、膨化聚四氟乙烯（expanded polytetrafluoroethylene，ePTFE）和聚酯补片（Polyester mesh，PE）（见图 9-3）[21]。不可吸收合成材料补片，因其抗张强度好，不会被吸收，临床上认为能在一定程度上降低复发概率，应用最为广泛。可吸收的人工合成材料包括聚羟基乙酸（polyglycolic acid）、聚乳酸羟基乙酸（polyglaetion）两种。美国 FDA 批准可在临床上使用的可吸收合成材料有 Vicryl 补片、Bio-A 组织强化补片、Phasix 补片、TIGR 基质补片四种。可吸收合成材料的优点是具有降解特性，可减少人工化学合成材料引起的术后疼痛不适；此外，抗感染能力强，能促进胶原增殖。补片置入组织后，细胞会浸润补片的基质，含血管的软组织逐步替代置入补片的基质，新生组织内出现Ⅰ型和Ⅱ型胶原，类似正常的创口愈合。但是该类补片经过三个月左右的时间会被完全吸收，不能刺激引起足够的纤维组织增生，所以机械强度差是其主要缺点之一。现在主要用于为污染的腹壁缺损提供暂时支持，不能作为永久性疝修补材料。

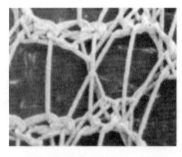
(a)聚丙烯补片（Gynemesh）

(b)聚丙烯乙烯（Marlex）

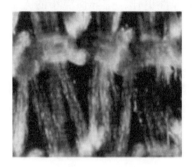
(c)聚丙烯 IVS 吊带

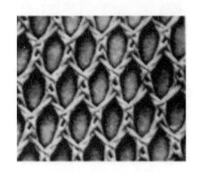
(d)聚酯补片（Mersilene）

图 9-3　几种常见的不可吸收合成材料补片

　　临床对补片的要求是，既能够与腹壁接触形成粘连，起到修补作用，又能与腹腔脏器接触不引起粘连，早期能够提供足够强度的机械性封闭，后期瘢痕组织形成后舒适性和顺应性好等。单一的材料无法满足临床需要，因此复合材料被研发出来，其是将不同种类材料的织物组合形成新的材质。目前，国内应用较多的复合材料有聚丙烯和聚四氟乙烯复合物、薇乔/聚丙烯复合物（薇乔为商品名"Vicryl"的音译，为 90％乙交酯和 10％丙交酯的共聚物，又称 polyglactin 910，常作为可吸收缝合线的材料）、聚丙烯网与可吸收材料多层复合补片。如商品名为"Proceed"的补片为多层组织分离式网片，其是将 PP 作为骨架网片，嵌入两层可吸收的聚对二氧环己酮（PDS）之间，内面为氧化再生纤维素（ORS）膜。

　　除人工合成材料补片外，生物材料补片（biological mesh）在临床上也有广泛使用。生物材料补片主要有人源性脱细胞基质材料（HADM）、猪的小肠黏膜下层（SIS）、猪的真皮材料、牛心包材料、胎牛的真皮组织等[22]。生物材料补片植入机体后的变化过程为内源性组织再生，诱导和调节自身成纤维细胞的生长、组织细胞浸润、血管生成、胶原沉着，而不是异物反应引起的瘢痕愈合，对感染性伤口有较好的耐受性；污染的创面可放置，即使感染也不需取出补片。生物材料的修补作用主要来自细胞外基质的沉积，一旦材料的水解吸收速度大于组织再生速度，将使重建组织和置入补片的张力传递失衡而导致修补失败。为了解决这一问题，可将生物支架内的胶原进行交联以稳定细胞外基质，延迟生物支架的降解，使补片完整性维持 9～12 个月，为组织再生争取时间。此外，还可将细胞外基质与聚丙烯进行杂化，获得聚丙烯-细胞外基质的杂化材料（hybrid polypropylene-ECM material）。此类补片同时具有 PP 的张力特性和生物材料补片的组织再生特性。

9.6　椎间盘替代和再生材料

椎间盘（IVD）对脊柱的正常功能很重要，潜在的椎间盘退行性变（IDD）可能随年龄的增长而发生。针对椎间盘退行性变的严重程度，可采取不同的治疗策略。治疗主要分侵入性和非侵入性两类，例如推拿就是常用的药理学非侵入性治疗方法，用于治疗与 IDD 密切相关的腰痛[23]。然而，非侵入性治疗有一定的局限性，不能帮助解决严重的 IDD 情况，在这种情况下，必须采用侵入性的修复策略，如脊柱融合或螺钉植入[24]。然而，由于移植物和生物组织之间的机械性能差异，局部创伤往往会产生很大的影响。这些移植物长期存在于脊柱，会逐渐改变邻近组织的生物学特性，可能导致邻近椎间盘的变性。

正在研究中的再生策略，旨在通过解决以往的退行性变的迹象，保持治疗后的椎间盘（IVD）与环境的稳态再生。IVD 由髓核（NP）、纤维环和软骨板三部分构成：髓核为中央部分；纤维环为周围部分，包绕髓核；软骨板为上、下部分，直接与椎体骨组织相连。IVD 的生物力学功能依赖于构成它的三个主要组织之间的平衡，其中一个关键就是髓核再生，组织工程最初的研究就是为了解决髓核的再生。IVD 再生策略是以细胞为基础，通过合成细胞外基质（ECM）来提高 NP 细胞浓度以更新生化环境。细胞注射不仅可以增加细胞数量，更重要的是可以增加活跃的细胞数量[25]。水凝胶是一种理想的候选材料，最初的设想是用装载了细胞的水凝胶注射溶液来再生 NP。首先，天然来源的水凝胶作为 NP 再生的材料不仅生产成本较低，更是具有较低的细胞毒性、广泛的组织工程应用以及令人欣喜的生物特性（如生物活性和生物降解性），同时可用于细胞重塑和细胞黏附[26]。用于 NP 再生的水凝胶多来源于天然原料，如海藻酸、壳聚糖、胶原蛋白、结冷胶和透明质酸等。虽然天然来源的水凝胶提供了广泛的生物优势，但它很难满足其他物理特性需求。作为替代，合成水凝胶能提供可预测和可重复的化学和物理特性，可依不同的组织工程应用做调整，例如，根据目标组织再生速率进行降解调控。由于合成分子组成明确，它们的免疫原性、感染和毒性风险都很低。不过，它们缺乏天然材料特有的生物活性。应用于髓核组织工程的合成水凝胶原料包括聚乙二醇、聚乙烯醇和聚乙烯吡咯烷酮等。事实上，仅使用合成材料进行髓核再生的研究并不多。因此，一种可行的方法是使用合成聚合物来改性天然材料[27]。Thorpe 等在 5% 氧条件下于聚（N-异丙基丙烯酰胺）-（N,N-二甲基丙烯酰胺）-Laponite（pNIPAM-DMAc-Laponite）水凝胶中培养人间充质干细胞。结果显示，其表达了与自然 NP 样品相似的表型标记和细胞外基质。同时，该方案不使用软骨诱导培养基或补充生长因子，再生策略被简化，且成本更低[28]。

纤维环（AF）和髓核实际上是一种没有明显边界的生物复合结构。它们生物化学结构之间的差异沿着半径方向逐渐变得明显。有研究人员开发了几种生物材料作为制备纤维环支架的主要材料，如聚乳酸乙醇酸、丝素蛋白、胶原蛋白和 PCL[29]。图 9-4 显示了基于反向工程采集兔椎间盘微 CT（micro-CT）并利用 3D 打印 PCL 复制的 AF[30]。该 PCL 支架的浸出液用于培养 AF 细胞显示无毒性作用。Wismer 等研究了 PCL 材料支持 AF 组织再生的能力及其与自身细胞的相互作用[31]。结果表明，AF 细胞可以在电纺丝定向 PCL 薄片上增殖，产生的 ECM 中含有丰富的糖胺聚糖。另外，由于脲基聚合物具有弹性，将其应用于 AF 是一个非常有前途的尝试。Liu 等开展了一系列研究，如使用聚醚碳酸酯聚氨酯脲电纺 AF 支架，有望实现支架的可生物降解[32]。与随机定向相比，定向电纺丝可增加 AF 细胞表型表达。Zhu 等合成了几种具有不同弹性分布的聚醚碳酸亚乙酯聚氨酯脲，并评估了其对 AF 干细胞 S 基因表达的影响[33]。据报道，Ⅰ型胶原的表达随着材料弹性的增加而增加，而Ⅱ型胶原和蛋白聚糖则相反。

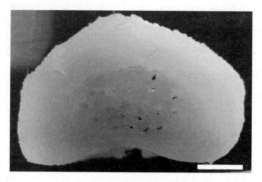

图 9-4　3D 打印 PCL 兔椎间盘照片(标尺：5 mm)

此外，有研究人员研究了具有整体替代结构的生物材料。Chik 等设想了一种模拟整个脊柱运动节段的支架[34]。这种复合结构是 NP、AF 和软骨板的完整 IVD 组装，它将间充质干细胞微胶囊化在Ⅰ型胶原中，产生微球，称为原始亚基。它们用于两种不同的分化介质——成软骨和成骨。在第三周结束时，这两层与另一薄层胶原和间充质干细胞组装在一起[35]。NP 核心为胶原蛋白和糖胺聚糖。NP 位于两个软骨单元之间，两个软骨层都面向 NP。然后组装，使光化学交联的Ⅰ型胶原可以层层封装和聚合。接着在每个胶原层之间以及在 NP 中加入间充质干细胞。该研究是对复杂组装策略的概念验证。由于步骤和细节较多，形成的结构在多个方面还不能与脊柱运动节段完全匹配，仍需要做调整。另外，考虑到制造整个结构所需的胶原蛋白、糖胺聚糖和间充质干细胞的数量，作为一种治疗手段，这种策略的成本可能非常高[34]。

参考文献

[1] Schreyer H B, Gebhart N, Kim K J, et al. Electrical activation of artificial muscles containing polyacrylonitrile gel fibers [J]. Biomacromolecules, 2000, 1: 642-647.

[2] Jager E W, Smela E, Inganäs O. Microfabricating conjugated polymer actuators [J]. Science, 2000, 290: 1540-1545.

[3] Shahinpoor M, Kim K J. Ionic polymer-metal composites: I. Fundamentals [J]. Smart Materials and Structures, 2001, 10: 819-833.

[4] Zhang Q M, Bharti V, Zhao X. Giant electrostriction and relaxor ferroelectric behavior in electron-irradiated poly(vinylidene fluoride-trifluoroethylene) copolymer [J]. Science, 1998, 280: 2101-2104.

[5] Cameron C G, Freund M S. Electrolytic actuators: Alternative, high-performance, material-based devices [J]. PNAS, 2002, 99: 7827-7831.

[6] Lehmann W, Skupin H, Tolksdorf C, et al. Giant lateral electrostriction in ferroelectric liquid-

crystalline elastomers [J]. Nature, 2001, 410: 447−450.

[7] Otero T F, Cortés M T. Artificial Muscles with Tactile Sensitivity [J]. Advanced Materials, 2003, 15: 279−282.

[8] Fuchiwaki M, Martinez J G, Otero T F. Polypyrrole asymmetric bilayer artificial muscle: driven reactions, cooperative actuation, and osmotic effects [J]. Advanced Functional Materials, 2015, 25(10): 1535−1541.

[9] Must I, Kaasik F, Poldsalu I, et al. Ionic and capacitive artificial muscle for biomimetic soft robotics [J]. Advanced Engineering Materials, 2015, 17(1): 84−94.

[10] Hunt J A, Callaghan J T. Polymer-hydroxyapatite composite versus polymer interference screws in anterior cruciate ligament reconstruction in a large animal model [J]. Knee Surgery Sports Traumatology Arthroscopy, 2008, 16(7): 655−660.

[11] Lessim S, Oughlis S, Lataillade J, et al. Protein selective adsorption properties of a polyethylene terephtalate artificial ligament grafted with poly(sodium styrene sulfonate)(polyNaSS): correlation with physicochemical parameters of proteins [J]. Biomedical Materials, 2015, 10: 065021.

[12] Eppley B L, Dadvand B. Injectable soft-tissue fillers: clinical overview [J]. Plastic and Reconstructive Surgery, 2006, 118(4): 98e−106e.

[13] Monheit G D. Hylaform: a new hyaluronic acid filler [J]. Facial Plastic Surgery, 2004, 20(2): 153−155.

[14] Narins R S, Brandt F, Leyden J, et al. A randomized, double-blind, multicenter comparison of the efficacy and tolerability of Restylane versus Zyplast for the correction of nasolabial folds [J]. Dermatol Surg, 2003, 29: 588−595.

[15] Bellas E, Lo T J, Fournier E P, et al. Injectable silk foams for soft tissue regeneration [J]. Advanced Healthcare Materials, 2015, 4(3): 452−459.

[16] Laube T, Weisser J, Berger S, et al. In situ foamable, degradable polyurethane as biomaterial for soft tissue repair [J]. Materials Science and Engineering C, 2017, 78: 163−174.

[17] Zhu Y, Hideyoshi S, Jiang H, et al. Injectable, porous, biohybrid hydrogels incorporating decellularized tissue components for soft tissue applications [J]. Acta Biomaterialia, 2018, 73: 112−126.

[18] 关山, 王宇, 张冰, 等. 乳房假体重建手术中假体覆盖与人工材料的应用进展 [J]. 中国实用外科杂志, 2019, 39(11): 1164−1168.

[19] 张顺, 李海涛, 武彪. 材料学在疝和腹壁外科应用的现状与展望 [J]. 手术, 2016, 1(3): 53−56.

[20] Lichtenstein I, Shulman A. Ambulatory outpatient hernia surgery: including a new concept, introducing tension-free repair [J]. International Surgery, 1986, 71(1): 1−4.

[21] 周慧梅, 朱兰, 郎景和. 盆底重建手术中移植材料的生物力学研究现状 [J]. 中华医学杂志, 2008, 88(47): 3381−3383.

[22] 孙立, 陈杰, 申英末, 等. 生物补片在腹股沟疝治疗中应用 [J]. 中国实用外科杂志, 2017, 37(11): 1223−1227.

[23] Skelly A C, Chou R, Dettori J R, et al. Noninvasive nonpharmacological treatment for chronic pain: a systematic review update [J]. Comparative Effectiveness Review No. 227, 2020, DOI: https://doi.org/10.23970/AHRQEPCCER227.

[24] Buttermann G R, Beaubien B P. Biomechanical characterization of an annulus-sparing spinal disc prosthesis [J]. The Spine Journal, 2009, 9: 744−753.

[25] Benneker L M, Andersson G, Iatridis J C, et al. Cell therapy for intervertebral disc repair:

advancing cell therapy from bench to clinics [J]. European Cells & Materials, 2014, 27: 5—11.

[26] Puppi D, Chiellini F, Piras A M, et al. Polymeric materials for bone and cartilage repair [J]. Progress in Polymer Science, 2010, 35: 403—440.

[27] Sun Z, Luo B, Liu Z, et al. Effect of perfluorotributylamine-enriched alginate on nucleus pulposus cell: implications for intervertebral disc regeneration [J]. Biomaterials, 2016, 82: 34—47.

[28] Thorpe A, Boyes V, Sammon C, et al. Thermally triggered injectable hydrogel, which induces mesenchymal stem cell differentiation to nucleus pulposus cells: potential for regeneration of the intervertebral disc [J]. Acta Biomaterialia, 2016, 36: 99—111.

[29] Sebastião U, Joana S-C, Joaquim M O, et al. Current strategies for treatment of intervertebral disc degeneration: substitution and regeneration possibilities [J/OL]. Biomaterials Research, 2017, 21, 22, https://doi.org/10.1186/s40824-017-0106-6.

[30] Uden S, Silva-Correia J, Correlo V M, et al. Custom-tailored tissue engineered polycaprolactone scaffolds for total disc replacement [J]. Biofabrication, 2015, 7(1): 015008.

[31] Wismer N, Grad S, Fortunato G, et al. Biodegradable electrospun scaffolds for annulus fibrosus tissue engineering: effect of scaffold structure and composition on annulus fibrosus cells in vitro [J]. Tissue engineering Part A, 2014, 20: 672—682.

[32] Liu C, Zhu C, Li J, et al. The effect of the fibre orientation of electrospun scaffolds on the matrix production of rabbit annulus fibrosus-derived stem cells [J]. Bone Research, 2015, 3: 15012.

[33] Zhu C, Li J, Liu C, et al. Modulation of the gene expression of annulus fibrosus-derived stem cells using poly(ether carbonate urethane) urea scaffolds of tunable elasticity [J]. Acta Biomaterialia, 2016, 29: 228—238.

[34] Chik T K, Chooi W H, Li Y Y, et al. Bioengineering a multicomponent spinal motion segment construct—a 3D model for complex tissue engineering [J]. Advanced Healthcare Materials, 2015, 4: 99—112.

[35] Cheng H-W, Luk K D, Cheung K M, et al. In vitro generation of an osteochondral interface from mesenchymal stem cell-collagen microspheres [J]. Biomaterials, 2011, 32: 1526—1535.

第 10 章　硬组织替代材料

10.1　骨组织概述

10.1.1　骨的生理结构

作为人体内的主要支撑和承载结构，骨组织可以承受外加压力，保护内部脏器，维持矿物平衡以及支持肌肉运动等。骨组织是一种矿化了的结缔组织，主要由骨细胞、纤维（骨胶原纤维）和细胞外基质组成，在细胞外基质中有大量无机盐沉淀（主要是钙-磷矿物质，如羟基磷灰石）。完全发育后的成人有 206 块骨，可分为五种类型：长骨（支撑体重，如锁骨、掌骨、胫骨、指骨、股骨、肱骨、跖骨、腓骨和尺骨）、短骨（提供运动和稳定性，如跗骨和腕关节）、扁骨（保护内部器官，如颅骨、胸骨、下颌骨、肋骨和肩胛骨）、不规则骨（如椎骨、尾骨、骶骨和舌骨）和籽骨（嵌入肌腱，如髌骨）。人体骨骼结构和骨类型如图 10-1 所示。

在骨骼形成过程中存在两种类型的骨组织结构：一种是在胚胎发育和骨修复过程中形成的编织骨（原发骨），主要由类骨质（未矿化的细胞外基质）、在 3D 空间中没有取向的胶原纤维和随机分布的骨细胞组成。这是一种暂时的骨组织结构，随后被成熟的板层骨替代。另一种是板层骨（次级骨组织），以胶原纤维微束高度有规律地成层排列。胶原纤维束与骨盐（矿化基质）和有机质紧密结合，构成骨板。同一层骨板内的纤维大多相互平行，相邻两层骨板的纤维层呈交叉方向。板层骨中相邻骨陷窝的骨小管彼此相通，形成板层骨内部的骨小管体系。相比于编织骨，板层骨表现出更高的强度和较低的弹性。

在宏观结构上，骨组织呈现出两种独特的形态结构：外层密质的皮质骨（密质骨）和内部海绵状支架（骨小梁）的松质骨。一般来说，松质骨的代谢更为活跃，易于再生和重塑，因此它比皮质骨"年轻"。在微观结构上，松质骨主要由相互连接的骨小梁网络构成（多孔率达到 75%～95%）；骨小梁网络空腔中填充有骨髓，整体表现出更低的压缩强度。皮质骨主要由大量骨单位以及含有血管和神经纤维的哈弗斯氏管构成，每个骨单位的直径通常为 $200\sim250\ \mu m$，是平行于骨长轴方向的圆筒状结构。骨单位具有宽 $3\sim7\ \mu m$ 的板层结构（骨板），单个板层结构内含有 $20\sim30$ 根同轴中心的胶原纤维束。骨胶原纤维以原胶原蛋白为亚单位，片状矿物质包裹在纤维周围，形成骨骼的基本结构。在分子层级上，骨小梁和骨单位的基本成分就是大量存在的胶原纤维丝、填充纤维孔隙的磷酸钙晶体、非胶原有机蛋白(如骨涎蛋白和骨钙蛋白等)和少量多糖(如透明质酸和硫酸软骨素)。

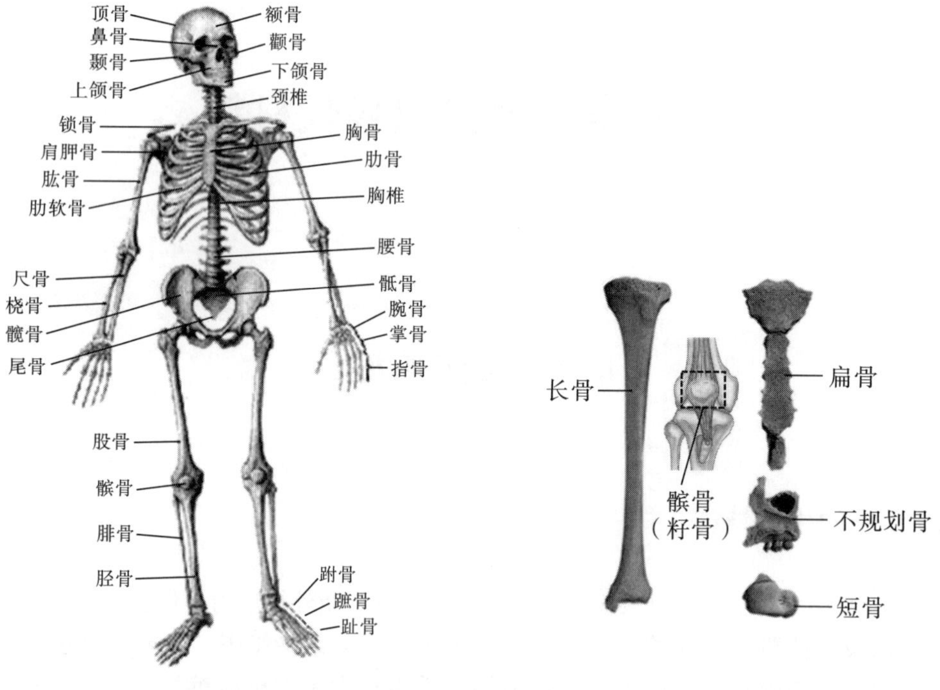

（a）骨骼结构　　　　　　　　（b）骨类型

图 10-1　人体骨骼结构和骨类型

10.1.2　骨的形成机制

骨来源于胚胎时期的间充质。骨的形成包括两种机制：膜内成骨和软骨内成骨[1]。膜内成骨是指由间充质细胞分裂增殖形成的结缔组织膜直接骨化形成骨组织，不经过软骨形成的阶段，人体内只有少数骨骼以此种方式成骨，主要为一些扁平骨，如顶骨、额骨和枕骨等。膜内成骨的具体过程如下[2]：首先，在将要形成骨的部位，间充质细胞增殖、密集，形成富含血管的胚胎性结缔组织膜，膜内细胞分化成成骨细胞，成骨细胞产生纤维和基质，形成类骨质；随着基质内钙盐的沉积，成骨细胞被包埋在钙化基质中变为骨细胞，形成骨组织，这个开始成骨的部位叫作骨化中心，而这种原始的骨组织是海绵状原始松质骨，由骨小梁网构成，在互相交织成网的骨小梁网眼内充满间充质细胞和毛细血管，间充质细胞不断转化为成骨细胞；在骨化中心的周围，骨化过程不断扩展，形成的骨小梁越来越多，骨的面积也越来越大。

软骨内成骨是指间充质先分化成软骨，再由软骨骨化成骨，体内大部分骨如四肢骨、脊柱和颅底骨等都是通过软骨内成骨方式形成的。以长骨为例，介绍软骨内成骨的过程[3]：间充质细胞首先在将有长骨形成的部位分化为透明软骨，其形状与未来形成的骨的形状相似，称为软骨雏形。软骨雏形外包绕着由间充质细胞分化而成的结缔组织膜，即软骨膜，此时软骨雏形可分为中段的骨干和两端的骨骺。随着骨干区域软骨细胞体积的增大，基质内出现钙盐沉积，由于基质钙化阻断营养物质和代谢产物的传递，软骨细胞退化死亡，这一变化区域称为初级骨化中心(原发骨化点)。在初级骨化中心出现的同时，骨干区域软骨膜内层分化为成骨细胞，并形成一圈薄层骨组织包围在初级骨化中心周围，这圈骨组织称为骨领，其外所包的软骨膜改称骨外膜。骨领形成后，骨外膜内的间充质分化出破骨细胞，骨外膜的血管随同破骨细胞穿过骨领进入初级骨化中心，破骨细胞分解吸收钙化的软骨基质，使软骨陷窝融合形成大小不均的腔隙，称为原始骨髓腔。成骨细胞贴附于残留的钙化软骨基质表面，先后形成类骨质和骨质，构成原始的骨小梁。原始骨小梁的存在时间短，很快就被破骨细胞分解吸收，于是原始骨髓腔互相融合连通成大腔，称为骨髓腔，其内充填血管和红骨髓。骨领外表面不断有新的骨组织增加而使骨干加粗，骨领内面的骨组织以骨吸收为主，骨髓腔横向扩大，横径加粗。此后骨骺区的软骨继续生长，初级骨化中心的成骨过程向骨骺两端推移。在这个过程中，骨髓腔和骨骺之间形成四个连续变化的区域带：①静止区，位于长骨两端，软骨细胞多而小，处于成骨初期；②增殖区，在静止区近骨干侧，细胞扁平沿骨的长轴排列，影响骨的增长；③肥大区，在增殖区近骨干侧，细胞显著肥大，软骨细胞失去增殖能力，软骨基质中逐渐形成盐沉积，软骨细胞退化；④成骨区，近骨髓腔，由于破骨细胞吸收钙化基质而出现纵行隧道，成骨细胞沿着残留的钙化软骨基质表面形成骨小梁，骨小梁不断生成又不断被吸收，于是骨干得到不断增长，骨髓腔也向两端扩展变大。在婴儿出生前后，长骨两端骨骺区域的中央会出现新的骨化中心，称为次级骨化中心(继发骨化中心)。次级骨化中心向周围呈辐射状扩展，形成的骨小梁交织成网，构成骨松质。初级骨化中心和次级骨化中心之间在较长一段时间内不融合，两者之间存在一片软骨，称为骺板或生长板，其不断增生并不断以软骨内成骨的方式造骨，因此骨的长度不断加长。到 17~20 岁左右，骺板停止增生，被骨小梁取代，骨骺与骨干愈合，两者骨髓腔连通，此时长骨停止增长，人也不再长高。在骨骺的游离面保留有薄层软骨即关节软骨，此软骨终生不骨化。

成年人骨的形态、大小基本稳定，骨的外形无明显变化，但骨的内部结构仍在持续而缓慢地破坏、吸收与重建。

10.2　骨组织替代材料

骨组织的损伤或病变在临床上时有发生，如果药物治疗对损伤或病变已无效，则需要选择合适的替代材料进行修复或置换。骨是全球第二大最常见的移植组织，每年至少有 400 万例手术使用骨移植和骨替代材料。自体骨移植是最常用的疗法，移植 3~6 个月便能完成骨的爬行替代、再生和塑形，但供体限制了其应用。同种异体骨来源比自体骨丰富，但异体骨常具有抗原性，特别是在移植体太大时常会引起强烈的免疫排斥反应，从而导致植入失败，同时增加患者的痛苦。人工骨的发展解决了一些局限性问题，虽然在理化、生物性能即降解性能方面都比不上天然骨，但其某些性能如力学性能和生物学性能等尽量做到了与人体骨组织相似。

在临床实际应用中，筛选合适的骨组织替代材料要充分考虑应力遮挡的问题[4]。所谓应力遮挡，就是两个弹性模量不同的材料一起受力时，弹性模量较大的材料会承受较多的应力，而弹性模量较小的材料则只承受较少的应力。应力遮挡是骨重建过程和效应的重要体现,即骨组织中的成骨细胞和破骨细胞通过感受力学刺激(信号)来对骨组织的形成或吸收进行调控。当骨的应变低于 50~100 微应变、应力小于 1~2 MPa 时,骨组织主要发生骨吸收过程;当骨的应变高于 100~1500 微应变、应力大于 20 MPa 时,骨组织以生长为主;而当骨的应变进一步高于 3000 微应变、应力大于 60 MPa 时,会产生骨损伤。材料弹性模量越接近于骨组织,应力遮挡效应越低。因此,在骨组织替代材料的设计过程中总是要求弹性模量、强度和骨组织尽量匹配。如采用钢板对骨折部位进行医学修复时,因为钢板的弹性模量要比骨骼大得多,会出现应力遮挡现象,即在修复部位的骨骼几乎不承担应力,应力刺激长期处于较低水平,导致术后骨骼不能得到有效锻炼而逐渐萎缩。骨吸收过程逐渐累积,造成骨折部位的骨质疏松,成为术后再骨折的重要诱因。因此,如何使接骨板材料的降解与骨组织的生长相协调,是优选骨组织替代材料亟待解决的重要问题。通常,为了有效提高骨整合性,可在金属植入体表面涂覆生物活性涂层[5-6],以诱导骨组织生长,并且整合再生骨和植入材料的生物界面力。

金属材料的弹性模量和强度远大于天然骨。钛和镁是弹性模量较低的金属材料。上海交通大学的袁广银教授开发了多种镁合金骨修复材料(Mg-Nd-Zn-Zr 合金系列材料),因其良好的降解性、弹性模量与皮质骨相近,可避免应力遮挡,加上优异的机械强度和骨诱导性等优势,在骨修复材料领域具有很好的应用前景[7]。美国 Implex 公司开发了一类多孔钽(Ta)基骨植入器械(trabecular metal,TM),在临床上用于骨小梁部位的修复。多孔结构降低了材料的弹性模量。经过长期临床治疗观察,多孔 Ta 植入材料在体内表现出优异的生物相容性和骨整合性,不易发生松动,表现出长期稳定性。特别是在人工关节和脊柱外科治疗领域获得了广泛应用[8]。

此外,陶瓷材料的弹性模量也远大于骨,同时还存在性能较脆的问题。将陶瓷材料和高分子材料复合,可以作为骨修复材料设计的一种策略。骨本身就是胶原和羟基磷灰石(HA)的纳米复合材料。

高分子材料的弹性模量和强度均小于骨,单独作为骨修复材料存在一定不足,和陶瓷复合则可以做到力学性能与骨组织相匹配。首例将高分子材料应用于骨组织替代材料领域的尝试,是将聚甲基丙烯酸甲酯(PMMA)用于头盖骨修复。高分子材料在人工关节方面的应用较多,一般以不锈钢、钛合金等高强度材料承力作主体,以超高分子量聚乙烯作髋臼衬垫材料(见图 10-2),因超高分子量聚乙烯的耐磨损能力更加优异,人工关节对材料的耐磨损要求特别高。

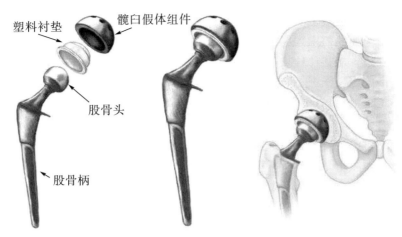

塑料衬垫　　髋臼假体组件

股骨头

股骨柄

图 10-2　人工髋关节示意图

10.2.1　第一代骨组织替代材料

20 世纪 50 年代至今，从骨植入材料与人体间生物相容性的效果来看，骨组织替代材料已经历了三代。20 世纪 50 年代，第一代骨组织替代材料被开发出来，其目标是"实现物理特性的适当组合，以匹配对宿主毒性反应最小的替换组织的物理特性"[9]，即生物惰性——一旦放入人体，这些材料与周围组织的相互作用极小。因此，它们并不刺激骨形成，而是导致纤维组织的形成。广义上说，第一代骨组织替代材料可分为以下几种类型：金属（如钛或钛合金、不锈钢、钴铬合金）、合成聚合物（如聚甲基丙烯酸甲酯、Teflon 型）和陶瓷（如氧化铝、氧化锆、碳）[10]。

如在 20 世纪 50 年代末，Charnley 研制的第一个成功用于关节置换的假体由不锈钢制成[11]，因不锈钢铬含量高而耐腐蚀。但由于不锈钢的耐磨性较差，因此引入了钴铬合金。这些材料具有优异的耐腐蚀和耐磨性，但弹性模量（220～230 GPa）比人皮质骨（20～30 GPa）高一个数量级，在这种情况下，由于种植体的高模量导致相邻骨的应力遮挡，种植体将承担大部分的载荷。缺乏机械刺激会导致骨吸收，最终导致种植体的植入失败和松动[12]。这可以解释为沃尔夫定律，即"骨骼的形态与物质受个体活动水平的调控，使之足够承担力学刺激（负载）影响而改变结构，但并不增加个体代谢转运的负担"。机械应力与骨组织间存在一种生理平衡，当应力增大时，成骨细胞活跃，引起骨质增生以增大承载面积，使应力下降达到新的平衡；当应力下降时，破骨细胞再吸收能力增强，骨组织量下降，使应力增加。因此，骨组织能够通过改变其大小、形状和结构以适应力学的需要，完成相应组织部位的功能重建。当使用弹性模量比原骨高得多的材料时，相邻的骨承受更低的载荷或应力（即应力），并通过减少骨量来应对，最终导致种植体松动，从而导致种植体植入失败[13]。

钛及其合金因具有优异的耐腐蚀性能、适中的弹性模量（≈110 GPa）和较低的密度，在骨科领域引起了广泛的兴趣。早在 20 世纪 60—80 年代，瑞典教授 Branemark 便提出了种植体骨整合（Osseointegration）的概念，即在没有软组织形成的情况下，在种植体和宿主骨组织之间形成直接的黏结。在相关钛植入体骨整合性的研究中，Branemark 研究组发现钛移植物可以永久地植入骨内，除非断裂，移植物和骨保证不分离[14-15]。骨整合逐渐成为骨种植体最重要的需求之一[16-17]。各种表面处理策略，如等离子喷涂、酸蚀和阳极氧化，都被用来改善钛基移植物的骨整合。结果表明，酸蚀产生的粗糙表面显著加快了钛种植体植入后的融合。这大大改善了可植入设备的长期性能，降低了种植体松动和失败的风险。Charnley 介绍了自聚合聚甲基丙烯酸甲酯(PMMA)骨水泥用于股骨假体与股骨轴的固定[11]。由于其生物惰性，虽然 PMMA 可以为假体提供一个良好的初级固定，但不能促进生物性的二级固定。此外，PMMA 骨水泥在临床上也存在一些应用缺陷，如固化过程为高放热聚合反应，残余单体倾向于进入血液导致脂肪栓塞，聚合过程中水泥收缩。超高分子量聚乙烯(UHMWPE)因其高耐磨性、低摩擦、强韧性、易于制造和良好的生物相容性，被应用于关节成形术[18]。这些聚合物由于辐照组合(由灭菌用辐照和氧的结合引起)会产生氧化降解，从而导致耐磨性和机械性能下降。磨损产生的颗粒会进一步导致周围组织的炎症反应。基于硅胶的移植物，最初是由斯旺森公司在 20 世纪 60 年代中期推出的，用于替换关节炎或受损的关节[19]。其被证明可以有效地减轻关节炎患者的疼痛，并轻微地改善他们的活动范围[20]。此外还有一些不可吸收的复合材料，如采用聚乙烯、聚砜等聚合物的碳增强复合材料，与金属生物材料相比，具有更好的稳定性和更低的刚性[21]。

10.2.2　第二代骨组织替代材料

第二代骨组织替代材料包括合成和自然衍生的可降解聚合物(如胶原蛋白、聚酯)、磷酸钙(合成或来自天然的材料，如珊瑚、藻类、牛骨)、碳酸钙(天然或合成)、硫酸钙和生物活性玻璃(二氧化硅或非二氧化硅基)[22-24]。许多天然生物材料作为组织的重要组成部分，具有良好的生物相容性和生物降解性。与某些合成聚合物相比，胶原蛋白和透明质酸等天然聚合物可以为细胞提供一种生物信息指导，从而改善细胞的附着性和趋化反应[25-26]。然而，这些以天然蛋白和多糖为基质的生物材料也存在一些缺陷，如免疫原性反应、由于复杂的纯化过程而导致的批次材料的功能变化、在设计具有特定生物力学性能的设备方面的限制，以及植入后天然材料不同结构降解速率的可变性(特别是该类材料对多种酶环境下的降解响应迥异)[27-28]。另外，合成聚合物提供了调整机械性能和降解动力学的可能性，被加工成具有所需特性的各种形状[29]。研究最广泛的合成生物降解聚合物包括聚乳酸(PLA)、聚乙醇酸(PGA)、聚己内酯(PCL)、聚羟基丁酸酯(PHB)、聚邻苯二甲酸酯及其共聚物[30-31]。

生物活性材料是指一种材料，它被放置在人体内部后，与周围的组织相互作用，通过在材料界面引起特定的生物反应，在组织和材料之间形成一种纽带[32]。这一概念始于 20 世纪 80 年代中期，当时生物活性材料在牙科和骨科领域得到应用，目的是生产能够在生理环境中引起良好生物反应的生物活性成分[33]。第一种人工生物活性材料生物玻璃是 Larry Hench 在 1969 年发明的。生物玻璃是第一种人工骨整合材料，旨在与骨骼形成直接的化学键合。此外，对有特殊物理、化学、生物、生物力学和降解性能的材料的需求推动了生物可降解材料的使用。生物可吸收/生物可降解材料的概念是由 Kulkarni 等在 20 世纪 60 年代提出的[34]。例如，用于骨愈合的生物活性材料可使种植体上形成具有生物活性的碳酸磷灰石层，可在化学和晶体学上与天然骨磷灰石相媲美[35]。生物玻璃的降解过程首先是通过钠离子和氢离子的交换造成 Si—O—Si 键的断裂和 Si—OH 键在生物玻璃表面的形成，然后形成二氧化硅层；接着钙离子和磷酸根离子移动到二氧化硅层上形成无定型磷酸钙层，该无定形磷酸钙层可以转变为 HA 晶体，这些形成的 HA 晶体有助于从宿主体内吸附生物分子[36]。虽然生物玻璃也具有作为骨组织替代材料的优势，但二氧化硅在人体组织液中不能完全降解，使其发展受限。

10.2.3　第三代骨组织替代材料

第三代骨组织替代材料纳入了生物活性分子，以诱导良好的细胞反应，如改善细胞生存、定向细胞分化和特异性传承[37]。这些方法涉及使用的一些可溶性因素(生长因子、细胞因子、激素和化学物质)、不溶性因素(细胞外基质分子，固定化粘连配体，具有典型力学特征和结构属性的组织工程支架材料)或外部刺激(机械加载、压应力、剪应力、循环、使用导电聚合物)[38]。开发能够激活特殊基因的材料，并对生物材料进行分子剪裁，以获得所需的细胞反应，是开发第三代骨组织替代材料的策略之一。通过设计具有典型骨组织结构和生理微环境特性的骨组织替代材料，如具有高孔隙度和互连性结构的替代材料，可以有效促进材料/细胞间的相互作用、营养/氧气的注入和材料整体的血管化，有利于骨组织替代材料与机体实现生理功能一体化。例如，Nukavarapu 和 Amini 开发了用于骨再生工程的最佳多孔性和机械兼容性支架[39]。在后来的研究中发现，这些基质控制了孔隙结构内部的氧张力，使基质能够支持成骨细胞和血管生成细胞存活，甚至深入基质孔隙结构内部，诱导大面积骨再生[40-41]。生物材料的组织诱导作用也可以通过补充成骨成分如骨髓穿刺液(BMA)或添加骨诱导成分(如骨形态发生蛋白，rhBMP-2 和 rhBMP-7)来积极招募周围组织的祖细胞，引导干细胞归巢，增强缺陷部位的细胞分化[42-43]。

纳米技术在再生工程领域的应用为控制生物化学和机械微环境提供了手段，从而实现了细胞的成功传递和组织再生[44]。纳米材料是特征尺寸在 1～100 nm 之间的材料，与活体组织的特征尺寸相当。Webster 强调了纳米材料在骨再生方面的潜在优势——它们模拟了天然骨的纳米结构层次自组装[45]。纳米技术在骨再生中的主要应用包括：①将纳米材料掺入骨再生材料中，获得具有优异力学、生物学或电学性能的复合材料；②纳米级表面修饰，改善细胞黏附和功能；③生成可降解替代品(如纳米陶瓷)；④利用纳米支架尺寸效应和可修饰性，在其表面修饰生理活性结构以改善成骨细胞功能；⑤使用纳米药物递送促进愈合和功能恢复[46-47]。利用纳米材料的优异性能进行骨组织工程的一个例子是纳米磷酸钙，其与微米粒度的磷酸钙相比，具有更快的降解速度和增强骨细胞的功能[48]。Hartgerink 等在研究中成功地将自组装的亲水纳米纤维用于骨再生。他们发现，通过肝素键合，将 BMP-2 与超分子纳米纤维结合后，其功效被放大了一个数量级，表明纳米技术在骨再生工程中的巨大应用潜力[49-50]。

10.3　牙齿的生理结构

牙齿是人体中最坚硬的器官，除了是撕咬、咀嚼食物的重要工具，还与发音、呼吸等功能相关。成年人的恒牙有 28～32 颗，根据形态不同，可分为切牙、尖牙、前磨牙和磨牙，其形态与功能相适配。如切牙牙冠呈楔形，贴近切端逐渐变薄，形成如刀刃一般锋利的切缘，用于切断食物；尖牙尖锐，主要用于穿透、撕碎食物；前磨牙和磨牙体积较大，牙合面呈斜方形，结构复杂、峰谷起伏、沟嵴错综，有利于研磨食物。

图 10-3 显示了人体天然牙的结构，从外观上看，牙齿可分为牙冠、牙根和过渡连接两者的牙颈部分。牙冠处于牙龈之上，暴露于口腔中，直接参与咀嚼功能；牙根埋于颌骨中，对整个牙体起支撑和固定作用。

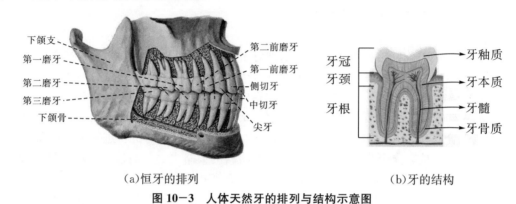

（a）恒牙的排列　　　　　　　（b）牙的结构

图 10-3　人体天然牙的排列与结构示意图

从牙齿的解剖结构看，牙齿是由牙釉质、牙本质、牙骨质和牙髓等几个部分组成的。牙冠的最外层是厚度为 2～3 mm 的牙釉质，由 96% 的矿物质和 4% 的有机物与水组成，由于高度矿化，是人体最坚硬的组织[51]。在微观结构上，人牙釉质包括 7 级分级组装结构[52]：六方羟基磷灰石是最基本的结构单位，为第 1 级结构；由羟基磷灰石形成的纳米纤维组成第 2 级结构；纳米纤维相互平行排列、聚集组成了直径较粗的微纤维，为第 3 级结构；微纤维的进一步组装形成更粗的纤维束，为第 4 级结构；纤维束沿两种不同的取向通过平行排列组装而形成的釉柱和釉柱间质是第 5 级结构；釉柱在不同釉质层中的排列方式是第 6 级结构；最终釉柱以不同排列方式构成的整个釉质层是第 7 级结构。

由釉质覆盖和保护的牙本质与釉质的组成有较大区别，其无机物含量仅占 70%，有机物和水各占 20% 和 10%[53]。由于较高的有机物和水含量，牙本质的硬度远低于牙釉质，但却表现出很好的弹性，起着传递载荷、过渡缓冲和保护牙髓的作用。在微观结构上，牙本质由许多牙本质小管组成，牙本质小管呈放射状排列，由牙釉质与牙本质界面一直延续到靠近牙髓腔，直径逐渐变粗。牙本质小管四周包裹着一层高度矿化层，称为管周牙本质，管周牙本质之间的间隙叫作管间牙本质，含有丰富的有机质。牙本质中的主要有机成分是Ⅰ型胶原，Ⅰ型胶原分子量大且结构复杂，三条多肽链相互缠绕形成三维螺旋结构（原胶原），每一个三维螺旋结构顺着螺旋方向交错排列，每五个邻近的原胶原通过共价交联形成原纤维，原纤维互相交错、重叠最终形成胶原纤维的基础结构。从材料学的角度看，牙本质是一种典型的有机（蛋白基质）-无机（羟基磷灰石）复合材料。

牙本质内部是牙髓腔，主要含有神经、血管、淋巴和结缔组织等，牙髓组织为牙齿提供营养，输送造牙本质细胞形成牙本质并对外部刺激做出反馈。牙骨质是牙根外表面一层很薄的骨质组织，硬度与骨组织相当，一般与牙周膜紧密贴合并通过牙周膜纤维与牙槽骨连接在一起，为牙齿提供支持、固定和传递营养。

10.4　牙齿替代材料

牙齿损坏和缺损会对人们说话、咀嚼、美观以及健康产生一定影响，因此对牙齿替代材料的需求日益增长。目前治疗牙齿缺损的常用方法是利用种植体(假牙、义齿)对缺损牙进行修复。义齿结构应与正常牙结构类似，既要维持牙本身的一些基础功能，又要尽量保持美观。公元前 7 世纪，古埃及人第一次在颌骨内植入黄金牙，这是人类对牙齿修复材料的最早应用。到 20 世纪前期，金属及其合金得到广泛应用，随着高分子行业的发展，陶瓷和高分子材料也逐渐被应用于牙科修复。目前，常用的牙科替换材料分为三种：金属材料、陶瓷材料以及高分子材料。

金属烤瓷牙是一种理想的牙齿修复体，分为贵金属、半贵金属和非贵金属三种，一般用于前牙的美容修复和缺牙的固定修复。

贵金属具有优异的生物相容性、抗氧化性和抗腐蚀性且无毒，因而得到广泛应用，其中使用最为普遍的是金合金。金合金烤瓷牙具有良好的机械性能，主要运用在牙冠等部位。半贵金属烤瓷牙的典型代表是钛合金，其价格适宜，生物相容性好，骨整合性强，可长期使用，适合大多数牙齿的修复，特别是后牙固定桥等的固定。非贵金属烤瓷牙一般指镍-铬-钴合金，价格低廉，生物相容性较差，有刺激性。

人类利用陶瓷修复牙齿的历史悠久，1774 年法国药剂师 Alexus Duchateau 首次将陶瓷材料应用于牙体修复，开创了陶瓷基材料用于口腔修复的先河。陶瓷材料在牙齿修复中的应用十分广泛，可以作为种植体、牙齿填充材料和烤瓷修复材料等。随着材料制备技术的发展，20 世纪 90 年代中期，金属-烤瓷牙冠和铝瓷材料牙冠成为牙科修复材料市场的主流产品。近年来，国内外牙科医疗器械公司又研发了可铸造玻璃陶瓷冠、无收缩陶瓷冠、镁瓷冠修复体和瓷贴面等新型陶瓷修复材料，并做了相关牙科临床技术的推广和应用。

目前，牙科用陶瓷修复体主要包括长石瓷、铝瓷和玻璃陶瓷三大类。长石瓷主要用于制作成品人工瓷牙、瓷熔附金属修复材料和瓷熔附陶瓷修复材料。该类产品的挠曲强度较低(仅有 50~80 MPa)，需要和高强度的瓷粉烧制成复合牙科修复体。所制得的复合牙科修复体光泽度高、美观，但是受限于其力学性能，在作为全瓷冠应用时有一定限制。铝瓷修复材料是在玻璃基质中加入一定比例的氧化铝，通过结晶烧制的一种玻璃陶瓷。通常，牙科用铝瓷修复体中氧化铝含量高于 50%(质量分数)，其挠曲强度随氧化铝含量的增加而升高。高强度铝瓷修复材料主要用于复合瓷冠的底层材料，可通过烧结、注入、浸润等工艺制成。在其表面进一步烧结光泽度良好、色泽自然的长石瓷修复体，可获得更为美观的牙科修复体。但将两种陶瓷修复材料复合时，应注意两者的热膨胀系数要匹配得当。玻璃陶瓷修复材料是通过控制玻璃相结晶程度而制备的多晶材料，主要工艺是在玻璃中加入 CaO、P_2O_5 等添加剂，通过热处理的方法析出磷灰石晶体，提高修复材料的生物相容性和生理活性。其组分中的添加物也可以形成其他晶型的晶体，赋予玻璃陶瓷材料良好的化学稳定性和加工性。玻璃陶瓷材料在牙科修复中的应用主要是制备可铸造玻璃陶瓷、可切削玻璃陶瓷、注入型玻璃陶瓷、植入型玻璃陶瓷等。通过调节玻璃基质中分散的不同晶型的结晶相，材料的内部结构可得到改善，力学性能如抗折性等可得到提高。目前常用的添加剂主要有氧化锆、云母等无机矿物质，使用后可以显著增强材料的刚度和耐磨性。羟基磷灰石（HA）、TCP 等生物活性陶瓷具有良好的生物相容性和骨整合性，可以进行骨传导或被骨吸收，在口腔中常用于牙周骨缺损的修复。而生物惰性陶瓷包括氧化铝陶瓷和氧化锆陶瓷等，其化学性能稳定，具有较高的机械强度和耐磨性。氧化铝陶瓷的色泽和透光性都与正常牙匹配，对牙体牙髓无不良刺激，常用作人工牙根。氧化锆陶瓷具有耐高温、耐腐蚀和耐磨损的特点，具有良好的生物相容性，强度比氧化铝陶瓷更高，抗压抗折，可用于制作牙冠。陶瓷类牙科修复材料属于脆性材料，分散局部应力的能力较弱，临界应变低，屈服前所能承受的形变约为 0.1%。在临床使用中，陶瓷修复体在修复定位、承受咬合力和意外创伤时易于断裂。因此，提高牙科陶瓷修复材料的强度一直是临床的迫切需求和目标。近年来，有研究人员采用内部增强、应用高强度底层和表面处理等多种方法对牙科陶瓷材料进行增强、增韧，极大地提高了这类修复材料的强度和韧性，拓展了其临床应用范围。目前，陶瓷类牙科修复材料不仅可以制作嵌合体、贴（牙）面修复，而且可以制作色泽与天然牙吻合的全瓷冠和前牙全瓷固定桥。

一般用于牙齿修复的高分子材料是复合树脂材料，主要有树脂基托材料和复合树脂黏结材料。义齿的组成包括人工牙和基托，其好坏取决于两者结合的程度。树脂基托价格较低、无毒且成型方便，主要使用的有聚甲基丙烯酸甲酯。口腔粘接材料在实现修复体与口腔软硬组织之间的有效连接中起至关重要的作用。使用树脂复合材料，黏结性强，固化方便，色泽稳定，特别适用于前牙的美齿修复。

参考文献

[1] Clarke B. Normal bone anatomy and physiology [J]. Journal of the American Society of Nephrology, 2008(S3)：131−139.

[2] Thompson Z, Miclau T, Hu D, et al. A model for intramembranous ossification during fracture healing [J]. Journal of Orthopaedic Research, 2002, 20：1091−1098.

[3] Mackie E J, Ahmed Y A, Tatarczuch L, et al. Endochondral ossification：how cartilage is converted into bone in the developing skeleton [J]. The International Journal of Biochemistry & Cell Biology, 2008, 40：46−62.

[4] Frost H M. A 2003 update of bone physiology and wolff's law for clinicians [J]. Angle Orthodontist, 2004, 74(1)：3−15.

[5] Geng F, Tan L L, Zhang B C, et al. Study on beta-TCP coated porous Mg as a bone tissue engineering scaffold material [J]. Journal of Materials Science & Technology, 2009, 25：123−129.

[6] Lopez-Heredia M A, Sohier J, Gaillard C, et al. Rapid prototyped porous titanium coated with calcium phosphate as a scaffold for bone tissue engineering [J]. Biomaterials, 2008, 29：2608−2615.

[7] Xiao G, Niu G. Research progress of biodegradable magnesium alloys for orthopedic applications [J]. Acta Metallurgica Sinica, 2017, 58：1168−1180.

[8] 郭敏，郑玉峰. 多孔钽材料制备及其骨科植入物临床应用现状 [J]. 中国骨科临床与基础研究杂志，2013, 5(1)：47−53.

[9] Hench L L. Biomaterials [J]. Science, 1980, 208：826−831.

[10] Geetha M, Singh A K, Asokamani R, et al. Ti based biomaterials, the ultimate choice for

orthopaedic implants—a review [J]. Progress in Materials Science, 2009, 54: 397—425.

[11] Charnley J. Anchorage of the femoral head prosthesis to the shaft of the femur [J]. J Bone Joint Surg Br, 1960, 42B(1): 28—30.

[12] Bauer T W, Schils J. The pathology of total joint arthroplasty. Ⅱ. Mechanisms of implant failure [J]. Skeletal Radiology, 1999, 28: 483—497.

[13] Ridzwan M I Z, Shuib S, Hassan AY, et al. Problem of stress shielding and improvement to the hip implant designs: a review [J]. Journal of Medical Sciences, 2007, 7: 460—467.

[14] Navarro M, Michiardi A, Castaño O, et al. Biomaterials in orthopaedics [J]. Journal of the Royal Society Interface, 2008, 5: 1137—1158.

[15] Breine U, Johansson B, Roylance P J, et al. Regeneration of bone marrow. A clinical and experimental study following removal of bone marrow by curettage [J]. Acta Anatomica, 1964, 59: 1—46.

[16] Mavrogenis A F, Dimitriou R, Parvizi J, et al. Biology of implant osseointegration [J]. Journal of Musculoskeletal & Neuronal Interactions, 2009, 9: 61—71.

[17] Frost H M. Wolff's law and bone's structural adaptations to mechanical usage: an overview for clinicians [J]. Angle Orthodontist, 1994, 64: 175—188.

[18] Prever E M B D, Bistolfi A, Bracco P, et al. UHMWPE for arthroplasty: past or future? [J]. Journal of Orthopaedics and Traumatology, 2009, 10: 1—8.

[19] Maloney W J, Smith R L. Periprosthetic osteolysis in total hip arthroplasty: the role of particulate wear debris [J]. Instructional Course Lectures, 1996, 45: 171—82.

[20] Swanson A. Silicone rubber implants for replacement of arthritic or destroyed joints [J]. Hand, 1969, 1: 38—39.

[21] Sagomonyants K B, Jarman-Smith M L, Devine J N, et al. The in vitro response of human osteoblasts to polyetheretherketone(PEEK) substrates compared to commercially pure titanium [J]. Biomaterials, 2008, 29: 1563—1572.

[22] Ulery B D, Nair L S, Laurencin C T. Biomedical applications of biodegradable polymers [J]. Journal of Polymer Science Part B Polymer Physic, 2011, 49(12): 832—864.

[23] Yuan H P, Yang Z J, de Bruijn J D, et al. Material-dependent bone induction by calcium phosphate ceramics: a 2.5-year study in dog [J]. Biomaterials, 2001, 22: 2617—2623.

[24] Xynos I D, Hukkanen M V J, Batten J J, et al. Bioglass 45S5 stimulates osteoblast turnover and enhances bone formation in vitro: Implications and applications for bone tissue engineering [J]. Calcified Tissue International, 2000, 67: 321—329.

[25] Pérez R A, Won J E, Knowles J C, et al. Naturally and synthetic smart composite biomaterials for tissue regeneration [J]. Advanced Drug Delivery Reviews, 2013, 65: 471—496.

[26] Moroni L, Elisseeff J H. Biomaterials engineered for integration [J]. Materials Today, 2008, 11: 44—51.

[27] Davies J E. Bone bonding at natural and biomaterial surfaces [J]. Biomaterials, 2007, 28: 5058—5067.

[28] Khan W, Muntimadugu E, Jaffe M, et al. Implantable medical devices [M] // Domb A J, Khan W. Focal Controlled Drug Delivery. New York: Springer, 2014: 33—59.

[29] Domb A J, Kumar N, Ezra A. Biodegradable Polymers in Clinical Use and Clinical Development [M]. Hoboken: John Wiley & Sons, Inc., 2011.

[30] Roohani-Esfahani S I, Lu Z F, Li J-J, et al. Effect of self-assembled nanofibrous silk/

polycaprolactone layer on the osteoconductivity and mechanical properties of biphasic calcium phosphate scaffolds [J]. Acta Biomaterialia, 2012, 8: 302—312.

[31] Uhrich K E, Cannizzaro S M, Langer R S, et al. Polymeric systems for controlled drug release [J]. Chemical Reviews, 1999, 99: 3181—3198.

[32] Hench L L. The story of bioglass [J]. Journal of Materials Science-materials in Medicine, 2006, 17: 967—978.

[33] Shin H, Jo S, Mikos A G. Biomimetic materials for tissue engineering [J]. Biomaterials, 2003, 24: 4353—4364.

[34] Kulkarni R K, Pani K C, Neuman C, et al. Polylactic acid for surgical implants [J]. Arch Surg, 1966, 93: 839—843.

[35] Neo M, Nakamura T, Ohtsuki C, et al. Apatite formation on three kinds of bioactive material at an early stage in vivo: a comparative study by transmission electron microscopy [J]. Journal of Biomedical Materials Research, 1993, 27: 999—1006.

[36] Kim H D, Amirthalingam S, Kim S L, et al. Biomimetic materials and fabrication approaches for bone tissue engineering [J]. Advanced Healthcare Materials, 2017, 6: 1700612.

[37] Hench L L, Polak J M. Third-generation biomedical materials [J]. Science, 2002, 295: 1014—1107.

[38] Alsberg E, von Recum H A, Mahoney M J. Environmental cues to guide stem cell fate decision for tissue engineering applications [J]. Expert Opinion on Biological Therapy, 2006, 6: 847—866.

[39] Nukavarapu S P, Amini A R. Optimal scaffold design and effective progenitor cell identification for the regeneration of vascularized bone [C]. Annual International Conference of the IEEE Engineering in Medicine and Biology Society, 2011: 2464—2467.

[40] Amini A R, Nukavarapu S P. Oxygen-tension controlled matrices for enhanced osteogenic cell survival and performance [J]. Annals of Biomedical Engineering, 2014, 42: 1261—1270.

[41] Amini A R, Adams D J, Laurencin C T, et al. Optimally porous and biomechanically compatible scaffolds for large-area bone regeneration [J]. Tissue Engineering Part A, 2012, 18: 1376—1388.

[42] Bongio M, van den Beucken J J J P, Leeuwenburgh S C G, et al. Development of bone substitute materials: from 'biocompatible' to 'instructive' [J]. Journal of Materials Chemistry, 2010, 20: 8747—8759.

[43] Yu X, Khalil A, Dang P N, et al. Multilayered inorganic microparticles for tunable dual growth factor delivery [J]. Advanced Functional Materials, 2014, 24: 3082—3093.

[44] Verma S, Domb A J, Kumar N. Nanomaterials for regenerative medicine [J]. Nanomedicine, 2011, 6: 157—181.

[45] Webster T. Enhanced functions of osteoblasts on nanophase ceramics [J]. Biomaterials, 2000, 21: 1803—1810.

[46] Nel A E, Mädler L, Velegol D, et al. Understanding biophysicochemical interactions at the nano-bio interface [J]. Nature Materials, 2009, 8: 543—557.

[47] Sahoo N G, Pan Y Z, Li L, et al. Nanocomposites for bone tissue regeneration [J]. Nanomedicine, 2013, 8: 639—653.

[48] Webster T J, Ergun C, Doremus R H, et al. Enhanced functions of osteoblasts on nanophase ceramics [J]. Biomaterials, 2000, 21: 1803—1810.

[49] Hartgerink J D, Beniash E, Stupp S I. Self-assembly and mineralization of peptide-amphiphile nanofibers [J]. Science, 2001, 294: 1684—1688.

［50］ Sargeant T D, Rao M S, Koh C Y, et al. Covalent functionalization of NiTi surfaces with bioactive peptide amphiphile nanofibers ［J］. Biomaterials, 2008, 29: 1085—1098.

［51］ Olszta M J, Cheng X, Jee S, et al. Bone structure and formation: a new perspective ［J］. Materials Science and Engineering R: Reports, 2007, 58: 77—116.

［52］ Cui F Z, Ge J. New observations of the hierarchical structure of human enamel, from nanoscale to microscale ［J］. Journal of Tissue Engineering and Regenerative Medicine, 2007, 1: 185—191.

［53］ Launey M E, Buehler M J, Ritchie, R O. On the mechanistic origins of toughness in bone ［J］. Annual Review of Materials Research, 2010, 40: 25—53.

第 11 章　心血管系统替代材料

　　生物材料，尤其是生物医用高分子材料，作为人工血管、人工脏器等人工器官的替代材料，应用越来越广泛。心血管等人工器官替代材料通常要求抗凝血，不破坏血细胞，不致使血浆蛋白变性，不破坏酶系统，不扰乱电解质平衡，不引起有害的免疫反应和过敏反应，不损害邻近的组织，不致癌，不产生毒性反应。因为与血液直接接触，生物材料的抗凝血性能成为最重要的一个评价指标。临床数据显示，植入材料失败很多都是装置内发生凝血导致的。

　　抗凝血材料是指与血液接触不会导致血液凝固，又可发挥生物功能或性能的一类生物材料[1]。理想的抗凝材料是生物体内的血管。血管抗凝的因素包括血液中存在的抗凝物质和血管的结构形态，大致可以分为以下几个方面：①血管内膜的多相结构使其具有亲水、光滑、荷电状态等特点，从而不破坏血小板，不使血浆蛋白变性，也不激活凝血因子；②血流速度快，血小板不易在血管壁上大量黏附，血浆中的凝血因子也不易在局部聚集而相互作用；③人体内还有阻止血液凝固的物质，如抗凝血酶以及纤维蛋白溶解酶等[1-3]。

　　当血液与材料接触时（见图 11-1），首先发生的是血液中蛋白的非特异性黏附，随后会触发内源性凝血途径、蛋白黏附与激活或白细胞黏附导致的炎症以及补体激活。三者之间不是独立存在的，会相互影响。例如，当凝血酶形成时，将有可能导致血小板激活，同时，当血小板黏附在材料表面时，还有可能导致内源性凝血途径的激活[4-5]。

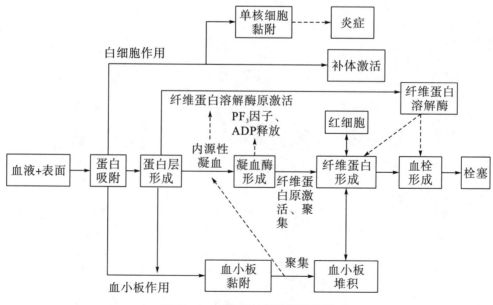

图 11-1　血液与材料作用示意图

材料表面性能对材料整体血液相容性起到了关键作用，包括材料表面的形态、化学组成、表面能等，都会对血液中的蛋白质、血细胞、白细胞、血小板产生影响。因此，材料表面改性是生物材料的研究重点。目前，抗凝血材料的改性可以分为表面亲水改性、生物活性表面构筑和表面内皮化三个方面。

表面亲水改性：研究发现，具有亲水性表面的材料往往具备较好的血液相容性。因为亲水的表面能够与水分子结合形成水合层，这种水合层可以有效防止血浆蛋白、纤维蛋白原、溶解酶等的黏附，阻断凝血途径，防止凝血的发生。已有研究报道的两性离子聚合物、聚乙二醇改性的表面展现出了优异的抗蛋白吸附性能。

生物活性表面构筑：通过在材料表面修饰肝素/类肝素、血小板抑制剂等活性分子，防止材料表面凝血的发生。当前，对材料的表面进行肝素化改性，在人工血管、各类短期接触血液的容器等领域已有商业化的产品问世，但在血液净化膜方面仍然处于研究阶段。直接将生物大分子固定在膜材料表面，存在难以解决的问题：用化学键合的方法直接将肝素等生物大分子固定在膜材料表面，虽然具有稳定可靠的特点，但其缺陷也非常明显——作为一种生物活性大分子，肝素很容易在化学反应过程中部分或完全失活，削弱乃至破坏抗凝效果；若采用简单的物理混合方式，游离肝素进入体内会有大出血的风险。受肝素抗凝的启发，四川大学赵长生教授课题组对血液净化膜表面的类肝素改性进行了系列研究，探索通过物理或化学方式将肝素特有的基团（磺酸基、羧基、羟基等）引入血液净化膜表面，形成类似肝素的基团结构，在不影响膜选择透过性的前提下改善其抗凝效果[6]。

表面内皮化：基于组织工程技术，模拟血管内表皮，让内皮细胞在材料表面接种分化是材料表面内皮化的基础概念。大致来说，此方法可以分成三种：①内皮细胞被直接固定以及培养在材料表面；②材料表面被设计为诱导组织附近内皮细胞迁移以及黏附增殖；③材料被设计为能够与血液中的内皮祖细胞特异性结合以及促进其在材料表面分化成内皮细胞。

11.1　人工肾

肾脏是人体的主要排泄器官，担负着排泄和维持体液稳定的功能。人工肾是一种替代肾功能的装置，在肾功能出现衰竭而造成毒素物质在体内沉积，肾脏不足以维持血液生化的正常值时使用，主要用于治疗肾功能衰竭和尿毒症。它是将血液引出体外，通过透析、过滤、吸附、分离等方式将体内代谢废物（如尿素、尿酸、肌苷酸等）或逾量药物等清除，同时调节电解质平衡，然后再将净化后的血液重新引回体内。人工肾技术主要包括血液透析、血液滤过、血液灌流和腹膜透析等。其中血液透析器是目前应用最多的一类。血液透析是将血液与透析液分置于膜材料的两侧，利用各自不同的浓度和渗透压互相进行扩散和渗透的治疗方法。其中最核心的部件是血液透析膜材料，其主要通过渗析、过滤、吸附和交换等方式排除血液中有害的病因性物质，并补充一些必要的物质，以实现对肾功能的替代。

人工肾透析器主要有平板型、螺旋管型以及中空纤维型。在血液透析过程中，膜材料多以中空纤维膜的形式存在。中空纤维膜的外形是纤维状，中空，具有自支撑作用，并且能够有效提高膜与血液的有效接触面积。人工肾血液透析器结构如图11-2所示。将一束中空纤维置于一个外壳中，两端进行端封，形成管束，每端有一个垫圈和端盖，形成血液接出部，使血液通过这里流入和流出中空纤维的内腔；紧靠两端管束端封的内侧外壳上各有一个接嘴，供透析液流入和流出壳侧的空间（中空纤维的外侧）。透析器的外壳和端盖通常由透明的工程塑料制成，如聚碳酸酯或苯乙烯-丙烯腈共聚物，形成管板（管束）的端封剂多为聚氨酯或环氧树脂，管板（管束）和端盖间的垫圈是用硅橡胶弹性体制备的。血液自人体动脉流出后从透析器的一端进入中空纤维的内腔，再从透析器的另一端流出并进入人体的静脉；灭过菌的透析液从透析器的一个侧管流入，在中空纤维间流过，从另一个侧管流出；血液中的废物、过剩的电解质和过剩的水透过膜进入透析液，随同透析液排出体外。肾衰竭患者平均每周需透析 2 次，每次 4 h 左右；每次可从血液中透析出尿素 15～25 g，肌苷酸 1~2 g，水 2~4 L。

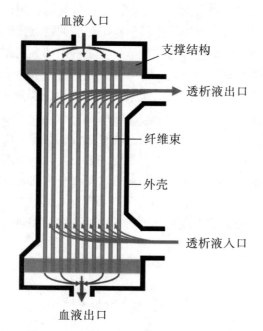

图 11-2　人工肾血液透析器结构示意图

人工肾血液透析器过去多采用低通量（low flux）膜材料，膜孔直径<20 Å，通过溶质分子量<5000，超滤率（UFR）为 3.5～10 mL/(mmHg·h)。中空纤维型膜一般由 1~2 万根内径为 200～300 μm、外径为 250～400 μm 的中空细纤维组成，透析膜面积达数平方米。透析器长约 20 cm，直径约 7 cm，材质多为纤维素类或聚甲基丙烯酸甲酯、聚乙烯、聚砜、乙烯-乙烯醇共聚物等合成高分子膜。目前，由四川大学赵长生教授与成都欧赛医疗器械公司研发的高通量中空纤维膜血液透析器已获得临床应用。该高通量透析器的溶质分子量<50000，超滤率为 20~60 mL/(mmHg·h)，能有效清除血液中 β_2-微球蛋白等中大分子毒素，以及大量的水分，透析效率高。

人工肾脏透析膜功能材料（以下简称人工肾膜材料）的研制和生产建立在纺织纤维工业技术的研发基础上，大多数以纺织中空纤维丝的形式呈现，首选为天然高分子和合成高分子膜材料，其次从膜化学工艺控制膜结构来改善膜的性能和生物相容性。人工肾膜材料应满足如下要求：对某些溶质具有高渗透性清除率，具有适当的水滤过性、良好的血液相容性、可或非特定吸附性，避免对透析液回滤，不释出萃取的致热原，以及有可接受的无害消毒方法、便于临床使用的足够的机械强度。实际获得临床应用的人工肾膜材料主要有纤维素膜和合成聚合物类膜(聚丙烯腈膜、聚砜膜、聚醚砜膜、聚烯烃膜等)[1,7]。

由于人工肾膜材料主要为纤维素及合成聚合物膜，存在膜孔径形状不规则、大小不均的缺点。为避免丢失有用的大分子物质，膜的分子截留量必须小于这些物质的分子量。人工肾膜材料孔径大小不均，这使得平均孔径远小于分子截留量，因此对中大分子物质清除效率较低。近几年来，人们将纳米技术用于透析器膜材料的制造研究。采用纳米技术制造的膜，孔径大小和形状均一，以长方形隙孔取代圆孔，理论上多数膜孔径可接近截留分子量，超滤率及中大分子物质清除率均提高。

此外，由于平板型半透膜材料在制备、改性和后期的效果测试上都更加简单高效，因此在实验室研究中平板膜的应用也很广泛。作为透析膜，需要具备以下性能：①理想的血液相容性；②高的孔隙率以保证高的渗透率；③合适的孔径尺寸分布以保证对无害大分子的截留；④其他性能，如抗菌、抗污染性能。传统的膜材料难以兼备以上性能，这使得血液透析需要借助其他药物或大型仪器，且治疗过程存在局限性。研究人员通过不断研发改性方法，赋予膜材料完备的性能，以实现膜材料对肾脏功能的全方位模拟。在抗凝血改性方面，四川大学赵长生教授课题组提出类肝素结构的概念，采用了贻贝仿生的方法，通过层层自组装，将类肝素聚合物修饰在聚醚砜平板膜的表面[8]。在此工作中，首先将多巴胺以共价键的形式接在富含磺酸基团的聚合物上，之后将此聚合物多次涂覆于膜的表面。膜表面大量的磺酸基团可大大提高膜的抗凝血性。此外，改性膜还表现出良好的细胞相容性。

血液滤过(HF)是人工肾的另一种重要类型。血液滤过是 1966 年由 Henderson 提出的；1967 年，Henderson 根据实验预测了当清除体内 50% 尿毒症毒素时对膜面积、流量和治疗时间的要求。1972 年，血液滤过的临床应用见于报道。血液滤过的临床应用的最大优点是对中分子物质清除率高和心血管功能稳定。血液滤过式人工肾在临床应用时会大量脱水，因此要用相应的办法补偿水，达到体液的生理平衡。

血液灌流式人工肾利用吸附剂把血液中的代谢废物吸附出去，是一种应对血液急性中毒的解毒方式。1964 年，Yatzidis 等采用活性炭作为吸附剂，与血液直接接触，吸附血液中的毒素分子，但是最终因为血液的有效成分被破坏，以及活性炭粉末进入血液引起栓塞而失败。而当活性炭表面包裹一层血液相容性较好的高分子膜后，既可保持活性炭对毒素的吸附性能，又可隔绝血液与吸附剂的直接接触，能有效防止栓塞的形成。

生物人工肾是根据组织工程的原理制造出来的，它由生物人工血滤器和生物人工肾小管辅助装置两部分组成。生物人工血滤器是使用生物材料膜包裹的具有活性的内皮细胞，可使移植的细胞逃避宿主的排斥，通过转基因技术合成分泌多种肾原性物质。生物人工肾小管具有再生、分裂、分化、分泌等功能。因此，生物人工肾应具有正常肾的滤过、分泌，以及肾小管的重吸收、内分泌和代谢等功能。

11. 2 人工心脏

人工心脏是利用外在机械动力的作用把血液输送到全身各器官，以代替原有心脏功能的装置。人工心脏辅助装置通过部分或完全替代衰竭心脏的功能，维持全身循环，帮助衰竭心脏度过危险期，以待其功能逐渐恢复，或过渡到心脏移植，并使肝、肾等脏器功能得到改善。这被认为是目前治疗心力衰竭的有效手段之一。制作人工心脏的材料主要为高分子材料和金属材料。1969 年，人工心脏首次应用于临床。在近半个世纪的研制过程中，血泵的材料、结构、制作工艺、功能和使用寿命均有了显著改进，出现了气动、电动、电液压等不同驱动方式，所产生的血流也更接近生理心脏。最新研制的微型血泵还可植入主动脉内，通过促进局部血流而达到辅助整体循环的效果。人工心脏的控制系统也达到了智能化，至今已有各种特性和功能的血泵先后研制成功。目前，全人工心脏和心室辅助装置均已进入临床应用。随着人工心脏进入临床研究，尤其是 20 世纪 90 年代以来，人工心脏的功效再次得到证实，研制出多种类型和功效的人工血泵，各种新型血泵更加符合人体的生理需求。多年的研究试验表明，人工心脏作为移植的过渡循环辅助是十分有效的，其可改善患者的血流动力学、营养状况和身体总体状况，有利于心脏移植的成功。此外，对于可逆性心衰患者，也可进行长期循环辅助以使其自身心脏恢复功能。目前，左心室辅助装置(LVAD)已成为门诊治疗终末期心脏病的一种有效方法，可使患者的生活质量显著提高；其引起的并发症极少。但人工心脏辅助装置材料引起的溶血、血栓等并发症是制约人工心脏辅助装置广泛使用的关键问题。迄今为止，国内尚没有商品化的人工心脏辅助装置材料。近年来，随着 3D 打印技术的发展，3D 打印心脏的成功将省去患者等待心脏捐赠者出现的环节，大大缩短治疗时间，从而拯救更多的生命。同时，对于 3D 打印心脏材料，可以在患者身上采集脂肪组织，将其中的细胞与非细胞物质分离，以确保心脏与患者的适配性。采集的细胞和特制的辅助材料被一起用于制作 3D 打印的生物墨水。移植器官与人体的排斥反应是器官移植手术的一大难点，一旦产生排斥就有可能危及患者生命。而 3D 打印心脏所采用的生物材料都是由患者身上提取，可大大降低产生排斥的可能性。

最近，美国卡内基梅隆大学(Carnegie Mellon University)的 Feinberg 团队提出了一种利用自由的可逆嵌入悬浮水凝胶(FRESH)来对胶原进行 3D 生物打印的方法，这种方法能够在不同的尺度上直接获得具有精确控制组成和微观结构的人心脏组织成分，包括从毛细血管到整个器官。通过控制 pH 响应的凝胶，可以获得多孔结构，以实现快速细胞渗透和微血管化；还可以提供足够的机械强度，便于多尺度血管系统的灌注。研究团队发现，微型电脑断层扫描技术可以证明 3D 生物打印的 FRESH 心脏能精确地复制患者特有的解剖结构。此外，用人类心肌细胞打印的心室显示能同步收缩，定向传播动作电位；在收缩高峰期，心壁还能增厚达 14％。有研究人员还设计了一个使用两种生物墨水打印的左心室模型，由胶原蛋白打印出内壁和外壁，中间是人类胚胎干细胞来源的心肌细胞。正如他们的预期，在打印并培养 4 周后，这一 3D 人造组织不仅保持了完整的结构，而且产生了人类心脏具有的自发起博功能[9]。

11.3　人工心脏瓣膜

心脏瓣膜病严重威胁人类健康，植入人工心脏瓣膜是挽救此类病人生命的可靠途径。临床上，若患者心脏瓣膜的病理损害到一定程度，即无法实施瓣膜修补手术时，就需要用人工心脏瓣膜来代替其结构和功能。人工心脏瓣膜是指用机械或者生物组织材料加工而成的可以用来代替病损心脏瓣膜功能的人工器件。用于临床的人工心脏瓣膜主要有机械瓣和生物瓣。机械瓣主要由热解碳或钛合金等材料制成，具有相对较高的耐久性，可以在体内使用 30～50 年。生物瓣的生物相容性和抗血栓性能好，但耐久性差，易于钙化撕裂，平均寿命为 5～8 年[10]。

11.3.1　机械瓣

机械瓣一般由阀体(瓣球或瓣片等)、瓣架和缝合环三部分组成，常用材料及应用实例见表 11-1。

表 11-1　机械瓣常用材料及应用实例[10-14]

组成	材料	应用实例
阀体(瓣球或瓣叶)	热解碳、硅橡胶、不锈钢、高分子材料(聚氨酯)等	St. Jude 双叶瓣、Starrr Edwards 笼球瓣、Bjork-shiley 侧倾碟瓣、Kay-Shiely 瓣等
瓣架	钛合金、不锈钢、热解碳、其他合金(如钨-铬-钴合金)等	Smeloff-Sutter 瓣、Bjork-shiley 系列瓣、St. Jude 双叶瓣等
缝合环	聚四氟乙烯(Telfon)、涤纶(Dacron)等	Starrr Edwards 系列瓣、Beale 系列瓣等

人工心脏机械瓣材料的研究重点是阀体(瓣球或瓣叶)材料的改进与开发。早期笼球式机械瓣的球阀阀体，主要是用硅橡胶或不锈钢制成球置于金属笼架中。这与硅橡胶一些优良的医用特性是分不开的，如不会对细胞生长产生不良影响，对人体无毒，不会引起组织炎症反应等。但随着机械瓣结构的改进与创新，阀体由瓣球逐渐发展成瓣叶，其材料也发生了很大的变化。目前，用于制作机械瓣瓣叶最流行的材料是低温各向同性热解碳(LTIC)，简称热解碳，这是因为：一方面，与其他金属材料相比，医用碳素材料是一种化学惰性材料，故热解碳具有良好的生物相容性，在体内不会产生对机体有害的离子；另一方面，医用碳素材料具有良好的生物力学性能，因此热解碳具有较高的断裂强度和相对低的弹性模量，耐磨和耐疲劳性能很好。此外，热解碳具有无刺激性、不致癌，抛光后的涂层具备致密不透性，不会引起降解反应。同时，热解碳还具有罕见的抗凝血性，可直接应用于心血管系统，这正是热解碳十分流行的最主要原因。由于人工心脏机械瓣的瓣架结构较为复杂，早期的热解碳仅用于瓣叶部分。随着工艺的改进和提高，全碳双叶瓣开始应用于临床。SORIN 公司于 1990 年生产的全碳双叶瓣，连缝合环与血液接触的那一部分也进行了碳涂层处理。

尽管热解碳优良的特性使其成为国际公认的最佳人工心脏瓣膜材料，但是其抗凝血性不足、价格昂贵等因素仍让研究人员将目光投向综合性能更加优异的新材料开发和利用。1976 年，Baurschmidi 等开发了一种陶瓷基复合材料，即在氧化铝基底上覆盖一层二氧化锡，这种材料的抗凝血性及生物相容性较好，但很难抛光至所要求的光洁度。20 世纪 80 年代以来，国际上开始采用物理气相沉积、等离子体化学气相沉积等方法制备 TiN 薄膜、SiC 薄膜、类金刚石薄膜等，对人工心脏瓣膜进行表面改性。但这些材料的血液相容性均低于热解碳，并且所采用的表面改性方法存在合成的表面薄膜与瓣膜材料结合力差、易脱落等缺点。近年来，黄楠等提出采用离子束技术合成 TiO_2 薄膜来对人工心脏瓣膜材料进行表面改性。研究表明，用离子束增强沉积的方法在人工心脏瓣膜材料表面合成的 TiO_2 及 TiO_2/TiN 复合薄膜，其血液相容性明显优于热解碳，且耐疲劳、耐磨损特性大幅度提高。此外，有研究人员研究了使用多孔材料的可能性，这是从应用氧化铝陶瓷制作的矫形材料植入体内后很快生成一层生物组织覆盖物中得到的启发，但生物组织覆盖的效果仍有待进一步检验。此外，有研究人员把注意力投向粉末冶金材料，希望能在粉末冶金材料表面生成一层内皮细胞，由此患者可不必服用抗凝药剂。除了致力于热解碳、陶瓷、多孔材料及粉末冶金材料的研究，随着人工生物材料（高分子材料）的发展，有研究人员研制出一种软质材料机械瓣，也称人工柔性瓣叶心脏瓣膜（Syntheticflexible leaflet heart valve）。这种瓣膜采用柔性的高分子材料聚氨酯（Polyurethane）[15—16] 制成，由于聚氨酯具有良好的血液相容性，植入后只需少量或不需抗凝剂。近期有报道称，澳大利亚联邦科学与工业研究组织的科学家成功研制出一种有机硅，称为 Elast-Eon，其既耐久又无需血液抗凝剂；此外，其抗拉性能也很高，可压制成任何形状；化学特性非常稳定，不会与人体产生化学反应。该材料可生产为四个等级，从非常柔软到十分坚硬，在制造人工心脏机械瓣中均有需要。

机械瓣的瓣架多以钛合金制成，因为钛具有密度小、耐磨损和耐腐蚀等优良特性，制成的钛合金强度高、密度小（其密度是钢铁的一半，强度却和钢铁相当）。钛是一种钝化金属，故物质和它接触时几乎不会发生化学反应。也就是说，因为耐腐蚀性、高稳定性，它在和人体组织长期接触以后不会影响本质，也不会造成人体的过敏反应。另外，钛是唯一对人类自主神经和嗅觉没有任何影响的金属。其他一些合金，如钨-铬-钴合金、钴-铬-钨-镍超级耐热合金 Haynes25（又称哈氏合金）等也在各种类型的机械瓣中时有应用，而前面提及的热解碳的应用范围更是有扩大的趋势。

机械瓣的缝合环大多采用高分子织物，最常用的是聚四氟乙烯。聚四氟乙烯组织相容性高，排斥反应低，化学稳定性高，耐腐蚀性好，机械强度适中，十分适合人工心脏瓣膜在人体中的工作环境。一些涤纶织物（Dacron）的使用也较广泛。

11.3.2 生物瓣

生物瓣是一种整个瓣膜或瓣膜的一部分由生物组织材料制成的人工心脏瓣膜。按其制作材料的来源，可分为同种移植、异种移植（如猪主动脉瓣或牛心包瓣）和自体移植（如病人自身的肺瓣、大腿筋瓣或心前区组织）。它一般是按照人类半月瓣的结构原理，采用生物薄膜制成三个瓣叶，或直接将人或动物的主动脉瓣（包括瓣叶及瓣环）剥出并镶在特制的瓣架上。生物瓣的瓣架大多采用钛合金作材料。很显然，由于制作生物瓣的材料（牛心包、猪主动脉瓣等)具有很好的血液相容性，不会产生凝血、溶血及形成血栓等，患者植入后不需要进行抗凝治疗。但这些材料存在容易钙化的缺点，这使生物瓣发生衰坏的时间提前，严重影响使用寿命。生物瓣的钙化类似组织的骨化过程，将导致材质弹性及机械强度都发生很大变化，最终失效，平均使用寿命仅为几年。目前，生物瓣的防钙化是一项世界性难题。

20 世纪 60 年代中期对病变心脏瓣的置换是从血管的置换发展而来的[17]。选用的生物瓣材料有同种心脏瓣膜或经甲醛处理的异种主动脉瓣。经过数年的研究和临床实践，因不能改善生物瓣的功能和对胶原的保护作用而被淘汰。

20 世纪 70 年代初期，第二代戊二醛生物瓣交联剂被开发出来。早在 1968 年，A. Carpentier 第一次用戊二醛取代甲醛处理猪主动脉瓣，戊二醛在胶原分子间能形成稳定的交联键，因而经戊二醛处理的生物瓣的生物学和力学性能远优于经甲醛处理的生物瓣，使用也更为方便。经过长期临床考查，研究人员逐渐发现经戊二醛处理的生物瓣有如下缺点：①戊二醛与胶原的 ε-NH_2 相互作用生成吡啶鎓键，有时戊二醛仅有一个醛基与胶原作用，剩余的自由醛基和新形成的吡啶鎓键能引起内源性胶原组织钙化。②在固定生物瓣材料时，积存在组织中的戊二醛聚合物随着生物瓣植入人体而在体内逐渐解聚，释放出来的戊二醛单体所显示的毒性会导致进入瓣叶材料的血细胞和体液细胞失活，因而引起外源性胶原组织钙化。无论内源性或外源性钙化，都会严重地影响生物瓣的使用寿命。③经戊二醛处理的生物瓣存在亲水性、生物相容性和弹性等不足的问题，且在存贮过程中色泽会变黄。

成都科技大学(1998 年更名为四川大学)乐以伦教授采纳了血流动力学专家黄焕常教授的建议，从 1983 年起，带领万昌秀教授等开始了对牦牛心包生物瓣的研究、开发工作。他们对牦牛心包的采集和生化处理、塑料瓣架的设计和制造、牦牛心包生物瓣的缝制和使用寿命检测、产品的消毒和包装等一整套工艺流水线进行了研究，并开发出两代产品，前后历时近 10 年。第一代产品(见图 11-3)由以戊二醛为固定剂的传统生物瓣生产工艺制成，临床效果良好，成活率符合国际上生物瓣使用效果统计数据。

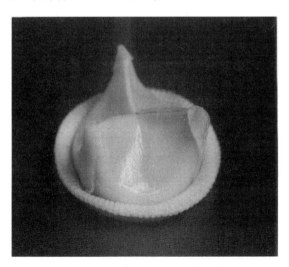

图 11-3　用于临床的第一代牦牛心包生物瓣

第二代产品为缓钙化生物瓣,采用环氧复合交联工艺生产[18]。其中的环氧交联剂为水溶性的聚乙二醇二缩水甘油醚。在室温和中性条件下,该双环氧化合物能在胶原分子间与 ε-NH₂ 发生反应,形成胶原微纤维间桥键,从而提高胶原纤维的力学性能。亲水性环氧交联剂还能与胶原分子链上的其他活性基团(如酪氨酸的酚羟基、甲硫氨酸的甲硫基等)发生反应,因而在胶原微纤维之间形成桥键的概率大于戊二醛。由表 11-2 可知,经该环氧交联剂处理的材料比经戊二醛处理的材料产生的交联键种类更多,交联密度也有所增加。这种环氧交联剂的降解产物是无毒或毒性很小的醇类产物。采用这种环氧交联剂处理的牦牛心包还需进一步用 0.05%~5.00% 的复合金属盐〔ZrOCl₂、Al₂(SO₄)₃、AlCl₃、FeCl₃、Cr₂(SO₄)₃、CrCl₃ 中的一种或几种〕进行固定。故这种工艺称为环氧复合交联工艺。对材料的应力应变、弹性模量和应力松弛行为等力学性能进行分析发现,经环氧复合交联工艺处理的牦牛心包材料力学性能更佳,亲水性与生物相容性更好,缓钙化效果更优。分别对用环氧复合交联工艺、戊二醛交联处理的生物材料进行钙含量测定,结果发现在大鼠皮下包埋三周后,经环氧复合交联工艺处理的材料钙含量仅为经戊二醛交联处理的材料钙含量的十分之一(见表 11-3)。

表 11-2　两种交联工艺处理的牦牛心包材料氨基酸含量分析

氨基酸残基	氨基酸残基数			已反应数	
	新鲜样	环氧复合	戊二醛	环氧复合	戊二醛
Arg(精氨酸)	350	350	352	—	—
Lys(赖氨酸)	198	23	67	175	131
His(组氨酸)	51	51	51	—	—
Thr(苯氨酸)	162	162	162	—	—
Met(甲硫氨酸)	29	13	29	16	
Ser(丝氨酸)	250	250	252	—	—
Tyr(酪氨酸)	70	29	70	41	
Glu(谷氨酸)	576	576	576	*	*
Asp(天门冬氨酸)	382	382	382	*	*

注:＊环氧基与酸性氨基酸的羧基反应形成的酯键在氨基酸分析的酸性水解条件下会被水解破坏。

表 11-3　两种交联工艺处理的牦牛心包材料的指标对比

项目	复合环氧	戊二醛
色泽	白色或绿色	浅黄色
收缩温度(℃)	82~90	85
断裂伸长率(%)＊	70.0±10.6($n=14$)	49.0±5.8($n=10$)
抗张强度(MPa)＊	12.3±3.8($n=14$)	5.0±1.1($n=10$)
柔软性与弹性	柔软、厚而富有弹性	粗糙感、薄而僵硬
生物相容性	动物组织相容性佳	细胞不易生长

续表

项目	复合环氧	戊二醛
抗原性免疫原性	极微	极微
溶血试验	<5%	<5%
细胞毒性	无毒	无毒
急性毒性	阴性	阴性
皮下刺激	阴性	阴性
热源试验	阴性	阴性
皮下埋植试验	优良	较好
钙含量测定 （$mgCa^{2+}$/mg 干组织）	$0.57\pm0.19(n=9)$	$23.2\pm4.6(n=9)$

注：＊新鲜样的断裂伸长率和抗张强度分别为(6.1 ± 6.5)％和(12.5 ± 4.4)MPa$(n=7)$。

耐酶解试验可以进一步表征心瓣材料的体内耐久性。耐酶解性是以胶原组织材料在酶（Ⅰ型胶原酶 collagenaseⅠ，或链蛋白酶 pronase）的作用下释放出羟脯氨酸（Hypro）的量来表达的，羟脯氨酸含量越低，材料的耐酶解能力越强。由表 11-4 可知，经复合环氧交联工艺处理的牦牛心包材料在收缩温度较低的情况下，羟脯氨酸值仍明显低于经戊二醛处理的牦牛心包材料，以及巴西、美国的黄牛心包商品试样。

表 11-4　不同交联工艺处理的牦牛心包材料和商品化的黄牛心包材料耐酶解实验数据

项目	牦牛心包						黄牛心包	
	新鲜	复合环氧	复合环氧	锆复合环氧	铬复合环氧	戊二醛	巴西	美国
收缩温度（℃）	68	79	90	84	83	88	88	88
羟脯氨酸含量 mgHypro/g 绝干试样	116.0	52.0	40.0	42.2	50.1	100.3	58.8	60.5

11.4　人工肝

人工肝是目前治疗肝衰竭不可或缺的重要手段之一，其原理是借助一个体外的机械、化学或生物反应装置，暂时辅助或部分代替严重病变的肝脏功能，以清除体内各种有害物质，代偿肝脏相应的功能，从而使肝细胞得以再生，直至自体肝脏功能恢复或等待机会进行肝移植。人工肝有三个分型，即非生物型、生物型和混合型（见表 11-5）。目前，非生物型人工肝的研究已在临床上广为开展，常用的方法包括血浆置换、血浆吸附、血液透析、血液滤过、白蛋白透析吸附等。生物型人工肝是将培养的生物活性成分（肝细胞）置于体外生物反应器中，让患者的血液/血浆流过生物反应器，通过半透膜或直接接触的方式与培养肝细胞进行物质交换。其为肝功能衰竭患者提供了肝脏支持功能，使患者过渡至肝移植阶段，或肝脏恢复从而避免肝移植。将偏重于解毒作用的非生物型人工肝与生物型人工肝相结合，即为混合型人工肝。

表 11-5　人工肝分型的主要技术和装置、功能[19(a)]

分型	主要技术和装置	功能
非生物型	采用血浆置换、血浆灌流、白蛋白透析、血液滤过等血液净化技术的 Li-NBAL 系统、MARS 系统和普罗米修斯系统	清除有害物质，补充凝血因子等必要成分
生物型	以体外肝细胞培养为基础的体外生物反应装置，如 Li-BAL 系统、ELAD 系统、BLSS 系统、RFB 系统等	具有肝脏特异性解毒、生物合成及转化功能
混合型	将非生物型与生物型人工肝相结合，主要有 Hepat Assist 系统、Li-HAL 系统、MELS 系统、AMC 系统等	兼具解毒和代谢功能

关于生物型人工肝的临床应用，已有数个系统（如 Hepat Assist 系统）的临床研究报告发表[19-20]。在中国，李兰娟院士团队于 1986 年开始研究非生物型人工肝支持系统，在对肝衰竭的病理、生理和病情特点研究的基础上，首次系统地将血浆置换、血浆灌流、血液滤过、血液透析等应用于肝衰竭患者的治疗，并创新性地提出：在临床实践中要根据患者的具体病情选择不同人工肝方法单独或联合使用。当肝衰竭伴有肝肾综合征时，可选用血浆置换联合血液透析或滤过；当肝衰竭伴有肝性脑病时，可选用血浆置换联合血浆灌流；针对以高胆红素血症为主的肝衰竭倾向患者，可选用血浆胆红素吸附或血浆置换，以减轻胆红素的毒性，改善瘙痒症状。由此初步形成 Li-NBAL 的系统[21-23]。经过三十余年努力，李兰娟院士团队创建了一系列根据不同病情进行不同组合、能暂时替代肝脏的主要功能、改善肝衰竭并发症，以及明显提高患者生存率的新型人工肝系统，统称李氏人工肝。另外，从 20 世纪 90 年代末开始，有研究人员应用中空纤维型生物反应器和原代猪肝细胞治疗重型肝炎患者，包括急性、亚急性和慢性中重型肝炎患者。杨芊等应用生物型人工肝治疗慢性重型肝炎患者 15 例，其中 11 人存活下来，存活率为 73.3%[24]。有 10 例患者治疗后病情好转出院，其出院指征为总胆红素（TB）<50 μmol/L、谷氨转氨酶（ALT）<40 U/L、凝血酶原激活度（PTA）>60%；另 1 例患者过渡到肝移植后存活。11 例存活患者中，有 1 例患者开始治疗后半小时发现皮肤瘙痒，应用葡萄糖酸钙治疗后症状缓解，继续接受生物型人工肝治疗。

随着国内材料学、细胞学、工程学、基础医学与临床医学的不断进展，现有人工肝的技术和装置将不断被改进和完善。

11.5　人工血管

心血管系统疾病是导致人类死亡的主要原因，如冠心病和动脉粥样硬化。据报道，2005 年死于心血管疾病的人数高达 1750 万，占全球死亡人数的 30%[25]。人工血管是许多严重狭窄或闭塞性血管的替代品，已大量应用于临床，帮助恢复大直径病变血管的血液循环。大直径血管由于血液流速大，在人工血管内表面的血栓会被冲走，并被人体纤溶系统清除。当病变血管直径小于 6 mm 时，由于血流速度较低，植入人工血管后产生的急性凝血会将其堵塞[26]。因此，对于病变的小血管，目前仍采用自体静脉移植进行治疗（如冠状动脉搭桥）。然而临床上有三分之一的患者由于身体原因无自身静脉可用[27]，因此迫切需要研制具有长期抗凝血功能的人工小血管。

目前，人工血管除了抗凝血性不佳，还存在内膜增生（intimal hyperplasia）的问题[28]。内膜增生主要发生于人工血管和天然血管的吻合端，是由于血管平滑肌细胞的过度生长，导致人工血管内腔逐渐狭窄，并最终导致血管堵塞。力学性能不匹配和抗凝血性不佳（无内皮化）是导致内膜增生的主要原因。因此，控制人工血管内膜增生也是保持人工血管长期通畅的关键。

天然血管内表面覆盖一层内皮细胞，称为内皮层。该内皮层的功能之一就是防止在正常生理条件下的凝血。该内皮层还会释放一氧化氮（NO）气体，防止血小板的黏附和平滑肌细胞的过度增殖，达到抗凝血和防止内膜增生的目的[28]。因此人工血管的内皮化是小直径人工血管成功的关键。

人工血管绝大多数是采取医用高分子材料进行编织。我国于 20 世纪 50 年代末、60 年代初才开始对人工血管的研究，起初是用尼龙（Nylon）编织，后因尼龙会降解，植入体内后易发生破裂而被淘汰。现在多采用涤纶（Dacron）纤维编织人工血管，已大量应用于临床治疗主动脉瘤、主动脉狭窄和上下腔静脉切除更换术等。目前已经商品化的人造血管有涤纶人造血管、真丝人造血管、膨体聚四氟乙烯人造血管和聚氨酯透析用人造血管等。

11.5.1　大直径人工血管

膨体聚四氟乙烯（ePTFE）人造血管：该人工血管首先在美国和日本进行动物试验，于 1971 年开始临床应用。目前已有应用：内径为 1～11.5 mm 的人工血管应用于脑外科手术，内径为 2 mm 的人工血管应用于心脏搭桥手术。ePTFE 人工血管由微细的无规小纤维连接着 PTFE 小结节所形成，这些小纤维间隙充满了空气，拥有 50% 的气孔结构；小结节为间隙为 15～30 μm 的连续多孔结构。ePTFE 人工血管具有以下特点：①抗血栓性和人体适应性优；②不漏血液；③即使弯曲了也不会缠绕；④缝合容易，不会裂开。由于 ePTFE 具有电负性表面，可以有效防止血小板凝聚与血栓形成，用其制备的大直径人工血管，其五年通畅率可达 91%～95%，且不会引起炎症反应，已被广泛用于临床。然而，由于 ePTFE 的顺应性差，无新生血管生成等问题，当其用于小直径人工血管移植时，通畅率下降至 45%。

涤纶（Dacron）人工血管：该人工血管是由聚对苯二甲酸乙二醇酯（PET）纤维纺成纱线，然后通过针织或者编织形成管状结构而得。PET 是一种结晶型聚合物，具有优良的耐体内老化性能和力学性能。由其编织的人工血管，纤维间隙小，不需要预凝血处理即可用于临床。针织型人工血管纤维的间隙大，使用前需要用患者血液进行预凝，以防止血液渗漏；采用明胶、胶原和白蛋白预涂敷可以省去预凝步骤。针织型人工血管有利于周围组织长入。采用波纹管技术可以提高编织和针织血管的抗折皱性能。目前临床上使用最广泛的涤纶人工血管为胶原或明胶预涂覆的针织涤纶波纹管。

11.5.2　小直径人工血管

2015 年 11 月，日本国立循环器官病研究中心宣布，该中心研究人员成功研制出直径仅为 0.6 mm 的人工血管[29]。这是截至目前最细的人工血管，有望应用于脑和心脏的血管搭桥手术等领域。该中心一个研究小组利用胶原蛋白遇到进入体内的异物时会将其包裹的性质，将直径为 0.6 mm、长为 2 cm 的外表被硅覆盖的不锈钢丝植入大鼠后背皮下，约两个月后取出，发现不锈钢丝周围形成了胶原蛋白的管状物。研究人员将管状物移植到实验鼠大腿后，经过约六个月的观察，发现其发挥了人工血管的作用。

在小直径人工血管领域，聚氨酯（PU）备受关注。聚氨酯是一种弹性体材料，与 ePTFE 相比，具有更优良的生物相容性，是国内外许多学者的研究方向。天然血管中层的弹性蛋白（由血管平滑肌细胞分泌）赋予了血管在低应力下优良的柔性和弹性（低应力下为柔性材料：模量低、伸长率大、回弹性好），外层的胶原蛋白（由成纤维细胞分泌）赋予了血管在高应力下的耐变形能力（高应力下为刚性材料：模量高、强度高、耐蠕变），因此天然血管的应力-应变曲线是一种特殊的"J"形曲线[30]。聚氨酯弹性体的软段易变形（类似弹性蛋白），硬段不易变形（类似胶原蛋白），应力-应变曲线接近天然血管。但长期在血液压力作用下，仍存在耐蠕变不够，逐渐膨胀，甚至形成血管瘤的问题[31]。因此，力学上还需进一步提高。同时，聚氨酯的抗凝血性仍不够，不能满足临床要求。人工血管面临的三大问题，即凝血、无内皮化和力学不匹配（后两者被认为会导致内膜增生）在聚氨酯人工血管中仍然存在[32]。聚氨酯和目前临床使用的大直径人工血管材料（涤纶和膨体聚四氟乙烯）相比，在力学上更容易与天然血管相匹配，被认为是小直径人工血管的优良材料。对于 PU 型小口径人造血管，在我国也有不少的研究报道。聚氨酯的微相分离结构使其具有比其他高分子材料更好的生物相容性（包括血液相容性和组织相容性），这种结构非常类似生物体血管内壁。从宏观上看，其是十分光滑的表面；从微观上看，其是一个双层脂质的液体基质层，中间嵌有各类糖蛋白和糖脂质。这种宏观光滑、微观多相分离的结构使其血管壁具有优异的抗凝血性。Gupta 将聚氨酯与聚酯混编在一起，制成一种与人颈总动脉顺应性极为相似的内径为 4~6 mm 的人造血管，犬体内试验结果表明，植入六个月后，该血管通畅率良好，而且表面形成了一薄层稳定的新生内膜。Jeschke 研制出内径为 1.5 mm、长为 10 mm 的聚氨酯血管，经碳化处理后与 ePTFE 血管进行动物试验对比，发现 PU 血管具备更优良的性能。

聚氨酯人工血管的研究主要从材料选择、血管结构设计和生物相容性（抗凝血和内皮化）等几个方面进行。最早的聚氨酯人工血管研究可追溯至 20 世纪 60 年代[33]。早期是聚醚型聚氨酯人工血管，其动物试验结果显示有一定的内皮化，但在体内存在严重降解而不能作为长期植入材料。聚碳酸酯聚氨酯由于具有良好的耐体内老化性能[34]，是目前较为热门的小直径人工血管材料，已被制成多孔的人工血管（如 Vascugraft©、Myolink© 等）。纤维编织的 Vascugraft© 血管虽然动物试验有较好的效果，但临床试验效果较差，发生了严重的凝血[35]。有报道称，多孔的 Myolink© 血管（由相反转法制备）在植入患者体内 18 个月后未发现严重的血管变形，说明材料有良好的生物稳定性。为了进一步增强材料的力学性能（耐体内蠕变），Seifalian 等开发了笼型聚倍半硅氧烷（POSS）纳米粒子增强聚碳酸酯聚氨酯人工血管(UCL-NanoTM)[31]，目前尚未见临床研究成功的报道。值得注意的是，Bezuidenhout 在聚醚聚氨酯硬段引入侧链双键，将成型后的人工血管进行紫外光照射交联，可大大提高耐蠕变性和回弹性[36]。这为改进聚氨酯人工血管的力学性能提供了一条新的思路。

在人工血管的结构设计方面，管壁的内外通透性对人工血管内膜的内皮化非常重要，可能是由于血管外周组织分泌的生长因子需通过血管壁到达血管内膜(见图 11-4)[37]。多孔的管壁也有利于外周和内膜的组织长入，从而更好地将人工血管和周围组织固定在一起。目前已开发了各种方法，包括编织法、盐沥法、相反转法、发泡法来制备多孔(且内外通透)的人工血管。近年来还开发了静电纺丝技术来制备人工血管。另外，聚氨酯血管的耐蠕变性不够，在结构设计时要注意对聚氨酯血管进行增强防止发生蠕变。谢兴益等进行的动物试验已证实在血管外周缠绕涤纶纤维(Corvita© 增强型，内层为聚碳酸酯聚氨酯纤维)和在管壁内置入致密聚氨酯层(Thoratec©)来进行增强的方案都是不成功的[38]。前者由于两层的粘接性不好，造成剥离，引起血管周围组织产生严重炎性反应；后者的致密增强层会阻碍管壁内外各种分子(如血管内皮生长因子 VEGF)的交流，导致血管内膜严重凝血，且没有内皮化(见图 11-5)。武汉理工大学和华中科技大学也开发了涤纶/氨纶纤维内置增强的聚氨酯人工血管，以提高力学强度[39]。有研究表明，管壁的微米沟槽有利于内皮细胞定向迁移和生长[40]。但单纯的结构设计还不足以保证人工血管的生物学性能(早期抗凝、远期内皮化)。到目前为止，除了肾透析用的聚醚型聚氨酯静脉接触血管(access graft：Vectra©)[41]，还没有一种商品化的聚氨酯人工血管用于临床。

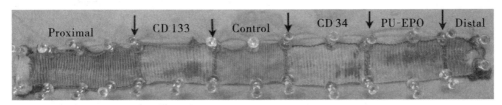

血流方向：从右到左。血管材料为涤纶，箭头指向每段血管的分界处。最左段和最右段为针织血管，外周涂敷硅聚合物，纯水透过率为 0。Control 为未改性血管；其余为涂敷含环氧基侧链的聚氨酯(PU-EPO)的涤纶血管，其中 CD 133 和 CD 34 是在聚氨酯涂层上接枝有抗 CD 133 或抗 CD 34 抗体，有利于捕获血流中的内皮细胞和内皮祖细胞

图 11-4　人工血管通透性、表面化学结构对表面凝血和内皮化的影响

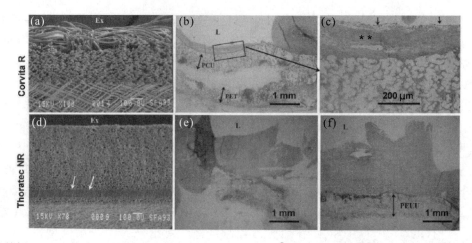

血管外侧；L：血管腔。血流方向：从左到右。（a）Corvita© 增强型血管横截面，内侧为聚碳酸酯聚氨酯（PCU）纤维编织层，外侧为涤纶（PET）增强层。（b）（c）Corvita 植入 1 个月后的 Masson 三色染色组织切片图。PET 增强层剥离，内腔覆盖胶原（染成蓝色），且长入 PCU 纤维内部。内腔胶原层薄，有内皮样细胞覆盖（箭头），胶原内膜层内有毛细血管长入（＊＊）。（d）Thoratec© 非增强型血管主体为聚醚聚氨酯脲（PEUU）泡沫，靠近血管腔约 $100~\mu m$ 处有一层同样材质的致密层（双箭头所指）。（e）（f）Thoratec 植入 1 个月后的 Masson 三色染色组织切片图。近心端（e）和远心端（f）有内膜增生，无胶原组织长入材料内部，血管外膜已剥离（见图中未见外膜），靠近外膜层有严重炎性反应（棕色斑点为炎性反应细胞）

图 11-5   不同人工血管代替狗腹主动脉的组织反应[38]

在提高聚氨酯血液相容性方面，一种思路是提高人工血管内表面的抗凝血性。早期的研究倾向于将肝素、水蛭素、聚乙二醇或磷脂酰胆碱等分子接枝于材料表面，以提高材料的抗凝血性。有研究发现，在材料表面接枝透明质酸的效果好于接枝肝素和聚乙二醇[32]；能释放 NO 的材料，可大大降低血小板黏附，同时可抑制平滑肌细胞生长（防止内膜增生）[28,42-44]。采用能溶解血栓的表面结构（模拟纤溶系统[45]或接枝蛇纤溶蛋白[46]）来提高抗凝血性也是一条新的思路。单纯提高抗凝血性不足以保证聚氨酯血管的长期通畅性，因为材料在体内总会老化，特别是表面接枝的一些生物分子在体内老化后（改变了化学结构）不一定能保持抗凝血性。除非在其抗凝血性丧失之前，血管内表面已经内皮化。

提高聚氨酯血液相容性的另一种思路是内皮化，分为体外和体内两种方式。体外方式是指在人工血管内表面培养内皮细胞，形成完整的内皮化层后，再植入体内（或称为组织工程化血管）[27]。这需要使用大量内皮细胞，涉及内皮细胞的采集和培养，成本高且耗时长（一般大于 8 周），对于急需血管移植的患者不适用。体内方式是指优化人工血管内表面材料的结构和性能，使其在体内能够诱导内皮的形成。在体内，内皮细胞的来源有三个方面：一是天然内皮细胞跨越人工血管和天然血管的缝合线，向人工血管内表面生长；二是血管外周滋养毛细血管向人工血管内腔生长并开口于内腔表面；三是人工血管内表面捕获血流中的内皮细胞[37]。已有研究往往采用多种方式来促进上述三类内皮化，包括涂覆细胞黏附蛋白（如胶原蛋白、白蛋白、纤粘连蛋白、弹性蛋白）以及接枝细胞特异黏附的多肽（如 RGD 和 YIGSR）等。这些方法在动物试验中取得了一定效果，但对于人体来说，都不适用。其中的主要原因是内皮细胞（特别是人的内皮细胞）分裂增生能力很弱，很难在人工血管内表面形成完整的内皮化层。

1997 年，Asahara 等发现人体血液中存在一种能分化成血管内皮细胞的干细胞，称为内皮祖细胞（EPC）[47]。EPC 是来自骨髓的一种血液细胞，能够分化为内皮细胞，参与受损血管的修复。多年来的研究表明，EPC 与成熟内皮细胞相比具有更好的分裂增生能力，以及更好的血管生成和修复作用。于是，捕获血流内皮祖细胞成为原位内皮化的一条新思路。有研究人员已经尝试将 CD34 单克隆抗体和血管内皮生长因子（VEGF）接枝到聚氨酯人工血管内表面[48-49]，试验结果显示，它们在体外都具有良好的细胞黏附能力。

综上所述，聚氨酯人工血管的临床成功与否，取决于材料化学结构、力学性能、管壁孔径及分布、良好的血液相容性表面等多因素的优化，必须综合起来考虑。体内内皮化，特别是捕获内皮祖细胞值得深入探究。

11.6　血管内支架

血管内支架又叫血管扩张支架，用于治疗冠心病等心脑血管疾病，支撑狭窄甚至阻塞的冠状动脉血管，以保证血液的流动通畅[50-51]。

常见的血管内支架有金属支架、聚合物支架、涂层支架、药物支架、放射性支架几大类。金属支架可分为传统金属支架和可降解金属支架两类[52]。传统金属支架可以满足力学性能要求，但是存在血液相容性差、持续性机械牵拉、异物炎性反应、血管内皮细胞功能性受损等问题。聚合物支架与血管壁的相容性好于金属支架，可避免后期的内膜增殖，尤其是可降解的聚合物支架，在生物体内通过水解反应逐渐降解，最后通过呼吸系统和泌尿系统排出体外。但是，聚合物材料因 X 射线下不显影、径向支撑强度不足、变形能力差而应用受限。涂层支架就是将具有良好生物相容性的材料通过特殊涂层技术包覆于金属支架表面，隔绝金属支架与血管组织的接触，抑制血小板的聚集。主要的涂层支架有金属涂层支架、生物可降解膜被金属支架，此外还有 PC 涂层支架、碳化硅涂层支架、碳分子涂层支架、多聚物涂层支架、静脉覆盖支架等。药物支架是将药物通过一定的工艺处理涂在支架上，当支架植入体内后，药物能够持续高浓度释放，达到"靶位"有效治疗浓度，而且维持一定的释放时间，此外还能够预防支架内置术的再狭窄。射线照射可非选择性地杀死各种引起增殖的细胞。因此，结合射线技术，出现了 γ 源、β 源的放射性支架，用于预防支架植入后的再狭窄问题。γ 源穿透能力强、放射剂量均匀，但使用过程中存在防护问题。β 源虽然穿透能力较弱，但对支架内再狭窄有良好的治疗效果，且使用方便，不易造成放射污染。常选用^{32}P 作为血管支架的放射源。

支架再狭窄和血栓的形成是血管内支架面临的两大问题。永久性支架置入狭窄血管后，由于其作为"异物"与血管之间存在长期的生物不相容性，患者通常需要长期服用抗血小板黏附药物来预防血栓的形成。但仍存在其他潜在风险，如晚期支架血栓、过敏性反应、支架再狭窄等。

由此来看，优异的植入物表面应具备以下几个性能：①抗蛋白非特异性黏附，尤其是纤维蛋白原的黏附；②抗血小板的黏附、聚集与激活；③防止平滑肌细胞的黏附；④促进血管内皮细胞的黏附与生长[53]。

金属可降解血管支架是近些年的研究重点之一[54]。这种可降解支架具有完全可吸收性和良好的生物相容性。首先，可降解支架避免了晚期血栓问题；其次，可降解支架不会作为异物长时间存在于血管内，避免了炎症反应；最后，可降解支架完全吸收后可排除永久性异物的干扰，使同一病变部位的多次治疗成为可能。但是，可降解支架的缺陷也十分明显：①可降解金属材料取材范围相对狭窄，主要围绕人体体液中金属离子的各种成分进行调配；②随着支架质量的下降，支撑性能亦减少。由于可降解支架材料性能的限制，支架在服役过程中会出现支撑力不够、降解过快等力学性能不足的问题，因此尚未在临床手术中广泛应用。除了材料的选择，设计和优化可降解支架的几何结构来提升支架的力学性能，推动可降解支架的临床应用，是目前可降解支架研究的重要方向。

可降解支架需满足以下几点临床要求：①降解速率<0.02毫米/年；②保持机械完整性3~6个月；③1~2年内实现完全吸收；④在植入和降解过程中保持生物相容性（材料必须是无毒、无炎症反应且不产生有害降解产物的）。

除此之外，相应的力学要求应满足：①杨氏模量应尽可能高，以防止球囊紧缩后支架的急性反冲。支架膨胀时允许的弹性反冲应小于4%。②屈服强度与弹性模量之比应在0.16~0.32范围内，该比率提供了气球收缩后预期反冲的另一个标准。③适当的低屈服强度（YS）（200~300 MPa）有利于使支架卷曲到带球囊的导管上，并在球囊压力较低的情况下在预定位置扩张。④以高极限抗拉强度（UTS）增加支架的径向强度，同时，设计更薄的支板，从而提高灵活性和获得更窄的血管通路（>300 MPa）。⑤有足够高的抗疲劳性（完全溶解前预计至少1000万次）。⑥有足够好的延展性，在膨胀过程中可保持变形而不开裂（至少20%的断裂伸长率，但一些应用要求该值超过30%）。几种可降解支架的性能见表11-6。

表11-6 可降解支架的性能

材料	性能
镁合金材料	机械性能不足，降解速率过快，生物相容性良好，有轻度炎症反应
铁合金材料	机械性能良好，生物相容性良好，降解速率过慢，降解产物堆积
锌合金材料	机械性能良好，血液相容性良好，无毒性，无炎症反应，降解速率适中

除了改变材料成分和微结构（包括晶粒大小和组织结构），通过表面改性或者在其表面制备涂层，也可实现对降解速率的调节。可降解聚合物涂层由于可以作为药物载体，深受生物材料研究者的青睐，如PLLA、PLGA和壳聚糖等涂层能为可降解支架提供初期保护，并随时间逐渐降解[56-57]。这些可降解聚合物涂层都表现出了对可降解支架腐蚀降解的减缓功效，以及良好的细胞相容性。在可降解支架涂层设计中，若太薄，会导致腐蚀降解仍然过快，血管修复未完成就丧失支撑性能；若太厚，会导致腐蚀降解过慢，容易引起病变血管晚期血栓等问题。因此，结合聚合物的分子量、血流动力学、支架的几何结构等因素，优化可降解支架涂层的厚度、扩散系数等，增加涂层的有效作用时间，也是支架结构设计及优化研究的重要内容（如形成陶瓷膜、高分子聚合物膜或复合膜层等）。

11.7　心脏起搏器

心脏起搏器又叫植入式人工心脏起搏器，是当今生物医学工程最为成功的治疗技术之一。其通过脉冲发生器发放由电池提供能量的电脉冲，经过导线电极的传导，刺激电极所接触的心肌，使心脏激动和收缩，从而治疗由于某些心律失常所致的心脏功能障碍。自1958 年第一台心脏起搏器植入人体以来，起搏器制造技术和工艺快速发展，功能日趋完善。心脏起搏器在成功地治疗缓慢性心律失常、挽救成千上万患者生命的同时，也开始应用于快速性心律失常及非心电性疾病的预防及治疗，如预防阵发性房性快速心律失常、颈动脉窦晕厥、双室同步治疗药物难治性充血性心力衰竭等[58]。

11.7.1　起搏方法

11.7.1.1　永久性经静脉心内膜起搏

永久性经静脉心内膜起搏是经静脉放置一个或多个起搏电极在心脏腔室的内膜。首先将起搏器发生器植入锁骨下的皮肤内。然后切开合适的静脉将起搏器的带电极的引线插入该静脉，并沿着静脉穿过心脏的瓣膜，直到定位在心脏的腔室内膜中。医生可通过 X 射线透视观察电极的运动过程。最后确认电极放置到位，将电极引线的另一端连接到起搏器发生器上。起搏器发生器的作用是产生控制心脏节律的电脉冲，引线和电极将电脉冲传输到心肌组织，从而控制心脏的跳动节律。

根据涉及的舱室数量及其基本运行机制，永久起搏器可分为三种基本类型：一是单腔起搏器，在这种类型中，只有一个起搏导线被放入心脏腔室，即心房或心室。二是双腔起搏器，导线放置在心脏的两个腔室中，一个领先于中庭，另一个领先于心室，协助心脏协调心房和心室之间的功能。这种类型更接近于心脏的自然起搏。三是双心室起搏器，这种起搏器有三根导线放置在心脏的三个腔室中，一个在中庭，两个分别在两个心室，植入更复杂。

对于速率敏感的起搏器，配有传感器，可检测患者体力活动的变化，并自动调节起搏速度以满足身体的新陈代谢需求。

起搏器发生器是一种密封装置，包含一个电源，通常是一个锂电池；一个传感放大器，用于处理由心脏电极检测到的自然发生的心跳的电脉冲；还有起搏器的逻辑和输出电路。

心脏起搏器的外壳很少被身体的免疫系统拒绝。它通常由钛制成，在体内呈惰性。现代心脏起搏器通常具有多种功能。最基本的功能是监测心脏的原生节律。当心脏起搏器在正常的心跳时间内未检测到心跳时，它将以短暂的低电压脉冲刺激心脏的心室。这种感知和刺激活动在逐个节拍的基础上继续。更复杂的功能包括感知和/或刺激心房和心室的能力。

11.7.1.2　冲击性起搏

冲击性起搏也称经胸机械起搏，是使用闭合的拳头，在胸腔的右下心胸骨的左下缘

20～30 cm 的距离撞击以诱发心室搏动(《英国麻醉杂志》上有文章建议必须采取措施将心室压力提高到 10～15 mmHg 以诱导电活动)。这种方式仅用作救生手段,直到电子起搏器的出现。

11.7.1.3 经皮性起搏

经皮性起搏(TCP)也称外部起搏,推荐用于所有类型的显著心动过缓的急救,以稳定心率。这种起搏方法是将两个起搏垫放置在患者胸部,在前/侧位置或前/后位置来执行该过程。救援人员选择起搏速率,并逐渐增加起搏电流(以 mA 为单位测量),直到达到电捕获(以心电图上具有高而宽的 T 波的宽 QRS 波群为特征),并产生相应的脉冲。心电图上的起搏伪像和严重的肌肉抽搐可能使确定电捕获变得困难。这是紧急情况下的急救方法,不应长时间依赖外部起搏。经皮性起搏可以为经静脉起搏或其他治疗方法赢得时间。

11.7.1.4 心外膜起搏(临时)

如果外科手术导致房室传导阻滞,在心脏直视手术期间可使用临时心外膜起搏。其方法为将电极与心室的外壁(心外膜)接触,以保持令人满意的心输出量,直到插入临时的经静脉电极以维持心脏搏动。

11.7.1.5 经静脉起搏(临时)

在需要临时起搏的时候,经静脉起搏是经皮起搏的替代方案。其方法是首先在无菌条件下将起搏器引线置于静脉中,然后引导引线进入右心房或右心室,最后将起搏器引线连接到位于身体外部的起搏器。经静脉起搏通常作为过渡,直到植入永久起搏器或者不再需要起搏器后,将其移除。

11.7.1.6 无导线起搏

无导线起搏器是一种小到足以让电脉冲发生器放置在心脏内的装置,无需使用起搏导线。这是由于起搏导线可能会随着时间的推移而失效。可以使用能够通过腹股沟切口进入股静脉的可操纵导管将无导线起搏器植入心脏[61-62]。

11.7.2 心脏起搏器组成及材料

人工心脏起搏系统主要包括两部分:脉冲发生器、起搏电极及导线。脉冲发生器常被单独称为起搏器,一般采用激光焊接方法封装钛金属外壳,直接植入胸大肌前皮下组织中。作为心脏起搏器传导部分的电极导线是一段包覆绝缘材料的金属线,起搏电极则植入心腔内并与内膜紧密接触。因此,人工心脏起搏器与人体组织直接接触的材料主要有封装脉冲发生器的钛金属外壳、电极导线包覆材料及电极。由于患者需要长期或者终身佩戴人工心脏起搏器,所以这些材料不仅需要具备良好的物理、化学特性,而且要与人体有良好的细胞相容性、电生理相容性及血液相容性[59]。

目前,常用的心脏起搏器电极材料是铂-铱合金、Elgilog 合金(由钴、铁、铬、钼、镍、锰组成)及碳。同时,Grossenbacher 等对陶瓷聚合物涂层作为电极材料进行了评估,结果发现陶瓷聚合物的性质稳定,基本没有细胞毒性,具有作为心脏起搏器电极材料的潜力。Chou 等研究的心脏起搏器电极材料的主要成分是金,他们采用自组装的方式对其进行有机硅烷表面改性。实验结果证实,硅烷改性表面电极实现了低起搏阈值,且涂层结构稳定，未发生明显的表面破坏现象。心脏起搏器的导线主要作用是导电，外部一般包裹一层绝缘材料，与人体直接接触。目前应用的心脏起搏器导线绝缘材料主要是硅胶、聚氨酯、环氧树脂等。硅胶的优点是耐软组织磨损，绝缘效果可靠，但长期置入可能引起局部静脉钙化；聚氨酯的优点是柔软、耐磨、韧性好、抗拉力强、直径细、光滑、易与心内膜紧密接触、阈值低而稳定，但绝缘效果不如硅胶；环氧树脂具备良好的强度、硬度和耐磨性，但生物相容性、机械性能和电性能是否符合要求还没得到完全证实。心脏起搏器的外壳一般与电源连在一起，作为电子仪器的一种，需要密封外壳以防止体液渗入电路造成仪器失效，而这种外壳要求生物相容性好，适宜长期植入人体。目前大部分的心脏起搏器都采用钛金属作为密封外壳材料[60]。

参考文献

[1] 赵长生. 生物医用高分子材料 [M]. 北京：化学工业出版社，2009.

[2] 俞耀庭. 生物医用材料 [M]. 天津：天津大学出版社，2000.

[3] 周长忍. 生物材料学 [M]. 北京：中国医药科技出版社，2004.

[4] Liu X, Yuan L, Li D, et al. Blood compatible materials: state of the art [J]. Journal of Materials Chemistry B: Materials for Biology and Medicine, 2014, 2(35): 5718−5738.

[5] Bruck S. Calcification of Materials in Blood Contacting Implants [M]. London: SAGE Publications Sage UK, 1985.

[6] Cheng C, Sun S, Zhao C. Progress in heparin and heparin-like/mimicking polymer-functionalized biomedical membranes [J]. Journal of Materials Chemistry B: Materials for Biology and Medicine, 2014, 2(44): 7649−7672.

[7] Zhao C, Xue J, Ran F, et al. Modification of polyethersulfone membranes—a review of methods [J]. Progress in Materials Science, 2013, 58(1): 76−150.

[8] Ma L, Qin H, Cheng C, et al. Mussel-inspired self-coating at macro-interface with improved biocompatibility and bioactivity via dopamine grafted heparin-like polymers and heparin [J]. Journal of Materials Chemistry B: Materials for Biology and Medicine, 2014, 2(4): 363−375.

[9] Lee A, Hudson A, Shiwarski D, et al. 3D bioprinting of collagen to rebuild components of the human heart [J]. Science, 2019, 365(6452): 482−487.

[10] 蔡国方. 人工心脏瓣膜的发展概况 [J]. 中国医疗器械杂志，1989，13(2)：102−109.

[11] Senthilnathan V, Treasure T, Grunkemeier G, et al. Heart valves: which is the best choice? [J]. Cardiovascular Surgery, 1999, 7(4): 393−397.

[12] 赵世雄，罗征祥. 人工心脏瓣膜的现状 [J]. 生物医学工程学杂志，1991，8(3)：259−262.

[13] 徐向明. 人工心脏瓣膜及其进展 [J]. 济宁医学院学报，1991，14(2)：60−64.

[14] Schoen F J, Levy R. Tissue heart valves: current challenges and future research perspectives [J]. Journal of Biomedical Materials Research, 1999, 47(4): 439−465.

[15] Butterfield M, Wheatley D, Williams D, et al. A new design for polyurethane heart valves [J]. Journal of Heart Valve Disease, 2001, 10(1): 105−110.

[16] Wheatley D, Raco L, Bernacca G, et al. Polyurethane: material for the next generation of heart valve prostheses? [J]. European Journal of Cardio-Thorac Surgery, 2000, 17(4): 440−448.

[17] Ross D. Homotransplantation of the aortic valve in the subcoronary position [J]. The Journal of Thoracic and Cardiovascular Surgery, 1964, 47(6): 713−719.

[18] 乐以伦，万昌秀，唐正贵，等. 胶原组织材料缓钙化复合环氧交联法：1093566A [P]. 1994－10－19.

[19] (a)李兰娟. 中国人工肝研究——跟跑者迈向领跑者 [J]. 中国发明与专利，2018，15(4)：37－44；(b) Rozga J. Liver support technology—an update [J]. Xenotransplantation, 2006, 13(5)：380－389.

[20] Mullon C, Pitkin Z. The hepatassist© bioartificial liver support system：clinical study and pig hepatocyte process [J]. Expert Opinion on Investigational Drugs, 1999, 8(3)：229－235.

[21] Du W, Li L, Huang J, et al. Effects of artificial liver support system on patients with acute or chronic liver failure [J]. Transplantation Proceedings, 2005, 37 (10)：4359－4364.

[22] Li L, Yang Q, Huang J, et al. Effect of artificial liver support system on patients with severe viral hepatitis：a study of four hundred cases [J]. World Journal of Gastroenterology, 2004, 10(20)：2984－2988.

[23] 叶卫江，李兰娟，俞海燕，等. 血浆置换联合血液滤过治疗慢性乙型重型肝炎的临床研究 [J]. 中华肝脏病杂志，2005，13(5)：370－373.

[24] Qian Y, Lanjuan L, Jianrong H, et al. Study of severe hepatitis treated with a hybrid artificial liver support system [J]. International Journal of Artificial Organs, 2003, 26(6)：507－513.

[25] Avci-Adali M, Ziemer G, Wendel H P. Induction of EPC homing on biofunctionalized vascular grafts for rapid in vivo self-endothelialization—a review of current strategies [J]. Biotechnology Advances, 2010, 28(1)：119－129.

[26] Zilla P, Bezuidenhout D, Human P. Prosthetic vascular grafts：wrong models, wrong questions and no healing [J]. Biomaterials, 2007, 28(34)：5009－5027.

[27] Li S, Sengupta D, Chien S. Vascular tissue engineering：from in vitro to in situ [J]. WIREs Systems Biology and Medicine, 2014, 6(1)：61－76.

[28] Sugimoto M, Yamanouchi D, Komori K. Therapeutic approach against intimal hyperplasia of vein grafts through endothelial nitric oxide synthase/nitric oxide(eNOS/NO) and the Rho/Rho-kinase pathway [J]. Surgery Today, 2009, 39(6)：459－465.

[29] 日本国立循环器官病研究中心. 日本研制出世界上最细的人工血管 [J]. 世界知识，2015，22：77.

[30] Venkatraman S, Boey F, Lao L L. Implanted cardiovascular polymers：natural, synthetic and bio-inspired [J]. Progress in Materials Science, 2008, 33(9)：853－874.

[31] Desai M, Seifalian A M, Hamilton G. Role of prosthetic conduits in coronary artery bypass grafting [J]. European Journal of Cardio-Thorac Surgery, 2011, 40(2)：394－398.

[32] Chuang T W, Masters K S. Regulation of polyurethane hemocompatibility and endothelialization by tethered hyaluronic acid oligosaccharides [J]. Biomaterials, 2009, 30(29)：5341－5351.

[33] Boretos J W, Pierce W S. Segmented polyurethane：a polyether polymer. An initial evalution for biomedical applications [J]. Journal of Biomedical Materials Research, 1968, 2(1)：121－130.

[34] Seifalian A M, Salacinski H J, Tiwari A, et al. In vivo biostability of a poly(carbonate-urea) urethane graft [J]. Biomaterials, 2003, 24(14)：2549－2557.

[35] Zhang Z, Marois Y, Guidoin R, et al. Vascugraft© polyurethane arterial prosthesis as femoro-popliteal and femoro-peroneal bypasses in humans：pathological, structural and chemical analyses of four excised grafts [J]. Biomaterials, 1997, 18(2)：113－124.

[36] Theron J, Knoetze J, Sanderson R, et al. Modification, crosslinking and reactive electrospinning of a thermoplastic medical polyurethane for vascular graft applications [J]. Acta Biomater, 2010,

6(7)：2434—2447.

[37] Zhang Z, Briana S, Douville Y, et al. Transmural communication at a subcellular level may play a critical role in the fallout based-endothelialization of dacron vascular prostheses in canine [J]. Journal of Biomedical Materials Research A, 2007, 81(4)：877—887.

[38] Xie X, Eberhart A, Guidoin R, et al. Five types of polyurethane vascular grafts in dogs：the importance of structural design and material selection [J]. Journal of Biomaterials Science-Polymer Edition, 2010, 21：1239—1264.

[39] Xu W, Zhou F, Ouyang C, et al. Small diameter polyurethane vascular graft reinforced by elastic weft-knitted tubular fabric of polyester/spandex [J]. Fibers and Polymers, 2008, 9(1)：71—75.

[40] Uttayarat P, Perets A, Li M, et al. Micropatterning of three-dimensional electrospun polyurethane vascular grafts [J]. Acta Biomater, 2010, 6(11)：4229—4237.

[41] Kapadia M R, Popowich D A, Kibbe M R. Modified prosthetic vascular conduits [J]. Circulation, 2008, 117(14)：1873—1882.

[42] Serrano M C, Vavra A K, Jen M, et al. Poly(diol-co-citrate)s as novel elastomeric perivascular wraps for the reduction of neointimal hyperplasia [J]. Macromolecular Bioscience, 2011, 11(5)：700—709.

[43] Jun H W, Taite L J, West J L. Nitric oxide-producing polyurethanes [J]. Biomacromolecules, 2005, 6(2)：838—844.

[44] 冯亚凯, 郭锦堂, 肖若芳. 催化内源 NO 前体释放 NO 的纳米纤维人工血管及制备方法：101703802A [P]. 2010—05—12.

[45] Li D, Chen H, Brash J L. Mimicking the fibrinolytic system on material surfaces [J]. Colloid Surfaces B, 2011, 86(1)：1—6.

[46] 潘仕荣, 冯敏, 易武, 等. 重组蛇毒纤溶因子 rF Ⅱ偶联到聚氨酯表面及其纤溶活性评价 [J]. 中国生物医学工程学报, 2008, 27(1)：117—121.

[47] Asahara T, Murohara T, Sullivan A, et al. Isolation of putative progenitor endothelial cells for angiogenesis [J]. Science, 1997, 275(5302)：964—966.

[48] Joung Y K, Hwang I K, Park K D, et al. CD34 monoclonal antibody-immobilized electrospun polyurethane for the endothelialization of vascular grafts [J]. Macromolecular Research, 2010, 18(9)：904—912.

[49] Miyazu K, Kawahara D, Ohtake H, et al. Luminal surface design of electrospun small-diameter graft aiming at in situ capture of endothelial progenitor cell [J]. Journal of Biomedical Materials Research Part B-Applied Biomaterials, 2010, 94(1)：53—63.

[50] Stone G W, Ellis S G, Cannon L, et al. Comparison of a polymer-based paclitaxel-eluting stent with a bare metal stent in patients with complex coronary artery disease [J]. Jama, 2005, 294(10)：1215—1223.

[51] Jang G Y, Ha K S. Self-expandable stents in vascular stenosis of moderate to large-sized vessels in congenital heart disease：early and intermediate-term results [J]. Korean Circulation Journal, 2019, 49(10)：932—942.

[52] 彭坤, 李婧, 王斯睿, 等. 可降解血管支架结构设计及优化的研究进展 [J]. 中国生物医学工程学报, 2019, 38(3)：367—374.

[53] 黄淑佩, 梁远锋, 郝俊海, 等. 肝素接枝对血管脱细胞支架材料结构及抗凝效果的影响 [J]. 广东医学, 2019, 40(10)：1362—1366.

[54] Schmidt W, Behrens P, Brandt-Wunderlich C, et al. In vitro performance investigation of

bioresorbable scaffolds-standard tests for vascular stents and beyond [J]. Cardiovascular Revascularization Medicine, 2016, 17(6): 375-383.

[55] Ma J, Zhao N, Betts L, et al. Bio-adaption between magnesium alloy stent and the blood vessel: a review [J]. Journal of Materials Science & Technology, 2016, 32(9): 815-826.

[56] Liu J, Zheng B, Wang P, et al. Enhanced in vitro and in vivo performance of Mg-Zn-Y-Nd alloy achieved with APTES pretreatment for drug-eluting vascular stent application [J]. ACS Applied Materials & Interfaces, 2016, 8(28): 17842-17858.

[57] Alfonso F, Cuesta J, Perez-Vizcayno M J, et al. Bioresorbable vascular scaffolds for patients with in-stent restenosis: the RIBS VI study [J]. JACC Cardiovascular Interventions, 2017, 10(18): 1841-1851.

[58] 江锦洲, 陈月明, 叶继伦. 心脏起搏器技术的研究进展综述 [J]. 中国医疗设备, 2019, 34(3): 160-163.

[59] 石瑾, 汶斌斌, 于振涛, 等. 心脏起搏器最新进展及发展趋势 [J]. 生物医学工程与临床, 2016, 20(6): 639-645.

[60] 陈瑶, 郝艳丽. 植入式人工心脏起搏器: 材料及材料相关并发症 [J]. 中国组织工程研究, 2017, 21(6): 975-979.

[61] 房艺, 侯文博, 张海军. 无导线心脏起搏器的研究进展 [J]. 医疗装备, 2018, 32(3): 200-202.

[62] 范建华, 钱剑峰. 无导线心脏起搏器研究进展 [J]. 心血管病学进展, 2018, 39(6): 1072-1075.

第 12 章　组织工程材料

　　2010 年据卫生部统计，中国每年约有 150 万人需要进行器官移植，但是每年仅有不到 1 万人接受移植手术。大量的需求者无法获得相匹配的器官，这个巨大的需求已经持续数十年。一个最有潜力缓解这种器官短缺问题的方法就是发展组织工程材料，即采用种子细胞、生物材料、细胞与生物材料的整合以及植入物与体内微环境多种要素整合工程的方法来生长人工组织和器官。1984 年，华人学者冯元桢首次提出了组织工程的概念。随后，Robert Langer 教授和麻省理工医学院的临床医生 Joseph P. Vcanti 正式提出了组织工程的概念。1987 年，美国国家科学院基金会在专家讨论会上明确了组织工程的定义。组织工程是指运用工程科学和生命科学的原理和方法，从根本上认识正常和病理的哺乳动物的组织结构与功能关系，并研究生物学替代物以恢复、维持和改进组织功能。组织工程的基本原理就是应用工程学、生命科学和材料学的原理与方法，将体外培养、扩增功能相关的活细胞种植在多孔支架上；细胞在支架上增殖、分化，构建生物替代物，然后将其移植到组织病损部位，达到修复、维持或改善受损组织功能的目的。

12.1　组织工程概述

12.1.1　组织工程三要素

　　从组织工程的定义和基本原理可见，组织工程的核心就是构建由细胞和生物材料构成的三维复合体。通常，组织工程采用三种策略替代或诱导目标组织再生：第一种为单独采用细胞。第二种为采用生物相容的生物材料。第三种为将细胞和生物材料结合使用。组织工程材料是为了最大限度地模拟细胞外基质微环境而制备的生物材料，因此，组织工程的三要素(见图 12-1)主要指种子细胞(干细胞)、生长因子和支架材料。种子细胞是组织工程的基础，也是制约组织工程发展的瓶颈。许多组织细胞(如软骨细胞、内皮细胞等)的供体来源和扩增能力十分有限，无法以少量组织细胞在体外扩增来构建组织，很难实现"小损失修复大缺损"的组织工程基本设想。一般只有体内的干细胞来源广泛、增殖能力强，又能够定向诱导分化成多种目标细胞并形成相应的组织。支架材料(如立体海绵状骨胶原)是种子细胞的支撑体，人工细胞外基质为种子细胞的增殖和分化提供了至关重要的立脚点。生长因子是在细胞间传递信息并对细胞生长具有调节功能的一些多肽类物质，可以促进或抑制种子细胞迁移、增殖、分化和基因的表达。将生长因子用于组织工程技术，主要有两种不同的方式：①将生长因子直接复合到支架上，或构建支架材料后再与其复合；②在支架材料上同时移植能够分泌生长因子的细胞。

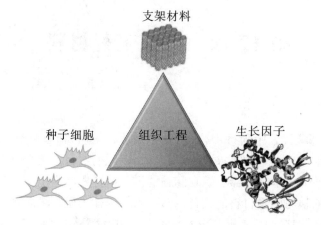

图 12-1　组织工程三要素

12.1.2　组织工程支架制备方法

组织工程支架是能够与组织活体细胞结合并能后期植入生物体内的三维结构体，其组成和结构在细胞增殖、分化和组织重建过程中非常重要，通常要求其材料具有一定尺寸的微孔结构、化学组成、可降解和具有良好的力学性能。在组织工程中，支架材料主要作为种子细胞、生长因子和基因的生物载体，在增殖和分化过程中承载体外接种的细胞；植入体内后，在结构上加强缺损部位的强度，并提供和周围组织整合的场所；同时，支架材料也会与组织微环境中的细胞整合素及受体相互作用，有可能作为一种可溶的细胞功能调节因子。支架材料最基本的特征包括：①可以与活体细胞直接结合，如羟基磷灰石、聚乳酸、聚羟基乙酸等；②与生物系统结合，如植入生物体的组织工程软骨、骨/牙、肌腱、肝和肾等组织与生物体；③支架材料要兼具细胞相容性和组织相容性(统称生物相容性)。支架材料的多孔性和三维网络确保了细胞营养物质和废物在组织内的渗透和扩散，其特殊的结构会对细胞的生理行为产生重要影响。然而，只有特定的结构才能产生结构可控的智能支架。例如用微加工技术能够制造出多功能、具有网格式结构和形状记忆功能的弹性支架应用于组织工程[1]。常用于制备支架材料的方法有盐沥法、相分离法(冻干法)、发泡法、微球聚集法、静电纺丝法和3D/4D打印技术等(见表12-1)。

表 12-1　多孔支架材料制备方法

制备方法	加工方式	材料要求	孔径(μm)	孔隙率(%)	结构
浇注-盐沥法	浇注	溶解	30~300	<90	球状孔，盐残留
挤出沥滤	模具	热塑	50~500	<80	球状孔，盐残留
纤维黏合	编织	织物	20~100	<85	孔隙结构，不规整
乳液冷冻干燥	流涎	溶解	20~200	>90	—
热诱导相分离	流涎	溶解	<100	<97	孔隙高度贯穿，微孔

制备方法	加工方式	材料要求	孔径(μm)	孔隙率(%)	结构
超临界流体技术	流涎	非晶相	<50	$10\sim30$	非贯穿孔，微孔
3D打印技术	固体自成型	溶解	$45\sim150$	<60	贯穿孔

12.1.2.1　盐沥法

采用盐沥法制备多孔支架，最常用的是溶液浇注/粒子浸滤的方法。首先将聚合物溶液与颗粒均匀的盐晶混合，倒入模具；随后待溶剂挥发后形成一定形状的固体聚合物/盐复合物；最后将其浸没在水中除去盐，即可得到可控孔隙率的多孔支架材料(可达93%，厚度<2 mm)。当体系内盐晶含量为70%~90%时，可得到均匀的连孔结构。致孔剂粒子可采用氯化钠、酒石酸钠和柠檬酸钠等水溶性无机盐或糖粒子，也可采用石蜡粒子或冰晶。采用这种方法制备多孔支架材料时，为防止粒子沉降和抑制支架材料表面形成致密的皮层，需要在浇注后不断地振动至大部分溶剂挥发。该方法致孔方式简单、适用性广，孔隙率和孔尺寸容易调节，在制备多孔支架材料中得到广泛应用，但致孔时往往需要用到有机溶剂。

12.1.2.2　相分离法(冻干法)

相分离法(冻干法)是利用溶剂的升华过程来制造孔隙设计支架。首先，将聚合物溶液、乳液或水凝胶在低温下冷冻，冷冻过程中会发生相分离，形成富溶剂相和富聚合物相。然后，经过冷冻干燥过程除去溶剂而形成具有多孔结构的支架材料。按照制备体系的形态，可将相分离法(冻干法)分为乳液冷冻干燥法、溶液冷冻干燥法和水凝胶冷冻干燥法。相分离法(冻干法)制备的支架材料的结构似海绵状，孔隙率可以通过改变冷冻速率来控制。虽然支架材料的孔尺寸较小，但可以在不同温度进行多步相分离处理，以提高孔的尺寸和连通性。该方法避免了高温处理过程，因而受到研究者的重视。如 Cuadros 等使用冻干的方法制备了海藻酸钠/明胶复合支架，该支架可以达到 97.26% 的平均孔隙率和 204 μm 的孔径，为细胞的黏附、增殖和成骨分化提供了合适的环境[2]。Kim 等通过冻干法制备的 HA/明胶泡沫，也达到了很高的孔隙率(89.8%)，且随着 HA 的增多孔隙率降低[3]。

12.1.2.3　发泡法

发泡法制备多孔支架材料，主要有物理和化学的方法，前者主要是超临界流体技术致孔，后者主要是碳酸盐类化合物致孔。采用物理法发泡时，先将聚合物材料压制成片状，浸泡在高压二氧化碳中直至饱和甚至达到超临界状态，然后降压至常压状态。整个过程中气体的热力学不稳定性会导致气泡成核和增长，最终形成多孔支架材料。其优点在于不使用有机溶剂，可减少残留溶剂对细胞的影响；制备过程可以在较低温度下进行(一般为30℃~40℃)，方便药物和生长因子的复合。其缺点是制备的支架材料的孔隙率和孔径不可控，由气体在固体中溶解/释放过程的形态所决定；孔的连通率低(10%~30%)，存在闭孔结构。可联合盐沥法改进致孔效果。以化学发泡法制备多孔支架材料，是先将聚合物溶液与碳酸盐粒子混合，倒入模具后待部分溶剂挥发，直接加入热水中发泡，最后经冷冻干燥处理即可得到多孔支架。采用化学发泡法制备的支架材料孔隙率高(>90%)，孔的连通性好，孔尺寸通常为 $100\sim500~\mu m$，能避免支架材料表面皮层的形成。

12.1.2.4 微球聚集法

采用微球聚集法制备多孔支架材料的原理是通过可降解聚合物微球在模具中热熔-冷固-脱模的过程，高分子链运动缠结、冷却固定的方式，获得由微球紧密堆积而形成多孔结构的微球支架材料。支架的孔尺寸范围为 $37\sim150~\mu m$，与微球尺寸成正比，孔隙率则随微球尺寸的增大略有增加。这种方法的优点在于制备的支架材料孔的连通性好，孔尺寸易调控，力学强度大，可包裹药物、生长因子等物质并进行可控释放；缺点在于形成的孔尺寸偏小，孔隙率低。

12.1.2.5 静电纺丝法

静电纺丝法是利用高电场力来制造纳米纤维，所得材料直径在几十至几百纳米，具有较高的孔隙率和较大的比表面积，与细胞外基质结构相似。静电纺丝的装置包括四部分：高压电源、注射泵、喷丝头、接收器。聚合物溶液或熔体被推出喷丝头时，表面张力会促使其形成球形液滴，同时液滴带高压静电同种电荷。当静电力增大时，聚合物液滴伸长形成泰勒锥，呈锥形。开始喷丝后，液体首先进入锥-射流区，在表面电荷排斥和强电场的共同作用下，射流直径越来越小直至发生弯曲；之后射流进入鞭动不稳定区，射流加速的同时如鞭子一样摆动，此时射流直径大幅下降、溶剂挥发。最终，射流固化形成超细直径的纤维。Yoshimoto 等利用静电纺丝技术制备了 PCL 纤维支架，与新生大鼠骨髓间充质干细胞共同培养后形成了矿化物质和 I 型胶原，表明该支架可以作为骨缺损修复材料使用[4]。

12.1.2.6 3D/4D 打印技术

近年来，3D 打印技术的发展为实现组织器官再生提供了一条新途径。3D 打印技术是一种利用计算机软件辅助，将器官进行全细胞分析后建模，接着将合适的生物功能性材料与细胞混合后通过 3D 逐层打印构建支架的快速成型技术，可使细胞精确定位，最终打印出具有功能的组织器官，再进行移植。使用该技术制造支架可以精准定制支架的尺寸和形状。

立体光固化成型技术(SLA)是最早发展起来的一种 3D 打印技术，其工作原理是利用激光器发射的紫外激光束对充满液态光敏树脂的液槽中指定位置的光敏树脂进行快速固化。在成型刚开始时，可升降工作台使其处于液面以下刚好一个截面层厚的位置，激光束按照设定程序将截面轮廓沿液面进行扫描，扫描区域的树脂快速固化从而完成一层截面的加工过程，然后工作台下降一层截面层厚的高度，继续扫描固化，这样层层扫描固化的截面叠加构成了三维支架结构。熔融沉积成型法(FDM)是将热塑性材料加热融化后通过喷头沉积到平台上形成指定形状截面，通过层层叠加以建立一个三维结构。该方法已成功运用到组织工程支架的制备当中。选择性激光烧结法(SLS)是利用计算机控制的激光束将粉末逐层熔接，将粉末材料烧结在一起，以形成立体的三维结构。该方法可以使用金属粉末材料，是当下的热门研究方向之一。如 Inzana 等通过 3D 打印技术制备了磷酸钙/胶原复合材料，结果表明加入 $1\sim2$ wt％胶原蛋白溶液，可显著提高磷酸钙支架的最大抗弯强度和细胞活力。后经小鼠股骨缺损实验模型证明，该支架具备骨传导性，新生骨组织中包含降解支架材料[5]。Xia 等使用 SLS 技术制备了 HA/

PCL 复合支架，该支架具备有序互通的微孔，孔隙率为 70.31%～78.54%。与骨髓间充质干细胞体外培养 28 天后，可有效促进细胞的增殖和分化，提高新骨的形成效率，在骨缺损修复中有应用潜力[6]。

4D 打印技术是一种制作三维智能支架的新技术，其可编程形状随时间发生变化[7]。这种技术旨在模拟细胞外基质动态和复杂的结构。在一项突破性工作中，Gladman 等使用仿生可 4D 打印水凝胶获得了目标微图案[8]。打印的结构通过浸水改变了原本的形状，在水中形成复杂的三维形态。将该水凝胶作为组织再生的智能支架，应该确保打印支架上的细胞活力和组织功能。例如，借助 4D 打印技术，可将光不稳定的甲基丙烯酰化的明胶体系直接用作打印宏观尺度的负载细胞的水凝胶[9]。为此，特定的生物墨水应旨在满足不同组织结构和功能的多样性。

12.2　皮肤修复材料

12.2.1　皮肤的结构

人体的皮肤组织包覆在身体表面，是直接与外界环境接触，起保护内部组织、排泄代谢废物、调节体温和感受外部环境刺激等生理功能的一种器官，也是人体中面积最大的器官。皮肤组织可分为表皮层和真皮层，两者紧密结合，进而通过皮下组织与体内深层组织相连。

表皮层(epidermis)处于皮肤组织表面，属复层扁平上皮，又分为角质层和生发层两部分。表皮细胞主要是角质形成细胞(keratinocyte)，细胞紧密堆积；细胞外基质少，多为脂质膜状物。角质层由多层角化上皮细胞(胞核及胞器消失，胞壁较厚)构成，无生理活性，不透水，具有防止组织液外流、抗摩擦和防感染等功能。已经角质化的细胞会形成角质层，脱落后会形成皮屑。角质层内还有其他非角质形成细胞，包括黑色素细胞、朗格汉斯细胞和梅克尔细胞。生发层的细胞不断增殖并向外分裂，能补充脱落的角质层。生发层内的黑色素细胞能产生黑色素，影响皮肤颜色。通常上讲，典型的表皮结构从内到外可分为五层，分别是基底层、棘层、颗粒层、透明层和角质层(见图 12-2)。其中基底层存储有表皮的干细胞，不断增殖、分化，在皮肤创伤愈合中起到重要作用。其余各层从内到外的组织中角蛋白含量逐渐增多，赋予表皮对多种物理和化学刺激很强的耐受性。表皮层较薄，手掌和足底处最厚，为 0.80～1.50 mm，其他部位为 0.07～0.12 mm。由于没有血管和神经，表皮层处细胞的营养主要以真皮组织液的扩散来获取。

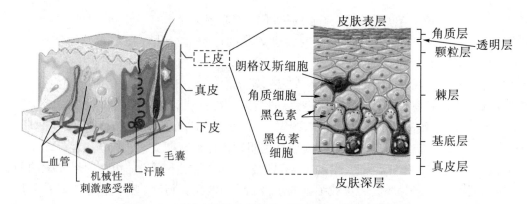

图 12-2　天然皮肤的多层结构以及相关细胞和附属器官

　　真皮层（dermis）位于表皮层下方，厚 1～2 mm，主要由致密的结缔组织构成。真皮层由浅入深依次分为乳头层和网状层，两层之间无明显界限。乳头层与表皮的生发层相连，是薄层疏松结缔组织，向表皮内突出形成真皮乳头，扩大了两者的接触面积，从而有利于表皮从真皮组织液中获取营养成分。乳头层含有丰富的毛细血管和游离神经末梢、触觉小体等感受器。乳头层下方为网状层，是致密的结缔组织，富含血管、淋巴管和神经，以及胶原纤维、弹力纤维和网状纤维，相互交织成网络结构，赋予皮肤弹性和韧性。真皮层的细胞主要是成纤维细胞（fibroblast），可合成并分泌各种蛋白质以形成细胞外基质。此外，真皮层中还存在各种免疫细胞、脂肪细胞以及参与皮肤创伤破损修复的间充质干细胞。真皮层处细胞外基质主要是胶原纤维、弹性纤维以及蛋白多糖和纤维粘连蛋白等，在保持皮肤整体弹性、提高力学强度、调节干细胞黏附、增殖和分化等方面起到极其重要的作用。

　　皮肤组织结构中还有很多附属器官，包括毛发、皮脂腺、汗腺以及指甲等，综合作用起到调节体温、保护和润湿皮肤、排泄废物、呼吸和免疫等重要功能。

　　综上所述，天然皮肤具有复杂的组织结构和功能。深入透彻地研究皮肤组织结构和功能，将利于有效设计具有修复和再生功能的人工皮肤。设计宗旨就是要尽量逼真模仿天然皮肤的结构，包括双层细胞结构及其细胞外基质特征，创造皮肤修复和再生的微环境，达到修复和再生受损皮肤的目的。

12.2.2　皮肤创伤修复的一般过程

　　引起皮肤和皮下组织创伤受损的因素有很多，包括机械性损伤（切割伤、枪伤等）、物理化学性损伤（烧伤、冻伤、化学物质腐蚀损伤等），以及生理和代谢疾病损伤（炎性脓肿、缺血性梗死、褥疮、糖尿病性皮肤溃疡）等。尽管创伤种类、程度和修复过程不同，但基本过程都包括创伤区坏死组织的清除（炎性反应）和新生组织的增生，以及疤痕的形成。

　　根据创伤深度和修复过程，皮肤创伤可分为三类：1 类，表皮性损伤，即只是伤及皮肤的表皮层；2 类，表皮和真皮的损伤，即真皮性损伤；3 类，全层性损伤，损伤深度包括皮肤和皮下组织，甚至会发生骨折。对于不同程度的创伤，修复过程不尽相同。对于1 类创伤，可以通过基底细胞的分裂、增殖和分化进行修复，能完全恢复原有的结构和功能；对于 2、3 类创伤，靠身体自身修复很难恢复原始组织结构和功能，通常伴有疤痕组织的形成。2、3 类创伤修复过程大致可分为五个阶段：

（1）渗出变质阶段。从损伤瞬间开始，创面部位出现流血、渗出液、坏死组织等。血液中的成纤维蛋白原在创伤处迅速凝结，并形成血凝块。而组织渗出液中含有来自淋巴液的淋巴细胞，来自血液的蛋白和白细胞等，产生早期的炎症反应，以保护受损组织。在此阶段，受损区的血管中血流缓慢，易于充血，会导致创伤区水肿，使得血管通透性增加，促进免疫球蛋白渗出血管并迅速进入创伤区，形成分子感染免疫。因此，该阶段会持续数小时到十余小时。

（2）渗出物吸收阶段。在此阶段，中性白细胞进入创伤部位，吞噬和清除病原菌，逐渐形成炎症细胞分界带。同时，单核细胞和淋巴细胞也会逐渐进入创伤区，增殖并转变为巨噬细胞，对细菌和坏死组织进行吞噬和清除，构建新生组织所需的生长环境。需要指出的是，巨噬细胞和其他炎性反应细胞会释放酸性物质和溶酶体酶等，对受损组织进行水解处理可以加速创伤的愈合过程。

（3）肉芽增生和表皮移行阶段。肉芽组织本质上由丰富的毛细血管、微血管以及大量的成纤维细胞构成。创伤后 3 天左右，肉芽组织增生和表皮细胞的增生移行成为主要的修复方式。在肉芽组织增生过程中，组织会不断分泌胶原等细胞外基质。在各种生长因子的作用下，成纤维细胞不断增殖，同时血管内皮细胞也不断增殖进而生成毛细血管。在此阶段，创缘表皮进入移行期，创缘区的基底细胞和基层的棘细胞暂时不再进行角质化过程，并形成一种含肌动蛋白的收缩装置。在各种生长因子（如血小板衍生生长因子）以及局部炎性渗出物质的刺激、激活下，表皮细胞开始增殖并逐渐迁移至疮痂部位的纤连蛋白和纤维蛋白（成纤维细胞所分泌）的毡垫上，并在一定时间内对创面进行封闭。

（4）纤维增生和伤口收缩阶段。在此阶段，肉芽组织开始减少，纤维组织和结缔组织开始增生，创面的机械强度逐渐得到增强。与此同时，伤口创面逐渐缩小。一旦创面过大（直径>20 cm），再生的表皮组织无法完全覆盖伤口，需要做植皮修复。

（5）瘢痕形成和组织改建阶段。瘢痕的形成代表着创面修复的完成，创面缺损小且创缘比较整齐的伤口，通常会形成划线样的瘢痕，对功能无影响；若创面较大、创缘不齐，一般会形成宽广明显的瘢痕。瘢痕的形成主要是纤维组织的过度增生造成的，由抗撕裂但无弹性的Ⅰ型胶原组成。当创伤较深时，皮肤的附属器官（毛囊、汗腺、皮脂腺等）一般不能再生。瘢痕形成后，局部组织仍然可以对其持续进行修复，即反复对胶原溶解、沉积和更新，达到向正常组织转化的目的。但是这一过程往往耗时弥久。

必须指出的是，创伤的修复是免疫细胞、皮肤的正常细胞以及多种酶和生长因子共同配合、协调完成的复杂过程。因此，深入研究皮肤组织的修复过程，结合皮肤再生和修复的病理学、分子生物学的研究进展，以及多种生长因子（见表 12-2）对细胞行为的调控作用和过程研究，设计和开发具有再生功能的皮肤替代产品，将成为人工皮肤研究和相关产品研发的重点和热点。

表 12−2　与创伤修复有关的生长因子及其作用

生长因子	主要作用
血小板源性生长因子（PDGF）	通过与靶细胞膜上 PDGF 受体接触后促进细胞增殖、分裂和细胞外基质的生成
转化生长因子 β（TGF-β）	诱导细胞外基质的产生、沉积，增加细胞间的基质黏附，促进细胞的增殖、迁移、分化，加速肉芽组织的形成
血管内皮细胞生长因子（VEGF）	促进血管内皮细胞增殖、迁移、分化成功能性血管
表皮生长因子（EGF）	通过与表皮生长因子受体结合，刺激受体自身磷酸化及细胞内其他蛋白质的络氨酸磷酸化作用
成纤维细胞生长因子(FGF)	吸引、趋化炎性细胞浸润，刺激与创伤有关的细胞快速增殖、迁移，合成新的细胞间质

12.2.3　皮肤创伤敷料

在遭受疾病、烧伤和机械损伤后，人们常采用伤口敷料对创伤部位进行处理。所谓伤口敷料，就是指用于覆盖创伤部位，起到保护、预防和控制感染、加速创伤愈合等作用的医疗器械。伤口敷料和创伤部位具有明显界面，当伤口愈合后，敷料即可去除。伤口敷料一般只能促进皮肤修复和愈合，不能促进皮肤再生。因此，可根据是否具有促进皮肤再生的功能，区分单一伤口敷料和人工皮肤或组织工程皮肤。有别于单一伤口敷料，人工皮肤或组织工程皮肤具有多重修复功能，是材料、功能因子、细胞协同作用，共同实现皮肤再生的新型生物医学材料。

回溯历史，早在 4500 年前人们就发现覆盖创面可以获得更好的愈合效果。第一次世界大战期间，由棉花、软麻布和亚麻布制成的传统纱布敷料被广泛用于处理受损皮肤组织。随后，大量研究结果证实，在密闭湿环境下创面的愈合比暴露在干燥空气中的创面快 50%，这为现代敷料的出现奠定了理论基础。不同于传统的纱布敷料，现代敷料是以水凝胶、水胶体和吸水树脂等材料为主的湿环境下的皮肤敷料[10−13]。

12.2.3.1　湿环境下创面愈合的机制

创伤组织的修复首先要清除创面处的坏死组织，体内的白细胞和巨噬细胞等都会参与这一过程。湿润的环境不仅有利于这些细胞保持生理活性，而且会激发蛋白水解酶的活性，加速机体的自溶性清创过程。临床上一些干硬结痂的创面极难愈合，水凝胶等含水敷料可以对创面处补水，以启动机体的自我清创机制，逐步开始创伤的修复。对于存在较多坏死组织的创面，机体自身难以实现有效清除，需要手术清创。

创伤的修复是在多种生长因子参与、作用下实现的，湿润的环境不仅能够保持细胞活力，促进细胞持续释放多种生长因子，而且能够有效保留这些生长因子。有研究发现，在封闭性敷料覆盖的伤口渗出液中存在多种生长因子，如血小板衍生生长因子、成纤维细胞生长因子和表皮生长因子等[14−15]。因此，保湿敷料可以吸收和蒸发创面处多余渗液，富集和浓缩各种生长因子。对于渗液少的伤口，可以润湿伤口，促进伤口愈合。湿润的伤口敷料能够有效调节创面附近的氧张力，从而促进血管的生成。此外，敷料的透气性也会影响创面的氧分压，从而影响创面的愈合[16-17]。覆盖透气性薄膜型敷料和无渗透水胶体敷料的创面，均比覆盖传统纱布和暴露的创面愈合快。创面的低氧张力可以刺激血管的形成，从而加速创面的愈合。创面附近二氧化碳分压高时，会在创面处形成较低 pH 环境，有利于保持各种生物酶及生长因子的活性，促进创面愈合。

为了进一步加快创面愈合，通常在润湿性敷料中加入一些药物(抗菌剂和活性因子等)，通过创面与敷料的水分交换，达到持续局部给药的目的[18-20]。长期以来，人们一直担心润湿性敷料的湿环境会因细菌滋生而导致伤口感染率升高。但有临床研究表明，润湿性敷料并不会增加伤口感染率[21]，甚至其形成的温暖湿润的环境还可增强自身免疫性，从而降低伤口感染率[22]。此外，润湿性敷料覆盖伤口表面能够防止神经末梢死亡和外露，减少敷料对伤口组织的损伤，有效减轻疼痛感[23]。

总之，润湿性敷料能够创造适宜创伤修复的微环境，不仅可以保持创面的湿润，还可以防止积液，最大限度地发挥人体自身的自我修复能力，最终达到加速创面愈合的目的。

12.2.3.2　敷料的种类及特性

根据敷料材料的来源，可将敷料分为植物性敷料(主要为纱布、海藻酸钠等)、动物性敷料(胶原、动物皮等)以及人工合成敷料等。根据敷料的发展阶段，可将敷料分为传统敷料(纱布类)和现代敷料(水凝胶、水胶体敷料等)。根据敷料和创面的生物学作用，可分为惰性敷料和生物活性敷料。传统的纱布类敷料为惰性敷料，能与伤口进行水分和物质交换的润湿性敷料是生物活性敷料。目前，对创面敷料的分类尚无统一标准，本书将敷料分为传统敷料、生物敷料和现代活性敷料三类来进行介绍。

传统敷料主要为纱布类敷料，只能简单覆盖创面，并无明显促进创面愈合的作用，是典型的惰性敷料。一般以来自植物的棉、麻等为原料加工制成，可以起到保护创面和吸收渗液的作用。这类敷料制作简单，成本低廉，由于无法润湿创面、细菌易于侵入、易与创面粘连、换药时易造成二次创伤等问题，在实际应用时具有局限性。而采用石蜡和羊脂等浸润处理传统敷料，可以制成润湿不粘纱布，减少纱布与创面的粘连，具有一定的润湿性，但仍然无法吸收渗出液。

生物敷料是主要来源于生物体的敷料，包括人类和动物的完整组织及其衍生物，如羊胎膜、表皮组织、胶原和甲壳素等。这类敷料具有明显的亲水性、生物相容性和可降解性，既可以作为暂时性创面处理材料(简单敷料)，也可以作为植入性组织工程材料，协同生理活性物质如生长因子等引导皮肤再生、实现创面的愈合修复(人工皮肤)。这类材料可以有效保护破损创面，吸收渗出液并为创面修复提供湿润的环境，促进上皮组织的形成。但由于材料的来源问题，可能存在一定的免疫原性。

现代活性敷料是基于"湿润微环境促进创面愈合"理论设计的合成或天然敷料，强调敷料对创面要具有良好的保湿效果，包括对创面进行补水(水凝胶敷料)、吸收创面处的渗出液并保水(水胶体、海藻酸盐、泡沫型敷料等)和对渗出液的蒸发过程进行控制(薄膜型敷料)等。敷料对伤口渗出液的管理要适当，既不能使创面处过于干燥，也不能出现积液现象，如此才能保证创伤修复的有效进行。在临床中，对不同类型的创面应选择合适的敷料，如对于渗出液量少的表皮层损伤，应选择薄膜型敷料；为干燥的创面补水，应选择水凝胶类敷料；对中等程度渗液的创伤处理，应选择水胶体和泡沫型敷料；而对于渗液严重的伤口，通常选择海藻酸盐和泡沫型敷料[24-25]。

12.2.3.3 敷料的发展方向

尽管现代敷料的发展和应用已经较为成熟，但是依旧存在一些不足和有待改进之处。如在进行创伤修复时，如何有效消除疤痕仍是一大挑战。组织工程研究为解决相关问题提供了多种有效方法。未来研究会以细胞、生物活性物质(酶和生长因子等)和支架材料等的有机复合，制备出使用更为便捷、生物活性更好的敷料。理想的敷料应满足以下多方面性能要求：①生理学要求。保持并调控创面处的温度、湿润度等微环境因素，更好地促进修复细胞的生长；消除细菌感染，减少周边组织营养物质在创面处的流失；保护新生组织，并抑制疤痕组织的形成。②患者需求。有效缓解疼痛，加速受损组织修复，缩短治疗时间；减少换药时间和次数，降低疼痛感；良好的适应性，无明显异物感，不会引起过敏或炎症反应；价格合理。③临床使用要求。减少操作时间和工作量；透明度好，以便于观察伤口愈合情况；清洗伤口、换药等处理方便，无需固定。④生产和储存要求。成本合理，可进行大规模生产；性质稳定，便于储存；安全性好。

当然，研制出完全符合上述要求的理想敷料尚需一定时间和技术支持。随着生命、材料科学等多学科的发展和进步，更多新型敷料将不断推出，在保护人类健康方面起到重要的作用。

12.2.4 人工皮肤

人工皮肤(artificial skin)是指利用组织工程学和细胞生物学的原理和方法，将真皮层中的成纤维细胞与细胞外基质替代物混合，或单纯使用多孔的细胞外基质替代物植入创伤部位，并将上皮细胞移植到替代物上面或依靠患者自身上皮组织覆盖并取代病损皮肤，以实现对创伤皮肤组织的修复治疗，使之恢复皮肤创伤丧失的生理功能。目前，随着组织工程和分子生物学的发展，对人工皮肤的研究已经从原来单纯的创面敷料向活性人工皮肤的方向发展。理想的组织工程皮肤应具有快速持久地黏附在创面处、有效促进皮下血管等附属组织和结构修复、生物相容性良好、无术后感染及并发症发生等优点，可在移植后实现对受损皮肤组织的修复、保留或改进受损组织的结构和功能的目的。

对人工皮肤的分类，常见的有：针对不同受损皮肤组织，可分为表皮替代物、真皮替代物和全皮替代物三类；按照组织工程支架材料种类，可分为天然高分子人工皮肤、合成高分子人工皮肤和复合材料人工皮肤三类；按照与受损皮肤组织的接触方式，可分为暂时性人工皮肤(如敷料)和永久性人工皮肤两类。这里主要介绍表皮替代物、真皮替代物和全皮替代物。

表皮替代物主要由生长在可降解基质或聚合物膜片上的表皮细胞组成。培养自体表皮移植物的优点是，能用少量自体皮肤提供大量可供移植的表皮膜片或细胞，从而迅速恢复皮肤的屏障功能，并获得良好的修复效果。但有研究发现，由表皮细胞培养制备生物医用材料时，应注意角质形成细胞供皮区、生物材料的选择、细胞因子、培养环境和方法等问题[26]。这种方法耗时长，制得的细胞膜片存在力学性能不足，操作不便，易发生感染、水泡和破溃，愈后创面收缩严重等缺点。这些都限制了表皮替代物的临床应用[27]。

真皮替代物是以含有活细胞或不含细胞成分的基质结构，诱导成纤维细胞的迁移、增殖和分泌细胞外基质。真皮替代物在皮肤重建过程中发挥着重要作用，不仅可以显著增加创面愈合后的皮肤弹性、柔软性及机械耐磨性，减少瘢痕增生，控制痉挛，而且有些真皮替代物中存在的活性成纤维细胞可以促进表皮的生长分化，诱导基底膜的形成。作为表皮与真皮的分界层，基底膜不仅起到稳定维持皮肤结构的作用，而且会直接影响表皮细胞的黏附、迁移、增生、分化和形态变化。因此，皮肤组织工程学中的研究热点是再造理想的真皮基质，以利于新生血管的长入。

全皮替代物是指在体外制备的、含有与正常皮肤相似的表皮和真皮结构的皮肤替代物。目前，世界上主要有两种类型的人工复合皮肤：一种是应用材料学和生物工程学原理构建的真皮替代物。这类人工皮肤易于工业化生产，但易感染，移植成功率低，没有表皮层，不利于细胞生长。另一类是应用组织培养方法，以胶原等天然材料为支架构建的人工皮肤替代物。这类人工皮肤存在抗感染能力差、培养面积小、产量低、移植成功率低等问题。

12.2.4.1　种子细胞

种子细胞是组织工程的基本要素，可以通过培养、增殖，在特殊细胞外微环境下逐渐分化成具有不同生物学特性的目标组织细胞，可以为组织再生和功能重建提供新的生物基础。同种异体细胞和异种细胞的来源广泛，存在明显的组织免疫排斥和功能差异等问题，无法广泛应用。目前，常用于构建人工皮肤的组织工程种子细胞主要是自体细胞和干细胞。

从理论上讲，最理想的人工皮肤组织工程种子细胞应该携带全部基因组型。自体组织细胞，如成纤维细胞、血管内皮细胞与表皮细胞，因在皮肤创伤修复中起着重要作用，可用于组织工程共建人工皮肤。成纤维细胞是修复皮肤损伤的主要细胞，在修复过程中，通过分泌胶原纤维和细胞外基质成分，在真皮与表皮之间重新建立组织连接，为重生的表皮细胞有效覆盖创面建立条件。有研究表明，将成纤维细胞与胶原混合构成的真皮层替代物可促进上皮细胞的生长和增殖，实现真皮与表皮组织的重组，并提高愈后皮肤的结构性能，改善移植后创面的外观[28-29]。此外，成纤维细胞还会分泌大量细胞生长因子，促进表皮细胞的迁移、增殖和分化，并有效调节细胞形态和细胞外基质的合成[30]。在人工皮肤支架材料中引入血管内皮细胞，可以加速材料血管化的进程，避免供血不足造成的植入失效[31]。利用干细胞增殖、分化的特性制备人工皮肤，也是目前的一个重要研究方向。当皮肤受到损伤，干细胞会及时增殖并分化成相关的皮肤细胞，修复机体受损结构和功能[32]。因此，收集、培养干细胞（如表皮干细胞、骨髓间充质干细胞、毛囊干细胞和脂肪干细胞等），以皮肤组织工程的方式制备人工皮肤，为构建皮肤替代物提供了新的方法，具有良好的发展前景。

12.2.4.2　支架材料的选择

组织工程支架材料是组织工程的物质基础，不仅是细胞汲取营养、生长代谢的场所，为细胞增殖和组织生长提供适宜的环境和赖以附着的结构基础，还能调控、诱导细胞和组织的分化，形成新的功能组织。同时，可随着组织的重建而逐渐降解和消失，最终达到组织再生与修复的目的。常用于构建组织工程支架的材料包括天然高分子和合成高分子两类。天然高分子材料，一种是同种异体或异种组织，如人或动物的羊膜、腹膜和脱细胞真皮基质等。其中脱细胞的同种异体皮肤基质最好，可以促进表皮细胞、成纤维细胞和内皮细胞的增殖和分化，是理想的支架材料，但来源受限。异种皮中，猪皮的结构与人皮的结构类似，具有一定的应用价值，但制备工序和使用复杂，会产生免疫反应。AlloDerm 是目前临床上应用较多的商品化脱细胞真皮基质，具有良好的应用前景。另一种是胶原蛋白、透明质酸、壳聚糖及其衍生物等。广泛存在于哺乳动物结缔组织中的胶原蛋白，可在细胞黏附、迁移中起到支持和润滑的作用，还可诱导一些细胞生长因子的释放；能被消化吸收，具有低抗原性；对组织修复有促进作用，可被制成胶原膜、胶原海绵、胶原泡沫和纤维蛋白膜等材料，用于构建人工皮肤[33-35]。透明质酸等多糖物质是细胞外基质的重要组成部分，可为细胞黏附和迁移提供更多的结合位点，具有良好的生物相容性和力学性能，也广泛用作组织工程支架材料[36-38]。

临床上，可用于制备人工皮肤的合成高分子材料主要有两种形式：一种是合成纤维织物，如聚乳酸、聚羟基乙酸、尼龙、聚酯、聚丙烯等，其利于组织的生长和固定，同时在基底层涂覆硅橡胶或聚氨基酸，可提高透湿性，进而提高组织相容性，降低抗原性[39-40]。另一种是聚乙烯醇、聚氨酯、硅橡胶、聚乙烯、聚四氟乙烯等多孔膜，其与创面结合性好，可有效防止细菌感染，并表现出良好的透气性、吸湿性和柔软度，能促进组织再生和创面愈合[41-42]。

对人工皮肤生物材料的研究始于单纯的天然材料，后来逐渐发展为天然材料和合成材料的复合支架材料，所用的制备方法包括对各种材料的改性、杂化、交联、互穿网络等。近年来，基于静电纺丝[43]、微流道[44]、自组装[45]等技术，新型的多孔纤维支架、微纳米复合支架、仿生支架等材料被研发出来，进一步提升了人工皮肤在临床中的应用性能和修复效果，具有广阔的应用前景(见表 12-3)。

表 12-3 商品化的组织工程人工皮肤替代品

商品名	类型	主要成分	制造商
Integra™	人造皮肤	胶原/硫酸软骨素和硅胶	Integra LifeScience (Plainsboro, NJ)
Biobrane™	生物合成皮肤	硅胶、尼龙、胶原	Dow Hickham/Bertek Pharmaceuticals (Sugarland, TX)
Alloderm™	脱细胞真皮移植	脱细胞真皮	LifeCell Corporation (Branchberg, NJ)
Dermagraft™	真皮替代	可生物降解聚乙醇酸或聚乳酸网格	Shire Regenerative Medicine (San Diego, CA)
Epicel™	表皮皮肤替代	人表皮角质形成细胞	Genzyme Biosurgery (Cambridge, MA)
Myskin™	表皮皮肤替代	医用硅树脂基质、人表皮角质形成细胞	CellTran Limited (University of Sheffield, Sheffield, UK)

续表

商品名	类型	主要成分	制造商
TransCyte™	皮肤替代	聚乙醇酸/聚乳酸，来源于同种人成纤维细胞和胶原的细胞外基质蛋白	Shire Regenerative Medicine
Apligraf™	表皮和真皮皮肤替代	牛Ⅰ型胶原、真皮成纤维细胞	Organogenesis（Canton，MA）
Hyalograft 3D™	表皮皮肤替代	透明质酸苄酯激光微孔膜、人成纤维细胞	Fidia Advanced Biopolymers(Padua，Italy)
Laserskin™	表皮皮肤替代	透明质酸苄酯激光微孔膜，人角质形成细胞	Fidia Advanced Biopolymers
Bioseed™	表皮皮肤替代	纤维蛋白密封剂、自体人角质形成细胞	BioTissue Technologiesd（Freiburg，Germany）
OrCel©	培养的角质形成细胞和成纤维细胞	牛胶原蛋白海绵	Ortec International Inc.（New York，NY）
PolyActive©	培养的角质形成细胞和成纤维细胞	聚乙烯氧化物、聚对苯二甲酸丁二醇酯	HC Implants BV（Leiden，The Netherlands）
AlloDerm©	真皮基质	人脱细胞冻干真皮	LifeCell Corporation
OASIS	真皮基质	猪脱细胞冻干小肠黏膜	Cook Biotech Inc.（West Lafayette，IN）
Matriderm©	真皮基质	涂有 α-弹性蛋白水解物的非化学交联冻干真皮	Dr. Suwelack Skin and HealthCare AG（Billerbeck，Germany）

12.3　软骨修复材料

12.3.1　软骨生理结构

软骨(器官)由软骨组织及其周围的软骨膜构成。软骨组织由软骨细胞、特殊的软骨基质和纤维构成。大多数软骨细胞位于软骨膜内。软骨膜是一层薄的结缔组织，可保护软骨细胞，并且在特殊生理微环境的调控下帮助软骨细胞增殖和生长。从材料学的角度研究软骨组织的生理结构，可以发现软骨组织是一种纤维增强的复合材料。根据软骨基质中纤维种类的不同，软骨可分为透明软骨、纤维软骨和弹性软骨。在软骨组织内部不存在血管和淋巴管，营养物质经由软骨膜内的血管渗透到软骨细胞外基质中，滋养软骨细胞的增殖和分化，以形成软骨组织。软骨组织的组成和结构通常具有深度依赖性。根据胶原纤维取向度和糖蛋白的组成，软骨组织可分为四个区域：表层区、中层区、深层区和钙化区(见图 12-3)。从表层区到深层区，软骨组织内的糖蛋白含量逐渐增加。在表层区，胶原纤维与表面平行取向；在中层区，胶原纤维呈无序状，垂直分布于组织内部；在深层区，胶原纤维呈辐射状排列；而在钙化区，胶原纤维趋于形成微小的树枝状结构，以实现生物矿化功能。

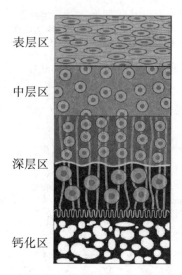

表层区

中层区

深层区

钙化区

图 12−3　软骨组织组成和结构深度依赖示意图

通常，软骨细胞外基质主要由水、Ⅱ型胶原、糖蛋白、透明质酸、糖胺聚糖和弹性蛋白构成。密集网状的Ⅱ型胶原纤维与糖蛋白凝胶形成高度交联的网络结构，负电性的糖蛋白和糖胺聚糖具有显著的亲水性，综合地形成非均匀、各向异性的软骨组织，其中组织液含量可达软骨组织总质量的 60%～85%。正是基于这种特殊的组成和结构，软骨组织可以有效抵抗、传递外部冲击力，增大关节部位的接触面积，降低接触应力，并具有优良的润滑和耐磨损性能，以维持人体正常的运动及生理功能。

根据软骨组织基质中纤维种类的不同，可将其分为透明软骨、弹性软骨和纤维软骨。透明软骨的细胞外基质主要是胶原纤维、原纤维和无定形的糖胺聚糖。在胚胎时期，起到机体临时支架作用，并逐渐分化、发展成为骨组织。成年后，透明软骨主要分布在气管、支气管内壁中，肋骨的胸骨端和骨的表面(如膝关节软骨等)。弹性软骨的细胞外基质中，除胶原纤维外还存在弹性纤维，可增大软骨组织的弹性；主要分布在耳廓、外耳道壁、耳咽管和会厌、喉部等部位。在纤维软骨细胞外基质中，成束的胶原纤维以平行或交叉的状态排列，表现出极强的坚韧性；主要分布在椎间盘、关节盂、关节盘和肌腱、韧带等部位，可增强运动的灵活性，起到保护和支持的作用。

12.3.2　软骨组织工程(人工软骨)

在临床上，由于创伤、骨关节炎及其他骨组织退行性疾病造成的软骨畸形和损伤，经常导致关节组织磨损加剧，引起疼痛、炎症和严重的功能损害，最终导致全关节破损。而软骨组织中没有血管存在，导致软骨细胞生活在低氧的酸性环境中，只能通过无氧酵解提供能量，会造成软骨细胞有丝分裂能力低下，限制其自我修复能力，严重影响受损软骨组织的愈合。尽管相关研究表明，在软骨疾病早期可以使用适当的药物延缓软骨组织损伤的恶化，但是并不能促进组织的修复。目前，临床上对软骨缺损的治疗方法主要有微骨折术[46]、软骨下骨钻孔术[47]、软骨磨削术[48]、自体软骨移植术[49]和自体软骨细胞移植术[50]，但是这些治疗方法都有不足之处。受惠于组织工程技术和再生医学的发展，基于种子细胞和组织工程支架开发的人工软骨，为软骨组织再生修复提供了更为可行的选择。例如，曹谊林等开发的与患者特异性匹配的人工耳组织工程技术，成功实现了人体耳部软骨的体外重建，并在临床上成功治疗了先天性外耳畸形[51]。

　　同皮肤组织工程技术一样，软骨组织工程主要包括三方面内容：种子细胞、支架材料和细胞培养。种子细胞的来源包括自体软骨细胞、骨髓间充质干细胞、其他组织干细胞（如脂肪干细胞、自体外周血干细胞、自体滑膜源干细胞、诱导性多能干细胞等）。理想的支架材料应满足一系列基本条件，包括：①良好的生物相容性。自身或降解产物对细胞和组织无毒，植入后不会引起免疫排斥反应。②降解性。降解速率应与组织再生速率相匹配。一般来说，降解速率快的材料更适合于软骨组织工程，不会影响软骨基质的合成。③合适的孔隙结构，以利于细胞的均匀分布和充足的生长空间。④可通过表面修饰、控释生长因子等调控机制，促进细胞在支架材料中的黏附与增值。⑤具备一定的力学性能，可满足关节活动时的应力传导需要。⑥与周围组织具有良好的力学匹配，在培养和植入过程中不会产生体积改变，不会因脱落而失效。⑦具有负载功能物质（如生长因子）的能力。⑧具有与天然软骨类似的多级结构。支架材料的结构与性能会直接影响组织工程中细胞培养和植入的方式，特别是一些临床研究已经表明：软骨组织受损常伴随有软骨下骨的缺损，在修复软骨时应考虑同时修复软骨及软骨下骨[52]。使用常规的软骨组织工程支架并不能完全契合周围组织，容易造成植入物移位甚至脱落，导致修复失败。因此，在软骨组织工程中设计、开发合适形状和大小的骨-软骨一体化修复材料，可以获得更好的界面稳定性和支撑性，具有重要的研究和应用意义。

　　常用于骨-软骨一体化修复材料的制备方法和细胞培养方式有以下几种，包括：①只在骨缺损部分采用支架，软骨缺损部分不用支架，直接将细胞接种到骨支架上面。②分别在骨和软骨支架材料中植入不同的细胞，单独进行培养，再在植入前将两者整合为骨-软骨复合支架。③在一体化的单层或双层支架材料两端，分别植入不同来源的骨和软骨细胞，在特制的双腔生物反应器中进行培养。④在含有不同诱导分化因子的双层支架材料中植入同种干细胞，置于特制的单腔或双腔生物反应器中进行复合培养。

　　目前，可用于软骨组织工程的支架材料可分为天然高分子支架材料、合成高分子支架材料和复合支架材料三类。

12.3.2.1　天然高分子支架材料

　　天然高分子支架材料来源于动、植物体内的多糖、蛋白及其衍生物，或是用人体类似组织制成脱细胞支架材料用于组织工程。这类支架材料均具有良好的生物相容性和组织亲和性等优点，但是存在降解速率快、力学性能不佳、产品性质不稳定，且难以大规模生产等局限性。代表性的天然支架材料有胶原、纤维蛋白、透明质酸、硫酸软骨素、壳聚糖（甲壳素和几丁质）、海藻酸盐、琼脂、脱钙骨组织、丝蛋白、木/竹纤维、明胶等。

　　胶原是多种结缔组织（如软骨、皮肤、肌腱等）的主要成分，采用合适的方法可以从结缔组织中提取胶原蛋白，去除端基的毒性肽链可有效降低抗原性，加工可制备成具有良好生物相容性的支架材料[53]。此外，由于提取和加工过程不破坏胶原特有的生物识别信号，可促进软骨细胞的黏附、增殖和分化。但是胶原降解速率快，力学性能不佳，产品批次之间存在品质差异，影响大规模生产生物制品及其后期应用[54]。

纤维蛋白可以在凝血酶的作用下形成纤维蛋白凝胶，并持续释放血小板衍生生长因子和转化因子等，从而促进软骨细胞的迁移、增殖和特殊细胞外基质的分泌，表现出良好的生物活性、相容性和可塑性，来自同种同体的纤维蛋白凝胶不会有免疫原性；但是机械性能差，存在大量获取不易等应用问题[55]。

糖胺聚糖是人体内细胞外基质的重要组成成分，主要包括透明质酸、4-/6-硫酸软骨素、硫酸皮肤素、硫酸乙酰肝素、肝素等7种。同时，糖胺聚糖自身也是软骨细胞增殖、分化的重要指标产物，在体内与蛋白质结合后形成蛋白多糖，可进一步促进细胞黏附、增殖和分化。

糖蛋白主要是指人工提纯后的纤维粘连蛋白，也是细胞外基质的重要成分，可促进种子细胞在胶原上的黏附，并在组织发育和再生的各个阶段起多种作用，以调节细胞黏附、迁移、增殖和分化。

壳聚糖、甲壳素和藻酸盐都是从天然动、植物中提取的高分子多糖化合物，易于化学修饰或改性（如磺化、酰化改性等），表现出良好的生物相容性和可降解性。壳聚糖和甲壳素高分子链中因为含有大量稳定的糖环结构和较强的分子内氢键，理化性能稳定，但溶解性较差，限制了其应用。通常需要在特殊溶剂体系下，方能有效溶解制成凝胶前驱液。海藻酸盐是从海藻中分离、提纯得到的一种负电性高分子多糖，可以与二价钙离子形成离子交联的水凝胶材料，无毒且亲水性好，易于细胞黏附和营养物质递送，支架材料的强度与交联所用离子的浓度有关，价格低廉，来源丰富；但是存在一定的抗原性，难降解，不易吸收。

12.3.2.2　合成高分子支架材料

合成高分子因具有良好的理化性质、生物力学性能、降解性和生产加工性，成为目前研究较多的支架材料之一。相较于天然高分子制备的支架材料，一些合成高分子支架材料存在生物相容性不足、易引起一定程度的炎症反应以及免疫原性等问题。代表性的合成高分子支架材料包括聚羟基乙酸、聚乳酸、聚羟基丁酸酯、聚氧化乙烯、聚氧乙烯/聚丙烯共聚物、聚乙二醇、聚乙烯醇、聚磷酸酯和聚酸酐等。

聚羟基乙酸因其降解产物乳酸、乙醇酸都是生命体代谢的中间产物，表现出良好的生物相容性，可模拟软骨细胞的细胞外基质用于组织工程，以有效促进软骨细胞的黏附、增殖和分化，生成软骨组织[56]。无需生物酶作用，聚合物链中的酯键即可水解，降解产物为羟基乙酸，可参与体内循环代谢。但是降解速率过快，易出现材料局部崩解，导致整体支架坍塌。水解生成的羟基乙酸如果在局部积累，会造成局部酸性过高，导致细胞中毒、死亡[57]。

聚乳酸具有良好的机械性能，易于规模化生产和加工，广泛用于生物材料领域。但是在降解过程中，存在局部酸性累积的问题，容易导致组织出现局部非特异性无菌炎症[58]。

聚羟基丁酸酯是一种生物合成材料，是由原核微生物在碳、氮营养失衡的条件下以碳源和能量存储形式合成的热塑性聚酯材料。其来源于生物合成，因而具有良好的生物相容性和力学性能，对人体无副作用，但是脆性大，加工性不好。

聚氧化乙烯是一种具有良好降解性的支架材料，黏性好，不与蛋白质等生物大分子发生相互作用。在丙烯酰化单体和紫外光的作用下，可发生原位聚合反应，形成一定形状的固态结构。在使用后的 6~8 周内可以被周围组织降解、吸收，排出体外。

聚氧乙烯/聚丙烯共聚物也具有良好的降解性，在使用后的 6~8 周内也可完全吸收，降解速率与软骨组织再生速率大体一致，不与蛋白质相互作用和发生反应，基本上无抗原性和免疫原性。

12.3.2.3　复合支架材料

单独使用天然或合成高分子材料制备组织工程支架材料，都不可避免地存在不足。如前面所提到的，天然高分子材料虽然具有良好的生物相容性，但是大多数仍有机械性能差、抗剪切能力弱等缺点；人工合成生物高分子材料虽然具有足够的生物强度，但却表现出弹性性能较弱、不可降解或降解产物对组织有损伤等缺点。因此，为了制备理想的软骨组织工程支架材料，将两者进行有效复合，取长补短，成为组织工程支架材料研究的一个热点。例如，将钙离子引入聚磷酸/海藻酸盐/羧甲基壳聚糖复合支架后发现，支架的机械强度、孔隙率和含水量都得到提升，并证实这种钙离子复合支架可以上调Ⅱ型胶原和蛋白聚糖的基因表达，有成为人工关节软骨植入物的可能[59]。以适当的比例混合聚乳酸和丝素蛋白，由此设计而得到的复合生物材料，能满足软骨组织工程支架的要求[60]。

12.4　骨组织工程材料

一般的骨组织替代材料是基于"爬行替代"的机制实现新骨的生长，成骨量有限，无法有效医治大范围骨缺损。骨组织工程是以生物材料为支架，通过生长因子诱导成骨细胞增殖分化生成活体骨组织用于骨的修复和再生，其发展有望推动大范围骨缺损修复技术的发展。要想凭借骨组织工程实现骨组织修复，需考虑以下三个要素[61]：①种子细胞，需要具有增殖分化能力的骨原细胞；②生长因子，需要有骨诱导因子［如骨形态发生蛋白（BMP）］来刺激干细胞向软骨细胞和成骨细胞分化，形成新骨；③生物支架材料，需要有提供间充质干细胞迁移、黏附和增殖的基质，为新骨形成提供支架。

12.4.1　骨组织工程种子细胞

选择合适的种子细胞是骨组织工程的核心。合适的种子细胞应具备以下条件：①来源广，便于获得，对供体的伤害小；②增值能力强，在体外培养时能快速增长；③易于向成骨细胞分化；④免疫原性低，骨髓间充质干细胞（BMSCs）是骨组织工程中最常用的种子细胞[62]。BMSCs 主要存在于骨髓中，已有观点认为，BMSCs 分为两种细胞系：一是定向的前体干细胞，只能被定向诱导分化为一定的细胞；二是多向分化干细胞，分化方向由诱导条件和体内环境调控。有研究表明，向 BMSCs 的培养基中加入特异性成骨诱导因子（如维生素 C、β-磷酸甘油等），可以将 BMSCs 诱导成为具备成骨能力的细胞。除骨髓间充质干细胞外，还有其他一些干细胞可用作骨组织工程种子细胞，详见表 12－4。

表 12-4　骨组织工程常用种子细胞

种子细胞	来源	作用
骨髓间充质干细胞(BMSCs)[62]	主要在骨髓中	在特异性成骨诱导因子作用下能向成骨细胞分化
人脐带间充质干细胞(HUCMSCs)[63]	脐带血	原始干细胞，具有非常强的增殖分化能力
胚胎干细胞(ESCs)[64-65]	胚胎	发育全能性、无限增殖性，可以发育分化成任何类型的细胞，但存在致瘤性
脂肪源性干细胞(ADSCs)[66]	脂肪组织	具有自我更新和多方向分化潜能，有较好的成骨及促进成骨因子表达的能力
转基因干细胞[67]	干细胞	将生长因子直接导入干细胞，防止干细胞向其他方向分化

12.4.2　骨组织工程生长因子

骨形成、修复和重塑过程受多种因素调控，其中骨生长因子起到重要作用[68]。目前研究的骨生长因子种类较多，以骨形态发生蛋白(BMP)为例，其是一种疏水性酸性蛋白，可以诱导间充质干细胞定向分化为成骨细胞和软骨细胞，从而诱导新骨的形成[69]。BMP有 20 多种亚型，其中 BMP-2 的活性最强，但因有在体内降解速率快的劣势，重组 BMP-2 在临床上的应用受到一定限制。BMP-7 可以通过调控基因表达，作用于骨细胞分化的各阶段，以有效促进骨愈合。除 BMP 外，还有一些重要的骨生长因子参与了骨的修复和重塑过程，详见表 12-5。

表 12-5　骨生长因子

骨生长因子	作用
骨形态发生蛋白 (BMP)[69-70]	诱导间充质干细胞定向分化为成骨细胞和软骨细胞，从而诱导新骨的形成
成纤维细胞生长因子 (FGF)[71]	刺激细胞迁移，促进成纤维细胞有丝分裂和成骨细胞增殖分化
转化生长因子-β (TGF-β)[72]	刺激细胞募集和增殖，促进软骨细胞和骨细胞增殖，并激发成骨细胞合成 I 型胶原和骨连接素
血小板衍生生长因子 (PDGF)[73]	促进有丝分裂，成骨细胞、纤维细胞的增生和游走，以及胶原蛋白的合成
血管内皮细胞生长因子 (VEGF)[74]	促进血管内皮细胞有丝分裂，诱发新生血管生成
胰岛素样生长因子 (IGF)[75]	促进成骨细胞分化、增殖，提高成骨细胞碱性磷酸酶活性，产生骨钙素

12.4.3 骨组织工程支架材料

在硬组织工程支架材料的设计中，为了保证细胞浸润、心血管形成以及硬组织的修复，支架的孔隙率和孔径都是非常重要的参数。Kuboki 等在研究支架时发现，只有多孔的 HA 颗粒与 BMP-2 相结合才能促进骨形成，而固体无孔 HA 和 BMP-2 的结合没有促进效果[76]。Xiao 等的研究表明，至少要保证 HA 颗粒孔径大于 $50~\mu m$ 才能有效促进骨修复，且孔径的大小对血管作用的影响显著[77]。支架形状多种多样，包括膜状、颗粒状、纤维状、泡沫状和凝胶等，制备三维支架的方法也多种多样，而且随着技术的发展，越来越多新技术的使用增加了三维支架材料的精度和可重复性，也保证了宏观和微观结构的可控性。前面提到的重组 BMP-2 因在体内降解过快，治疗效果不理想。由此可见，载体的稳定性对生长因子释放过程的调控十分重要。骨组织工程支架材料是细胞和信号分子的载体，它起着保持组织形状的模板作用，也是细胞寄居、繁殖、分化的场所。为有效促进骨缺损的修复，选用的支架材料应该满足以下条件[78]：①具有良好的生物相容性和可控的生物降解性；②具有三维多孔结构以模拟细胞外基质，有利于细胞的附着、迁移和血管化；③拥有连通的孔隙网络，方便氧气、营养物质和废物的交换；④具有一定的力学强度和合适的形状尺寸。目前，骨组织工程支架材料有金属、无机非金属、有机高分子和复合材料等。

12.4.3.1 金属材料

金属由于不具备生物降解能力，不适宜单独用作骨组织工程支架材料。但也有一些研究利用金属作为骨组织工程支架材料。Chen 等利用钛微球和钛粉烧结得到钛基支架，其最大孔隙率达 50%，支架抗压强度达 109 MPa，体外研究表明该支架材料的微孔有利于间充质干细胞的附着和生长[79]。Chou 等利用 3D 喷墨打印技术制作了铁锰可生物降解支架，该支架的孔隙率达到 36.3%，具有与天然骨相似的拉伸性能，与空白组相比，该支架有利于成骨细胞的黏附和增殖，有作为骨组织工程支架材料的潜力[80]。另外，在支架中引入锶、镁等元素，可以促进骨生成和血管生成，有利于骨的修复和重建[81-83]。

12.4.3.2 无机非金属材料

骨组织工程中最常用的无机非金属材料(生物陶瓷)包括羟基磷灰石、磷酸三钙和生物活性玻璃等。近年来，有关二氧化硅[84-85]、碳纳米管[86-87]和石墨烯[88-89]在骨组织工程方面的研究也逐渐增多。上述无机非金属支架材料较脆，其降解性能也无法调控，更多的研究致力于陶瓷基复合支架材料的开发。

12.4.3.3 有机高分子材料

有机高分子材料可分为天然高分子材料和合成高分子材料。天然高分子材料的优势在于表面常含有生物功能分子，可以帮助细胞黏附、增殖和分化。在天然高分子材料中，胶原蛋白的研究和运用较为广泛[90]。胶原蛋白是细胞外基质的主要成分之一，在骨组织中，Ⅰ型胶原居多，因其具有良好的骨传导性，缺乏可能会导致成骨不全、骨脆易骨折等疾病。Ⅰ型胶原来源广泛，有很好的生物相容性，降解产物对人体无害，作为骨组织工程支架材料可以有效促进细胞的增殖和迁移。但Ⅰ型胶原也存在力学性能较差、降解速率不可调控等问题，单独使用时不能满足临床需求。壳聚糖是另一类常用的组织工程支架材料[91]。壳聚糖作为一种天然碱性多糖，不仅有很好的生物相容性，而且还具有抗氧化、抗菌和抗肿瘤等生物活性。同样的，也存在机械强度较低和降解速率不可调控等问题。丝蛋白作为一种近年来研究得比较多的生物材料，较前两者力学性能强，且兼具良好的生物相容性和生物降解性[92-93]。相对于天然高分子材料，合成高分子材料在机械强度和降解速率等方面有更大的可调控性。聚乳酸(PLA)是以乳酸为主的一种生物相容性良好的可生物降解材料，其发展弥补了天然高分子材料在力学和降解方面的不足。但通常 PLA 的降解产物偏酸性，会使机体产生炎症反应[94]。聚己内酯(PCL)生物相容性良好，具有优越的物理机械性能、稳定的化学性能，最终降解产物为二氧化碳和水，因此能作为优异的骨组织工程支架材料使用；不足点是其在体内降解速率较慢，需要调控聚合度以达到最佳修复效果；同时，是一种 FDA 批准使用的生物组织工程支架材料[95]。聚羟基乙酸(PGA)具有良好的生物力学强度和可塑性，在体内降解速率较快，在作为骨组织工程支架材料时可以和 PLA 或 PCL 协同使用，根据需求调控支架结构、强度和降解速率等[96]。

12.4.3.4　复合材料

一方面，单一材料难免存在缺点和不足，复合材料是一种优势互补的综合性材料，能弥补单一材料的缺陷；另一方面，人体骨本身可以看作无机物/有机物相结合的复合材料，因此，利用复合材料修复骨缺损具有极大的优势。复合材料支架的组合方式有多种，如无机非金属/高分子复合支架、金属/高分子复合支架、金属/无机非金属/高分子复合支架等。Chen 等利用反复分层冻干的方法制成 HA 含量逐渐变化的多孔胶原/羟基磷灰石(Col/HA)梯度支架材料。该复合支架拥有孔隙率和 HA 含量双重梯度的特点，与天然骨的结构相似，因而细胞增殖、碱性磷酸酶的活性和体外成骨分化都显著增加，有很好的应用前景[97]。Wang 等在多孔纳米羟基磷灰石/胶原复合材料(nHAC)支架的基础上，负载了聚乳酸-乙醇酸共聚物(PLGA)颗粒，作为胰岛素传递平台来实现骨再生[98]。首先通过双乳化技术制备负载胰岛素的 PLGA 乳液颗粒(W1/O/W2，胰岛素在内水相 W2 中)，然后通过玻璃膜过滤得到均一微球，干燥得到负载胰岛素的 PLGA 颗粒(粒径约为 1.61 μm)，最后将 nHAC 多孔支架浸入胰岛素/PLGA 颗粒悬液，通过真空吸入制备复合多孔支架。该复合材料支架可以有效控制胰岛素从支架的释放过程，而且具有良好的力学和结构性能，有利于细胞黏附和增殖，以及促进骨髓间充质干细胞(BMSCs)分化为成骨细胞。此外，研究还表明，将该复合材料支架植入新西兰兔下颌骨组织的临界骨缺损部位，与填充或不填充 nHAC 支架的缺损相比，负载有胰岛素/PLGA 颗粒的 nHAC 支架表现出更好的骨修复效果。Demir 等制备了锶改性的壳聚糖/蒙脱土复合材料支架(该复合材料支架具有相互连接的多孔结构)，探究了支架中锶对细胞的影响。与未改性的支架相比，锶改性的复合材料支架中培养的成骨细胞的活性强于对照组，表明锶改性复合材料支架可以改善支架材料的性能，是一种有应用前景的骨组织工程材料[99]。Kim 等将二氧化钛(TiO$_2$)和羟基磷灰石(HA)掺入丝素蛋白(SF)支架，形成了多孔 SF/TiO$_2$/HA 复合材料支架[100]。与单独的 SF 支架相比，该复合材料支架展现了相似的孔隙率，其力学性能增强，但水结合能力稍有降低。对大鼠骨髓间充质干细胞的成骨分化评价结果表明，该复合材料支架比 SF 支架有更好的骨诱导作用，表明 TiO$_2$ 和 HA 的掺入可使支架更好地满足骨组织工程的要求。

12.5　牙组织工程材料

一般的牙科替代材料，其安全性和寿命有待考究，而且种植体仅仅起替换的作用，在功能上无法与天然牙齿等同。要想实现真正的修复，还需考虑周围组织的形成和血管的长入。与骨组织工程相似，种子细胞、生长因子和支架材料都是牙组织工程的基本要素。

12.5.1　牙组织工程种子细胞

已发现的可用于牙组织工程的细胞大部分源自牙本身，如牙髓干细胞、脱落乳牙干细胞和牙周韧带干细胞等。牙髓干细胞(DPSCs)位于牙髓组织内部，第三磨牙是牙髓干细胞的最佳来源，它可以分化为牙本质细胞、成骨细胞、神经细胞等。Gronthos 等首次从第三磨牙牙体中分离出 DPSCs 进行体外培养，在含矿化液的培养液中培养 5~6 周后发现其形成了零星而密集的矿化结节[101]。他们将形成矿化结节的 DPSCs 细胞群与 HA-TCP 支架复合，然后移植到免疫缺陷小鼠的背部皮下，结果发现 6 周后形成了牙本质细胞环绕牙髓样组织的牙本质/牙髓复合体。由人类乳牙牙髓得到的特殊的干细胞群，称为脱落乳牙干细胞（SHEDs）。Miura 等从儿童正常脱落的乳牙中分离出 SHEDs 进行体外培养并与 HA/TCP 粉末混合后移植到免疫缺陷小鼠的脑部[102]。结果发现经活体移植，该细胞群能够诱导骨形成，生成牙本质，同时表达神经标志物。并且，虽然该 SHEDs 增殖速率比 DPSCs 大，但其并不能分化形成牙本质/牙髓复合体。牙周韧带干细胞(PDLSCs)是一类存在于牙周组织中的具有分化能力的干细胞。牙周组织的破坏是成年人牙齿脱落的主要原因，牙周韧带(PDL)作为一种特殊的结缔组织，连接着牙骨质和牙槽骨，对维持和支撑牙齿原位并保持组织平衡发挥着重要的作用。Seo 等从人的第三磨牙提取出 PDL 组织并分离出 PDLSCs，进行培养和体内移植，结果发现 PDLSCs 显示出牙骨质/牙周韧带样结构的能力，表明 PDLSCs 有助于牙周组织的修复[103]。

此外，除牙源性干细胞外，成年骨髓干细胞、神经干细胞和胚胎干细胞等非牙源间充质干细胞也可以在外加生长因子或特殊细胞外基质中向成骨细胞分化，结合口腔胚胎上皮可引起牙形成反应[104-105]。

12.5.2　牙组织工程生长因子

许多生长因子，如骨形态发生蛋白(BMP)、转化生长因子(TGF)、成纤维细胞生长因子(FGF)和血管内皮生长因子(VEGF)等在牙齿的形成和修复过程中均有表达。BMP-4 已被证明能够替代牙上皮的诱导功能，包括诱导牙间质形态学改变，并在 Msx1 基因突变（该突变可导致先天缺牙）小鼠中修复牙缺损[106]。而经 BMP-2 处理的微球修复材料移植到样品体内的牙髓缺损部位，结果发现其可以诱导牙髓干细胞分化为成牙本质细胞，并刺激牙本质的形成[107]。负载 TGF-β1 的海藻酸钠水凝胶可以诱导成牙本质细胞分化，并且可以上调牙本质基质在牙本质/牙髓复合体中的分泌[108]。

12.5.3　牙组织工程支架材料

用于牙组织工程支架的材料可分为天然材料和合成材料两类。最常用的天然材料包括蛋白类如胶原蛋白、纤维蛋白、丝素蛋白等，以及多糖类如壳聚糖、海藻酸盐和透明质酸等。与天然材料不同，合成材料可以进行人为调控，以获得所需的形状、机械性能和化学性能，特别适合于在强度、孔隙特性和降解速率等方面有要求的材料。但合成材料常常缺乏细胞的黏附位点，需要进行化学修饰或与天然材料复合使用来改善细胞黏附能力。常用于制备牙组织工程支架的合成材料包括高分子材料如聚乳酸（PLA）、聚乙醇酸（PGA）和聚己内酯（PCL）等，以及无机类的羟基磷灰石、β-磷酸三钙和含硅的生物活性玻璃等。

Sumita 等比较了胶原海绵和聚乙醇酸纤维网作为牙组织工程三维支架材料的性能，他们采用从 6 月大猪的第三磨牙中分离出来的细胞与支架进行共同培养，评估细胞的黏附性和碱性磷酸酶（ALP）活性[109]。结果表明，无论是细胞数量、ALP 活性还是钙化面积，胶原海绵支架均优于聚乙醇酸纤维网。分别将种植有牙细胞的胶原海绵和聚乙醇酸纤维网植入免疫缺陷大鼠的网膜内，培养 25 周后的结果显示，载有牙细胞的胶原海绵支架促进牙体生长的效果更佳。Wang 等采用单分散生物活性玻璃亚微球（smBG）与 PCL 制备复合支架，在模拟体液中培养一段时间，对体外羟基磷灰石 HA 的沉积效果进行研究，并通过免疫荧光染色观察人牙髓细胞的黏附和形态，结果表明除了 PCL 支架，smBG 支架和 smBG/PCL 复合支架表面均析出了 HA，且复合支架 HA 层更厚[110]。此外，人牙髓细胞在复合支架上的增殖率明显高于另外两组，且 smBG/PCL 复合支架显著提高了成牙分化标志物的表达。因此，该 smBG/PCL 复合支架可以作为牙组织工程的潜在支架材料。

参考文献

［1］ Montgomery M, Ahadian S, Huyer L D, et al. Flexible shape-memory scaffold for minimally invasive delivery of functional tissues ［J］. Nature Materials，2017，16：1038－1046.

［2］ Cuadros T R, Erices A A, Aguilera J M. Porous matrix of calcium alginate/gelatin with enhanced properties as scaffold for cell culture ［J］. Journal of the Mechanical Behavior of Biomedical Materials，2015，46：331－342.

［3］ Kim H W, Knowles J C, Kim H E. Hydroxyapatite and gelatin composite foams processed via novel freeze-drying and crosslinking for use as temporary hard tissue scaffolds ［J］. Journal of Biomedical Materials Research A，2005，72：136－145.

［4］ Yoshimoto H, Shin Y M, Terai H, et al. A biodegradable nanofiber scaffold by electrospinning and its potential for bone tissue engineering ［J］. Biomaterials，2003，24：2077－2082.

［5］ Inzana J A, Olvera D, Fuller S M, et al. 3D printing of composite calcium phosphate and collagen scaffolds for bone regeneration ［J］. Biomaterials，2014，35：4026－4034.

［6］ Xia Y, Zhou P, Cheng X, et al. Selective laser sintering fabrication of nano-hydroxyapatite/poly-ε-caprolactone scaffolds for bone tissue engineering applications ［J］. International Journal of Nanomedicineicine，2013，8：4197－4213.

[7] Li Y C, Zhang Y S, Akpek A, et al. 4D bioprinting: the next-generation technology for biofabrication enabled by stimuli-responsive materials [J]. Biofabrication, 2016, 9: 012001.

[8] Gladman A S, Matsumoto E A, Nuzzo R G, et al. Biomimetic 4D printing [J]. Nature Materials, 2016, 15: 413−418.

[9] Bertassoni L E, Cardoso J C, Manoharan V, et al. Direct-write bioprinting of cell-laden methacrylated gelatin hydrogels [J]. Biofabrication, 2014, 6: 024105.

[10] Lohmann N, Schirmer L, Atallah P, et al. Glycosaminoglycan-based hydrogels capture inflammatory chemokines and rescue defective wound healing in mice [J]. Science Translational Medicine, 2017, 9: eaai9044.

[11] Zhang S H, Ou Q M, Xin P K, et al. Polydopamine/puerarin nanoparticle-incorporated hybrid hydrogels for enhanced wound healing [J]. Biomaterials Science, 2019, 7: 4230−4236.

[12] Chen S X, Shi J B, Xu X L, et al. Study of stiffness effects of poly(amidoamine)-poly(n-isopropyl acrylamide) hydrogel on wound healing [J]. Colloids and Surfaces B: Biointerfaces, 2016, 140: 574−582.

[13] Wang Y Z, Chen Z Q, Luo G X, et al. In-situ-generated vasoactive intestinal peptide loaded microspheres in mussel-inspired polycaprolactone nanosheets creating spatiotemporal releasing microenvironment to promote wound healing and angiogenesis [J]. ACS Applied Materials & Interfaces, 2016, 8: 7411−7421.

[14] Widgerow A D, King K, Tocco-Tussardi I, et al. The burn wound exudate—an under-utilized resource [J]. Burns, 2015, 41: 11−17.

[15] Power G, Moore Z, O'Connor T. Measurement of pH, exudate composition and temperature in wound healing: a systematic review [J]. Journal of Wound Care, 2017, 26: 381−397.

[16] Sirvio L M, Grussing D M. The effect of gas permeability of film dressings on wound environment and healing [J]. Journal of Investigative Dermatology, 1989, 93: 528−531.

[17] Pandit A S, Feldman D S. Effect of oxygen treatment and dressing oxygen permeability on wound healing [J]. Wound Repair Regen, 1994, 2: 130−137.

[18] Tort S, Acartürk F, Beşikci A. Evaluation of three-layered doxycycline-collagen loaded nanofiber wound dressing [J]. International Journal of Pharmaceutics, 2017, 529: 642−653.

[19] Yang M, Wang Y, Tao G, et al. Fabrication of sericin/agrose gel loaded lysozyme and its potential in wound dressing application [J]. Nanomaterials, 2018, 8: 235.

[20] Simões D, Miguel S P, Ribeiro M P, et al. Recent advances on antimicrobial wound dressing: a review [J]. European Journal of Pharmaceutics and Biopharmaceutics, 2018, 127: 130−141.

[21] Slater M. Does moist wound healing influence the rate of infection? [J]. British Journal of Nursing, 2008, 17: 4−15.

[22] Kannon G A, Garrett A B. Moist wound healing with occlusive dressings: a clinical review [J]. Dermatol Surg, 2013, 21: 583−590.

[23] Constantin C, Paunica-Panea G, Constantin V D, et al. Wound repair—updates in dressing patents and regeneration biomarkers [J]. Recent Patents on Biomarkers, 2014, 4: 133−149.

[24] Broussard K C, Jennifer Gloeckner P. Wound dressings: selecting the most appropriate type [J]. American Journal of Clinical Dermatology, 2013, 14: 449−459.

[25] Lyseng-Williamson A K. Select appropriate wound dressings by matching the properties of the dressing to the type of wound [J]. Drugs & Therapy Perspectives, 2014, 30: 213−217.

[26] Bogaerdt A V D, Zuijlen P V, Galen M V, et al. The suitability of cells from different tissues for use in

tissue-engineered skin substitutes [J]. Archives of Dermatological Research, 2002, 294: 135−142.

[27] Hata K I. Current issues regarding skin substitutes using living cells as industrial materials [J]. Journal of Artificial Organs, 2007, 10: 129−132.

[28] Coulomb B, Friteau L, Baruch J, et al. Advantage of the presence of living dermal fibroblasts within in vitro reconstructed skin for grafting in humans [J]. Plastic and Reconstructive Surgery, 1998, 101: 1891−1903.

[29] Wisser D, Steffes J. Skin replacement with a collagen based dermal substitute, autologous keratinocytes and fibroblasts in burn trauma [J]. Burns, 2003, 29: 375−380.

[30] Maddaluno L, Urwyler C, Werner S. Fibroblast growth factors: key players in regeneration and tissue repair [J]. Development, 2017, 144: 4047−4060.

[31] Zhang Z, Ito W D, Hopfner U, et al. The role of single cell derived vascular resident endothelial progenitor cells in the enhancement of vascularization in scaffold-based skin regeneration [J]. Biomaterials, 2011, 32: 4109−4117.

[32] Dash B C, Xu Z, Lin L, et al. Stem cells and engineered scaffolds for regenerative wound healing [J]. Bioengineering, 2018, 5: 23.

[33] Jansson K, Haegerstrand A, Kratz G. A biodegradable bovine collagen membrane as a dermal template for human in vivo wound healing [J]. Scandinavian Journal of Plastic and Reconstructive Surgery, 2001, 35: 369−375.

[34] Pal P, Srivas P K, Dadhich P, et al. Accelerating full thickness wound healing using collagen sponge of mrigal fish (Cirrhinus cirrhosus) scale origin [J]. International Journal of Biological Macromolecules, 2016, 93: 1507−1518.

[35] Shen Y, Dai L B, Li X J, et al. Epidermal stem cells cultured on collagen-modified chitin membrane induce in situ tissue regeneration of full-thickness skin defects in mice [J]. PlOS ONE, 2014, 9: e87557.

[36] Kubo K, Kuroyanagi Y. Development of a cultured dermal substitute composed of a spongy matrix of hyaluronic acid and atelo-collagen combined with fibroblasts: cryopreservation [J]. Artificial Organs, 2004, 28: 182−188.

[37] Monteiro I P, Shukla A, Marques A P, et al. Spray-assisted layer-by-layer assembly on hyaluronic acid scaffolds for skin tissue engineering [J]. Journal of Biomedical Materials Research A, 2015, 103: 330−340.

[38] Tian R, Qiu X, Yuan P, et al. Fabrication of self-healing hydrogels with on-demand antimicrobial activity and sustained biomolecule release for infected skin regeneration [J]. ACS Applied Materials & Interfaces, 2018, 10: 17018−17027.

[39] Barua S, Chattopadhyay P, Aidew L, et al. Infection resistant hyperbranched epoxy nanocomposite as a scaffold for skin tissue regeneration [J]. Polymer International, 2015, 64: 303−311.

[40] Mohiti-Asli M, Saha S, Murphy S V, et al. Ibuprofen loaded PLA nanofibrous scaffolds increase proliferation of human skin cells in vitro and promote healing of full thickness incision wounds in vivo [J]. Journal of Biomedical Materials Research Part B: Applied Biomaterials, 2017, 105: 327−339.

[41] Wang X, Wu P, Hu X, et al. Polyurethane membrane/knitted mesh-reinforced collagen-chitosan bilayer dermal substitute for the repair of full-thickness skin defects via a two-step procedure [J]. Journal of the Mechanical Behavior of Biomedical Materials, 2016, 56: 120−133.

[42] Yu K, Zhou X, Zhu T, et al. Fabrication of poly(ester-urethane)urea elastomer/gelatin electrospun nanofibrous membranes for the potential application in skin tissue engineering [J]. RSC Advances,

2016, 6: 73636—73644.

[43] Pal P, Srivas P K, Dadhich P, et al. Nano/microfibrous cotton-wool-like 3D scaffold with core-shell architecture by emulsion electrospinning for skin tissue regeneration [J]. ACS Biomaterials Science and Engineering, 2017, 3: 3563—3575.

[44] Zhang Y N, Liu Y Y, Li Y, et al. A biological 3D printer for the preparation of tissue engineering micro-channel scaffold [J]. Key Engineering Materials, 2015, 645—646: 1290—1297.

[45] Mu C H, Song Y Q, Huang W T, et al. Flexible normal-tangential force sensor with opposite resistance responding for highly sensitive artificial skin [J]. Advanced Functional Materials, 2018, 28: 1707503.

[46] Steadman J R, Rodkey W G, Rodrigo J J. Microfracture: surgical technique and rehabilitation to treat chondral defects [J]. Clinical Orthopaedics and Related Research, 2001, 391: S362.

[47] Orth P, Goebel L, Wolfram U, et al. Effect of subchondral drilling on the microarchitecture of subchondral bone: analysis in a large animal model at 6 months [J]. American Journal of Sports Medicine, 2012, 40: 828—836.

[48] Bert J M. Abrasion arthroplasty [J]. Operative Techniques in Orthopaedics, 1997, 11: 90—95.

[49] Hangody L P. Autologous osteochondral mosaicplasty for the treatment of full-thickness defects of weight-bearing joints: ten years of experimental and clinical experience [J]. JBJS, 2003, 85: 25—32.

[50] Brittberg M, Lindahl A, Nilsson A, et al. Treatment of deep cartilage defects in the knee with autologous chondrocyte transplantation [J]. New England Journal of Medicine, 1994, 331: 889—895.

[51] Zhou G D, Jiang H Y, Yin Z Q, et al. In vitro regeneration of patient-specific ear-shaped cartilage and its first clinical application for auricular reconstruction [J]. EBioMedicine, 2018, 28: 287—302.

[52] Tadashi H, Maureen P, Wesolowski G A, et al. The role of subchondral bone remodeling in osteoarthritis: reduction of cartilage degeneration and prevention of osteophyte formation by alendronate in the rat anterior cruciate ligament transection model [J]. Arthritis Rheumatol, 2010, 50: 1193—1206.

[53] Parreira D, Goissis G, Suzigan S, et al. Tridimentional collagen-elastin matrices as scaffold for soft tissue reconstruction: matrix-tissue integration study [J]. International Journal of Oral and Maxillofacial Surgery, 2011, 40: e16.

[54] Grover C N, Cameron R E, Best S M. Investigating the morphological, mechanical and degradation properties of scaffolds comprising collagen, gelatin and elastin for use in soft tissue engineering [J]. Journal of the Mechanical Behavior of Biomedical Materials, 2012, 10: 62—74.

[55] Kirilak Y, Pavlos N J, Willers C R, et al. Fibrin sealant promotes migration and proliferation of human articular chondrocytes: possible involvement of thrombin and protease-activated receptors [J]. International Journal of Molecular Medicine, 2006, 17: 551—558.

[56] Cui L, Wu Y L, Zhou H, et al. Repair of articular cartilage defect in non-weight bearing areas using adipose derived stem cells loaded polyglycolic acid mesh [J]. Biomaterials, 2009, 30: 2683—2693.

[57] Han Q Q, Chen-Guang H E, Zhao L, et al. Cell adhesion and degradation of a PGA scaffold for tissue engineering [J]. Chinese Journal of Pharmaceutical Analysis, 2013, 33: 1331—1335.

[58] Inui A, Kokubu T, Makino T, et al. Potency of double-layered Poly L-lactic acid scaffold in tissue engineering of tendon tissue [J]. International Orthopaedics, 2010, 34: 1327—1332.

[59] Müller W E, Neufurth M, Wang S, et al. Morphogenetically active scaffold for osteochondral repair(polyphosphate/alginate/N, O-carboxymethyl chitosan) [J]. European Cells and Materials,

2015, 31: 174—190.

[60] Li Z, Liu P, Yang T, et al. Composite poly (l-lactic-acid)/silk fibroin scaffold prepared by electrospinning promotes chondrogenesis for cartilage tissue engineering [J]. Journal of Biomaterials Applications, 2016, 30: 1552—1565.

[61] Crane G M, Ishaug S L, Mikos A G. Bone tissue engineering [J]. Nature Medicine, 2005, 1: 1322—1324.

[62] Derubeis A R, Ranieri C. Bone marrow stromal cells(BMSCs) in bone engineering: limitations and recent advances [J]. Annals of Biomedical Engineering, 2004, 32: 160—165.

[63] Kim J Y, Hong B J, Yang Y S, et al. Application of human umbilical cord blood-derived mesenchymal stem cells in disease models [J]. World Journal of Stem Cells, 2010, 2: 34—38.

[64] Mahmood A, Napoli C, Aldahmash A. In vitro differentiation and maturation of human embryonic stem cell into multipotent cells [J]. Stem Cells International, 2011, 1: 735420.

[65] Thomson J A, Itskovitz-Eldor J, Shapiro S S, et al. Embryonic stem cell lines derived from human blastocysts [J]. Science, 1998, 282: 1145.

[66] Aris S, Jose D F, Beatriz N, et al. Tissue engineering with adipose-derived stem cells(ADSCs): current and future applications [J]. Journal of Plastic, Reconstructive and Aesthetic Surgery, 2010, 63: 1886—1892.

[67] Hirsch T, Rothoeft T, Teig N, et al. Regeneration of the entire human epidermis using transgenic stem cells [J]. Nature, 2017, 551: 327.

[68] Yun Y R, Jang J H, Jeon E, et al. Administration of growth factors for bone regeneration [J]. Regenerative medicine, 2012, 7: 369—385.

[69] Yoon S T, Boden S D. Osteoinductive molecules in orthopaedics: basic science and preclinical studies [J]. Clinical Orthopaedics and Related Research, 2002, 395: 33—43.

[70] Gallea S, Lallemand F, Atfi A, et al. Activation of mitogen-activated protein kinase cascades is involved in regulation of bone morphogenetic protein-2-induced osteoblast differentiation in pluripotent C2C12 cells [J]. Bone, 2001, 28: 491—498.

[71] Marie P J, Miraoui H, Sévère N. FGF/FGFR signaling in bone formation: progress and perspectives [J]. Growth Factors, 2012, 30: 117—123.

[72] Tang Y, Wu X W. TGF-beta1-induced migration of bone mesenchymal stem cells couples Bone Researchorption with formation [J]. Nature Medicine, 2009, 15: 757—765.

[73] Chang P C, Seol Y J, Cirelli J A, et al. PDGF-B gene therapy accelerates bone engineering and oral implant osseointegration [J]. Gene Therapy, 2010, 17: 95—104.

[74] Uchida S, Sakai A, Kudo H, et al. Vascular endothelial growth factor is expressed along with its receptors during the healing process of bone and bone marrow after drill-hole injury in rats [J]. Bone, 2003, 32: 491—501.

[75] Canalis E, Agnusdei D. Insulin-like growth factors and their role in osteoporosis [J]. Calcified Tissue International, 1996, 58: 133—134.

[76] Kuboki Y, Takita H, Kobayashi D, et al. BMP-induced osteogenesis on the surface of hydroxyapatite with geometrically feasible and nonfeasible structures: topology of osteogenesis [J]. Journal of Biomedical Materials Research, 2015, 39: 190—199.

[77] Xiao X, Wang W, Liu D, et al. The promotion of angiogenesis induced by three-dimensional porous beta-tricalcium phosphate scaffold with different interconnection sizes via activation of PI3K/Akt pathways [J]. Scientific Reports, 2015, 5: 9409.

[78] Lopes D, Martins-Cruz C, Oliveira M B, et al. Bone physiology as inspiration for tissue regenerative therapies [J]. Biomaterials, 2018, 185: 240—275.

[79] Chen H, Wang C, Zhu X, et al. Fabrication of porous titanium scaffolds by stack sintering of microporous titanium spheres produced with centrifugal granulation technology [J]. Materials Science and Engineering C, 2014, 43: 182—188.

[80] Chou D T, Wells D, Hong D, et al. Novel processing of iron-manganese alloy-based biomaterials by inkjet 3-D printing [J]. Acta Biomaterialia, 2013, 9: 8593—8603.

[81] Bose S, Fielding G, Tarafder S, et al. Understanding of dopant-induced osteogenesis and angiogenesis in calcium phosphate ceramics [J]. Trends in Biotechnology, 2013, 31: 594—605.

[82] Bose S, Tarafder S, Bandyopadhyay A. Effect of chemistry on osteogenesis and angiogenesis Towards Bone Tissue Engineering Using 3D Printed Scaffolds [J]. Annals Of Biomedical Engineering, 2017, 45: 261—272.

[83] Gu Z, Xie H, Li L, et al. Application of strontium-doped calcium polyphosphate scaffold on angiogenesis for bone tissue engineering [J]. Journal of Materials Science-materials in Medicine, 2013, 24: 1251—1260.

[84] Pattnaik S, Nethala S, Tripathi A, et al. Chitosan scaffolds containing silicon dioxide and zirconia nano particles for bone tissue engineering [J]. International Journal of Biological Macromolecules, 2011, 49: 1167—1172.

[85] Kaliaraj R, Gandhi S, Sundaramurthi D, et al. A biomimetic mesoporous silica-polymer composite scaffold for bone tissue engineering [J]. Journal of Porous Materials, 2018, 25: 397—406.

[86] Shokri S, Movahedi B, Rafieinia M, et al. A new approach to fabrication of Cs/BG/CNT nanocomposite scaffold towards bone tissue engineering and evaluation of its properties [J]. Applied Surface Science, 2015, 357: 1758—1764.

[87] Cheng Q, Rutledge K, Jabbarzadeh E. Carbon nanotube-poly (lactide-co-glycolide) composite scaffolds for bone tissue engineering applications [J]. Annals of Biomedical Engineering, 2013, 41: 904—916.

[88] Wu D, Samanta A, Srivastava R K, et al. Starch-derived nanographene oxide paves the way for electrospinnable and bioactive starch scaffolds for bone tissue engineering [J]. Biomacromolecules, 2017, 18: 1582—1591.

[89] Dinescu S, Ionita M, Pandele A M, et al. In vitro cytocompatibility evaluation of chitosan/graphene oxide 3D scaffold composites designed for bone tissue engineering [J]. Bio-Medical Materials and Engineering, 2014, 24: 2249—2256.

[90] Ferreira A M, Gentile P, Chiono V, et al. Collagen for bone tissue regeneration [J]. Acta Biomaterialia, 2012, 8: 3191—3200.

[91] Levengood S L, Zhang M. Chitosan-based scaffolds for bone tissue engineering [J]. Journal of Materials Chemistry B: Materials for Biology and Medicine, 2014, 2: 3161—3184.

[92] Kim H J, Kim U-J, Kim H S, et al. Bone tissue engineering with premineralized silk scaffolds [J]. Bone, 2008, 42: 1226—1234.

[93] Xie H, Gu Z, Li C, et al. A novel bioceramic scaffold integrating silk fibroin in calcium polyphosphate for bone tissue-engineering [J]. Ceramics International, 2016, 42: 2386—2392.

[94] Grémare A, Guduric V, Bareille R, et al. Characterization of printed PLA scaffolds for bone tissue engineering [J]. Journal of Biomedical Materials Research A, 2018, 106: 887—894.

[95] Yilgor P, Sousa R A, Reis R L, et al. 3D plotted PCL scaffolds for stem cell based bone tissue

engineering [J]. Macromolecular Symposia, 2008, 269: 92—99.

[96] Toosi S H, Naderi-Meshkin H, Kalalinia F, et al. PGA-incorporated collagen: toward a biodegradable composite scaffold for bone-tissue engineering [J]. Journal of Biomedical Materials Research A, 2016, 104: 2020—2028.

[97] Chen L, Wu Z, Zhou Y, et al. Biomimetic porous collagen/hydroxyapatite scaffold for bone tissue engineering [J]. Journal of Applied Polymer Science, 2017, 134: 45271.

[98 Wang X, Wu X, Xing H, et al. Porous nanohydroxyapatite/collagen scaffolds loading insulin PLGA particles for restoration of critical size bone defect [J]. ACS Applied Materials & Interfaces, 2017, 9: 11380—11391.

[99] Demir A K, Elçin A E, Elçin Y M, et al. Strontium-modified chitosan/montmorillonite composites as bone tissue engineering scaffold [J]. Materials Science and Engineering C, 2018, 89: 8—14.

[100] Kim J H, Kim D K, Lee O J, et al. Osteoinductive silk fibroin/titanium dioxide/hydroxyapatite hybrid scaffold for bone tissue engineering [J]. International Journal of Biological Macromolecules: Structure, Function and Interactions, 2016, 82: 160—167.

[101] Gronthos S, Mankani M, Brahim J, et al. Postnatal human dental pulp stem cells (DPSCs) in vitro and in vivo [J]. PNAS, 2000, 97: 13625—13630.

[102] Miura M, Gronthos S M, Lu B, et al. SHED: stem cells from human exfoliated deciduous teeth [J]. PNAS, 2003, 100: 5807—5812.

[103] Seo B M, Miura M, Gronthos S, et al. Investigation of multipotent postnatal stem cells from human periodontal ligament [J]. Lancet, 2004, 364: 149—155.

[104] Otsu K, Kumakami-Sakano M, Fujiwara N, et al. Stem cell sources for tooth regeneration: current status and future prospects [J]. Front Physiol, 2014, 5: 36.

[105] Hung C N, Mar K, Chang H C, et al. A comparison between adipose tissue and dental pulp as sources of MSCs for tooth regeneration [J]. Biomaterials, 2011, 32: 6995—7005.

[106] Chen Y, Bei M, Woo I, et al. Msx1 controls inductive signaling in mammalian tooth morphogenesis [J]. Development, 1996, 122: 3035—3044.

[107] Iohara K, Nakashima M, Ito M, et al. Dentin regeneration by dental pulp stem cell therapy with recombinant human bone morphogenetic protein 2 [J]. Journal of Dental Research, 2004, 83: 590—595.

[108] Dobie K, Smith G, Sloan A J, et al. Effects of alginate hydrogels and TGF-β1 on human dental pulp repair in vitro [J]. Connective Tissue Research, 2009, 43: 387—390.

[109] Sumita Y, Honda M J, Ohara T, et al. Performance of collagen sponge as a 3-D scaffold for tooth-tissue engineering [J]. Biomaterials, 2006, 27: 3238—3248.

[110] Wang S, Hu Q, Gao X, et al. Characteristics and effects on dental pulp cells of a polycaprolactone/submicron bioactive glass composite scaffold [J]. Journal of Endodontics, 2016, 42: 1070—1075.

第 13 章　药物控释材料

药物传递是医学和医疗保健中一个非常重要的领域。药物控释材料通过控制药物释放率，将其靶向到疾病部位，降低对健康组织的副作用，防止早期血药浓度过高，从而提高生物利用度、增强吸收，将血药浓度维持在治疗窗口内。自 1990 年 FDA 第一次批准药物递送系统(Drug Delivery System，DDS)类药物——两性霉素 B 脂质体，至今已有十余种 DDS 类药物用于治疗多种疾病，包括癌症、真菌感染，以及肌肉退化。根据药物的释放类型以及递送方式，本书将其分为三类，即高分子药物缓释材料、刺激响应药物控释材料和肿瘤靶向给药材料。

13.1　高分子药物缓释材料

13.1.1　概述

近年来，为了提高药物使用效率，缩短治疗时间，减少频繁用药给病人带来的痛苦和不便，药用高分子缓、控释材料被研发出来，这些材料能够较长时间维持体内药物浓度，从而提高药效和降低毒副作用。具体来说，药物缓释就是将小分子药物与高分子载体以物理或化学方法相结合，在体内通过扩散、渗透等控制方式，以适当的浓度持续地释放出来，从而达到充分发挥药物功效的目的。与控释材料相比，缓释材料着重考虑药物的释放速率。药物的释放机理主要分为延迟溶解、扩散控制以及药物溶液流动控制三部分[1]。

在了解所需药物的特殊需求后，就要选择合适的药物缓释材料作为载体。作为药物释放的载体需要具有生物相容性和生物降解性，对人体无副作用，并在适当的时间范围内被降解；非降解聚合物必须回收或者经胃肠道途径排出体外。输送系统的中心目标是在所需解剖部位释放治疗药物，并在所需时间内将药物浓度控制在治疗范围内。无论药物是经口、肠吸收，还是通过其他方式(如吸入或经皮贴片)吸收，到血流中的药物允许分布到几乎所有身体组织。一旦进入血液，药物可穿过内皮屏障或通过"可通透的"血管系统的内皮间隙扩散到所有或大多数组织中。此外，主动靶向可通过聚合物载体、聚合物药物偶联物或药物本身来实现，特定的感兴趣的组织将获得更高的药物浓度。

13. 1. 2　应用

近年来，在生物医用高分子领域的研究中，高分子药物缓释材料是最热门的课题之一，同时也是生物医学工程发展的一个新领域。药物缓释的特点是通过对药物医疗剂量的有效控制，降低药物的毒副作用，减少抗药性，提高药物的稳定性和有效利用率。此外，还可以实现药物的靶向输送，减少服药次数，减轻患者的痛苦，并节省人力、物力和财力等。由于选用的高分子材料不同，药物分子的控制释放机制也不同。

根据作用特性，可将缓释材料分为膜缓释型和骨架缓释型两种。膜缓释型材料可用作薄膜包被药物；骨架缓释型材料根据其溶解性，可分为溶蚀型骨架材料和非溶蚀型骨架材料两种。溶蚀型骨架材料随材料的溶蚀和生物降解，可能会达到零级释放速率；非溶蚀型骨架材料会受到骨架结构和性质的影响。按材料的来源和性质，可将缓释材料分为天然缓释材料（如天然来源的明胶、壳聚糖、丝素蛋白等）和合成缓释材料（如聚乳酸、聚原酸酯、聚酸酐等）两种。

13. 1. 2. 1　抗炎性

聚乳酸-羟基乙酸共聚物（PLGA）是由乳酸和羟基乙酸的单体随机聚合而成的一种可降解的功能高分子有机化合物。PLGA 具有性能优良、成囊成膜性好、无毒、制备方便等优点，可作为多种药物缓释载体。PLGA 的使用形式主要有薄膜、多孔支架、微球等，其中微球的应用越来越多。微球是粒径为 $5\sim250~\mu m$ 的球状实体，其制剂具有诸多优点，如可避免出现血药浓度峰谷现象、减少不良反应、提高药物的生物利用度等。PLGA 微球具有能提高药物的靶向性、减少血药浓度波动、减少给药次数、提高患者的顺应性等优点[2]。

周思睿课题组将万古霉素载入聚乳酸-羟基乙酸微球，可实现万古霉素的缓释；再将其加入纳米羟基磷灰石/壳聚糖支架，通过结合自体红骨髓来修复慢性骨髓炎兔的骨缺损[3]。缓释微球支架上万古霉素的释放速率在前 6 天较高，释放量达 $(30.52\pm4.22)\%$，随后的 24 天释放速率降低并趋于平稳，第 30 天时释放量达 $(80.14\pm2.06)\%$，可较好地治疗并预防局部感染。

13. 1. 2. 2　抗菌性

Lee 课题组制备了聚乳酸-乙交酯微粒，并在表面包覆了一层甲基丙烯酸二甲酯氧乙基磷酸酯（DMOEP）和甲基丙烯酸丁酯（BMA）共聚物（PBMP），该共聚物层具有很好的黏附钙离子的能力，使得微球可以很好地富集在含有羟基磷灰石（如牙、骨）的表面[4]。聚乳酸-乙交酯微粒中的微球可以将具有群体感应抑制剂的呋喃酮 C-30 包载在里面并实现长达 14 天的持续释放，抑制变形链球菌在微球表面的生长，防止羟基磷灰石表面生物膜的形成。Gallis 课题组提出金属-有机骨架（MOF）-沸石酰亚唑盐骨架-8（ZIF-8）支持头孢他啶的持续释放，这种抗菌药物可用于多种细菌感染[5]。头孢他啶在 pH 为 5 和 7.4 的条件下均可持续释放 7 天，释放率分别接近 100% 和 80%。他们选择大肠杆菌作为革兰氏阴性菌感染模型的代表，通过实验发现该材料具有很强的抗菌特性，可完全抑制 $100~\mu g/mL$ 大肠杆菌和几乎完全抑制 $50~\mu g/mL$ 大肠杆菌的生长。同时，该材料体系与巨噬细胞、肺上皮细胞系等有很好的生物相容性，可实现肺部和细胞内感染的靶向抗菌治疗。Bayer 课题组将聚乙烯吡咯烷酮和饮食中的香豆酸通过共溶和浇铸的方式制得薄膜，该薄膜材质柔软，具有很好的疏水性、防水性、抗氧化性，同时对金黄色葡萄球菌和大肠杆菌都有良好的抑制性[6]，因而在皮肤相关疾病和化妆品应用上有着巨大的潜力。Silva 课题组制备了埃洛石纳米管(HNT)增强的海藻酸钠纳米纤维支架材料，用于模拟天然细胞外基质及组织再生[7]。将头孢氨苄添加到纳米管的内腔和外围部分可以实现持续释放，实验表明在第 8 小时和第 7 天的释放率分别为 76% 和 89%，这有助于消除最初的细菌生长；而持续释放将防止进一步感染。该材料对金黄色葡萄球菌、表皮葡萄球菌、绿脓杆菌和大肠杆菌均有很好的抗菌性，同时对细胞无毒，对身体无害。这些性质使得该材料有望成为用于组织再生的人工支架。

13.1.2.3　保护蛋白和多肽类药物

肽类药物包括多肽疫苗、抗肿瘤多肽、多肽导向药物、细胞因子模拟肽等，随着生物技术的高速发展，多肽和蛋白质类药物不断涌现[8]。然而，多肽和蛋白类药物在常温下不稳定，存在体内易降解、半衰期短等缺点，因此将大分子药物通过生物降解微球系统给药，不仅能防止药物在体内快速释放，还能靶向到体内有效部位，达到缓释长效的目的。例如，骨形态发生蛋白-2(BMP-2)在骨缺损部位促进宿主细胞成骨和骨再生，然而其在体内的半衰期只有几十分钟到数小时，为了获得理想的骨形成效果，往往需要较大的剂量。然而，大剂量的 BMP-2 会导致多种临床副作用，包括破骨细胞活化、炎症和骨囊肿形成，甚至降低颅骨再生效果。Kim 课题组制备了以硫酸化明胶/聚乙二醇双丙烯酸酯(PEGDA)为基础的互穿复合水凝胶(IPN)，将 BMP-2 包载在聚精氨酸丙二酸乙酯(PEAD)/肝素凝聚层或明胶微球(GMPs)中，并进一步包裹在 IPN 中[9]。体外实验表明，凝聚层和微球中的 BMP-2 均可持续释放 28 天，并显著增强人间充质干细胞的碱性磷酸酯(ALP)活性。体内实验也证明，IPN 复合水凝胶可增强新骨的形成。

目前，尽管针对缓、控释药物的研制已经得到相当的重视，并取得了一定的成果，但还未获得突破性进展，未能完全达到高效。同时，药物控释的靶向性还远不如人们设想的那么精准。其中，材料的降解规律及降解产物对机体的影响尚未被充分证实。因此，针对高分子缓、控释材料的研究仍需长期深入下去。

13.2　刺激响应药物控释材料

刺激响应聚合物材料是一类由多种线性和支链聚合物或交联聚合物网络组成的材料，可以适应周围的环境，能够在外部刺激下经历剧烈的物理或化学变化，调控离子或分子的传递，改变浸润性以及不同物质的黏附性，并能够将化学或生物化学信号转换为光学、电学、热力学以及机械信号。通常可以使用温度和酸碱度变化来触发行为变化，也可以使用其他刺激物，如超声波、离子强度、氧化还原电位、电磁辐射和化学或生化剂。这些刺激可以被归入物理和化学性质两大类。物理刺激(即温度、超声波、光、磁场和电场)直接调节聚合物/溶剂系统的能级，并在某些临界能级诱导聚合物反应。化学刺激(即酸碱度、氧化还原电位、离子强度和化学试剂)通过改变聚合物和溶剂之间的分子相互作用(调节疏水-亲水平衡)或聚合物链之间的分子相互作用(影响交联或主链完整性、疏水结合的倾向性或静电排斥)来诱导反应。聚合物的行为变化类型包括溶解度、亲水-疏水平衡和构象的转变等,它们表现在许多方面,如聚合物链的螺旋-球转变、共价交联水凝胶的膨胀/脱胶、物理交联水凝胶的溶胶-凝胶转变以及两亲性聚合物的自组装。它们在不同领域都有着非常重要的应用,如药物递送、组织工程、诊断学等。在这部分内容中,我们将举例说明一些刺激响应聚合物材料,以及它们在药物递送上的应用。

13.2.1　葡萄糖响应聚合物

葡萄糖响应聚合物通常是指含有葡萄糖氧化酶(GOX),或者含有伴刀豆球蛋白(ConA),或和葡萄糖形成的具有可逆共价键的硼酸基团的聚合物。李建树课题组通过将星型聚甲基丙烯酸二乙氨基乙酯与葡萄糖氧化酶、胰岛素通过层层组装的方式得到薄膜,然后将该薄膜植入皮下,当外界葡萄糖浓度较高时,葡萄糖在葡萄糖氧化酶的作用下分解为葡萄糖酸,而星型聚甲基丙烯酸二乙氨基乙酯在 pH 降低的情况下发生溶胀,被包裹的胰岛素释放,实现降血糖的作用。该方法可以实现长达 15 天控制血糖的效果[10]。之后,课题组将形成超分子结构的猪胰岛素替代纯胰岛素,并将其引入多层膜,以实现对血糖浓度长达 295 天的控制。

同时,胰岛素的其他给药途径也得到发展,如口服给药、肺部给药、吸入给药等。例如,壳聚糖具有很好的黏附性,能够黏附在肠壁的负离子黏膜层上,和上皮细胞之间紧密连接,有助于胶囊药物或蛋白质的持续释放。马建明课题组制备了壳聚糖/海藻酸钠微球,该微球可以高效负载胰岛素。体外实验表明,模拟的胃肠环境和血液环境中,该微球可以很好地保护胰岛素不被蛋白酶消化;而在患有糖尿病的老鼠中,胰岛素可以持续释放14 天,并具有很好的降血糖作用。

13.2.2　酶响应聚合物

刺激响应聚合物体系中一个相对较新的研究领域,即在某些酶的选择性催化作用下,材料表现出宏观性质的改变。这种类型的敏感性是独特的,因为酶在反应性上具有高度选择性,在温和的体内条件下是可操作的,并且是许多生物途径中的重要组成部分。酶反应材料通常由一种酶敏感底物和另一种可导致宏观转变的相互作用的成分组成。酶在底物上的催化作用可导致超分子结构的改变、凝胶的膨胀/塌陷或表面性质的转变。Messersmith及其同事将每只臂末端都含有 20 个残基纤维蛋白肽序列的四臂星形 PEG 和载有钙离子的脂质体混合,在体温环境下钙离子具有一定的释放量。而一些转谷氨酰胺酶只有在钙离子存在时才有活性,当钙离子释放时即可引发多肽和 PEG 链的交联,这种交联导致凝胶具有潜在作为药物/基因传递剂和组织黏合的应用前景[11]。

13.2.3　氧化还原/硫醇敏感响应聚合物

氧化还原/硫醇敏感响应聚合物是另一类响应性聚合物,最近受到越来越多的关注,特别是在控制药物释放相关领域[12]。硫醇和二硫化物的相互转化是许多生命过程中的一个关键步骤，在维持活细胞中天然蛋白质的稳定性和刚性方面起着重要作用。由于二硫键可通过暴露于各种还原剂和/或有其他硫醇存在的情况下可逆地转化为硫醇，因此含有二硫键的聚合物可被认为具有氧化还原性和硫醇响应性。谷胱甘肽（GSH）是大多数细胞中含量非常丰富的还原剂，其典型的胞内浓度约为 10 mmol，而其在细胞外的浓度仅为 0.002 mmol。这种浓度的显著变化已被用于设计硫醇/氧化还原反应药物输送系统，该系统在进入细胞后专门释放治疗药物[13]。例如，Lee 及其同事合成了具有壳的聚合物胶束，其中壳通过硫醇可还原的二硫键交联，作为生物相容性纳米载体，在肿瘤组织的还原条件下优先释放抗癌药物[14]。

13.2.4　超声响应聚合物

在常用的外源刺激手段中，超声由于其组织穿透能力强，时空可控性强，同时具有远程非侵入性、非电离辐射性、经济性等优势，已成为刺激响应性药物输送体系中最有前景的选择之一。基于此，王占华课题组以功能化改性介孔二氧化硅为基础，以超声作外源刺激手段，设计出多种具有超声响应性药物释放行为的复合纳米载体，表征了纳米粒子的表面形貌、分子结构和介孔性质，研究了其药物负载和药物释放的性能，并探讨了可能的作用机理。如图 13-1 所示，王占华课题组发明了一种简单有效的聚多巴胺（PDA）包覆介孔二氧化硅（MSN）的方法[15]。他们制备的 MSN@PDA 复合纳米粒子具有明确的核壳结构，载药率为 13.6%，在 pH 和超声双重刺激下能够表现出对阿霉素（DOX）明显的响应性药物释放行为。一方面，在 pH 较低的条件下，PDA 壳层会发生降解，DOX 的释放百分比明显升高；另一方面，在高强度聚焦超声的刺激下，由于 PDA 中的 π—π 键发生断裂，载药复合纳米粒子的药物释放量也明显增加，并且可在开/关超声的控制下获得独特的 ON/OFF 可控药物释放行为。此外，由于 PDA 层具有近红外光（NIR）吸收功能，该复合纳米粒子具有明显的光热转换能力，光热转换效率可达 37.4%。这种具有 pH 和高强度聚焦超声（HIFU）双响应性药物释放行为的载药复合纳米粒子，同时兼具较为优异的光热转换能力和良好的生物相容性，未来可结合化疗和光热治疗两方面的能力，在癌症治疗中发挥作用。

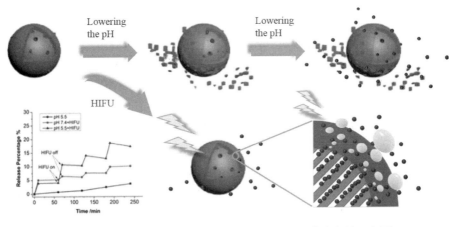

图 13-1　MSN@PDA-DOX 的 pH/HIFU 双重响应释放示意图

最近，王占华课题组在氨基改性介孔二氧化硅的基础上，通过酰胺反应接枝了海藻酸钠(SA)聚合物，通过 $CaCl_2$ 交联，制备得到了一种含有 Ca^{2+}-COO^- 金属配位作用的介孔二氧化硅复合纳米粒子，制备过程如图 13-2 所示[16]。这种纳米粒子的载药率为 14.3%，具有良好的生物相容性，适宜用作药物载体。通过制备 SA-$CaCl_2$ 凝胶，他们发现 Ca^{2+}-COO^- 的金属配位作用在超声波开启时发生断裂，交联凝胶变为流动的液态；而在超声波关闭时能够发生可逆耦合，溶胶再次恢复至初始的凝胶状态，表现出明显的超声响应可逆自修复性。他们进一步地使用罗丹明 B(RhB)荧光分子研究了该复合纳米粒子的药物释放行为，实验结果表明，在低频超声和高频聚焦超声空化作用下，孔道中的 RhB 被快速释放；而当超声波关闭时，RhB 的释放行为也随之停止，载药复合纳米粒子在开/关超声刺激下表现出明显的 ON/OFF 响应性可控按需释放行为。这种具有出色的超声波开关可逆响应的介孔二氧化硅复合纳米粒子，对于未来的按需可控药物释放具有一定的指导意义。

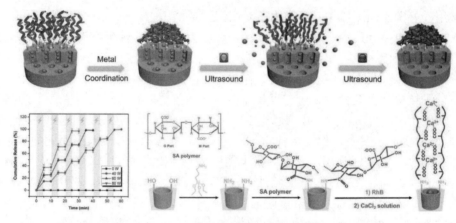

图 13-2　MSN-SA@Ca^2 的制备以及它的超声可逆响应行为

13.2.5　光响应聚合物

光响应聚合物是在适当波长的光照射下改变其性质的大分子。通常，这些变化是沿着聚合物主链或侧链特定官能团的光诱导结构转变的结果。光敏感聚合物系统的一个重要方面是，利用辐照作为刺激是一种相对简单、无创的诱导反应行为的机制，可应用的方向包括可逆光存储、聚合物黏度控制、光机械转导和驱动、蛋白质的生物活性转换、组织工程和药物传递。光响应聚合物含有光响应生色团，到目前为止研究得最多的是含有偶氮苯的光响应聚合物。偶氮苯是一种众所周知的发色团，具有辐照诱导的顺式到反式异构化，伴随着电子结构、几何形状和极性的快速改变。螺吡喃也是近年来的研究热点。螺吡喃基团相对来说是非极性的，但是用适当波长的光照射会产生具有较大偶极矩的两性花菁异构体，其异构化可以通过可见光照射来逆转。这一概念已被用于制备各种含螺吡喃的光响应聚合物。Matyjaszewski 及其同事利用光可调谐极性变化制备了带有反应性螺吡喃嵌段的聚合物胶束；采用 ATRP 法制备了聚氧化乙烯(PEO)与甲基丙烯酸螺吡喃单体的嵌段共聚物，并在水溶液中形成聚合物胶束；得到的聚合物可经紫外线照射完全破坏，并通过可见光照射再生。这种策略允许疏水性香豆素通过紫外线的照射从胶束核中释放出来，并在可见光照射下重新封装[17]。

在研究过程中人们逐渐发现，紫外线和可见光波长很容易被皮肤吸收，因此紫外线/可见光响应系统在某些生物医学应用中具有局限性。而"治疗窗口"（650～900 nm）中的红色或近红光由于无害和最大的组织穿透性而适合于光治疗。吴思课题组制备了含有亲水性聚乙二醇嵌段和疏水性含钌的嵌段共聚物，其中含有红光可切割（650～680 nm）的药物——钌复合物共轭物[18]。该嵌段共聚物自组装成胶束，可以确保被癌细胞有效吸收。红光诱导药物-钌复合物共轭物从胶束释放，这个过程是氧气独立的。在对患肿瘤老鼠的治疗中，释放的共轭物即使在低氧肿瘤环境中也能抑制肿瘤细胞的生长。此外，聚合物胶束在治疗过程中不会对小鼠产生任何毒副作用，表明该系统对血液和健康组织具有良好的生物相容性。这种新型红光反应含钌聚合物为低氧肿瘤的光治疗提供了新的平台。

13.3　肿瘤靶向给药材料

13.3.1　肿瘤靶向给药的基础

很多肿瘤治疗和诊断药物已在临床上被广泛应用，这些药物作用大多是非选择性的，在体内分布广，常分布于一些正常组织器官，治疗剂量下对正常组织器官毒副作用大，很多病人不能耐受，疗效欠佳。早在 1906 年，Paul Ehrlich 首次提出主动靶向的构想，并称之为"魔弹"，即能将药物定向输送到身体特定部位的理想装置[19]。为了实现这个构想，降低化疗的毒副作用，近百年来科学家们不懈努力[20]，开发出各种各样的靶向药物传输系统。肿瘤靶向给药是建立在对肿瘤细胞分子生物学研究基础上的。要提高抗肿瘤药物的疗效，需要提高药物的肿瘤选择性，减少其在非靶向部位的聚集，这样一方面可减少其对非靶向部位的毒副作用，另一方面可降低治疗剂量、减少给药次数、提高药效。设计靶向药物的靶标可以是整个器官即一级靶向，或某一器官的特定部位即二级靶向，甚至是特定部位的病变细胞即三级靶向。三级靶向可使药物在细胞水平上发挥作用，选择性攻击病变细胞，对正常细胞没有或几乎没有不良影响，从而达到理想疗效。

随着肿瘤细胞生物学和分子生物学的发展，靶向给药系统研究不断取得成果和突破。研究人员发现肿瘤细胞与正常细胞在基因及基因表达方面存在差异，前者胞内特定基因转录的 mRNA 增加，细胞表面或其血管表面具有一系列特异或过度表达的抗原或受体，这些特异 mRNA、抗原或受体与肿瘤生长和增殖密切相关，可以作为抗肿瘤药物靶向载体系统（targeting carrier system，TCS）的结合靶点；与之对应的靶向分子是反义核酸、抗体或配体。

13.3.2　靶向药物的作用机理

靶向药物的作用机理可分为被动靶向、主动靶向和物理靶向三类。被动靶向是指药物载体通过正常的生理过程转运，在血管壁有漏隙的病灶区域（如梗塞和肿瘤组织中）聚集并保留较长的时间，产生通透性增强与滞留（enhanced permeability and retention，EPR）效应。这通常和不同生理部位的接纳尺寸有关，比如肺毛细血管主要截留 4~12 μm 的脂质体、微球，网状内皮细胞主要吞噬 0.1~2.0 μm 的微球。理想的被动靶向纳米给药载体尺寸为 10~100 nm，一方面能通过血管壁渗入肿瘤组织，另一方面能避免肝的摄取和肾的过滤。被动靶向纳米载体早在 20 世纪八九十年代就被开发出来，并已有小部分被应用于临床[21]，如 PEG 修饰的脂质体阿霉素（商品名为 Doxil）具有较长的循环时间和一定的靶向能力，其药效比阿霉素高六倍，已被批准用于治疗晚期卵巢癌、转移性乳腺癌和与艾滋病毒相关的卡波希氏肉瘤（Kaposi's sarcoma）等[22]。尽管如此，被动靶向仍然存在局限性。首先，EPR 效应高度依赖肿瘤组织血管化和血管再生的程度，由于肿瘤血管壁的漏隙在不同的身体部位、肿瘤类型和生长状态下存在较大差异，因此被动靶向不可能在所有肿瘤中实现[23]。

主动靶向是指通过周密的生物识别设计，如抗体识别、受体识别、免疫识别等将药物导向特异性的识别靶标。主动靶向给药体系与目标细胞之间强烈的特异性相互作用能选择性提高药物向肿瘤组织靶向的速度和程度[22]，促进细胞对药物载体的吸收，从而提高抗癌效果。这种选择性和高效性已经在大量体内外靶向药物学研究中得到证实[24]。然而，主动靶向也存在一些问题。首先，暴露在纳米载体表面的靶向分子非常容易被网状内皮系统（RES 系统）识别和吞噬[25]。许多研究指出，主动靶向给药系统在体外对肿瘤细胞具有良好的靶向性，但在体内很难在肿瘤部位蓄积，而高度聚集在 RES 系统（如肝和脾）。其次，长循环对于纳米载体在肿瘤部位的选择性分布至关重要，但在载体表面引入主动靶向基团会在一定程度上降低隐形能力，加速纳米载体从血液中的清除[26]。再次，肿瘤细胞具有多样性，其类型、基因组学、蛋白质组学是动态发展的，势必会对特异性表达产生影响。而且肿瘤干细胞在正常条件下处于静息状态，具有极强的多药耐药性（multi drug resistance，MDR），特异性靶向只能到达特异性抗原或受体表达水平较高的肿瘤细胞。此外，由于受体的循环利用，载体在释放药物之前也存在被细胞外排的可能性[23]。上述问题是目前主动靶向纳米载体难以得到 FDA 批准的原因之一[22]。

物理靶向是指通过磁场、电场、温度等物理因素把药物导向靶向部位，常用的载体有磁性微球、热敏脂质体等。

在实际运用中，被动靶向和主动靶向是研究最为广泛的两种靶向方式。同时，如何将它们结合起来，实现更好的肿瘤靶向性以及治疗效果，是当下的研究热点。

13.3.3　靶向治疗过程中的屏障

人体已经进化出许多策略来攻击和清除进入体内的外来物质（如细菌、病毒、医疗植入物和药物），这给致力于开发癌症纳米诊断材料的纳米技术人员提出了挑战，因为这些材料在到达目标疾病部位之前会被清除。了解生物系统的障碍机制对纳米药物的设计来说至关重要[27]。人体施加的障碍可大致分为生理障碍和细胞障碍两类[28]。

细胞外屏障包括血液、肝脏、脾脏、肾脏、免疫系统，以及阻止血液中异物外渗的屏障。细胞屏障包括细胞膜、内体/溶酶体和细胞内转运。由于血脑屏障（BBB），材料从血液中渗出到达脑瘤尤其困难。

13.3.3.1　细胞外屏障

血液是一种高度复杂的液体，由盐、糖、蛋白质、酶和氨基酸组成，这些物质会破坏纳米粒子(NP)的稳定性，导致聚集和栓塞。此外，血液中含有免疫细胞（如单核细胞），可以识别并清除血液中的异物。纳米粒子必须高度稳定，避免被免疫系统识别，以延长血液半衰期和增加到达肿瘤处的机会。这通常是通过生物相容性聚合物对 NP 表面的钝化来实现的[29]。此外，将治疗药物有效封装在 NP 内部有助于防止酶降解。最后，纳米粒子必须从病变部位的血液中渗出，以实现指定的功能。

13.3.3.2　细胞屏障

一旦纳米粒子(NP)从血液中渗出到肿瘤部位，就必须被癌细胞吸收以提供有效的治疗。细胞膜由一个带负电的磷脂双层膜组成，它将细胞内部与细胞外空间隔开。纳米粒子可以通过细胞膜直接渗透或通过各种形式的内吞作用进入细胞，然后在细胞内转移到目标亚细胞器。对于直接渗透进入细胞膜的方式，可以通过小的疏水分子来实现，但是对于 NP，尺寸更大，通过更困难。将某些穿透细胞的肽附着到 NP 上，可以绕过细胞内吞作用，直接通过细胞膜渗透[27]。

13.3.3.3　血脑屏障

在生理障碍中，由于血脑屏障的作用，纳米药物难以送入大脑。血脑屏障由一层致密的内皮细胞组成，这些细胞紧密连接，防止药物分子被动地积聚到大脑。这是脑癌治疗中的一个重大挑战，因为许多潜在有效的治疗方法无法达到靶向的脑癌细胞。穿过 BBB 的路径包括被动和主动机制[30]。此外，还有一些转运蛋白结合并主动将葡萄糖和氨基酸等小分子传输到大脑中。正确设计的纳米粒子可以利用主动和被动的转运机制进入大脑。

总体来说，由于人体的生理环境非常复杂，药物载体在药物传递和肿瘤治疗过程中的每一个环节都要经受挑战[31]。例如，当纳米载体进入体内，粒子表面的蛋白吸附会促使血浆中的调理素对载体产生特异性调理作用，加之网状内皮系统细胞与载体之间具有非特异性疏水作用，导致粒子团聚并且快速被血液循环清除。为了实现高效的药物传递，药物载体需通过长循环和主动靶向在肿瘤部位蓄积，还要能穿过细胞膜屏障迅速进入细胞质或细胞核，并顺利将 siRNA 或药物输送至细胞内的亚细胞区域，即实现细胞内在化。因此，理想的聚合物纳米药物载体除要具有较高的载药能力、稳定性、生物降解性能和生物相容性外，还要求具备以下性质：①在体内具有较长的循环时间；②能够靶向至病灶区域；③能够高效进入肿瘤组织和细胞；④对药物具有缓释或控释作用。不仅如此，还要能够根据不同的临床治疗需求进行结构和性能优化[32]。

13.3.4　高分子纳米给药载体

与传统基于小分子的治疗手段相比，高分子纳米给药载体对于癌症治疗具有潜在优势，如有效负载能力高、对健康组织的毒性小、对肿瘤选择性和穿透性高，以及抗肿瘤效果好等[33]。高分子纳米给药载体具有较高的分子量和较大的流体力学半径，与小分子药物相比在血液中的循环时间更长，并且能优先在血管壁有漏隙的病灶区域（如梗塞和肿瘤组织中）聚集并保留较长时间。此外，高分子纳米给药载体容易通过分子修饰进行多功能化，以特异性或非特异性作用帮助药物进入细胞，并能控制药物的释放速度，减小药物的毒副作用，提高药物的生物利用度和治疗效果等。而且高分子纳米给药载体本身可以降解为无毒小分子化合物，易于被机体代谢、吸收或排泄。

13.3.4.1 聚合物胶束药物载体

近几十年来，高分子前药[34]、树状大分子[35]、脂质体[36]和聚合物胶束[19]等高分子纳米给药载体得到了广泛而深入的研究，部分剂型已经进入临床阶段和临床前期试验[37]。其中，聚合物胶束作为目前公认的最有潜力的药物载体之一[38]，能够通过分子组装和解组装来实现动态物理化学转变以及载药和释药过程，在药物控释领域具有独特的优势。一旦进入癌细胞，纳米药物会经历一个由细胞内信号触发的稳定性转变，从而释放。对于聚合物-药物偶联物，关键是使用血液稳定但细胞内不稳定的药物连接物，包括对溶酶体酸度有反应的不稳定酸键（如腙、肟或缩醛）、对肿瘤细胞中 GSH 水平升高做出反应的 GSH 敏感二硫键，或胶束的酶裂解键。溶解疏水核是诱导药物快速释放由稳定到不稳定转变的一种直接方法[39]。刺激反应性胶束纳米药物就是针对这种情况而设计的[40]。细胞内的刺激，如溶酶体的 pH、氧化还原梯度和酶，以及外部刺激〔包括温度和光腺苷-5′-三磷酸（ATP）〕、细胞中的能量分子，也被认为是一种过渡的触发因素。Gu 等证明了当系统位于富含 ATP 的微环境中时，含有 DNA 基序的 ATP 适体可以通过构象开关触发插入式阿霉素的释放[41]。类似地，脂质体可以通过诸如 pH、酶、ATP、膜融合变化等触发细胞内解离。

13.3.4.2 聚合物修饰功能纳米粒子

延长纳米载体在体内的循环时间、增加药物在病灶部位的堆积以提高疗效，成为近年来研究的重点。目前普遍采用的方法是通过功能化纳米粒子在表面形成保护外壳，其中最常用的聚合物保护层是聚乙二醇（PEG）[42]。PEG 作为一种亲水性聚合物，具有优异的生物相容性、非抗原性和非免疫原性，可以通过共聚、接枝、偶联或吸附等方式在纳米粒子表面形成亲水外壳，赋予载体抗蛋白吸附功能，即所谓的"隐形"（stealth）功能，以获得长循环纳米载体。将现有的内吞作用、融合以及直接穿膜等用于细胞内化，纳米药物和细胞膜的相互作用是必不可少的。PEG 层由于空间效应的存在，减弱了这种相互作用，从而减缓了纳米药物被细胞吸收的速度。此外，PEG 化纳米药物通常被溶酶体内吞溶解，不能扩散通过溶酶体或破裂溶酶体膜，从而形成溶酶体捕获问题[43]。相反，去 PEG 化的纳米药物消除了交互障碍，可以迅速内部化并破坏溶酶体逃跑。因此，聚乙二醇化/脱聚乙二醇化转变被用来解决所谓的 PEG 困境，即在血液循环中，PEG 层在纳米药物上是稳定的，但在细胞外部位却脱落了[44]。关键是这种可剥离的 PEG 层是 PEG 链和疏水链之间的不稳定连接体，在受到诸如 pH、还原剂、酶等刺激时，该层可裂解。酸触发的 PEG 可剥离纳米药物可通过使用各种 pH 不稳定的连接键（如腙、缩醛、β-硫代丙酸酯、磷酰胺键和不耐酸酰胺）来制备。Torchilin 等开发了基质金属蛋白酶-2（MMP2）敏感的多功能脂质体纳米载体，使用 MMP2 可裂解八肽作为连接物锚定 PEG 链，如图 13-3[45] 所示。细胞膜转导肽（CPP）在循环过程中被密集的 PEG 链所屏蔽，使得脂质体可以实现长效循环；到达肿瘤环境后，在 MMP2 的作用下，八肽断裂，实现脱聚乙二醇化，CPP 就暴露在肿瘤微环境中，实现药物的递送。

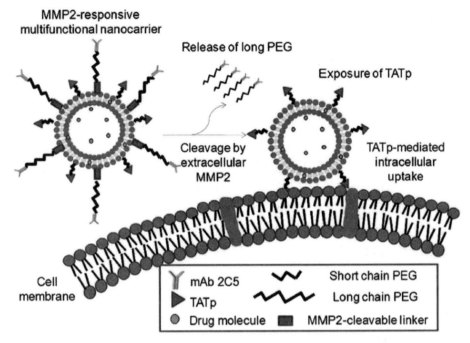

图 13-3　PEG 化/去 PEG 化的高分子纳米载体示意图

13.3.4.3　表面电荷反转

表面电荷可以操纵纳米药物在血液中的隐形特性,同时增强肿瘤中的细胞相互作用[46]。正电荷纳米药物通过 MPS 快速从血液中清除,因此循环时间非常短。与中性纳米药物相比,高负电荷表面(ζ-电位≈40 mV)也会诱导 MPS 清除(ζ-电位≈10 mV)。因此,首先要遮掩血液循环中的负电荷。此外,纳米药物的表面电荷也会影响它们在肿瘤中的穿透性。不带电或者隐形粒子可以很容易地在肿瘤中扩散,而那些带有这两种电荷的粒子在到达肿瘤细胞后,由于致密的细胞外基质形成的静电作用而不可避免地被捕获;正电荷很受欢迎,因为正电荷使纳米药物能够黏附在带负电的细胞膜上,从而引发吸附介导的内吞作用。此外,被内化的纳米药物大多被转移到溶酶体中,在溶酶体中,带正电荷的表面帮助纳米药物逃离溶酶体陷阱。这种表面电荷困境可以通过电荷反转策略来解决。也就是说,从循环过程中的中性状态过渡到肿瘤环境内的带正电荷,使纳米药物能够在循环中隐形地进行肿瘤聚集和肿瘤穿透,同时可以快速内化,逃离溶酶体并瞄准细胞核。这种电荷反转纳米药物是利用不耐酸的 β-羧酸酰胺开发的。当血液中的 β-酰胺类化合物与血液循环中的不稳定羧基结合时,可促进血液循环。另外,通过控制可质子化部分(如氨基和羧基)的质子化/脱质子化比率,两性离子聚合物也可以实现电荷反转。

13.3.4.4　大小转换

纳米药物的大小是影响其血液循环时间和肿瘤积累的重要特性[47]。有研究发现,由于 EPR 效应,直径约为 100 nm 的纳米药物具有更长的血液循环时间和更好的肿瘤积累效应,但这种尺寸对于纳米药物扩散到肿瘤中、在血管外渗部位积累来说太大,这使得纳米药物在肿瘤组织中几乎没有穿透性,以及无法接近远离血管的细胞[48]。传统意义的认知是小药物分子的扩散性更好,在渗出部位释放的药物会扩散得更深,并在肿瘤组织中分布得更均匀。然而，许多小分子药物由于与致密的细胞外基质结合而难以扩散，更不用说由于细胞膜的多药耐药性[49]，它们很难进入细胞内。直径小于 20 nm 的隐形纳米药物能够深入穿透肿瘤，然而纳米药物很可能在血液循环过程中被迅速清除。显然，纳米医学需要一个尺寸转换来解决这个尺寸难题：纳米药物在血室中的尺寸应该在 100 nm 左右，以便长时间循环，但在肿瘤组织中要足够小，以便穿透。例如，Wong 等设计了一种多级纳米颗粒给药系统，是包裹有 10 nm 量子点的 100 nm 明胶纳米颗粒，在肿瘤微环境中，明胶降解后释放出量子点[50]。

如上所述，有效癌症药物递送所需的纳米药物性质已得到广泛研究，并提出了各种设计方案，包括刺激响应或最新的多级纳米系统，表面、稳定性或尺寸转变，以实现更好的治疗效果[51]。然而，如何将这些需求整合到一个系统中，是开发高效纳米药物的关键。因此，对载体材料进行合理设计和优化对于实现高效的药物传递而言具有重要意义，也是科学家们持续探索的目标。

参考文献

[1] 陈莉. 智能高分子材料 [M]. 北京：化学工业出版社，2005.

[2] 张佳毅，刘华钢. PLGA 缓释微球的制备及其缓释性能的研究进展 [J]. 临床合理用药杂志，2019，12(1)：174−175.

[3] 向柄彦，李鹏，柏帆，等. 载万古霉素缓释微球纳米羟基磷灰石/壳聚糖支架联合自体红骨髓可修复慢性骨髓炎兔的骨缺损 [J]. 中国组织工程研究，2019，23(6)：843−848.

[4] Kang M，Kim S，Kim H，et al. Calcium-binding polymer-coated poly(lactide-co-glycolide) microparticles for sustained release of quorum sensing inhibitors to prevent biofilm formation on hydroxyapatite surfaces [J]. ACS Applied Materials & Interfaces，2019，11(8)：7686−7694.

[5] Gallis D F S，Butler K S，Agola J O，et al. Antibacterial countermeasures via metal-organic framework supported sustained therapeutic release [J]. ACS Applied Materials & Interfaces，2019，11(8)：7782−7791.

[6] Contardi M，Heredia-Guerrero J A，Guzman-Puyol S，et al. Combining dietary phenolic antioxidants with polyvinylpyrrolidone：transparent biopolymer films based on p-coumaric acid for controlled release [J]. Journal of Materials Chemistry B Materials for Biology，2019，7(9)：1384−1396.

[7] de Silva R T，Dissanayake R K，Mantilaka M M M G P G，et al. Drug-loaded halloysite nanotube-reinforced electrospun alginate-based nanofibrous scaffolds with sustained antimicrobial protection [J]. ACS Applied Materials & Interfaces，2018，10(40)：33913−33922.

[8] Fosgerau K，Hoffmann T. Peptide therapeutics：current status and future directions [J]. Drug Discov Today，2015，20(1)：122−128.

[9] Kim S，Kim J，Gajendiran M，et al. Enhanced skull bone regeneration by sustained release of BMP-2 in interpenetrating composite hydrogels [J]. Biomacromolecules，2018，19(11)：4239−4249.

[10] Chen X，Wu W，Guo Z，et al. Controlled insulin release from glucose-sensitive self-assembled multilayer films based on 21-arm star polymer [J]. Biomaterials，2011，32(6)：1759−1766.

[11] Sanborn T J，Messersmith P B，Barron A E. In situ crosslinking of a biomimetic peptide-PEG hydrogel via thermally triggered activation of factor XIII [J]. Biomaterials，2002，23(13)：2703−2710.

［12］ Saito G, Swanson J A, Lee K D. Drug delivery strategy utilizing conjugation via reversible disulfide linkages: role and site of cellular reducing activities ［J］. Advanced Drug Delivery Reviews, 2003, 55(2): 199—215.

［13］ Bulmus V, Woodward M, Lin L, et al. A new pH-responsive and glutathione-reactive, endosomal membrane-disruptive polymeric carrier for intracellular delivery of biomolecular drugs ［J］. Journal of Controlled Release, 2003, 93(2): 105—120.

［14］ Koo A N, Lee H J, Kim S E, et al. Disulfide-cross-linked PEG-poly(amino acid)s copolymer micelles for glutathione-mediated intracellular drug delivery ［J］. Chemical Communications, 2008 (48): 6570—6572.

［15］ Li X, Xie C, Xia H, et al. pH and ultrasound dual-responsive polydopamine-coated mesoporous silica nanoparticles for controlled drug delivery ［J］. Langmuir, 2018, 34(34): 9974—9981.

［16］ Li X, Wang Z, Xia H. Ultrasound reversible response nanocarrier based on sodium alginate modified mesoporous silica nanoparticles ［J］. Frontiers in Chemistry, 2019, 7: 59.

［17］ Lee H, Wu W, Oh J K, et al. Light-induced reversible formation of polymeric micelles ［J］. Angewandte Chemie(International Edition), 2007, 46(14): 2453—2457.

［18］ Sun W, Wen Y, Thiramanas R, et al. Red-light-controlled release of drug-Ru complex conjugates from metallopolymer micelles for phototherapy in hypoxic tumor environments ［J］. Advanced Functional Materials, 2018: 1804227.

［19］ Mikhail A S, Allen C. Block copolymer micelles for delivery of cancer therapy: transport at the whole body, tissue and cellular levels ［J］. Journal of Controlled Release, 2009, 138(3): 214—223.

［20］ Rapoport N. Physical stimuli-responsive polymeric micelles for anti-cancer drug delivery ［J］. Progress in Polymer Science, 2007, 32(8—9): 962—990.

［21］ Yokoyama M. Drug targeting with nano-sized carrier systems ［J］. Journal of Artificial Organs, 2005, 8(2): 77—84.

［22］ Peer D, Karp J M, Hong S, et al. Nanocarriers as an emerging platform for cancer therapy ［J］. Nat Nanotechnol, 2007, 2(12): 751—760.

［23］ Bae Y H. Drug targeting and tumor heterogeneity ［J］. Journal of Controlled Release, 2009, 133(1): 2—3.

［24］ Low P S, Henne W A, Doorneweerd D D. Discovery and development of folic-acid-based receptor targeting for Imaging and therapy of cancer and inflammatory diseases ［J］. Accounts of Chemical Research, 2008, 41(1): 120—129.

［25］ Gabizon A, Shmeeda H, Horowitz A T, et al. Tumor cell targeting of liposome-entrapped drugs with phospholipid-anchored folic acid-PEG conjugates ［J］. Advanced Drug Delivery Reviews, 2004, 56(8): 1177—1192.

［26］ Xiong X B, Huang Y, Lu W L, et al. Enhanced intracellular uptake of sterically stabilized liposomal doxorubicin in vitro resulting in improved antitumor activity in vivo ［J］. Pharmaceutical Research, 2005, 22(6): 933—939.

［27］ Kievit F M, Zhang M. Cancer nanotheranostics: improving imaging and therapy by targeted delivery across biological barriers ［J］. Advanced Materials, 2011, 23(36): H217—H247.

［28］ Kievit F M, Zhang M Q. Surface engineering of iron oxide nanoparticies for targeted cancer therapy ［J］. Accounts of Chemical Research, 2011, 44(10): 853—862.

［29］ Fang C, Bhattarai N, Sun C, et al. Functionalized nanoparticles with long-term stability in biological media [J]. Small, 2009, 5(14): 1637—1641.

[30] Abbott N J, Ronnback L, Hansson E. Astrocyte-endothelial interactions at the blood-brain barrier [J]. Nature Reviews Neuroscience, 2006, 7(1): 41—53.

[31] Riehemann K, Schneider S W, Luger T A, et al. Nanomedicine-challenge and perspectives [J]. Angewandte Chemie International Edition, 2009, 48(5): 872—897.

[32] Gref R, Minamitake Y, Peracchia M T, et al. Biodegradable long-circulating polymeric nanospheres [J]. Science, 1994, 263(5153): 1600—1603.

[33] Blanco E, Kessinger C W, Sumer B D, et al. Multifunctional micellar nanomedicine for cancer therapy [J]. Experimental Biology & Medicine, 2009, 234(2): 123—131.

[34] Zhu S, Qian L, Hong M, et al. RGD-modified PEG-PAMAM-DOX conjugate: in vitro and in vivo targeting to both tumor neovascular endothelial cells and tumor cells [J]. Advanced Materials, 2011, 23(12): H84—H89.

[35] Nanjwade B K, Bechra H M, Derkar G K, et al. Dendrimers: emerging polymers for drug-delivery systems [J]. European Journal of Pharmaceutical Sciences, 2009, 38(3): 185—196.

[36] Torchilin V P. Recent advances with liposomes as pharmaceutical carriers [J]. Nature Reviews Drug Discoveryery, 2005, 4(2): 145—160.

[37] Duncan R. The dawning era of polymer therapeutics [J]. Nature Reviews Drug Discoveryery, 2003, 2(5): 347—360.

[38] Kataoka K, Harada A, Nagasaki Y. Block copolymer micelles for drug delivery: design, characterization and biological significance [J]. Advanced Drug Delivery Reviews, 2001, 47(1): 113—131.

[39] Caliceti P, Veronese F M. Pharmacokinetic and biodistribution properties of poly(ethylene glycol)-protein conjugates [J]. Advanced Drug Delivery Reviews, 2003, 55(10): 1261—1277.

[40] Gabizon A, Shmeeda H, Barenholz Y. Pharmacokinetics of pegylated liposomal doxorubicin: review of animal and human studies [J]. Clinical Pharmacokinetics, 2003, 42(5): 419—436.

[41] Mo R, Jiang T Y, DiSanto R, et al. ATP-triggered anticancer drug delivery [J]. Nature Communications, 2014, 5: 10.

[42] Karakoti A S, Das S, Thevuthasan S, et al. PEGylated inorganic nanoparticles [J]. Angewandte Chemie(International Edition), 2011, 50(9): 1980—1994.

[43] Savic R, Luo L B, Eisenberg A, et al. Micellar nanocontainers distribute to defined cytoplasmic organelles [J]. Science, 2003, 300(5619): 615—618.

[44] Sun Q H, Zhou Z X, Qiu N S, et al. Rational design of cancer nanomedicine: nanoproperty integration and synchronization [J]. Advanced Materials, 2017, 29(14): 18.

[45] Zhu L, Kate P, Torchilin V P. Matrix metalloprotease 2-responsive multifunctional liposomal nanocarrier for enhanced tumor targeting [J]. ACS Nano, 2012, 6(4): 3491—3498.

[46] Lee H, Hoang B, Fonge, H, et al. In vivo distribution of polymeric nanoparticles at the whole-body, tumor, and cellular levels [J]. Pharmaceutical Research, 2010, 27(11): 2343—2355.

[47] Chiantore O, Guaita M, Trossarelli L. Solution properties of poly(N-methyl acrylamide) [J]. Die Makromolekulare Chemie, 1979, 180(8): 2019—2021.

[48] Tomida A, Tsuruo T. Drug resistance mediated by cellular stress response to the microenvironment of solid tumors [J]. Anti-Cancer Drug Design, 1999, 14(2): 169—177.

[49] Gottesman M M, Fojo T, Bates S E. Multidrug resistance in cancer: role of ATP-dependent transporters [J]. Nature Reviews Cancer, 2002, 2(1): 48—58.

［50］ Wong C，Stylianopoulos T，Cui J A，et al. Multistage nanoparticle delivery system for deep penetration into tumor tissue ［J］. PNAS，2011，108(6)：2426－2431.

［51］ Godin B，Tasciotti E，Liu X W，et al. Multistage nanovectors：from concept to novel imaging contrast agents and therapeutics ［J］. Accounts of Chemical Research，2011，44(10)：979－989.

第四部分
生物材料研究的前沿问题和对策

第 14 章　生物相容性问题

20 世纪中叶，得益于高分子材料的迅速崛起，生物材料也得到蓬勃发展，应用范围迅速扩大，几乎深入医学的各个领域。然而，相较于几百万种材料产品，可用作生物材料的不到 100 种，其中一个重要的原因是生物材料不仅要具有一般材料的物理、化学性能，而且要具备特殊的生理功能和良好的生物相容性，这是确保生物材料临床应用安全可靠的重要条件[1-2]。

随着临床医学技术的不断发展，生物相容性的含义也在不断变化。一般而言，生物相容性是指材料在生物体内与周围环境的相互适应性，也可理解为宿主与材料之间的相互作用程度，可分为组织相容性与血液相容性两大类。近年来，从临床角度，也有学者将材料的免疫相容性从组织相容性的范畴单独列出，作为生物相容性的第三大类。它们之间的联系十分密切，但内容又各有侧重。不同用途的医疗用品对材料的性能要求也有差别。例如，血液透析用膜材料应重点考察材料的血液相容性，即材料与血液的相互作用。而长期植入体内的替换或修复材料，要求的组织相容性、血液相容性以及材料的免疫相容性是缺一不可的[2]。

14.1　生物材料研究的思维和策略

生物安全性是生物材料在设计和使用过程中首先要考虑的问题。对生物相容性的研究，即评价生物材料与机体组织间的相互作用。最开始，对生物材料生物相容性的评价标准是，与人体接触的材料是否引起组织和血液的不良反应。随着临床医学与材料科学领域技术的不断发展，生物材料与生物相容性的定义也在发生改变，从最早认为的生物材料必须是生物惰性材料，发展到研究与开发能够有利于生物学反应的生物活性材料。

14.1.1　材料改性

生物材料在使用过程中会面临各种各样的问题，为了满足需求，应对生物材料进行改性，一般通过本体改性、物理共混及表面改性等方法来实现。

本体改性(bulk modification)是通过各种化学方式直接对基体材料进行改性，再将改性后的分子制备成材料。例如，血液净化用膜材料本体改性的主要方法有磺化和羧基化两种。磺化是将磺酸基团以取代基的形式引入膜基体材料分子上的化学改性方法，通常通过氯磺酸和发烟硫酸联用，在冰水浴中进行。由于磺酸基团的引入，磺化改性后膜材料的亲水性得到提高、凝血时间延长、血小板数量降低、凝血因子和血液相关补体激活减弱，血液相容性大大提高。类似的，羧基化是指在膜材料分子上引入羧酸基团。羧基化的方式有很多种，其中大部分采用间接的方法引入，例如通过乙酰化反应和氧化反应可以相对轻松地对血液净化用膜材料进行改性。在透析过程中，改性膜材料上的羧酸基团易与人体血液中的钙离子螯合，清除血液中相关的凝血因子，延长凝血时间。因此，改性后的膜材料在血液净化领域的应用更加广泛。对于本体改性而言，功能化基团在所制备改性生物材料中的分布相对均匀，整体性能稳定，但是合成条件及要求较高，所引入的官能团单一，步骤烦琐。

物理共混（physical blending）是指将几种功能性材料通过物理方式混合均匀，再对均匀的混合物进行成型加工。共混是最为常用、最容易实现工业化的一种材料改性方法，其操作简单，制备成型后几乎不需要后处理，但是共混的聚合物需要与基材有良好的相容性；相容性不好会对成型后的结构有所破坏，影响功能性。以常用的血液净化用聚醚砜膜为例，由于聚醚砜具有一定的疏水性质，将聚乙烯吡咯烷酮（PVP）这一类亲水性聚合物与聚醚砜共混，两者的相容性较差，在成膜过程中PVP会析出，因而需要通过合成相应的两亲性嵌段共聚物来对血液净化用膜材料进行共混改性。将不同性能的聚合物进行共混，能有效提高膜材料的亲水性、生物相容性和毒素清除能力。

表面改性（surface modification）是指在保持生物材料产品原性能的前提下，通过一定技术手段使材料表面的特征发生变化，以此赋予材料表面新性能。因为任何生物材料与周围组织首先接触的是材料的表面，其改性格外重要。改性的主要方法包括表面接枝、表面涂覆等。表面接枝改性是将带有功能基团的单体溶于液相，在固相表面进行非均相反应，通过表面自由基聚合引发、热引发、紫外光引发、高能辐射（γ射线或电子束等）引发以及等离子体引发等形式进行。表面接枝的材料的厚度与改性前相近，且比较均匀，几乎没有改变基底材料的原性能。表面涂覆是利用表面涂覆剂和膜材料表面的亲和力使试剂吸附在膜表面，然后通过化学反应形成涂覆层的过程，通常用偶联剂、高级脂肪酸、高级胺盐、有机低聚物等作为表面涂覆剂。此类表面涂覆可以获得较薄的涂覆层，并且结合紧密，但涂覆层厚度的均匀性仍有待提高。总体而言，表面改性方法更加直接、简易，同时由于表面改性可选择的途径很多，能引入的功能性官能团种类多，改性后的材料表面性能更加多元化，适用于生物材料的各个领域。

14.1.2 仿生策略

自然界在长期的进化演变过程中形成了具有完美结构组织形态和独特优异性能的生物材料，如哺乳动物的牙床、骨骼以及软体动物的壳等。这些结构主要由有机大分子（蛋白质、多糖、脂类）自组装形成的预组织体提供模板，经过分子识别无机分子在其上沉积而形成。从形态学和力学的观点来看，生物的结构和功能是极其复杂的。受大自然的启发，通过分子自行组装行为构建生物材料的仿生结构，将为生物材料的仿生设计和仿生制备提供广阔的前景。

仿生材料科学将材料科学、生命科学、仿生学相结合，对于推动材料科学的发展具有重大意义。仿生学在材料科学中的分支称为仿生材料学，是从分子水平上研究生物材料的结构特点、构效关系，仿照生命系统的运行模式和生物材料的结构规律而设计制造人工材料的一门新兴学科，是化学、材料学、生物学、物理学等学科的交叉。仿生分为力学仿生、机械仿生、化学仿生、信息与控制仿生等。目前，仿生材料研究的热点包括天然纤维仿生、生物矿化仿生、表面仿生、组织工程和人工器官等。

在骨组织工程支架领域，单纯的材料支架往往难以获得满意的综合力学性能。同时，支架植入后，需要与周围的骨组织产生良好的键合从而紧密结合。因此，构建具有优良骨传导性和机械性能的复合支架已成为骨组织工程仿生支架研究的重要方向，其模拟天然骨组织的有机/无机复合材料的天然特性，将生物矿化的机理引入材料的制备过程，从而制备出具有独特微细结构特点的复合材料。比如在体外模拟机体环境，以基质材料为模板，通过表面修饰、引入负电荷基团等，在其表面形成无机矿化物，并控制无机矿化物的形成过程及组分；或者在高分子支架中引入类似于天然骨的无机成分。

14.2　血液相容性及对策

材料表面和血液接触时会出现各种各样的生物学反应，如蛋白吸附、补体和凝血系统激活、血小板黏附和激活、溶血反应、炎性反应和细胞黏附等。例如聚丙烯腈膜、聚砜膜、聚醚砜膜以及聚乙烯膜等血液净化用膜材料，由于具有一定的疏水性，容易与两亲性蛋白分子发生黏附，进而导致膜孔堵塞，使有效通量降低。因此，要求材料具有一定的血液相容性。

14.2.1　材料表面亲水-疏水改性

蛋白的吸附会引发一系列凝血路径，导致凝血。对于亲水改性的生物材料来说，吸水后会在材料表面形成亲水层，阻止蛋白在材料表面的不可逆吸附。除了对生物材料表面进行亲水改性，疏水改性可赋予生物材料超低表面能，有效降低生物材料表面对血液成分的吸附能力，尤其是防止血小板在材料表面的黏附，从而改善生物材料的血液相容性[3-5]。

14.2.2　微相分离结构改性

影响生物材料血液相容性的因素除有材料表面的化学结构外，还有表面的拓扑结构，如宏观形态、尺寸、表面形貌等。

当亲水和疏水的蛋白质被吸附于不同的微相区间时，不会激活血小板表面的糖蛋白，血小板的特异识别功能表现不出来。如在材料表面接枝嵌段共聚物，其软段可以为聚醚、聚丁二烯、聚二甲基硅氧烷等，形成连续相；硬段可以为脲基和氨基甲酸酯基等，形成分散相[6]。这些具有微相分离结构的材料具有比较好的血液相容性。

14.2.3 材料表面肝素/类肝素化

材料与血液接触时，会在材料的表面或界面产生相互作用。目前还没有找到一种可完全替代血管内皮的具有理想血液相容性的材料，并且很多材料即使是使用本体基材，也需要添加一些药物分子来维持工作，如血液透析中肝素的使用。临床上为了防止凝血，通常会在血液透析系统中加入肝素作为抗凝剂。研究发现，肝素分子上特有的官能团如磺酸基、羧基等，以及肝素分子的构象变化，能够与凝血因子进行特异性反应，有效防止凝血的发生。受此启发，赋予膜材料抗凝性能是改善膜材料血液相容性的一个重要思路[7-9]。

从模拟肝素的功能基团出发，模拟实现肝素较好的抗凝血及其他性能，是研究类肝素聚合物的一个重要方向。García-Fernández 等合成了一类含有磺酸基团的聚丙烯酸衍生物，这种类肝素聚合物可以很好地模拟肝素结合生长因子的能力，促进细胞的生长和增殖。Rouet 等合成了一种类肝素聚合物以模拟肝素的生物学性能，并将其命名为 RGTA。实验结果显示，RGTA 可以诱导组织修复并增强生长因子的结合能力，副作用较小，适用于再生医学领域。

由于特定的抗凝血活动，预计将肝素/类肝素固定在血液接触膜表面时能发挥类似于肝素的作用，在界面上形成"TAT 复合体"（凝血酶-抗凝血酶Ⅲ复合物），然后释放到血液中，达到抗凝血的效果。因为从原理上来说，肝素的生物活性可以在很长一段时间内得到保持，使其在一个循环中发挥作用。因此，表面的肝素化可能成为抗凝血和血液相容性修饰的理想策略。

模仿肝素和类肝素的功能化表面的最终目的是实现有利的生物相容性或特定的生物活性（如抗血栓形成能力、低血成分激活、有限的细胞毒性等）以及良好的细胞行为调节，从而使获得的人造膜（无论是短期的还是长期的）更适合于与血液、活组织和器官接触。

14.2.4 表面仿生物膜结构

磷脂双分子层是细胞共有的结构，这种结构具有天然的生物相容性，不黏附蛋白，也不改变蛋白的构象[10]。Nakabayashi 为磷脂化高分子研究的先驱者，于 1978 年合成了含甲基丙烯酸-2-磷脂酰胆碱乙酯（MPC，结构见图 14-1）的聚合物。Nakaya 及其合作者开发了一系列磷脂化聚氨酯材料，主要是将含磷脂结构的二元醇 DIOL-1 和 DIOL-2（结构见图 14-1）作为聚氨酯的扩链剂，从而将磷脂酰胆碱衍生物基团引入高分子主链[11]。所得的磷脂化高分子材料具有良好的血液相容性，但机械强度很低。Yung 和 Cooper 采用甘油磷脂酰胆碱 GPC（结构见图 14-1）作扩链剂合成聚氨酯，其血液相容性优良，但吸水性强[12]。

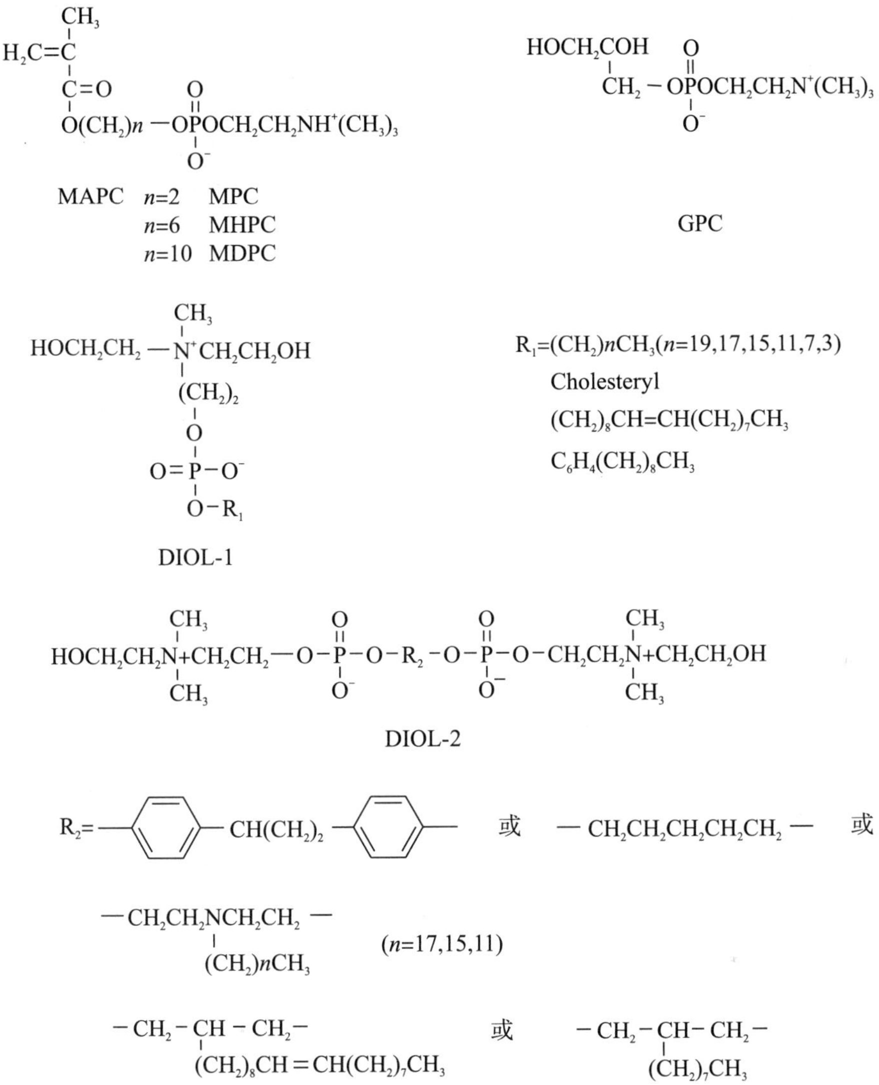

$$
\begin{array}{l}
\text{CH}_3\\
\text{H}_2\text{C}=\text{C}\\
\text{C}=\text{O}\qquad\text{O}\\
\text{O(CH}_2)n-\text{OPOCH}_2\text{CH}_2\text{NH}^+(\text{CH}_3)_3\\
\qquad\qquad\text{O}^-
\end{array}
$$

MAPC　n=2　MPC
　　　　n=6　MHPC
　　　　n=10　MDPC

$$
\begin{array}{l}
\text{HOCH}_2\text{COH}\qquad\text{O}\\
\text{CH}_2-\text{OPOCH}_2\text{CH}_2\text{N}^+(\text{CH}_3)_3\\
\qquad\qquad\text{O}^-
\end{array}
$$

GPC

$$
\begin{array}{l}
\qquad\qquad\text{CH}_3\\
\text{HOCH}_2\text{CH}_2-\text{N}^+\text{CH}_2\text{CH}_2\text{OH}\\
\qquad\qquad(\text{CH}_2)_2\\
\qquad\qquad\text{O}\\
\text{O}=\text{P}-\text{O}^-\\
\qquad\text{O}-\text{R}_1
\end{array}
$$

DIOL-1

$R_1=(CH_2)nCH_3(n=19,17,15,11,7,3)$
Cholesteryl
$(CH_2)_8CH=CH(CH_2)_7CH_3$
$C_6H_4(CH_2)_8CH_3$

$$
\begin{array}{l}
\qquad\qquad\text{CH}_3\qquad\text{O}\qquad\qquad\text{O}\qquad\qquad\text{CH}_3\\
\text{HOCH}_2\text{CH}_2\text{N}+\text{CH}_2\text{CH}_2-\text{O}-\text{P}-\text{O}-\text{R}_2-\text{O}-\text{P}-\text{O}-\text{CH}_2\text{CH}_2\text{N}+\text{CH}_2\text{CH}_2\text{OH}\\
\qquad\qquad\text{CH}_3\qquad\text{O}^-\qquad\qquad\text{O}^-\qquad\qquad\text{CH}_3
\end{array}
$$

DIOL-2

$R_2=$ —[ ]—CH(CH₂)₂—[ ]—　或　—CH₂CH₂CH₂CH₂CH₂—　或

$$
\begin{array}{l}
-\text{CH}_2\text{CH}_2\text{NCH}_2\text{CH}_2-\\
\qquad\quad(\text{CH}_2)n\text{CH}_3
\end{array}
\qquad (n=17,15,11)
$$

$$
\begin{array}{l}
-\text{CH}_2-\text{CH}-\text{CH}_2-\\
\qquad(\text{CH}_2)_8\text{CH}=\text{CH}(\text{CH}_2)_7\text{CH}_3
\end{array}
\qquad\text{或}\qquad
\begin{array}{l}
-\text{CH}_2-\text{CH}-\text{CH}_2-\\
\qquad\quad(\text{CH}_2)_7\text{CH}_3
\end{array}
$$

图 14-1　含磷脂结构的丙烯酸酯[10]和二元醇[11-12]

　　上述文献报道的磷脂化高分子生物材料都具有良好的血液相容性，但材料的湿强度都不高，原因是磷脂结构具有强亲水性，在高分子链中引入磷脂结构后材料的吸水率升高，导致材料强度下降。谭鸿等将含氟碳链磷脂的二元醇作为聚氨酯的扩链剂合成了含氟碳磷脂侧链的聚氨酯。由于氟碳链的疏水性和表面活性，在材料成型的空气介质中，氟碳链向表面迁移，将磷脂结构带到次表面；在水相环境中，亲水的磷脂倾向于朝向水相排列，于是磷脂链结构发生翻转，形成类生物膜的表面结构，表现出良好的抗蛋白黏附和抗血小板黏附性能。这种聚氨酯材料在磷含量为 0.35％的情况下，吸水率只有 1.7％，而拉伸强度可以达到 35 MPa[13]。

14.2.5　表面内皮化

　　血管内皮细胞被认为是一种完美的血液相容性表面，因此血管内皮化被认为是一种理想的制备具有血液相容性材料的方法。材料表面内皮化是指血液净化用膜的表面再生或者模拟血管内皮细胞的功能。内皮细胞由一层附着在基底膜上的内皮细胞层组成,这些细胞赋予内皮细胞一些基本功能,包括对信息、血栓形成和纤溶系统的调节。在血栓形成方面,内皮化的作用包括释放抗凝血糖胺聚糖(主要是肝素)、一氧化氮,以及抗凝。通过释放 t-PA(组织型纤溶酶原激活物)和 u-PA(尿激酶型纤溶酶原激活物),内皮细胞也促进了纤维蛋白的溶解。而设计具有血管内皮功能的材料,以内皮细胞层作为血液接触面,这种策略称为表面内皮化,也可以看作一项组织工程领域研究,其更强调细胞生物学,而不是材料化学[14]。

广泛地说,这些材料有三种类型:①在基材上固定和培养血管内皮细胞(EC),称为血管内皮细胞的"播种"或"固定",往往能形成细胞对基材的完全(合流)覆盖;②基材的设计是为了鼓励 EC 从邻近的组织转移到基板上黏附,适用于血管移植的情况;③基材被设计成从血液中获取内皮祖细胞(EPC),并促进 EPC 分化为功能正常的 EC,实现材料表面的血管内皮化[15]。

14.3　组织相容性及对策

组织相容性要求生物材料在植入体内与组织、细胞接触后无任何不良反应。当医用材料与装置植入体内某一部位时,局部的组织对异物的反应属于一种防御性应答反应。组织相容性包括细胞黏附性、无抑制细胞生长性、细胞激活性、抗细胞原生质转化性、抗炎性、无抗原性、无致癌性和无致畸性。近年来,研究人员通过组织工程技术将生理活性物质(如酶、多糖、抗体、抗原、激素等)或具有高度功能分化的细胞与人工材料复合在一起,制备生物体组织和器官代用品[16]。

组织工程的研究范围几乎覆盖所有的人工器官和组织。目前组织工程化组织的形成有两种路线:一是将活性功能细胞与支架材料复合,在体外经过一定时间的培养后形成成熟的生物组织,然后植入体内修复或替代病变组织或器官。二是将活性功能细胞与支架材料在体外进行短时间培养,使细胞紧密黏附在支架材料上,实现细胞的分化与增殖,培养一周左右后植入体内,使其在正常的生物学环境下逐渐发育成形态、功能和力学状态能代替原有组织的新组织。目前应用比较成功的包括软组织工程、骨组织工程、皮肤组织工程、韧带组织工程等。对组织工程支架材料来说,最重要的是具有促进组织或器官再生的功能。此外,还要求材料具有多孔性、良好的生物相容性、良好的生物机械性能、合适的生物降解性、良好的可塑性以及安全可靠的灭菌方法[2,17]。

14.3.1　化学结构相容材料

理论上,和人体化学结构相似的材料具有更好的生物相容性。因此,选用与人体化学结构相似的物质来制备材料是一个比较好的思路,对于可降解聚合物的设计尤其如此。利用氨基酸制备可降解材料有明显优势,其降解产物没有毒性,可以参与人体代谢。张曙光等合成了一系列自组装短肽,代表性的结构有直链十六肽(RARADADA)₂和

(KAEA)₄，前者简记为RAD16-Ⅱ，后者简记为KAE16-Ⅰ。这些多肽由带正负电荷(精氨酸 R 和赖氨酸 K 带正电荷，天冬氨酸 D 带负电荷)的氨基酸残基和电中性的疏水丙氨酸残基 A 交替排列组成；多肽链上的电荷也是交替排列的。RAD16-Ⅱ是两个正电荷两个负电荷交替排列，KAE16-Ⅰ是正负电荷交替排列。由于静电作用和疏水作用，这种多肽在生理 pH 条件下可以自组装成直径约 10 nm 的纤维，并相互搭接形成孔径为 100~150 nm 的多孔纤维状材料。这种多孔纤维状材料的孔隙中充满了水，含水量可高达 98.0%~99.5%，能为细胞提供一种三维生长微环境，促进多种细胞的生长和增殖。据报道，该材料在创伤修复、神经修复等方面有良好的应用前景[18−19]。

14.3.2　组织诱导材料

正如第 5 章所述，羟基磷灰石(HA)的多孔材料(孔径大于 $100~\mu m$，孔相互连通)具有骨诱导性，多孔的聚合物材料(孔径为 $30~40~\mu m$，孔相互连通)可以诱导组织长入和血管化，这些现象导致组织诱导性生物材料的提出。

理想的生物材料能够诱导组织长入，然后材料逐渐消失(材料降解)；或者能够诱导血管化的组织长入材料中(材料不降解)，材料和血管化组织之间有机结合(对于生物惰性植入材料，其周围无纤维囊包裹，无长期炎症反应)。这两种情况都是生物材料研究者追求的目标。要设计这样的理想材料，可从以下三个方面入手：①材料的化学结构尽量和所代替的组织相似；②材料的力学性能和所代替的组织尽量匹配；③材料植入后应尽量创造一个有利于组织生长的微环境。要达到这些要求，特别是第三条，需要充分掌握材料所代替组织的解剖结构、生理功能、力学性能以及组织再生的分子生物学信号系统。由于人体组织中含有神经和血管，所以组织再生应包含血管和神经的再生。目前，对组织再生和组织发育的生物学机制的研究尚不完善，这就造成了材料设计的困难。

Ratner 提出生物相容性(biocompatibility)的概念：材料在植入部位启动和引导正常创伤修复、重建或者组织整合的能力[20]。而传统的材料在体内行使功能的能力用生物耐受性(biotolerability)表示，概念为：材料在体内存在较长时间且只引起低的炎性反应的能力。目前，临床使用的大部分材料都是只具有生物耐受性。具有生物相容性的材料或制品应该能和人体组织无缝整合为一个血管化的没有纤维包囊的整体，能与活组织完全相容。基于此，Ratner 提出了生物相容性指数(B)来定量描述生物相容性：

$$B=A \cdot \frac{1}{C_T} \cdot \frac{1}{C_D} \cdot M \cdot \frac{M_2}{M_1} \cdot O \tag{14−1}$$

式中，A 为血管化参数(毛细血管密度)，C_T 为组织纤维囊厚度，C_D 为纤维囊中的胶原纤维密度，M 为巨噬细胞数量，M_2/M_1 是 M2 型极化巨噬细胞和 M1 型极化巨噬细胞的比值，O 代表其他细胞或者其他复杂因素的影响。由式(14−1)可知，材料周围血管密度越大、纤维囊越薄、纤维囊中胶原含量越少、M2 型极化巨噬细胞所占的比例越大，材料的生物相容性越好。

随着对组织修复和再生机理认识的加深，在不久的将来制备出具有完全组织相容性的材料是可能的。

参考文献

[1] 赵长生. 生物医用高分子材料 [M]. 北京：化学工业出版社，2009.

[2] 周长忍. 生物材料学 [M]. 北京：中国医药科技出版社，2004.

[3] Sun T，Tan H，Han D，et al. No Platelet can adhere-largely improved blood compatibility on nanostructured superhydrophobic surfaces [J]. Small，2005，1(10)：959−963.

[4] Yao X，Song Y，Jiang L，Applications of bio-inspired special wettable surfaces [J]. Advanced Materials，2011，23(6)：719−734.

[5] Jokinen V，Kankuri E，Hoshian S，et al. Superhydrophobic blood-repellent surfaces [J]. Advanced Materials，2018，30(24)：1705104.

[6] Gogolides E，Ellinas K，Tserepi A J M E. Hierarchical micro and nano structured，hydrophilic，superhydrophobic and superoleophobic surfaces incorporated in microfluidics，microarrays and lab on chip microsystems [J]. Microelectronic Engineering，2015，132：135−155.

[7] Ma L，Qin H，Cheng C，et al. Mussel-inspired self-coating at macro-interface with improved biocompatibility and bioactivity via dopamine grafted heparin-like polymers and heparin [J]. Journal of Materials Chemistry B：Materials for Biology and Medicine，2014，2(4)：363−375.

[8] Cheng C，Sun S，Zhao C. Progress in heparin and heparin-like/mimicking polymer-functionalized biomedical membranes [J]. Journal of Materials Chemistry B：Materials for Biology and Medicine，2014，2(44)：7649−7672.

[9] Yayon A，Klagsbrun M，Esko J D，et al. Cell surface，heparin-like molecules are required for binding of basic fibroblast growth factor to its high affinity receptor [J]. Cell，1991，64(4)：841−848.

[10] Iwasaki Y，Sawada S I，Nakabayashi N，et al. The effect of the chemical structure of the phospholipid polymer on fibronectin adsorption and fibroblast adhesion on the gradient phospholipid surface [J]. Biomaterials，1999，20：2185−2191.

[11] Nakaya T，Li Y J. Phospholipid polymers [J]. Progress in Polymer Science，1999，24：143−181.

[12] Yung L L，Cooper S L. Neutrophil adhension on phosphorylcholine-containing polyurethanes [J]. Biomaterials，1998，19：31−40.

[13] 谭鸿. 新型生物医用聚氨酯的合成、结构与性能研究 [D]. 成都：四川大学，2004.

[14] 冯亚凯，郭锦堂，肖若芳. 催化内源 NO 前体释放 NO 的纳米纤维人工血管及制备方法：CN101703802A [P]. 2010−05−12.

[15] Liu X，Yuan L，Li D，et al. Blood compatible materials：state of the art [J]. Journal of Materials Chemistry B：Materials for Biology and Medicine，2014，2(35)：5718−5738.

[16] Hollister S J. Porous scaffold design for tissue engineering [J]. Nature Materials，2005，4(7)：518−524.

[17] 彭坤，李婧，王斯睿，等. 可降解血管支架结构设计及优化的研究进展 [J]. 中国生物医学工程学报，2019，38(3)：367−374

[18] Zhang S G. Self-assembling peptides：from a discovery in a yeast protein to diverse uses and beyond [J]. Protein Science，2020，29：2281−2303.

[19] Koutsopoulos S，Zhang S G. Long-term three-dimensional neural tissue cultures in functionalized

self-assembling peptide hydrogels，Matrigel and Collagen Ⅰ ［J］. Acta Biomaterialia，2013，9：5162－5169.

［20］ Ratner B D. A pore way to heal and regenerate：21st century thinking on biocompatibility ［J］. Regenerative Biomaterials，2016，3(2)：107－110.

第 15 章　再生医学

再生医学是指利用生物学及工程学的理论方法创造丢失或功能损害的组织和器官，使其具备正常组织和器官的结构和功能。再生医学是应用生命科学、材料科学、临床医学、计算机科学和工程学等学科的原理和方法，研究和开发用于替代、修复、重建或再生人体各种组织器官的理论和技术的新兴学科和前沿交叉领域。再生医学的诞生标志着医学将步入重建、再生、"制造"、替代组织器官的新时代，这也为人类面临的大多数医学难题带来了新的希望，如心血管疾病、自身免疫性疾病、糖尿病、恶性肿瘤、阿尔兹海默病、帕金森病、先天性遗传缺陷等疾病和各种组织器官损伤的治疗。再生医学的内涵已不断扩大，包括组织工程、细胞和细胞因子治疗、基因治疗和微生态治疗等。随着干细胞、组织工程等研究的不断深入，再生医学这门新兴学科将引领一场影响深远的医学革命。美国生物学家、诺贝尔奖得主 Gilbert 曾预言："用不了 50年，人类将能够培育出人体所有器官。"

图 15-1 中列举了组织再生的不同途径[1]，每一种途径在不同的情况下都有其优点。在大多数情况下，自然再生途径是医学上最理想的途径，但鉴于实际损伤或患病区域的严重程度，可能并不可行。例如，针对脊髓损伤的干细胞治疗方案，现在认为干细胞注射不是导致细胞分化，而是因为干细胞分泌因子的释放，促进其他细胞的保存和激活旁分泌效应。研究最广泛的组织工程技术，采用自上而下的方法（top down method）从待修复组织中收集正常细胞，将细胞种植于多孔生物降解支架，按所需的大小、形状在一定条件下在体外培养一段时间，获得适当的组织类型和体系结构，再移植到需要重建的部位实现修复。

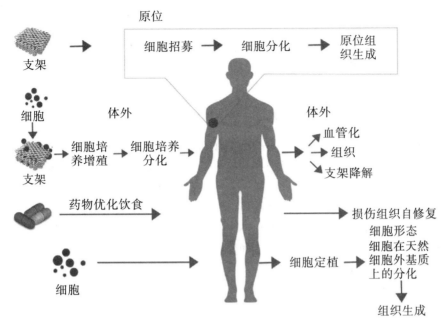

图 15-1 组织再生途径[1]

15.1 干细胞

干细胞(stem cell)是一类具有自我复制能力的多潜能细胞。在一定条件下,它可以分化成多种功能细胞。根据干细胞所处的发育阶段,可将其分为胚胎干细胞(embryonic stem cell,ESC)和成体干细胞(somatic stem cell,SSC)。胚胎干细胞是一种高度未分化细胞,具有发育的全能性,能分化出成体动物的所有组织和器官,包括生殖细胞。研究和利用胚胎干细胞是当前生物工程领域的核心问题之一。成体干细胞存在于成年动物的许多组织和器官,比如表皮和造血系统,具有修复和再生的能力。在特定条件下,成体干细胞或者产生新的干细胞,或者按一定的程序分化形成新的功能细胞,从而使组织和器官保持生长和衰退的动态平衡。

根据干细胞的发育潜能,可将其分为全能干细胞(totipotent stem cell,TSC)、多能干细胞(pluripotent stem cell,PSC)和单能干细胞(unipotent stem cell,USC)(或专能干细胞)。全能干细胞具有形成完整个体的分化潜能,如受精卵;多能干细胞具有分化出多种细胞组织的潜能,如胚胎干细胞;单能干细胞只能向一种或两种密切相关的细胞类型分化,如神经干细胞、造血干细胞。

自 20 世纪 60 年代开始干细胞的研究以来,干细胞和再生医学已成为自然科学中最引人注目的领域。例如,骨髓干细胞的分化移植和再生修复,可以帮助解决很多骨髓疾病问题。因为骨髓干细胞是在微环境下直接分化成细胞,种子细胞是从患者身上直接提取的,可避免植入过程疾病的传染源,同时也可提高患者的免疫力,帮助患者实现病损组织的修复。干细胞在器官再生、不孕不育、重大疾病治疗等方面都有广泛的应用研究,由于本书重点在于生物材料,因此这里不做过多阐述。

15.2　再生医学材料

干细胞和生长因子具有修复功能，但因其体积仅为微米级，在丰富血流的作用下，很难作用于受损部位。因此，需要为干细胞和生长因子提供一个舒适的外环境。这就促进了生物支架材料的发展。生物支架材料相当于给干细胞提供一个"家"，可以促进干细胞的定植以及微环境的重建，为缺损的组织器官如脊髓、脑、心肌等的再生修复提供可能的治疗策略。

在组织工程和再生医学中，生物材料提供机械支持和生化信号，以鼓励细胞附着和调节细胞行为。生物材料的天然模板是细胞外基质（ECM）。ECM 包含内在的生化和力学线索，在细胞发育、稳态和损伤反应中调节细胞表型和功能。基于 ECM 的生物材料研究已经从用纯化 ECM 成分覆盖细胞培养板发展到模拟 ECM 的生物材料设计和脱细胞组织工程，目的是模仿 ECM 的力学、组成和结构。

在组织工程和再生医学领域，开发功能性组织和器官来替代受损或患病的组织和器官是一项快速发展的研究。20 世纪初，虽然细胞生物学家已经从活组织中分离和培养细胞，但这些单层细胞培养是典型的二维培养。然而，真实的多细胞生物生长需要三维框架环境来为生物体提供结构完整性，功能组织提供边界和特定微环境。因此，要构建完整的器官和组织，必须将细胞生物学原理与材料科学相结合，在三维环境中培养细胞和组织。事实上，组织工程和再生医学在过去几十年里的巨大进步很大程度上归因于生物材料的发展，如三维创建可替代组织的生物可降解支架。

15.3　血管再生

血管遍布人体全身，是营养和代谢物质运输及传递的重要通道。血管为三层膜结构，从腔侧向外依次为内膜、中膜和外膜。这三层膜的厚度取决于血管的大小和类型（大、中、小动脉和静脉；毛细血管没有三层）。血管壁（毛细血管壁除外）具有复杂的结构和独特的力学性能，主要包含三种类型的细胞：内皮细胞（ECs），排列于内膜层；平滑肌细胞（SMCs），位于中膜层；成纤维细胞，位于外膜层。其中，内皮细胞和平滑肌细胞在保持血管的完整性和机械性能方面起着至关重要的作用。内皮层提供连续选择性渗透，抗血栓屏障，促进层流血液通过血管。此外，它还控制血管张力，血小板激活、黏附和聚集，白细胞黏附，平滑肌细胞迁移和增殖。同时，平滑肌细胞具有分泌能力，其分泌的胶原纤维、弹性纤维、弹性薄片和蛋白多糖可以保持血管的弹性和径向顺应性。

血管生成过程由各种生长因子和抑制剂平衡控制。首先是产生的碱性成纤维细胞生长因子（bFGF）、粒细胞集落刺激因子（G-CSF）和白细胞介素-8（IL-8）的刺激。这些生长因子由于各种生理刺激而上调，包括生长引起的缺氧、动脉阻塞或损伤。这些生长因子结合位于血管表面的内皮细胞上的受体，产生信号级联。这种级联作用可刺激内皮细胞的迁移和增殖。同时，基质金属蛋白酶(包括基质金属蛋白酶 1 和基质金属蛋白酶2)通过溶解基底膜开始降解毛细血管壁。一旦毛细血管壁被降解，将会在现有组织的壁内形成新的分支点。然后，一种称为整合素的黏附分子被用来引导增殖的内皮细胞到达分支点。迁移完成后，内皮细胞被安排到小管结构中，逐渐与现有的血液网络连接。接着这些新血管成熟并稳定，形成新的小管分支。血管生成时除了激活生长因子，还存在用于控制血管生成的抑制剂，包括血小板反应蛋白-1/2、干扰素、血管抑素、内皮抑素和Ⅳ型胶原片段。

影响血管再生的因素[2]：①血管内皮祖细胞，是血管内皮细胞的前体细胞，在血管再生过程中能够受多种血管生长因子的作用转化为内皮细胞，参与构成新生血管，形成特征性的血管网状结构。②细胞因子，包含血管内皮生长因子(vascular endothelial growth factor，VEGF)、成纤维细胞生长因子、肝细胞生长因子、间接促血管再生因子和抗血管生成因子。VEGF 在生理和病理状态下都是最主要的血管生长调节因子，是血管内皮细胞的特异性有丝分裂原。血管再生过程中，VEGF 介导内皮细胞的迁移、增殖以构建新生血管的管状结构。成纤维细胞生长因子包含多种亚型，其中对于碱性成纤维细胞生长因子和酸性成纤维细胞生长因子的研究最为深入。碱性成纤维细胞生长因子是首个发现的血管内皮细胞分裂原，同时，也是血管内皮细胞的趋化因子，具有很强的促血管再生能力。相对于血管内皮生长因子，成纤维细胞生长因子作用的细胞类型较多，不但能够激活血管内皮细胞从而促进血管的再生，而且能够刺激上皮形成和软骨再生，在创伤愈合和组织修复中发挥重要作用。肝细胞生长因子最初被认为是肝细胞的分裂原，后来发现其会参与多种生物学过程，如胚胎发育、创伤愈合和血管新生等。一些因子在体外不刺激血管内皮细胞的增殖和迁移，但在体内能促进血管新生，这些因子被认为是间接促血管再生因子，包括血小板源性生长因子、转化生长因子、血管生成素等。血管再生过程也伴随在病理状态下，特别是肿瘤生长和转移过程中。因此，一些具有抗血管生成能力的分子具有潜在的治疗作用。已见报道的几种天然抗血管生成因子有凝血酶敏感蛋白 1、血小板因子 4、肿瘤抑素、血管生成抑制蛋白Ⅰ(vasohibin-1)、血管抑素、内皮抑素[3]。

血管组织工程的一般方法是，首先在可生物降解支架上种植细胞，然后在体外培养或做体内植入。理想情况下，支架会逐渐被吸收，只留下由细胞生成的新组织。因此，成功的组织再生依赖于种子细胞、支架和构建技术。功能性组织工程血管(TEBVs)应该具有非血栓形成性、非免疫原性、在高血流率下兼容并与原生血管有相似的黏弹性。此外，移植物应该是最终能融入人体的活体组织，并与原生血管无法区分。人们普遍认为，如果没有内皮细胞、平滑肌细胞、可生物降解支架和独特的组织工程技术，就无法实现功能性组织工程血管重建。利用组织工程构建大型、复杂的组织甚至人体器官时，血管再生是极其重要的。有证据表明，当细胞团块体积大于 3 mm³时就不能依靠组织液的弥散支持细胞的生存，必须通过血管的再生来实现氧和营养的供给[4]。

到目前为止，组织工程血管(TEBVs)可以成功地在体外构建，并用于修复动物模型的血管缺损。为了设计出具有生长潜力的生物相容性血管并避免材料相关的副作用，理想的血管工程支架应该是可生物降解的。已有多种材料被用于组织工程，包括天然蛋白质、合成生物降解聚合物和生物脱细胞血管。

胶原蛋白、弹性蛋白、纤连蛋白等天然蛋白是人体 ECM 的主要成分，是细胞附着和细胞信号传递最理想的基质。此外，胶原蛋白和弹性蛋白也是血管壁的主要成分。胶原蛋白胶已经被 Weinberg 和 Bell 用于制造第一个组织工程血管移植物[5]。天然聚合物一般表现出优异的生物学性能。特别地，它们不会激活慢性炎症或引发毒性[6]。

然而，由于胶原凝胶固有的弱力学性能和体外培养的细胞外沉积能力有限，移植物的力学不足以支撑血流动力学环境施加的物理负荷。人们尝试了许多方法来提高胶原凝胶移植物的强度，包括使用糖基化来加强胶原凝胶结构[7]，使用不可降解或可降解的网格作为"套管"[8]，以及应用动态力学刺激[9]、以涤纶网或聚氨酯膜包裹材料等方法。有研究人员发现，以交联的 I 型胶原蛋白和弹性蛋白等可生物降解材料作包裹，可进一步改善这种低力学强度的情况[10]。此外，Boland 等应用静电纺丝技术开发了由胶原蛋白和弹性蛋白组成的微纳米纤维支架的仿生血管结构，可以承受血流的高压和脉动环境[11]。Patel 等在其撰写的综述中提到，弹性蛋白是一种重要的结构和调节基质蛋白，通过赋予血管壁弹性而发挥重要的主导作用[11]。Long 和 Tranquillo 发现，平滑肌细胞在纤维蛋白凝胶上比在胶原凝胶上能分泌更多的弹性蛋白[12]。研究人员利用纤维蛋白凝胶作为支架成功地构建了弹性小直径血管[13]，将其移植到羔羊颈静脉中，可保持通畅达 15 周。植入血管获得了与天然静脉相当的机械强度和响应性，这表明基于纤维蛋白的组织工程血管在治疗血管疾病方面具有重要前景。

生物可降解人工合成聚合物支架与天然蛋白质相比，更容易获得，成本较低，几乎没有批次间的差异。此外，人工合成聚合物还可以精确改性，以调整降解速率、生物相容性和弹性。几种生物可降解的合成高分子支架在血管工程中的适用性已得到验证，聚乙醇酸（PGA）是最常用的一种。Niklason 等使用 PGA 支架制作了第一个血管移植物，并植入动脉系统[14]。在观察的 1 个月时间内，移植物均在体内存活。虽然 PGA 纤维具有良好的生物相容性，但其分解产物呈酸性，可引起炎症反应。Higgins 等发现 PGA 降解产物可导致平滑肌细胞的去分化和有丝分裂减少[15]。此外，PGA 降解过快导致移植物的力学性能低下。其他降解速率较慢的合成聚合物，如聚（L-乳酸）（PLLA）、聚（D,L-乳酸-乙醇酸）（PLGA）共聚物、聚 4-羟基丁酸（P4HB）、PGA 和聚羟基烷酸（PHA）共聚物，也已在组织工程中得到验证[16]。以物理或化学方法对支架表面进行修饰，可进一步改善支架的生物相容性。然而，这些材料分解产物的细胞毒性还需要长期而深入的研究来验证。

生物脱细胞血管完全由天然 ECM 组成，具有良好的生物相容性，能基本保持天然血管的力学性能[17]。脱细胞通常是通过结合使用洗涤剂、酶抑制剂和缓冲液处理组织来完成的。尽管在狗模型中，在不需要种植细胞的情况下，脱细胞的猪颈动脉再肝素化被成功用于修复腹动脉，但这种方法在人类中实施较为困难，因为移植物管腔上缺乏抗血栓形成的内皮细胞层[18]。Teebken 等通过在脱细胞的猪主动脉上接种人隐静脉内皮细胞和肌成纤维细胞，获得了具有稳定生物力学特性的血管移植物[19]。经过不同的脱细胞处理后，Amiel 等将人脐静脉 ECs 或成人血管 SMCs 植入脱细胞的猪主动脉上进行类似的工作[20]。然而研究发现，这些支架上的细胞迁移并不充分。为了解决这一问题，Simionescu 等通过选择性去除胶原成分制备纯弹性蛋白支架和纯胶原蛋白支架，用于细胞浸润[21]。皮下植入支架后，观察到宿主细胞在体内的增殖潜力增强。此外，研究人员在重组的弹性蛋白支架中发现了新的胶原纤维束，在胶原蛋白支架中发现了新的弹性蛋白纤维，这表明它们能够支持 ECM 的新生合成。尽管有报道称脱细胞猪血管支架在绵羊模型中并未引起猪内源性逆转录病毒跨物种传播，但动物病原体传播给人类的风险仍是一个问题。为了避免这一问题，人类的血管是最优选择。Daniel 等采用一种自动分离方法将人脐静脉脱细胞后，创造了一种很有前途的支架，该支架在细胞整合和保持原生血管力学性能方面具有潜力[22]，是血管工程一个很好的候选材料。

15.4　外周神经再生

　　神经纤维由神经元的轴突或树突、髓鞘和神经膜组成。神经元是组成神经系统的基本结构和功能单位，也称神经细胞。神经纤维的周围被鞘包围。鞘分为两种，一种是由少突胶质细胞和施万细胞的细胞膜缠绕在鞘的周围的髓鞘，另一种是由细胞的细胞质缠绕的施万鞘。周围缠绕着髓鞘的神经纤维叫作有髓神经纤维，有施万髓鞘的神经纤维叫作有鞘纤维。施万髓鞘上只存在周围神经，中枢神经的神经纤维是有髓无鞘神经纤维，末梢神经系统的神经纤维是有鞘纤维。末梢神经系统的神经纤维根据是否是施万细胞构成的髓鞘，可以分为有髓有鞘神经纤维和无髓有鞘神经纤维。有髓和无髓神经纤维都被神经内膜的疏松结缔组织所包裹，不同数量的神经纤维通过神经束膜聚集成束。神经外膜环绕神经束形成神经干[23]。典型的周围神经结构如图 15-2 所示。在神经修复过程中，施万细胞帮助巨噬细胞清除髓鞘碎片（即沃勒变性），并提供神经营养因子和物理支持，帮助轴突再生（见图 15-3）。

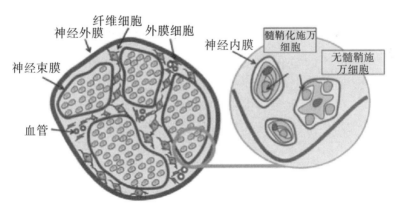

图 15-2　典型的周围神经结构

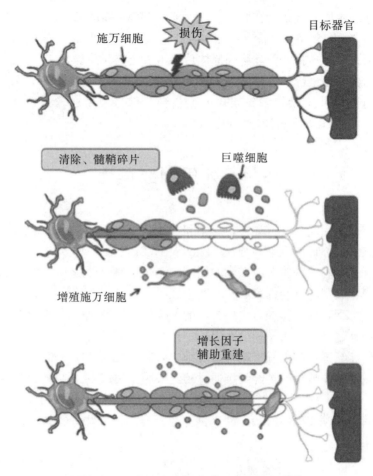

施万细胞

损伤

目标器官

清除、髓鞘碎片

巨噬细胞

增殖施万细胞

增长因子
辅助重建

图 15−3　外周神经系统再生的调节过程[23]

　　关于周围神经再生的实验，自 19 世纪末就见于报道。为了实现神经再生，研究人员提出了几种解决方法，其中自体神经移植是第一种，至今仍被认为是金标准。由于自体移植物的供体有限，其他使用天然材料的策略也得到了研究。然而结果并不令人满意。人们的注意力已转向使用由聚合物制成的神经导管帮助神经再生。

　　周围神经损伤可造成感觉、运动功能障碍，是一种常见的疾病[24]。事实上，每年有数百万人受到这种伤害。工作事故、机动车事故、肿瘤损伤、神经外科手术的副作用甚至病毒感染都可能导致周围神经系统的损伤[25]。因此，必须采取适当的方法来使这些损伤再生。在早期神经修复再生研究中，再生过程并不完全清楚。彼时，自体神经移植和异体神经移植是治疗横断神经损伤的标准技术。但是这些技术也存在缺点，特别是产生自体损伤和需要免疫抑制治疗。由于外周神经系统具有再生能力，利用神经导管（NGC）辅助神经再生成为可能。神经导管是用以桥接神经断端，为损伤神经提供一个良好再生微环境的管状支架。目前，神经导管主要负责引导轴突迁移，维持远端和近端残端间隙的神经生长因子，引导轴突近中端再生及趋化性生长，防止创伤愈合空间受到可能破坏神经恢复过程的瘢痕组织和细胞的侵袭[26]。该策略的主要目的是提高轴突再生的概率以及轴突的长度和生长速度。神经导管由多种材料制成，要求性质易于调整，方便被加工成各种形状或形式的神经导管。在这些材料中，天然聚合物和合成聚合物是最常用的，基于这些材料的神经导管已经商业化，其中一些材料已经获得了美国食品药品监督管理局(FDA)的批准。此外，具有导电性能的聚合物在这一领域得到了广泛关注，人们认为导电性能对新轴突的再生有积极影响。

15.4.1　神经导管性能要求

神经导管是能够提供机械支持的纤维，允许新生神经的扩散和神经营养因子的分泌传导。图 15-4 展示了中空神经导管内的神经再生过程。与传统的缝合方法相比，其优点有：①神经导管可制成与断裂神经相匹配的内径和长度；②可防止周围组织的长入及减少神经瘤的发生；③无需切取自体神经，防止供区功能受损；④维持细胞生长和促进轴突趋化性生长因子分泌(如施万细胞、神经营养因子等)；⑤技术简便易行。

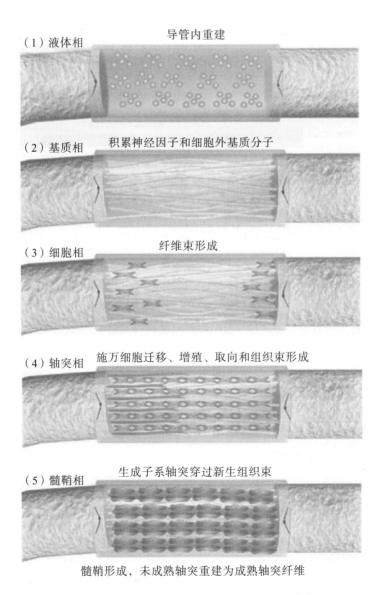

（1）液体相　　导管内重建

（2）基质相　　积累神经因子和细胞外基质分子

（3）细胞相　　纤维束形成

（4）轴突相　　施万细胞迁移、增殖、取向和组织束形成

（5）髓鞘相　　生成子系轴突穿过新生组织束

髓鞘形成，未成熟轴突重建为成熟轴突纤维

图 15-4　中空神经导管内的神经再生过程[27]

神经导管材料必须具备的性能包括生物相容性、生物降解性、渗透性、生物力学性能、表面性能，以及与神经营养因子产生相互作用[28-30]。

神经导管生物相容性包括血液相容性、组织相容性和力学相容性三个方面。血液相容性要求神经导管在与血液接触时不应发生溶血或其成分的损伤，这些成分可能导致凝血和血栓的形成。组织相容性要求该材料不产生任何可能污染周围组织的毒副作用。力学相容性要求神经导管的力学性能要与神经组织的性能相匹配。综上所述，神经导管应该为神经再生提供一个途径，以抵抗缝合线撕裂，为新组织提供一个力学稳定的结构。因此，它应该在神经再生的第一阶段保持完整。降解应该在一段时间后开始，根据损伤的大小和类型，以非常缓慢的方式进行，不产生肿胀、收缩或异物反应。神经导管应该是半透性的，允许营养物质、氧气和生长因子扩散到管道内部，同时，允许废物排到管道外部[31]。有研究人员认为，材料的分子量必须达到 50 kDa。必须考虑的其他方面还包括炎性细胞向管腔内扩散和生长因子向管腔外扩散。由于材料的渗透性与孔径相关，理想的孔径大小应该在 5~30 μm 之间，首选值为 10~20 μm[32]。孔径小于 5 μm 时，细胞和新生组织无法穿过；孔径大于 30 μm 时，炎症细胞可透过材料，影响神经再生效果。必须指出的是，管内的一些流体应该向外扩散，以避免由于流体滞留而使管内压力增加。由于神经导管的主要功能是为神经再生提供一条途径，因此它必须具有适当的生物力学性能才能应用于这一领域。为了避免纤维压缩[33]，神经导管应该是光滑和柔韧的。但同时也需要有一定刚度，因为管道必须能抵抗弯曲，避免因形状变化而倒塌的风险。过于坚硬的管道很容易变形，过于柔韧的管道无法支持再生，这两个属性之间需要得到很好的平衡。神经导管的杨氏模量应与神经的杨氏模量相似，以确保对常见的体内生理负荷(尺侧为 65~155 N，正中神经为 73~220 N)有必要的抵抗力。这些特性取决于所选择的材料及其尺寸、厚度、腔体和腔体纤维的直径等。同时需要评估导管的表面性质，因为新组织在形成过程中会与导管的表面相互作用。纵向纹理被认为是帮助施万细胞取向的理想结构。由于神经间隙大小不同，神经元的直径和大小也不同，神经导管的长度和管腔大小应易于根据需要进行调节。

设计神经导管时，在管腔内加入填充剂(生长因子或辅助细胞)是提高小间隙和大间隙重建效率的一种有效方法。表 15-1 列出了神经导管中常用的生长因子及其在神经再生中的作用。施万细胞在神经再生过程中发挥着重要作用，是一类具有高吸引力的腔内填充剂。同时，其他辅助细胞，如骨髓基质细胞、间充质干细胞和成纤维细胞也可以用来促进神经再生过程。这些细胞和生长因子在神经导管中的结合可以通过不同的方式进行：①使用基质来传递生长因子或辅助细胞。该基质将为轴突再生提供支持和引导，控制生长因子的释放，避免酶解破坏和支持细胞的生长。这些生长因子或辅助细胞被包含在水凝胶中，水凝胶的密度过大会限制细胞生长。②使用亲和相互作用输送生长因子或辅助细胞。③通过交联或固定化(基于扩散的系统)将生长因子或辅助细胞注入神经导管壁。通过交联生长因子填充导管，不需要使用水凝胶，但并非所有的交联剂都是可生物降解的。④直接在神经导管壁上培养辅助细胞，使空腔不影响新轴突的生长。但腔表面可能难以支持细胞。⑤使用微球将生长因子或辅助细胞递送至神经导管腔内，但在微胶囊化技术和生长因子稳定性方面存在许多限制。其他策略包括使用转基因细胞、病毒载体等，这些载体系统允许同时运送多种蛋白质，但也存在安全问题。神经导管通常是生物可降解的，非生物降解系统意味着需要进一步的手术摘除[34]，因此在制备神经导管时要考虑其是否能够缝合在神经残根上，并且是否有足够的力学性能承受后续的手术摘除。神经导管应该能够长期储存，并且必须是可消毒的，因为所有的医疗器械都需要经过灭菌再植入组织。此外，为了便于植入，透明的神经导管是首选。

表 15-1　神经导管中常用的生长因子

生长因子	功能
神经生长因子(NGF)	维持神经系统正常功能和加速神经系统损伤后修复的重要因子
胶质细胞生长因子(GGF)	诱导施万细胞的运动和增殖，有助于提高运动/感觉神经元的存活率
成纤维细胞生长因子(FGF)	刺激有丝分裂，促进细胞生长和再生
胶质细胞源性神经营养因子(GDNF)	改善运动/感觉神经元的存活、神经元突起的生长和施万细胞的迁移
神经营养素-3	恢复感觉/运动传导速度

15.4.2　神经导管材料

用于制作神经导管的材料包括天然聚合物、生物活性材料、人工合成材料等。天然聚合物被认为是构建神经自体移植的可靠替代材料。在神经再生中最常用的天然聚合物是胶原蛋白、壳聚糖、海藻酸盐和聚(3-羟基丁酸)(PHB)等。

15.4.2.1　天然聚合物

胶原蛋白是人和动物结缔组织的结构蛋白，是细胞外基质的主要成分，已被用于伤口敷料和人造皮肤[35]。胶原蛋白也是一种生物相容性高、抗原性低的天然可生物降解材料，具有促进神经突生长、神经再生和维持细胞生物学功能的作用[36]。

壳聚糖是由几丁质碱法脱乙酰得到的阳离子生物聚合物，是仅次于纤维素的最丰富的天然聚合物。近年来，壳聚糖开始被用于制备周围神经再生的神经导管，并取得了一定的成效。壳聚糖与生物环境相互作用良好，可促进细胞的黏附、分化和存活，能够为神经突的生长创造良好的通路，并抑制瘢痕组织的形成[37]。

海藻酸盐是一种天然多糖共聚物，从褐藻中提取，具有生物相容性、可生物降解、可杀菌等优点。重要的是，通过改变聚合物链的单体比和分子量，可以很容易地改变其物理和流变性能。海藻酸盐水凝胶已被用于糖尿病和血友病治疗、解毒，胰腺或肝细胞移植，以及作为脊髓和神经修复的桥梁材料。在神经再生方面，海藻酸盐与施万细胞、神经营养因子和干细胞的相容性是一个非常重要的特性。在周围神经再生中，海藻酸盐常被用作一种凝胶填充入导管腔内引导神经纤维新生。然而，文献报道神经组织的再生需要一定数量的凝胶降解才能打开腔内的空间[38]。这种凝胶通常是海藻酸盐与钙离子交联形成的。凝胶的降解始于海藻酸盐对钙离子的扩散，这使得海藻酸盐凝胶的交联损失较慢。海藻酸盐的降解产物是免疫惰性的，不会被哺乳动物细胞消化。海藻酸盐凝胶的体内和体外外周神经再生试验结果相互矛盾：体外试验表明，海藻酸盐对细胞增殖有负作用；体内试验的结果却恰恰相反。研究人员用海藻酸盐泡沫对大鼠 7 mm 坐骨神经间隙和猫 50 mm 坐骨神经间隙进行了桥接，取得了良好的效果。由于体内外试验的不同结果，以及伦理问题，海藻酸盐并未被广泛用于周围神经再生。有报道称海藻酸盐与壳聚糖交联制备得到的神经修复导管取得了一定的研究成果[39]。

聚羟基丁酸(PHB)是一种生物可吸收的高分子材料,由微生物在限制营养物质的条件下以确定的底物为碳源合成[40]。它可以通过发酵,从细菌培养物和碳底物中提取获得。其与3-羟基戊酸的共聚物聚(PHBV)更加柔韧,更易加工。PHB通常被模压成由排列整齐的纤维制成的薄片。20世纪90年代末,研究人员首次尝试将这种材料用于周围神经再生。报道显示,这种材料有助于轴突的再生。PHB具有良好的抗拉强度,降解时间通常为24～30个月。比较PHB与神经外膜的缝合性能,PHB的恢复效果更好。PHB与PHBV共混后,施万细胞在共混电纺丝支架上增殖良好,并随着胶原蛋白的加入而增加[41]。Biazar等使用PHBV制备神经导管,并对其进行了研究,结果表明其机械性能良好[42]。此外,由于神经导管是微图形化的,因此可以观察到施万细胞黏附力的改善。研究人员将PHBV与明胶进行交联,结果显示,相比于单独的PHBV,细胞的黏附性能得到改善。明胶交联的PHBV管子被用来修复大鼠坐骨神经上长30 mm的缺口。四个月后,观察神经和有髓神经纤维的恢复情况,效果良好。有研究人员将PHBV与层粘连蛋白进行交联,试验结果表明,与纯PHBV相比,细胞表面的黏附性得到改善[42]。这些结果表明,PHBV具有良好的机械性能、细胞间的相互作用以及控制结构降解速率的可能性,是一种很有前景的外周神经再生材料。

其他天然材料,如透明质酸、天然丝、丝素蛋白和角蛋白等也见于研究资料文献,但这些材料普遍缺乏一个重要性能,即力学稳定性。因此需要通过交联,或与其他天然或合成生物材料相结合才能获得达到要求的力学性能。

15.4.2.2 生物活性材料

生物活性材料是目前广泛研究的一类神经导管材料,主要有静脉、动脉、去钙的骨导管、骨骼肌、羊膜、小肠黏膜下层等。这些生物源性导管组织相容性好,毒性反应低,可以成功修复较短的神经缺损。Mohammadi等的研究表明,于自体静脉中加入地塞米松可以很好地修复周围神经缺损[43]。还有一些研究报道称,用胎盘膜作神经再生桥接物,效果较好。因胎盘有排异性小,可吸收,含有Ⅰ型、Ⅳ型胶原等特点,并能制成各种规格储存备用,应用十分方便。应用特殊方法获取的化学去细胞同种异体神经可有效降低其免疫原性,对于修复兔的面部神经缺损具有可行性。但是它们都存在一些缺点,如有的易与周围组织粘连而使导管不通畅,有的易被机体吸收,有的机械性能差、制成的导管易塌陷等。

15.4.2.3 人工合成材料

采用人工合成材料制备神经导管是一个重要的发展方向。人工合成材料分为人工合成不可降解材料和人工合成可降解材料。人工合成不可降解材料主要有硅胶管、膨胀聚四氟乙烯、聚吡咯等。人工合成可降解材料主要有聚羟基乙酸、聚乙丙交酯、聚己内酯、聚乳酸己内酯共聚物等。

20世纪60年代以来,硅胶作为神经再生材料被广泛研究。由于其弹性和惰性,它是最早被应用于该领域的合成材料之一。它是不可生物降解的,对大分子不渗透,植入体内异物反应较小,管壁不易出现变形,可避免神经瘤的发生。Merle是第一个使用硅树脂帮助恢复受损神经的研究者。几年后，Chen 等将层粘连蛋白、胶原蛋白和纤维连接蛋白凝胶加入硅胶管中，发现可以获得比非掺杂硅胶管更好的神经修复效果[44]。此外，研究人员还指出，在一些患者中，由于植入部位的刺激导致神经功能丧失，硅胶管不得不被移除。相互矛盾的结果在组织形态学和免疫组织化学评估中都有报道。研究结果显示，材料表面没有过多的疤痕组织形成，轴突可以在硅胶管内再生。Ikeguchi 等将带负电荷的碳离子植入硅胶管的内表面，声称轴突再生得到了改善[45]。但是，由于其不可吸收性，遗留在患者体内会造成慢性神经卡压、周围组织炎症、纤维变性等后遗症，需二次手术去除，目前主要用于实验室研究，以阐明神经再生的时序和机制，而临床应用受到极大限制。

膨胀聚四氟乙烯(ePTFE)在 20 世纪 70 年代被发现，它的化学性质与聚四氟乙烯相同，但经过处理后，它会产生大量均匀小孔。这种多孔结构无需使用可溶性填料、发泡剂或其他化学添加剂即可获得。为促进周围神经再生，有研究人员以环氧乙烷为原料，开发了名为"Gore-Tex"的商业化产品。人体试验结果表明，其可以成功地桥接小臂间隙(15~40 mm)，但较长的缺损(约 60 mm)无法恢复；43 例患者中只有 13.3% 获得了有效的神经再生。在另一项试验中，使用 Gore-Tex 治疗 7 例神经缺损(<3 mm)的下牙槽神经，其中只有 2 例患者感觉有所恢复[46]。此外，该产品还会导致过多的瘢痕组织形成、新轴突的压缩和宿主机体的严重免疫反应。目前，由于这些原因，这些材料逐渐被医学领域所放弃。

聚吡咯(Ppy)是一种导电聚合物，通常用于先进材料，如传感器、太阳能电池、水处理材料等[47]。近年来，由于电刺激引起细胞的积极反应，周围神经再生成为人们关注的对象。这种材料的一个突出优点是它可以支持细胞黏附，具有良好的生物相容性，没有生物毒性[48]。1997 年首次报道了 PC12 细胞与聚吡啶膜接触后产生的神经突生长，证明了该导电聚合物对神经再生是有用的[49]。在这些发现之后，研究人员试图将新特性融入基于 Ppy 的神经导管中，例如结合黏附细胞。此外，改变这些材料的拓扑结构被证明有助于新轴突的再生[50]。遗憾的是，使用 Ppy 也带来了一些缺点，即降解速率低，溶解性差。为了克服这些缺点，Ppy 被用于复合材料。Xu 等采用乳液聚合法制备了 Ppy/PDLLA 导电复合材料，发现该材料能够以类似于自体移植的方式支持神经突再生[51]。近年来，基于 PVA/Ppy 的神经导管也得到了研究，其制备运用了铸造技术，并在硅胶管中成型[52]。综上所述，导电聚合物与其他具有更好溶解性、力学性能和降解性能的聚合物混合后，有望在外周神经再生领域获得更加广阔的应用前景。

由于非生物降解聚合物所带来的问题，生物可降解聚合物开始在周围神经再生中得到广泛的应用。这些材料具有在体内完全降解的能力，为神经的修复应用提供了一种新的方法：在再生结束时，导管应该完全消失，从而避免来自身体的免疫反应。已有许多可生物降解材料用于周围神经再生，这里主要介绍聚羟基乙酸(PGA)、聚乙丙交酯(PLGA)、聚己内酯(PCL)、聚乳酸己内酯共聚物[P(DLLA-co-CL)][53]。

聚羟基乙酸(PGA)在 1990 年首次被 Mackinnon 和 Dellon 用作神经导管，其结果与神经自体移植的结果相似[54]。虽然有几项研究报告了良好的结果，但也有一些研究指出，PGA 单独降解速率过快，这对于较大的神经间隙是不可取的。另外一个问题是制造导管的技术：采用挤压法时，PGA 导管表面质量较差。此外，当它降解时，释放的产物具有酸性，导致着床处 pH 下降，从而触发免疫反应。鉴于此，有研究将 PGA 作为填充剂，而不是作为神经导管的核心材料使用。这些研究取得了一定成果，研究人员认为 PGA 是一种很好的神经再生材料，尤其是与壳聚糖和胶原蛋白等其他材料结合使用时[55]。1999年，美国 FDA 以"神经管"的商标名批准了第一个由 PGA 制成的商业产品，该产品用于填补 2.0~4.0 cm 之间的缝隙，其直径为 2.3~8.0 mm，约 3 个月内降解。

聚乙丙交酯（PLGA）是一种脂肪族共聚酯，由乙醇和乳酸制成，经 FDA 批准，多年来一直用作缝合线材料[56]。通过调节两种单体的不同比例可获得不同聚合物性能（如热机械性能、润湿性、溶胀性和降解性），这是 PLGA 优于 PGA 的方面。可调的降解性使得 PLGA 可以根据不同类型和大小的神经间隙对材料进行裁剪，这使得 PLGA 成为一种对周围神经再生非常有吸引力的材料。PLGA 是生物可降解的，在降解过程中会释放出酸性产物，具有一定不良作用。在神经导管生产中，PLGA 作为导管的核心材料，也与其他材料（如胶原蛋白）结合进行了测试。当单独使用时，为了使其具有渗透性和足够的孔隙度，通常需要成孔，如加入致孔剂或采用相转化工艺制备中空纤维膜[57]。在这两项研究中，均获得了良好的力学性能和降解曲线。在最近的一项研究中，制备了一种基于 PLGA 的导管。该导管包括外管和内层支架。为了正确引导新生神经纤维，该支架具有许多管状结构。外管提供神经再生所需的机械支撑。因此，成纤维细胞的生长有利于通过内部支架，而且外部结构显示出良好的克服压迫的能力[58]。PLGA 也被电纺，然后涂上导电聚合物 Ppy。PC12 大鼠细胞的体外评估显示，与对照组相比，神经炎症的形成时间更长。另一种方法是在 PLGA 导管上涂上纳米银，利用银的抗菌作用，提高导管的耐感染能力。神经营养因子及施万细胞与 PLGA 基质具有良好的相互作用，但仅仅在小的间隙神经修复中效果明显。一般来说，PLGA 并不能很好地替代周围神经再生，只有一些特定的病例可以用这种聚合物来治疗。

聚己内酯（PCL）是一种生物可吸收、疏水、半结晶的聚酯[59]。20 世纪 70 年代以来，该聚合物的可定制降解性、力学性能以及良好的相容性使其在生物医学领域极具吸引力。21 世纪以来，随着组织工程的兴起，PCL 在体内和体外都得到了广泛的测试，显示出良好的生物相容性[60-64]。因此，FDA 批准了它在组织工程中的应用。

有研究显示，通过植入间充质干细胞的 PCL 导管可以改善坐骨神经的运动功能。在研究表面形貌和力学性能的基础上，采用溶剂浇铸法制备的基于 PCL-PVA 的神经导管的沟槽结构有助于降低材料过高的力学性能，使其接近健康神经的力学性能。另一项研究评估了从神经胶质细胞（GDNF）中提取的神经营养因子包裹在 PCL 制成的神经导管中的效果[65]，证实了 GDNF 的生物活性，并证明杀菌技术对该材料是适用的，因为它不改变其结构或孔隙率。近年来，多肽（如 RGD）与 PCL 表面结合的研究也有报道，并取得了良好的结果[66]。

聚乳酸己内酯共聚物[P(DLLA-co-CL)]是丙交酯和己内酯的共聚物。由于其在体内的降解产物对周围组织造成的损伤更小，受到了神经修复研究者的关注。因为与 PGA 或 PLGA 相比，它们的降解产物酸性更低[67]。另外，与其他生物可降解材料相比，P(DLLA-co-CL)的疏水性更强，导致降解时间更长，延长了体内导管的使用寿命。此外，在某些情况下，即使在神经再生和功能活动恢复后，新神经旁仍有小的神经导管碎片。FDA 批准了一种叫作神经胶的共聚酯制成的商业产品。该管道直径为 1.5~10.0 mm，长度为 3 cm，16 个月后才完全降解。

随着分子生物学及基因转染技术等相关专业学科的发展，相信在不久的将来，一定能研究出一种理想的神经导管来治疗周围神经损伤，最终应用于临床。

15.5　脑再生材料

因外伤造成脑损伤后，脑组织将发生一系列生物化学和分子反应以及炎症反应，引起继发性组织损伤和细胞死亡，最终导致被胶质瘢痕包覆的空腔。除了外伤造成的脑损伤，手术移出损伤组织或肿瘤也能在脑部形成空腔。中枢神经(CNS)缺乏再生能力可能归因于损伤部位复杂的细胞和分子环境，且存在抑制再生因子，同时细胞无法在缺乏脑实质的空腔内黏附，生长锥无法生长。在脑部空腔内植入支架材料的作用是提供支持性基质、诱导细胞和轴突生长、作为促轴突再生因子和细胞的载体等。

水凝胶是亲水聚合物所形成的不溶于水的高度交联系统，具有高含水量和与组织类似的力学性能，所以适用于软组织修复。溶胀态水凝胶内部的水会帮助凝胶内的离子和代谢物与外部组织液进行交换，从而保持组织化学环境的平衡。水凝胶的多孔结构使细胞能够黏附和长入支架内部。而且，水凝胶具有可修饰、促细胞外基质生长或黏附多肽的潜能，并可以向损伤部位输送生物活性分子，从而促进细胞黏附和组织生长。因此，水凝胶材料是非常有前途的中枢神经支架材料，多种水凝胶已经被用于脑损伤修复，如聚-N-(2-羟丙基)异丁烯酰胺(pHPMA)、聚甲基丙烯酸羟乙酯(pHEMA)、琼脂糖、甲基纤维素和透明质酸等。

三维组织工程支架能够为脑组织再生提供细胞和轴突生长所需的空间。开发具有诱导内源性脑细胞长入材料内部的可降解多孔支架成为脑修复的一个重要研究方向。四川大学谭鸿教授团队利用聚氨酯乳液成功制备了一系列的多孔支架[69−72]，通过调节组分和交联结构，聚氨酯能具备不同的吸水量，形成具有类似于水凝胶的结构特性，从而获得不同的支架模量，影响不同体系的细胞的生长行为。巨噬细胞在组织修复和血管生成中发挥着关键作用，且 M2 型巨噬细胞可促进血管化的组织生成。有研究证实，该支架可促进巨噬细胞的趋化，诱导巨噬细胞向 M2 型极化，从而利于组织再生[72]。该支架已被初步证实在细胞培养、脑组织创伤修复和功能重建方面效果良好(见图 15−5)。

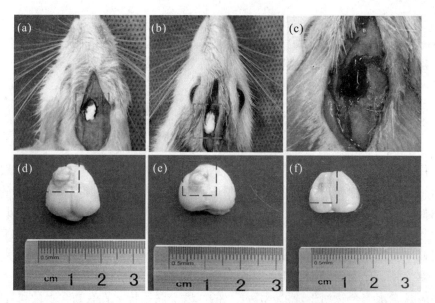

WBPU25 支架[(a)，虚线框标记]、WBPU17 支架[(b)，虚线框标记]和生理盐水[(c)]填充
脑组织缺损。将生理盐水组[(c)]图像放大，显示组织缺损。术后 8 周，WBPU25 支架[(d)，
虚线框标记]和 WBPU17 支架[(e)，虚线框标记]处理组显示组织缺损修复。在生理盐水治疗
组，组织缺损仍可区分[(f)，虚线框标记][69]

图 15-5　水性聚氨酯(WBPU)三维支架植入大鼠脑外伤模型前后的形态学观察

15.6　脊髓再生材料

脊髓损伤可分为急性期和亚急性期两个阶段。在急性期，由于受到物理张力作用，受
损部位的细胞出现崩解坏死及凋亡，同时出现血管破裂、组织水肿等表现。亚急性期为急
性期后的继发性组织损伤期。此时，大量巨噬细胞、T 细胞、小胶质细胞及中性粒细胞浸
润，导致血/脊髓屏障受损，大量炎性因子释放，引发一系列炎症"瀑布效应"，造成组织
二次损伤。脊髓的二次损伤会进一步影响突触重塑及神经环路再生，成为脊髓损伤修复的
主要障碍之一。在经历急性期和亚急性期损伤后，受损的脊髓组织逐渐进入自我修复过
程。目前，对于脊髓损伤自我修复的机制尚未完全弄清，多种细胞和分子通过组织保护、
调整神经传导重组或者调节神经桥在病灶中对组织的连接等促进神经功能恢复。

脊髓损伤后，神经有一定的自我修复能力，但十分有限，远不足以使损伤的脊髓功能
完全恢复。脊髓损伤后，将引起损伤区附近的细胞死亡，包括神经元、胶质细胞和内皮细
胞。神经元和轴突的退化会导致功能性损伤以及瘫痪等。脊髓损伤后的继发性损伤包括炎
症反应、Wallerian 变性(瓦氏变性，是指轴突和髓鞘的分解吸收，以及施万细胞增生等现
象)和形成胶质瘢痕。胶质瘢痕主要由反应性胶质细胞和侵入性脑膜成纤维细胞构成，这
两类细胞表达多种再生抑制因子，包括硫酸软骨素蛋白多糖。除此之外，损伤的脊髓处还
存在来自髓鞘碎片的再生抑制因子，如勿动蛋白和髓鞘相关蛋白多糖。胶质瘢痕具有抑制
轴突和组织修复的细胞和分子学微环境。

外伤性脊髓损伤后的细胞反应会经历多个阶段[68]。简单来说，损伤后，常驻的小胶质细胞和星形胶质细胞会被激活，形成一个胶质瘢痕，包围并隔离受损组织。然后，成纤维细胞和炎症细胞浸润到受损组织中，并沉积细胞外基质蛋白，形成纤维瘢痕。接着，激活的细胞加剧损伤，导致继发性损伤扩大。治疗方案通常是针对神经胶质激活、疤痕形成以及脊髓损伤后的炎症调节。

现在，临床上尚无有效的治疗脊髓损伤的方法。研究人员采用各种各样的支架用于填补脊髓损伤后出现的空洞，除了起到桥接神经的作用，还提供了一个促进轴突生长的环境[73]。和导管相似的是，支架可以由天然材料构成，比如胶原蛋白、琼脂糖或纤连蛋白；也可以由人工合成材料构成，如 PLA、PGA、聚甲基丙烯酸羟乙酯（pHEMA）等。这些支架的结构差异较大，可以是圆柱形、矩形，或者像一个多通道导管，或者具有无数分散孔的海绵状[73]。水凝胶也是一种应用广泛的脊髓修复支架材料，其促进脊髓再生的理想性能包括：①生物相容性，体内较低的组织刺激性；②促进细胞迁移和轴突生长；③生物可降解性或生物可吸收性，以免在药物释放完毕或组织再生后还要取出移植物；④部分水凝胶能够原位凝胶化或直接注射，以填充任意形状的空腔。原位凝胶化可以通过改变温度、离子交联以及光激发交联来实现。哺乳动物细胞外基质的天然聚合物如胶原蛋白、纤连蛋白、透明质酸等，因其生物相容性好且是细胞外基质的一部分，常被用于制作水凝胶。水凝胶可以用作促进轴突生长的传递工具和为组织再生提供结构性支撑。胶原、甲基纤维素、琼脂糖、海藻酸、PEG 基水凝胶已广泛用于啮齿动物的脊髓损伤修复，构建促进轴突再生的支架[74]。

由于脊髓内的轴突是定向排列的，因此具有平行的、纵行排列的微管或微丝结构的材料也被应用于脊髓损伤修复的研究，为再生的神经纤维预设定向通道。例如，Khan 等应用炭丝植入横断的脊髓损伤处，发现轴突可在其上和其间再生长入，证明其表面有很好的可附着性和明显的引导支持脊髓轴突再生的作用[75]。生物材料复合神经干细胞的研究在近年来取得了一定进展[76]，成人中枢神经内存在神经干细胞和具有特定分化方向的前体细胞，它们具有潜在的、巨大的修复功能，这打破了以往关于成年中枢神经系统无法进行细胞重建的观念。神经干细胞的研究为神经系统疾病的治疗开辟了一条新途径，已有很多研究将神经干细胞植入体内，以促进中枢神经的再生修复。神经干细胞具有治疗脑部功能失调和损伤的潜能，如亨廷顿舞蹈症、多发性硬化症、帕金森氏综合征、中风以及脊髓的疾病和损伤。体内研究表明，生物支架材料在神经干细胞移植方面具有非常重要的作用。移植的神经干细胞在某些方面能促进受损区域的恢复，并在体内分化为不同数量的胶质细胞和神经元；宿主神经元和胶质细胞甚至能整合到支架材料中。细胞移植时是否使用生物支架材料会产生不同的效果，总体上来看，联合应用细胞和支架材料的效果最好，可能与材料所创造的化学微环境和拓扑结构有关[76]。

随着多学科技术领域的突破与生物技术不断交叉融合，以干细胞和生物材料为主的再生医学将成为未来人类生命科学及医学诊疗新的突破口。再生医学技术在医学领域的科研、转化与应用将向着纵深发展，为组织器官缺损提供可能的治疗策略，不断造福患者。

参考文献

[1] Abdulghani S, Mitchell G R. Biomaterials for in situ tissue regeneration：a review［J/OL］.

Biomolecules，2019，9（11），doi：10.3390/biom9110750 ［2019－10－17］. https：//www.
researchgate. net/publication/337350626 _ biomolecules _ Biomaterials _ for _ In _ Situ _ Tissue _
Regeneration _ A _ Review.

［2］ 陈柏松，陈方. 血管再生与组织工程 ［J］. 中国组织工程研究与临床康复，2007(45)：9152－9156.

［3］ Persano L，Crescenzi M，Indraccolo S. Anti-angiogenic gene therapy of cancer：current status and
future prospects ［J］. Molecular Aspects of Medicine，2007，28(1)：87－114.

［4］ Griffith L G，Naughton G. Tissue engineering—Current challenges and expanding opportunities ［J］.
Science，2002，295(5557)：1009－1014.

［5］ Weinberg C B，Bell E. A blood vessel model constructed from collagen and cultured vascular cells ［J］.
Science，1986，231：397－400.

［6］ Mano J，Silva G，Azevedo H S，et al. Natural origin biodegradable systems in tissue engineering and
regenerative medicine：present status and some moving trends ［J］. Journal of the Royal Society
Interface，2007，4(17)：999－1030.

［7］ Girton T，Oegema T，Grassl E，et al. Mechanisms of stiffening and strengthening in media-
equivalents fabricated using glycation ［J］. Journal of Biomechanical Engineering，2000，122：216－
223.

［8］ He H，Matsuda T. Arterial replacement with compliant hierarchic hybrid vascular graft：
biomechanical adaptation and failure ［J］. Tissue Engineering，2002，8：213－224.

［9］ Isenberg B C，Tranquillo R T. Long-term cyclic distention enhances the mechanical properties of
collagen-based media-equivalents ［J］. Annals of Biomedical Engineering，2003，31：937－949.

［10］ Berglund J D，Mohseni M M，Nerem R M，et al. A biological hybrid model for collagen-based
tissue engineered vascular constructs ［J］. Biomaterials，2003，24：1241－1254.

［11］ Boland E D，Matthews J A，Pawlowski K J，et al. Electrospinning collagen and elastin：
preliminary vascular tissue engineering ［J］. Frontiers in Bioscience，2004，9：1422－1432.

［12］ Long J L，Tranquillo R T. Elastic fiber production in cardiovascular tissue-equivalents ［J］. Matrix
Biology，2003，22：339－350.

［13］ Swartz D，Russell J A，Andreadis S T. Engineering of fibrin-based functional and implantable small-
diameter blood vessels ［J］. AJP Heart and Circulatory Physiology，2005，288：H1451－H1460.

［14］ Niklason L，Gao J，Abbott W，et al. Functional arteries grown in vitro ［J］. Science，1999，284：
489－493.

［15］ Higgins S P，Solan A K，Niklason L E. Effects of polyglycolic acid on porcine smooth muscle cell
growth and differentiation ［J］. Journal of Biomedical Materials Research，2003，67：295－302.

［16］ Zhang W J，Liu W，Cui L，et al. Tissue engineering of blood vessel ［J］. Journal of Cellular and
Molecular Medicine，2007，11(5)：945－957.

［17］ Dahl S L，Koh J，Prabhakar V，et al. Decellularized native and engineered arterial scaffolds for
transplantation ［J］. Cell Transplant，2003，12：659－666.

［18］ Tamura N. A new acellular vascular prosthesis as a scaffold for host tissue regeneration ［J］.
International Journal of Artificial Organs，2003，26(9)：783－792.

［19］ Teebken O，Bader A，Steinhoff G，et al. Tissue engineering of vascular grafts：human cell seeding
of decellularised porcine matrix ［J］. European Journal of Vascular and Endovascular Surgery，2000，
19：381－386.

［20］ Amiel G E，Komura M，Shapira O，et al. Engineering of blood vessels from acellular collagen
matrices coated with human endothelial cells ［J］. Tissue Engineering，2006，12：2355－2365.

［21］ Simionescu D T, Lu Q, Song Y, et al. Biocompatibility and remodeling potential of pure arterial elastin and collagen scaffolds ［J］. Biomaterials, 2006, 27: 702—713.

［22］ Daniel J, Abe K, McFetridge P S. Development of the human umbilical vein scaffold for cardiovascular tissue engineering applications ［J］. Asaio Journal, 2005, 51: 252—261.

［23］ Magaz A, Faroni A, Gough J E, et al. Bioactive silk-based nerve guidance conduits for augmenting peripheral nerve repair ［J］. Advanced Healthcare Materials, 2018, 7: 1800308.

［24］ Robinson L R. Traumatic injury to peripheral nerves ［J］. Muscle Nerve, 2000, 23: 863—873.

［25］ Cai L, Wang S. Poly(ε-caprolactone) acrylates synthesized using a facile method for fabricating networks to achieve controllable physicochemical properties and tunable cell responses ［J］. Polymer, 2010, 51: 164—177.

［26］ Chang C J, Hsu S H, Yen H J, et al. Effects of unidirectional permeability in asymmetric poly(*dl*-lactic acid-co-glycolic acid)conduits on peripheral nerve regeneration: an in vitro and in vivo study ［J］. Journal of Biomedical Materials Research Part B: Applied Biomaterials, 2007, 83: 206—215.

［27］ Daly W, Yao L, Zeugolis D, et al. A biomaterials approach to peripheral nerve regeneration: bridging the peripheral nerve gap and enhancing functional recovery ［J］. Journal of the Royal Society Interface, 2012, 9: 202—221.

［28］ Owens C M, Marga F, Forgacs G, et al. Biofabrication and testing of a fully cellular nerve graft ［J］. Biofabrication, 2013, 5: 045007.

［29］ Ren T, Yu S, Mao Z, Gao C. A complementary density gradient of zwitterionic polymer brushes and NCAM peptides for selectively controlling directional migration of Schwann cells ［J］. Biomaterials, 2015, 56: 58—67.

［30］ Luo L, Gan L, Liu Y, et al. Construction of nerve guide conduits from cellulose/soy protein composite membranes combined with Schwann cells and pyrroloquinoline quinone for the repair of peripheral nerve defect ［J］. Biochemical and Biophysical Research Communications, 2015, 457: 507—513.

［31］ Wang X, Zhang J, Chen H, et al. Preparation and characterization of collagen-based composite conduit for peripheral nerve regeneration ［J］. Journal of Applied Polymer Science, 2009, 112: 3652—3662.

［32］ Jiang X, Lim S H, Mao H Q, et al. Current applications and future perspectives of artificial nerve conduits ［J］. Experimental Neurology, 2010, 223(1): 86—101.

［33］ Chiono V, Tonda-Turo C. Trends in the design of nerve guidance channels in peripheral nerve tissue engineering ［J］. Progress in Neurobiology, 2015, 131: 87—104.

［34］ Wood M D, Moore A M, Hunter D A, et al. Affinity-based release of glial-derived neurotrophic factor from fibrin matrices enhances sciatic nerve regeneration ［J］. Acta Biomaterialia, 2009, 5: 959—968.

［35］ Gu X, Ding F, Yang Y, et al. Construction of tissue engineered nerve grafts and their application in peripheral nerve regeneration ［J］. Progress in Neurobiology, 2011, 93: 204—230.

［36］ Ma F, Xiao Z, Meng D, et al. Use of natural neural scaffolds consisting of engineered vascular endothelial growth factor immobilized on ordered collagen fibers filled in a collagen tube for peripheral nerve regeneration in rats ［J］. International Journal of Molecular Sciences, 2014, 15: 18593—18609.

［37］ Wang A, Ao Q, Cao W, et al. Porous chitosan tubular scaffolds with knitted outer wall and controllable inner structure for nerve tissue engineering ［J］. Journal of Biomedical Materials Research A, 2006, 79: 36—46.

［38］ Pfister L A，Papaloizos M，Merkle H P，et al. Hydrogel nerve conduits produced from alginate/chitosan complexes ［J］. Journal of Biomedical Materials Research A，2007，80：932—937.

［39］ Chaw J R，Liu H W，Shih Y C，et al. New designed nerve conduits with a porous ionic cross-linked alginate/chitisan structure for nerve regeneration ［J］. Bio-Medical Materials and Engineering，2015，26：S95—S102.

［40］ Åberg M，Ljungberg C，Edin E，et al. Clinical evaluation of a resorbable wrap-around implant as an alternative to nerve repair：a prospective，assessor-blinded，randomised clinical study of sensory，motor and functional recovery after peripheral nerve repair ［J］. Journal of Plastic Reconstructive & Aesthetic Surgery Jpras，2009，62：1503—1509.

［41］ Masaeli E，Morshed M，Nasr-Esfahani M H，et al. Fabrication，characterization and cellular compatibility of poly(hydroxy alkanoate)composite nanofibrous scaffolds for nerve tissue engineering ［J］. PlOS ONE，2013，8：e57157.

［42］ Sahebalzamani M，Biazar E，Shahrezaei M，et al. Surface modification of PHBV nanofibrous mat by laminin protein and its cellular study ［J］. International Journal of Polymeric Materials & Polymeric Biomaterials，2015，64：149—154.

［43］ Mohammadi R，Azad-Tirgan M，Amini K. Dexamethasone topically accelerates peripheral nerve repair and target organ reinnervation：a transected sciatic nerve model in rat ［J］. Injury，2013，44：565—569.

［44］ Chen Y S，Hsieh C L，Tsai C C，et al. Peripheral nerve regeneration using silicone rubber chambers filled with collagen，laminin and fibronectin ［J］. Biomaterials，2000，21：1541—1547.

［45］ Ikeguchi R，Kakinoki R，Tsuji H，et al. Peripheral nerve regeneration through a silicone chamber implanted with negative carbon ions：possibility to clinical application ［J］. Applied Surface Science，2014，310：19—23.

［46］ Pitta M C，Wolford L M，Mehra P，et al. Use of Gore-Tex tubing as a conduit for inferior alveolar and lingual nerve repair：experience with 6 cases ［J］. Journal of Oral and Maxillofacial Surgery，2001，59：493—496.

［47］ Shi Z，Gao H，Feng J，et al. In situ synthesis of robust conductive cellulose/polypyrrole composite aerogels and their potential application in nerve regeneration ［J］. Angewandte Chemie-International Edition，2014，53：5380—5384.

［48］ Ai J，Kiasat-Dolatabadi A，Ebrahimi-Barough S，et al. Polymeric scaffolds in neural tissue engineering：a review ［J］. Archives of Neuroscience，2014，1：15—20.

［49］ Schmidt C E，Shastri V R，Vacanti J P，et al. Stimulation of neurite outgrowth using an electrically conducting polymer ［J］. PNAS，1997，94：8948—8953.

［50］ Gomez N，Lee J Y，Nickels J D，et al. Micropatterned polypyrrole：a combination of electrical and topographical characteristics for the stimulation of cells ［J］. Advanced Functional Materials，2007，17：1645—1653.

［51］ Xu H，Holzwarth J M，Yan Y，et al. Conductive PPY/PDLLA conduit for peripheral nerve regeneration ［J］. Biomaterials，2014，35：225—235.

［52］ Ribeiro J，Pereira T，Caseiro A R，et al. Evaluation of biodegradable electric conductive tube-guides and mesenchymal stem cells ［J］. World Journal of Stem Cells，2015，7：956—975.

［53］ Yang F，Murugan R，Ramakrishna S，et al. Fabrication of nano-structured porous PLLA scaffold intended for nerve tissue engineering ［J］. Biomaterials，2004，25：1891—1900.

［54］ Mackinnon S E，Dellon A L. Clinical nerve reconstruction with a bioabsorbable polyglycolic acid tube ［J］.

Plastic and Reconstructive Surgery，1990，85：419—424.

[55] Waitayawinyu T，Parisi D M，Miller B，et al. A comparison of polyglycolic acid versus type I collagen bioabsorbable nerve conduits in a rat model：an alternative to autografting [J]. Journal of Hand Surgery-American Volume，2007，32：1521—1529.

[56] Lee D Y，Choi B H，Park J H，et al. Nerve regeneration with the use of a poly(l-lactide-co-glycolic acid)-coated collagen tube filled with collagen gel [J]. Journal of Cranio-Maxillo-Facial Surgery，2006，34：50—56.

[57] Wen X，Tresco P A. Fabrication and characterization of permeable degradable poly (DL-lactide-co-glycolide)(PLGA)hollow fiber phase inversion membranes for use as nerve tract guidance channels [J]. Biomaterials，2006，27：3800—3809.

[58] Wang B，Zhang P，Song W，et al. Design and properties of a new braided poly lactic-co-glycolic acid catheter for peripheral nerve regeneration [J]. Textile Research Journal，2015，85：51—61.

[59] Williams J M，Adewunmi A，Schek R M，et al. Bone tissue engineering using polycaprolactone scaffolds fabricated via selective laser sintering [J]. Biomaterials，2005，26：4817—4827.

[60] Frattini F，Lopes F R P，Almeida F M，et al. Mesenchymal stem cells in a polycaprolactone conduit promote sciatic nerve regeneration and sensory neuron survival after nerve injury [J]. Tissue engineering Part A，2012，18：2030—2039.

[61] Kim J R，Oh S H，Kwon G B，et al. Acceleration of peripheral nerve regeneration through asymmetrically porous nerve guide conduit applied with biological/physical stimulation [J]. Tissue engineering Part A，2013，19：2674—2685.

[62] Beigi M H，Ghasemi-Mobarakeh L，Prabhakaran M P，et al. In vivo integration of poly (ε-caprolactone)/gelatin nanofibrous nerve guide seeded with teeth derived stem cells for peripheral nerve regeneration [J]. Journal of Biomedical Materials Research A，2014，102：4554—4567.

[63] Cirillo V，Clements B A，Guarino V，et al. A comparison of the performance of mono-and bi-component electrospun conduits in a rat sciatic model [J]. Biomaterials，2014，35：8970—8982.

[64] Xie J，MacEwan M R，Liu W，et al. Nerve guidance conduits based on double-layered scaffolds of electrospun nanofibers for repairing the peripheral nervous system [J]. ACS Applied Materials & Interfaces，2014，6：9472—9480.

[65] Bliley J，Sivak W，Minteer D，et al. Ethylene oxide sterilization preserves bioactivity and attenuates burst release of encapsulated glial cell line derived neurotrophic factor from tissue engineered nerve guides for long gap peripheral nerve repair [J]. ACS Biomaterials Science and Engineering，2015，1：504—512.

[66] Sedaghati T，Jell G，Seifalian A. Investigation of Schwann cell behaviour on RGD-functionalised bioabsorbable nanocomposite for peripheral nerve regeneration [J]. New Biotechnol，2014，31：203—213.

[67] Luis A L，Rodrigues J M，Amado S，et al. PLGA 90/10 and caprolactone biodegradable nerve guides for the reconstruction of the rat sciatic nerve [J]. Microsurgery，2007，27：125—137.

[68] Orr M B，Gensel J C. Spinal cord injury scarring and inflammation：therapies targeting glial and inflammatory responses [J]. Neurotherapeutics，2018，15：541—553.

[69] Wang Y C，Fang F，Wu Y K，et al. Waterborne biodegradable polyurethane 3-dimensional porous scaffold for rat cerebral tissue regeneration [J]. RSC Advances，2016，6：3840—3849.

[70] Lin W，Lan W，Wu Y，et al. Aligned 3D porous polyurethane scaffolds for biological anisotropic tissue regeneration [J]. Regen Biomater，2020，7：19—27.

[71] Du B, Yin H, Chen Y, et al. A waterborne polyurethane 3D scaffold containing PLGA with a controllable degradation rate and an anti-inflammatory effect for potential applications in neural tissue repair [J]. Journal of Materials Chemistry B: Materials for Biology, 2020, 8: 4434−4446.

[72] Liang R, Fang D, Lin W, et al. Macrophage polarization in response to varying pore sizes of 3D polyurethane scaffolds [J]. Journal of Biomedical Nanotechnology, 2018, 14: 1744−1760.

[73] Madigan N N, McMahon S, O'Brien T, et al. Current tissue engineering and novel therapeutic approaches to axonal regeneration following spinal cord injury using polymer scaffolds [J]. Respiratory Physiology & Neurobiology, 2009, 169: 183−199.

[74] 张峻, 季欣然, 唐佩福. 应用生物材料促进脊髓损伤修复的研究进展 [J]. 中国骨与关节杂志, 2017, 6(4): 309−312.

[75] Khan T, Dauzvardis M, Sayers S. Carbon filament implants promote axonal growth across the transected rat spinal cord [J]. Brain Research, 1991, 541: 139−145.

[76] Bunge M B, Monje P V, Khan A, et al. From transplanting Schwann cells in experimental rat spinal cord injury to their transplantation into human injured spinal cord in clinical trials [J]. Progress in Brain Research, 2017, 231: 107−133.